养鸡实用新技术大全

黄炎坤　赵云焕　主编

中国农业大学出版社
·北京·

内容简介

本书基于现代养鸡生产的规模化、标准化要求，以鸡蛋和鸡肉优质、高产为核心，系统介绍了养鸡生产的基本理论和技术。内容包括我国养鸡业现状与发展趋势、鸡的生物学与经济学特性、养鸡设备与鸡场建设、鸡的饲料、品种与选育、种鸡繁殖、孵化、集约化蛋鸡生产、白羽肉鸡生产、优质肉鸡生产、放养鸡生产、卫生防疫管理、鸡病防治、养鸡场污染治理和养鸡场的经营管理等。

本书内容突出了系统性、实用性、科学性和指导性，适宜于养鸡场工作人员和畜牧兽医类专业师生阅读和应用。

图书在版编目(CIP)数据

养鸡实用新技术大全/黄炎坤，赵云焕主编. —北京：中国农业大学出版社，2011.12

ISBN 978-7-5655-0443-3

Ⅰ.①养… Ⅱ.①黄…②赵… Ⅲ.①鸡-饲养管理 Ⅳ.①S831.4

中国版本图书馆 CIP 数据核字(2011)第 237148 号

书　名　养鸡实用新技术大全
作　者　黄炎坤　赵云焕　主编

策划编辑　赵　中　　　责任编辑　韩元凤
封面设计　郑　川　　　责任校对　陈　莹　王晓凤
出版发行　中国农业大学出版社
社　址　北京市海淀区圆明园西路 2 号　　　邮政编码　100193
电　话　发行部 010-62818525，8625　　　读者服务部 010-62732336
　　　　编辑部 010-62732617，2618　　　出　版　部 010-62733440
网　址　http://www.cau.edu.cn/caup　　　e-mail cbsszs @ cau.edu.cn
经　销　新华书店
印　刷　北京时代华都印刷有限公司
版　次　2012 年 2 月第 1 版　2014 年 5 月第 2 次印刷
规　格　787×980　16 开本　26.25 印张　480 千字
印　数　5 001～8 000
定　价　38.00 元

编写人员

主　编　黄炎坤　赵云焕

副主编　赵金艳　霍文颖　刘　健　陈理盾
王　安　王彩玲

参　编　王鑫磊　范佳英　王娟娟　崔　锦
程　璞　薛英霞　段迎珍　司玉亭
王新建　马山才

前　言

养鸡生产是我国畜牧业生产中的重要组成部分，是投资少、周转快、商品率高的产业，也是我国农区广大农民创业的重要项目。

随着我国畜牧业发展方式的转变，规模化养殖、标准化管理、安全化生产已经成为现代养鸡业的重要标志。据有关资料显示，我国蛋鸡的规模化养殖比例已经超过 75%，而且存栏 5 万只以上的蛋鸡场数量增加非常快，相对而言存栏在 1 万只以下的小型蛋鸡养殖场则日渐减少；肉鸡的规模化养殖比例已经超过 85%，而且年出栏 50 万只以上的肉鸡场数所生产的肉鸡占肉鸡养殖总量的 60%以上。规模化养鸡生产的发展对鸡场内生产经营与管理的标准化要求明显提高，从生产设施、环境管理、卫生防疫、自动化控制、投入品监管、产品质量追溯体系等方面都赋予了新的内涵。

养鸡业的安全生产不仅关系到鸡场的生产经营效益，而且直接关系到消费者的健康，畜产品质量安全已经成为备受关注的话题。规模化养殖和标准化管理的目标在于提高鸡产品质量的安全性，养鸡生产的各个环节都要服务于肉蛋产品质量的保证。

本书内容基于规模化养鸡场的标准化管理，从养鸡生产的各个环节阐述有关的背景、实用知识和技术，力图为读者介绍更实用、更全面、更规范的养鸡知识和技术，为养鸡业的健康发展提供科学参考。

本书在编写过程中参考了大量先贤时俊的资料，同时也参阅了一些生产企业的具体生产管理制度和操作规程，使本书的内容更加丰富、更加贴近生产实际。在此向这些作者和企业表示感谢。书中所列的有些具体数据属于参考数据，可能会与实际有出入，在应用时要向当地专家进行咨询。限于作者水平，书中难免有不妥之处，敬请读者批评指正。

目　　录

第一章 我国养鸡业现状与发展趋势

第一节 我国养鸡业的现状

一、我国鸡的养殖量与产品产量

(一)蛋鸡养殖量与产量

自 1995 年开始,我国成为世界上蛋鸡存栏量最大、鸡蛋产量最多的国家。目前我国鸡蛋的人均占有量已经位居世界前列,但是鸡蛋的出口量很有限。正是鸡蛋的产量高、出口少、人均占有量大,国内鸡蛋消费市场的增长潜力十分有限。如果不注意扩大出口,很难使蛋鸡养殖业出现快速、高效的发展。

1. 蛋鸡存栏量

据 FAO 统计数据,世界蛋鸡的存栏量在近 20 多年来一直处于较快的增长时期,我国蛋鸡的存栏量在 2000 年之前的近 20 年中增长很快,之后的几年内增幅放缓。目前,我国的蛋鸡存栏量接近 25 亿只,占世界蛋鸡存栏总量的近 40%。

我国蛋鸡养殖分布不均匀,主要集中在中原地区,河北、河南、山东、江苏、安徽、湖北是蛋鸡养殖量比较大的省份,辽宁、北京和天津蛋鸡的饲养量也较多。其他省区的饲养量相对较少。

2. 鸡蛋产量

我国鸡蛋的产量从 1993 年开始至今一直位居世界第一位,目前,鸡蛋的总产量占世界鸡蛋总产量的 37%左右。

3. 鸡蛋人均占有量

我国鸡蛋的人均占有量位居世界前列,接近世界人均占有量的 2 倍,见表1-1。

表 1-1 鸡蛋人均占有量统计 千克/人

年 度	1995	2000	2005	2009
全世界	6.9	8.1	9.1	9.4
中国	11.0	13.6	17.5	18.1

4. 鸡蛋贸易情况

我国鸡蛋的进出口数量都很少,2008 年的出口量约为 11.93 万吨,出口量占生产总量的不足 0.5%;进口数量更少,2008 年的进口量为 2.87 万吨。

(二)肉鸡养殖量与产量

目前,我国鸡肉的产量仅次于美国而位居世界第二位。但是,与美国的产量相差较多。我国的鸡肉以内销为主,出口量还没有进口量大。

1. 世界主要地区肉鸡屠宰量

近年来肉鸡生产出现全球性地增加趋势,亚洲的增加幅度是最大的。

表 1-2 显示的是肉鸡主要生产国 2009 年的肉鸡屠宰量,美国、中国和巴西是三大巨头,其肉鸡屠宰量占全世界的 41%。但是,我国肉鸡的屠宰量只为美国的 79.5%。

表 1-2 2009 年肉鸡主产国的肉鸡屠宰量 亿只

国家	肉鸡屠宰量	国家	肉鸡屠宰量
美国	88.50	伊朗	7.20
中国	70.37	西班牙	6.70
巴西	52.11	加拿大	6.44
印度	14.00	日本	6.24
墨西哥	11.47	马来西亚	6.10
印度尼西亚	10.71	菲律宾	5.62
泰国	10.35	荷兰	5.59
法国	9.40	土耳其	5.10
俄罗斯	8.09	意大利	5.10
英国	8.08	委内瑞拉	4.88

2. 鸡肉产量

随着肉鸡养殖量和屠宰量的增加,鸡肉的产量也呈现增长趋势,欧洲和大洋洲的增加量略高于亚洲,而且美洲的增幅也接近亚洲。说明当前美洲、大洋洲和欧洲出栏肉鸡的体重明显大于亚洲。在亚洲,我国肉鸡的出栏体重明显偏小,主要是在肉鸡生产中占有约半壁江山的优质肉鸡出栏体重普遍较小。

各国鸡肉的生产非常不平衡,美国是世界鸡肉生产量最大的国家,中国居第二位,巴西居第三,三个国家的鸡肉产量占全世界的 49.26%,前 20 名鸡肉主要生产国的产量占世界总产量的 77.09%(表 1-3)。

表 1-3　2005 年主要鸡肉生产国的鸡肉产量　万吨

国家	鸡肉产量	国家	鸡肉产量
美国	1 602.6	法国	112.2
中国	1 014.9	加拿大	100.0
巴西	866.8	泰国	95.0
墨西哥	222.5	土耳其	94.0
印度	190.0	波兰	92.5
西班牙	132.0	南非	91.9
英国	130.9	马来西亚	86.0
印度尼西亚	124.5	伊朗	82.5
日本	124.0	阿根廷	78.5
俄罗斯	113.0	澳大利亚	73.6

尽管我国鸡肉产量占世界第二位，但是仅为美国的 63.3%。

3. 鸡肉的消费量

鸡肉是肉类消费中增长幅度较大的肉品，除了发达国家和地区鸡肉的消费量基本稳定外，绝大多数的发展中国家鸡肉的消费量都在增加，表 1-4 是部分国家或地区近年来鸡肉消费量变化情况统计数据。

表 1-4　部分国家或地区鸡肉消费量统计　千克/人

国家或地区	年　度		
	2000	2005	2010
中国内地	7.4	7.7	9.3
中国香港	34.7	38.6	37.9
中国台湾	28.7	28.7	27.3
俄罗斯	9.0	15.1	19.7
美国	40.6	45.3	43.0
日本	14.0	14.7	15.4
巴西	28.7	34.4	38.5
印度	1.1	1.7	2.2
墨西哥	21.4	26.7	29.6
欧盟 27 国	15.3	16.5	17.7
泰国	12.3	12.3	13.3
韩国	9.8	9.8	10.4
加拿大	28.1	29.5	29.0

4. 鸡肉的贸易情况

我国鸡肉的出口量远远小于进口量，但是出口的主要是分割肉和熟食制品，进口的则多为鸡翅、爪子等价格低廉的部分。据海关统计，2007 年我国出口鸡肉 12.5 万吨，价值 2.1 亿美元，比 2006 年(下同)分别增长 29.8%和 68.8%，进口 77.3 万吨，价值 9.2 亿美元，分别增长 35.4%和 1 倍，全年鸡肉净进口量达 64.8 万吨。

鸡肉的进出口地相对比较集中，2007 年内地对香港出口鸡肉 9.4 万吨，增长 16.1%，占当年鸡肉出口总量的 75.2%；此外，我国对东盟出口 1 万吨，增长 16.2 倍。同年，鸡肉自美国进口 50.8 万吨，增长 30.2%；自巴西、阿根廷分别进口 16.3 万吨和 10.2 万吨，分别增长 14.4%和 2.7 倍。

二、我国养鸡生产的区域分布特点

(一)不同地区鸡生产的特点

我国养鸡业发达的地区也是人口相对集中的地区。但是，在不同地区由于经济发展状况和自然气候条件的差异，尤其是各自不同的消费习惯，养鸡业形成了不同的地域分布特点。

1. 肉鸡的分布特点

白羽肉鸡生产主要集中在吉林、山东、北京、天津、河南、江苏和安徽等地，这 7 个省市的白羽肉鸡养殖量占全国总量的 70%左右。在长江以南其他省市白羽肉鸡的养殖量很少，北方其他省市的养殖量也不大。

各种类型的优质肉鸡主要产区是广东、广西、四川、河南、安徽、江苏、浙江、山东、重庆等地，这 9 个省市的优质肉鸡养殖量占全国总量的 80%左右。

2. 蛋鸡的分布特点

淮河以南各省市主要饲养的是褐壳蛋鸡和粉壳蛋鸡，黄河以北各省市也是以褐壳蛋鸡和粉壳蛋鸡为主，有少部分的白壳蛋鸡。总体看当前我国的鸡蛋中褐壳蛋能够占有 70%左右的份额，白壳蛋所占份额约为 15%，粉壳蛋和绿壳蛋占 15%左右。

我国蛋鸡的主要产业集聚区在河北、北京、河南、山东、山西、辽宁和江苏，这 7 个省市的蛋鸡存栏量和鸡蛋产量能够占全国的 60%以上。西部各省市蛋鸡和肉鸡的养殖量都不多。

(二)不同地区鸡蛋和鸡肉的消费差异

我国地域辽阔，不同地区人们的消费习惯存在差异，这也造成了对鸡和鸡蛋外观性状的要求有所不同。

东北地区、华北地区和西北地区对鸡肉和鸡蛋的外观要求不太严格，各种类型的肉鸡和鸡蛋都能够为消费者所接受；中原地区对于肉鸡的外观性状要求稍高些，黄羽和麻羽肉鸡的价格明显高于白羽肉鸡，公鸡的价格通常要比母鸡高，褐壳和粉壳鸡蛋在市场上的占有率很高而白壳蛋的占有率较低；华东和华南地区的消费者对肉鸡和鸡蛋的外观质量是比较挑剔的，他们主要购买的肉鸡是柴鸡、黄鸡和麻鸡，而白羽肉鸡的消费量较少，尤其是在广东基本上不饲养白羽肉鸡，而且母鸡的价格常常比公鸡高出许多，同样白壳鸡蛋在这些地方的销量也很低。湖北、四川和重庆也是在饮食方面比较讲究的地区，与南方有很多相似的地方，而且淘汰老母鸡在这些地方的销量比较大。

(三)生产经营模式

我国的养鸡业经过近 30 年的快速发展，逐步由小规模分散饲养模式向集约化模式转变，规模化和集约化养鸡生产是实现标准化生产的前提，是我国养鸡业发展的必由之路。

1. 肉鸡的生产经营模式

1995 年以前，我国的白羽肉鸡生产主要集中在中小规模的养鸡场和养鸡户，年出栏肉鸡规模超过 10 万只的肉鸡场很少。但是，自 1995 年之后规模化白羽肉鸡生产企业发展迅速，到目前年出栏肉鸡超过1 000万只的大型肉鸡生产加工企业在吉林、辽宁、北京、天津、山东、河南、江苏、福建、安徽都有一定的数量。规模化白羽肉鸡生产所占比重超过 80%，小规模的白羽肉鸡养殖比重逐年下降。

优质肉鸡生产主要是公司加基地（或农户）的模式占主导地位。但是，年出栏量超过1 000万只的大小企业数量不多。大多数企业的年出栏规模在 100 万～500 万只之间。

2. 蛋鸡的生产经营模式

1990 年以前国内的蛋鸡生产多数集中在中小型养鸡场和养鸡户，养殖规模在 1 万只以下的占绝大多数。1990 年以后养殖规模在 1 万～5 万只之间的规模化蛋鸡场数量增加很快，而规模在万只以下的则显著减少。目前，国内蛋鸡主要生产地区蛋鸡场的养殖规模依然集中在 1 万～10 万只之间。不过，一些规模超过 100 万只的特大型蛋鸡生产企业也开始出现。据农业部统计，目前全国蛋鸡的规模化养殖比重约为 76.7%。

3. 放养鸡的现状

作为规模化养鸡生产的补充，近年来利用林地、山地、果园进行鸡群放养的企业也在增加。放养鸡由于其鸡肉和鸡蛋品质优良而广受城市消费者的喜爱，其销售价格也很高，因此在今后若干年内还将处于发展过程中。但是，放养鸡群的规模相对而言较小，一个场内养殖量超过 2 万只的就不多。

第二节 我国养鸡业存在的问题与发展趋势

一、我国养鸡业存在的主要问题

1. 大多数企业规模偏小

我国从改革开放政策实施以来，养鸡总的养殖规模在不断扩大，单体企业的生产规模也在不断扩张。但是，从目前情况看，绝大多数养鸡场的规模偏小。在蛋鸡生产比较集中的河北、河南、山东、江苏、辽宁等省，生产规模在 5 万只以下的养殖场所饲养的蛋鸡能够占该地区蛋鸡养殖总量的 80％以上。许多地方，蛋鸡养殖场的规模在 0.3 万～3 万只之间。同样，肉鸡的规模化养殖也还没有达到一个较高的水平。

小规模的养殖企业存在有比较多的问题，如卫生防疫不严格，生产管理不规范，没有品牌意识，质量意识淡漠，环境污染严重，科技棚架问题突出，造成市场价格波动等。

2. 环境污染问题突出

鸡的生活和生产环境直接影响其健康和生产水平，也影响其产品的质量。由于养鸡生产过程中不断地产生污水、粪便，而作为有机肥使用又有明显的季节性，因此不可避免地存在污水蓄积、粪便堆积的问题。目前，污水和粪便处理主要是采用液态无氧发酵（生产沼气）和固态堆积发酵、高温烘干等方法。这些方法的使用又往往受到设备条件、处理成本等因素的制约而没有得到广泛应用。造成目前养鸡场环境被污水、粪便污染的问题十分突出。

2001 年 12 月份，国家环保总局颁布了《畜禽养殖业污染物排放标准》（GB 18596—2001），规定了规模化养殖场（蛋鸡场饲养规模在 1 万只以上）在 2003 年 1 月开始执行。但是，直到目前绝大多数养鸡场仍然没有在粪便、污水的无害化处理方面采用有效的行动。

环境污染使得蛋鸡的生活环境中病原微生物密度偏高，鸡群时刻面临传染病的威胁；地下水中硝态氮、细菌总数、矿物质总量等指标的超标也影响着家禽的健康和生产。在一定程度上说，当前禽病问题与环境污染有着密不可分的联系。

（1）恶臭对环境的污染　恶臭来自于饲料中蛋白质在肠道内的代谢终产物，或粪尿中多余的养分和代谢物经细菌分解产生的恶臭物质，包括氨、硫化氢、吲哚、硫醇等。恶臭不仅影响到鸡场工作人员的生活，而且能降低鸡的生产性能和增加鸡只的发病率。

(2)氮和磷的污染　鸡粪中含有大量的氮、磷化合物，如肉仔鸡日粮中约50%的氮和磷不能被机体利用而形成粪便中的成分。进入土壤后，这些氮和磷转化为硝酸盐和磷酸盐。当它们含量过高时，不仅会对土壤造成污染，使土壤表面有硝酸盐渗出，而且还能通过土壤冲刷和毛细管作用造成地下水和地表水的污染。若地下水被污染，需300年才可净化；而地面水被污染后，除大量滋生蚊蝇外，还造成水体富营养化，使藻类和其他水生植物大量繁殖，使水中的溶解氧减少，使鱼虾等动物因缺氧而死亡。水中生物的死亡和腐败产生多种有害物质，使水质恶化，不仅不能饮用，即使作灌溉用水，也会造成农作物的减产。

(3)重金属元素的污染　当今养鸡生产中大量使用的含砷促生长剂会通过粪便排出而对环境产生较大的污染。据测算，一个10万只肉鸡场若连续使用有机砷作促生长剂，15年后，周围土壤中的砷含量会增加1倍，那时，该地所产的多数农产品的砷含量都将超过国家标准而无法食用。

(4)生物病原污染　患病或隐性带病的家禽会随粪便排出多种致病菌和寄生虫卵，如沙门氏菌、鸡金黄色葡萄球菌、鸡传染性支气管炎和马立克病毒、蛔虫卵、球虫卵等。若不适当处理，这些病原体在粪便或土壤中能够存活几周、几个月的时间，会成为严重的传染源，造成疫病传播，不仅影响到畜禽的健康，也影响到人类的健康。

严重的环境污染是由于大多数养鸡场户不注意对粪便、污水和病死鸡进行无害化处理，随意堆放、丢弃所造成的。环境污染所造成的危害不仅限于造成环境污染的养鸡场户，而且会影响到周围养鸡场户的生产安全。

3. 疫病发生严重

无论是过去、现在和今后一段时期鸡病都将是影响我国蛋鸡业发展的制约因素。据有关资料报道，我国养鸡业中每年由于传染病所导致的蛋用鸡死亡数量超过1亿只、肉鸡的死亡数量超过4亿只，直接造成的经济损失约60亿元，造成的间接损失超过150亿元。其他疾病造成的经济损失40多亿元。

在国内许多蛋鸡、肉鸡主产区传染病的问题基本没有得到有效控制。尤其是对于小规模的养殖户，疾病问题更突出。造成蛋鸡疫病问题得不到有效控制的原因是多方面的，如缺少鸡群抗体监测技术和设备、基层养殖过程中疫病不能及时确诊、没有进行药物敏感实验的条件所导致的药物滥用、疫苗药物质量低劣、免疫接种和药物使用不规范、卫生防疫管理不严格等。现行的兽医管理体制和兽医从业规定所存在的许多漏洞，一些门诊兽医的职业道德不佳等在一定程度上也影响着家禽疫病控制的实效。

疫病问题不仅直接影响到了家禽的生产和健康水平，提高了生产成本，更重要的是对蛋品肉品卫生质量的影响，这也是我国鸡蛋鸡肉出口方面最大的障碍。据一些养鸡场户的生产实际问题可以发现，有不少的场户由于鸡群健康问题而导致产蛋率不能达到高峰，实际产蛋量与标准之间有15%左右的差距；肉鸡成活率低于90%，尤其在30日龄后死亡率显著升高。由于疾病感染所造成的卫生防疫成本升高，在个别场户每只蛋鸡达到2.5元以上。

4. 鸡蛋、鸡肉卫生质量问题多

在鸡蛋、鸡肉生产数量大幅度提高，满足消费量的需求后，无论是出口还是国内消费，消费者对蛋品肉品的质量已开始高度关注。从蛋的外观品质到内部质量都已经成为影响蛋品销路和销售价格的重要因素。

蛋的外观品质主要集中在蛋壳质地的均匀性和厚度、蛋壳颜色以及蛋重大小；蛋的内部品质的衡量则包括蛋黄颜色、蛋白高度、蛋内异物等物理学指标，生物学指标则主要是蛋内微生物的类型与数量，化学指标则以化学药物的残留量为主要评价依据。

由于鸡群的健康问题、所使用的饲料原料质量和药物等方面的原因，褐壳蛋鸡的蛋壳颜色常常出现深浅不一、蛋壳表面粗糙以及有黑褐色斑点附着的情况，这样的蛋所占的比例有时还比较高，影响着消费者的购买欲，而且不符合鸡蛋出口的标准；鸡蛋中沙门氏菌、大肠杆菌、支原体等病原微生物的阳性率偏高，某些特定的检测药物残留量超标也是我国鸡蛋出口的主要障碍。而且，这些问题也将成为今后小型养殖场户的鸡蛋进入国内大中城市消费市场的制约因素。

5. 生产设施条件差

许多中小规模养鸡场，其生产设施条件比较差，很难符合现代规范化养鸡生产要求，主要表现在以下几个方面。

(1)地势较低　在平原地区很多的养鸡场无法选择在地势高的地方建场，多数鸡场建在平坦的农田中甚至建在低洼的地方，这样就会造成雨后场区内积水，长期潮湿甚至导致鸡舍内湿度过高的问题。这样的鸡场在生产过程中产生的污水也很难排放出去，污水在场区内蓄积，造成场内土壤和地下水的污染。

(2)养鸡场内净污道不分　一些养鸡场在规划的时候没有把净道和污道严格区分开，出现交叉，人员和车辆来往在净道和污道之中，无形中造成场内的污染问题。

(3)鸡舍保温隔热效果差　一些鸡舍使用水泥瓦做屋顶材料，不仅透气而且冬不保温、夏不隔热，冬季室内温度可能降至0℃以下，夏季可能高于33℃。造成鸡群在冬季和夏季的生产性能和健康受到严重的不良影响。有些半开放式鸡舍、棚舍的保温隔热效果更差。

(4)环境控制设备安装使用不恰当　目前,养鸡生产中使用的环境控制设备有冬季加热设备(如热风炉、暖风机等)、夏季降温设备(纵向通风与湿帘降温设备、冷风机等),照明有自动控制仪。如果安装使用合理,鸡舍内的环境条件能够保持一个理想的状态,鸡群的健康和生产性能会表现良好。但是,许多养鸡场由于不同的原因,在环境控制设备的安装和使用方面存在不少问题,鸡舍内的环境没有达到理想状态,直接影响着鸡群的生产性能。

(5)卫生防疫设施不齐备　一些养鸡场没有门卫,大门形同虚设;进入生产区的消毒室没有脚踏消毒池、没有紫外线灯、没有更衣柜、没有洗浴或喷雾消毒设备。外来人员和场内人员能够不经过消毒进入生产区。没有高压冲洗消毒设备,场内道路几乎不进行冲洗消毒,鸡舍周转一批也没有用高压冲洗。多数养鸡场没有病死鸡焚烧炉或深埋井,死鸡随意浅埋或丢弃,甚至出售。粪便堆积场没有设置防渗漏、防雨淋设施,粪水四处流淌。这些问题都是导致一些养鸡场鸡病频发的根源。

(6)生产的自动化程度低　目前,还有近半数的鸡场依然采用人工清粪方式,有70%左右的鸡场采用人工喂料。这两项工作是养鸡场内最费时费力的工作,如果能够采用自动刮粪机和自动喂料设备则可以有效提高劳动生产效率。

6. 生产管理不规范

生产管理不规范主要体现在以下几个方面:

(1)生产管理制度不健全　许多养鸡场虽然制定了一些生产管理制度,但是存在不系统、不完善、不合理等方面的问题。无论是管理人员、工人或外来人员在场内的行为无据可依或不知道该做什么、不该做什么。

(2)操作规程不健全　养鸡场内的每个工作岗位、每个生产环节都要有各自的生产操作规程,合理的操作规程能够提示相应岗位的人员如何做好该岗位的工作。即便是一个新手也能够依据操作规程很快熟悉生产方法。

(3)生产档案管理不规范　生产档案能够反映一个养鸡场的实际生产过程、生产成绩、生产中的问题与经验。生产档案主要由生产记录表和生产成绩分析报告组成。一个生产档案管理规范的场,企业负责人和技术人员能够通过档案随时了解生产和经营状况,及时发现生产中存在的问题,也能够追溯问题产生的根源。

(4)饲养管理和卫生防疫技术操作不规范　在一些技术性较强的生产环节常常出现一些问题,如雏鸡断喙不当、接种疫苗时出现漏防、喂料时饲料抛洒、不按时启用环节控制设备等。

7. 品牌意识不够

许多养鸡场户生产的鸡蛋都是通过二道贩子向外批发的，能够自己进行鸡蛋清洗、烘干、消毒、喷膜、涂码、包装，然后向市场提供有商标的鸡蛋很少，尤其是在农村和中小城市。

很多养鸡场重视的是鸡群的生产性能，忽视的是产品质量。其根本原因之一也在于没有产品商标。

二、我国养鸡业的发展趋势

(一)发展特色性鸡产品生产

传统的养鸡生产方式所提供的鸡蛋、鸡肉产品在市场上占据了绝大多数的份额，已经成为居民餐桌上普通的食品。在普通食品得到满足的情况下，一些消费者就会有寻求新鲜、非常规、质量好的产品来满足其饮食需要，特色性的鸡产品也就应运而红。

1. 特色性鸡蛋产品生产

在国内大中城市的许多消费者目前非常看好土鸡蛋，其价格比普通的笼养鸡蛋高出许多。他们认为土鸡蛋在生产过程中没有使用配合饲料，土种鸡的抗病力强、疾病少，平时很少喂药，蛋的卫生质量和风味都比笼养鸡蛋好。事实上，真正的农户散养鸡所产的“土”鸡蛋确实如此，据我们的分析，土鸡蛋的干物质、蛋白质和脂肪、脂溶性维生素含量均比笼养鸡蛋高。食用时的口感也明显好。

目前，在国内市场销售的鸡蛋商品除常见的笼养鸡鸡蛋外，还具有多种特色，如土鸡蛋、绿壳鸡蛋、红心鸡蛋、保健蛋等一应俱全。这些特色性鸡蛋产品不仅售价较高，而且包装精美，常常被作为馈赠亲友的礼品。

我省西部和南部山区的自然条件适宜于发展散养鸡生产，豫西的卢氏、豫南的固始和豫北的鹤壁都形成了一定的规模，并有组织地进行了市场运作。

2. 特色性肉鸡产品生产

放养柴鸡是当前销售价格很高的肉鸡产品，因为放养柴鸡的生长速度慢、生长期长、采食野生饲料多、使用化学添加剂少、使用药物少、运动量大等因素，生产出的柴鸡鸡肉紧实度高、肉味香，药物和添加剂残留少，很符合现代城市消费者的消费要求。

虫子鸡是在杂交肉鸡散放饲养过程中充分利用野生的昆虫或其他小动物(如蚯蚓、黄蛴螬等)，也可以利用人工养殖的昆虫(如蚂蚱、蝇蛆、黄粉虫等)作为鸡饲料的重要组成部分。这样生产出的肉鸡肉味鲜美，也受消费者欢迎。

贵妃鸡、菊花鸡、元宝鸡、丝羽乌骨鸡等是外貌特征有别于普通鸡的特殊品种，一般的生长速度慢，常常按特种禽类的形式在市场以高价销售。

（二）发展集团化合作经营模式

中国养鸡产业的风云变幻、周期性起伏，使生产和经营者意识到，养鸡企业要想持续、健康发展，必须从传统的管理模式向现代化模式转变。

无论是适应国内大中城市农牧产品市场准入制还是在鸡蛋、鸡肉出口方面都需要有大型企业集团作为支撑。这就要求在今后一段时期内我国的养鸡业在经营模式上要进行转型，除大型养鸡场（如存栏蛋鸡超过50万只、年出栏肉鸡超过1 000万只）可以自主进行产业化经营外，更多的中小型养鸡场户应该按照区域逐步组成一些大型的集团公司或联合体。

大型的养鸡集团公司或联合体是解决当前我国养鸡小规模分散生产和经营落后模式的根本途径。在集团和联合体内实施品牌战略，实行统一技术指导和经营管理规范。这不仅有助于解决科技棚架问题，对于产品的出口贸易和适应大中城市农牧产品市场准入制也是十分必要的。

（三）加强鸡场污染的综合治理工作

我国养鸡业发展过程中，基本没有对生产所造成的环境污染给予应有的重视，鸡粪随地堆放、污水四处流淌、死鸡随便丢弃或出售的现象十分普遍，这也是造成疾病难以有效控制的重要原因。据报道一个饲养1万只蛋鸡的鸡场，年排出粪污约420吨，全国畜禽养殖场产生的粪污中只有5%被简单处理后利用，其他都不加处理随意排放，对环境造成的污染已经到了很严重的程度。国家环保总局已经制定发布了《畜禽养殖业污染物排放标准》，但是在贯彻落实过程中还需要更多的努力。

目前，我国在畜禽粪水无害化处理方面还缺少有效的适应技术方法，但是在许多企业内都存在着可以明显改善的潜力，包括对贮粪场的改造、鸡粪的发酵和干燥处理等。

一些地方政府为了加强畜禽粪便的无害化处理与资源化利用进程，制订相应的制度进行管理，如在本地域内要申报无公害蔬菜、水果产品或产地认证，必须使用本地生产的专用有机肥。这种方法可以借鉴。

（四）提高养鸡场规范化管理水平

目前，国家和我省已经制定了种畜禽管理条例，但是在实际生产中能够认真贯彻执行的很少。在技术管理层面上同样广泛地存在管理不规范的现象，例如消毒管理、病死鸡处理、鸡群的日常管理、环境管理等。这也是目前我国蛋鸡场在管理上与先进国家和地区存在较大差距的地方。提高鸡场规范化管理水平也是提高鸡单产的主要途径，按照当前我国的鸡蛋产量不变，还有减少15%左右饲养量的潜力可挖。

提高企业的经营管理水平也是今后需要下工夫的方面，尤其是提高养殖场主的科学和文化素质。目前，我国绝大多数蛋鸡生产场户的主人学历层次和文化程度低，缺乏现代化企业经营管理理念和科学决策意识，这也是造成我国蛋鸡业生产水平低、管理混乱的主要原因。

(五)提高产品的卫生质量

鸡产品的卫生质量主要是指鸡蛋、鸡肉中微生物污染、药物(包括激素类制剂、有害元素等)残留问题。其中一些对消费者的健康具有重要的不良影响。因此，改善鸡的饲养环境条件、加强疫病控制、严格限制鸡饲料添加剂中对人体有害的添加剂的应用是提高养鸡产品卫生质量的关键。

(六)生产专业化分工

随着养鸡生产专业化程度的提高，不同养鸡场的分工也会更加专业化。如肉鸡生产体系当中，有的场专门饲养肉种鸡，有专门的孵化厂、有专一的商品肉鸡养殖场；在蛋鸡生产体系中，有专门的后备鸡养殖场(饲养14～17周龄前的鸡)和专门的成年蛋鸡养殖场(饲养育成后期到产蛋的鸡)。专业化分工程度越高，生产管理越方便。

(七)提高机械化、自动化水平

在养鸡生产中实现机械化和自动化是提高劳动生产效率、提高生产控制的精准性、降低劳动强度的必由之路。目前，在一些大中型养鸡场基本已经实现了清粪、饮水的自动化，一些场内还实现了喂料自动化，这对降低劳动强度和提高生产效率的作用非常明显。一些蛋鸡场还实现了蛋的收集、分拣自动化。其他一些自动化控制系统如照明控制、消毒控制、环境设备运行控制、生产过程监控等也在一些鸡场开始应用。

(八)提高生产者的质量和品牌意识

通过提高生产者的质量和品牌意识，达到提高蛋品质量的最终目标。尤其是今后在蛋品的注册商标方面要求会更严格，经营和消费者对商标的重视程度会更高。这些需要通过加强环境治理、严格卫生防疫制度、为鸡群创造良好的环境条件、科学配制饲料、规范生产过程等具体环节来实现。品牌是产品质量、信誉度的标志，产品的竞争就是品牌的竞争，品牌给消费者以信心，是核心竞争力，消费者对同一种产品的选择，很大程度上取决于该种品牌在其心目中的熟识和认可程度。以品牌带动产业发展应成为家禽业的发展方向。

第三节　养鸡业发展应具备的基础条件

一、生产者和经营者要有良好的素质

1. 高度的敬业精神

因为养鸡生产的对象是活的蛋鸡和肉鸡，其生理状况、健康状况、生产性能容易受各种外界因素的影响。生产中的某些环节可能是费心、费力、费时的，但是对生产影响又是直接且重大的，如育雏需要昼夜值班以观察雏鸡对周围环境的反应，免疫接种时需要保证疫苗接种的数量、部位的准确性，在孵化过程中需昼夜值班以了解孵化设备的运行是否正常等。

养鸡生产中许多环节是需要细心观察、耐心处理的，如果对工作的责任心不强、处理问题粗心则常常导致严重的后果。在生产实践中，一些规模化养鸡场不同鸡舍鸡群的生产性能存在明显差异，其中的重要原因之一就在于不同鸡舍饲养员责任心的不同。

2. 良好的技术素质

养鸡生产是一门专业技术，其中的各个环节看似简单，但是要真正做好并不是件容易的事情。因此，从事养鸡生产的人不仅要具备必要的思想素质、资金条件，更要有科学意识和技术水平。对生产中的各个环节不仅要愿意去做，还要知道如何去做，怎样做好。

3. 管理素质

养鸡生产企业与其他企业一样，在生产和经营管理中有很深的学问，尤其是在市场经济条件下，鸡蛋、鸡肉市场价格和需求类型变化频繁。如果不能很好地确定经营理念、制定经营策略，加强企业内人事、财务、物资、技术和质量管理，则很难在市场竞争中站稳脚跟。

二、要时刻了解和把握市场需求变化

饲养业是我国跨入市场调节机制最早的行业，生产效益在很大程度上是由产品的市场价格所决定的。

作为养鸡生产和经营者来说，在进行投资之前需要对市场的需求进行广泛的调查，了解市场对某种产品的需求量和供应情况。对于那些市场需求量较小、市场供应比较充足的产品要慎重投资。

任何一种商品的市场供需情况不会一直稳定不变，都处于波动的变化过程之中，而这种变化通常体现在商品的价格上。同时，这种变化是有一定规律的，对于经营者来说需要通过分析市场行情来把握市场变化的规律，决定饲养的时间和数量等，使产品在主要供应市场阶段与该产品的市场高价格时期相吻合。只有这样才能获取更高的生产效益。

开发市场也是提高养鸡生产效益的重要措施，一些鸡所特有的经济学特性或产品优势还不为消费者所了解，需要通过宣传才能够让消费者认识、了解和接受。

三、鸡的品种质量要好

品种是蛋鸡生产的重要基础条件，不同的品种其生产性能有很大差别。作为优良品种应该具备的条件有以下几点：

1. 主要产品符合市场(消费者)的需要

不同地区的消费者对产品质量的认可是有很大差别的，如在华南各地人们喜欢褐壳蛋、粉壳蛋和绿壳蛋，而在华北地区则对褐壳蛋和白壳蛋无明显的偏向性；在北方城市中绿壳蛋的价格会比褐壳蛋和白壳蛋高很多。在选择蛋鸡品种时要考虑当地人们对禽蛋外观质量性状的偏爱性。同样，在南方各省市喜欢消费黄羽或麻羽肉鸡，而对白羽肉鸡没有太大的兴趣。两广地区母鸡的销售价格高于公鸡。

2. 要有良好的生产性能表现

尽管目前大多数蛋鸡配套系的种源相同或相似，但是各个品种之间的生产性能会有一定的差别，在不同类型蛋鸡之间这种差别可能会更大。如一般的褐壳蛋鸡和白壳蛋鸡年产蛋数能够达到 280 个左右，而绿壳蛋鸡一般不会超过 200 个；优质肉鸡 70 日龄体重约 1.5 千克，快大型肉鸡 42 日龄达到 2.2 千克以上。由此可见，选择生产性能高的品种对于提高生产水平是十分重要的。

3. 要有良好的适应性和抗病力

有的品种在某些地区(尤其是原产地)能够表现出良好的生产水平，但是引种到其他地区后则生产性能或抗病力明显下降。这对于引种者来说可能会造成很大的经济损失。

四、要有良好的生产设施与环境

合格蛋鸡的生产设施能够为蛋鸡提供一个良好的生活和生产环境，能够有效地缓解外界不良条件对蛋鸡的影响。此外，还可以降低生产成本、提高劳动效率。

多数蛋鸡生产过程基本是在舍内进行的，舍内环境对蛋鸡的健康和生产有着直接影响。由于生产设施对禽舍内环境影响很大，能否保持舍内环境条件的适宜是衡量生产设施质量的决定因素。

蛋鸡舍和设备的投资也是生产成本的重要组成部分，合理利用当地资源，在保证设施牢固性和高效能的前提下降低投资也是降低生产成本的重要途径。

各项环境条件（温度、湿度、空气质量、光照、噪声等）都会对蛋鸡的健康和生产产生影响，各种类型的禽类对环境条件的要求也有差异。必须要结合各种禽类的具体要求为其提供适宜的生活环境。

环境污染是造成当前我国蛋鸡生产过程中疫病问题频发的根本原因，也是造成蛋鸡生产能力低下的重要原因。许多蛋鸡养殖场户由于在生产中不注意粪便、污水和病死禽的无害化处理，导致生产环境被严重污染，使蛋鸡生活在一个充满威胁的环境中，任何因素造成的机体抵抗力下降都可能导致疾病的暴发。

五、科学配制鸡饲料

鸡的生产水平是由遗传品质所决定的，而这种遗传潜力的发挥则很大程度上受饲料质量的影响。没有优质的饲料任何优良品种的鸡都不可能发挥出高产的遗传潜力。

由于鸡自身的生物学特性和特殊的饲养方式，不同类型鸡的饲料配合要求有明显的区别，必须按照不同类型、阶段鸡的生产要求配制饲料。

饲料质量不仅影响鸡的生产水平，而且对产品质量影响也很显著。如屠体中脂肪含量、蛋黄的颜色深浅等。有些饲料营养成分还能够进入肉或蛋内，进而影响肉和蛋的质量。

六、严格防治疫病

由于我国蛋鸡生产主要集中在广大农户，呈现出大群体、小规模分散饲养的生产和经营方式，给疫病的防治工作带来很大困难，也使疫病成为当前威胁蛋鸡生产发展的主要障碍。

疫病发生不仅导致蛋鸡死亡率增加、生产水平下降，生产成本增高，而且还直接影响到产品的卫生质量。疫病问题也是造成部分蛋鸡饲养场、户生产失败的主要根源。疫病防治需要采取综合性的卫生防疫措施，单纯依靠某一种措施或方法是难以达到防治目的的。

七、蛋鸡的饲养管理技术要规范

饲养管理技术实际上是上述各项条件经过合理配置形成的一个新的体系，包含了上述各环节的所有内容。它要求根据不同生产目的、生理阶段、生产环境和季节等具体情况，选择恰当的配合饲料、采取合理的喂饲方法、调整适宜的环境条件、采取综合性卫生防疫措施，满足蛋鸡的生长发育和生活需要，创造达到最佳的生产性能的条件。

八、要具备一定的经济基础

一只蛋鸡的固定投资约需 50 元，一只蛋鸡从育雏到产蛋需要投入 30 元左右。对于商品肉鸡，采用一般的建筑设施，每只鸡的固定投资约需 35 元，从进雏到出栏一只肉鸡的生产投入约 16 元。这种投资额度受不同地区建筑材料价格、不同时期饲料和肉鸡苗价格的影响比较大。

九、要有合适的场地

场地既要高燥又要供水充足，既要交通方便又要有利于隔离与防疫。对于商品蛋鸡场，如果采用有窗鸡舍、3 层阶梯式鸡笼饲养方式，存栏 2 万只蛋鸡需要占地约 10 亩；采用密闭式鸡舍、3 层阶梯式鸡笼饲养方式，存栏 2 万只蛋鸡需要占地约 8 亩。对于商品肉鸡场，每批出栏 10 万只肉鸡，约需占地 35 亩。

鸡场占用土地的数量受饲养方式、鸡舍类型和大小的影响比较大，上述参数的变动范围可能达到 20%以内。

第二章　鸡的生物学与经济学特性

第一节　鸡的生物学特性与利用

一、新陈代谢旺盛

新陈代谢旺盛主要体现在以下三个方面：

(1)体温高　鸡的体温比家畜高很多，成年鸡的体温为40.5～41.8℃，幼雏的体温比成年鸡略低。相比之下鸡需要消耗较多的营养物质用于保持其较高的体温。

(2)心率快　成年鸡的心跳频率为160～200次/分。雏鸡比成年鸡的频率高，雌鸡比雄鸡的频率高。

(3)呼吸频率高　成年鸡的呼吸频率为25～100次/分。雏鸡的呼吸频率比成年鸡高。

二、抗病力低

由于养鸡采用集约化生产方式，饲养密度高，容易造成环境条件的恶化，一旦个别的鸡感染疾病则很容易在群内扩散。

此外，鸡的解剖生理特点也影响到其抗病力：

(1)鸡的肺容量小，有气囊　气囊分布在颈部、胸部和腹部，一些病原微生物通过呼吸系统进入体内后会造成大范围的侵害。

(2)没有横膈膜　胸腔和腹腔没有横膈膜阻隔，两者是连通的，腹腔内的感染容易引起胸腔继发感染。

(3)没有淋巴结　缺少了部分免疫组织器官，在一定程度上影响到其抗病力。

(4)泄殖腔为生殖道和消化道的共同开口　在鸡的泄殖腔内既有生殖道的开口，又有消化道和泌尿系统的开口，有些病原体会经过泄殖腔在消化道和生殖道之间互相感染。蛋在产出的时候经过泄殖腔也容易被泄殖腔内的粪便或附着的病原体污染。

三、耐寒怕热习性

由于鸡体表大部分被羽毛覆盖，加上羽毛良好的隔热性能，其体热的散发受到阻止，在夏季酷暑的气温条件下，如果无合适的降温散热条件则会出现明显的热应激，造成产蛋减少或停产。但是，由于鸡全身覆盖羽毛，在冬天能够阻挡冷风对皮肤的刺激，因此其耐寒性比较强。

在实际生产中不要由于鸡有耐寒习性就忽视保温问题，在我国华北、东南、华南、西南、中原地区虽然冬季温度低，但是不会影响到成年鸡的生存。然而，如果温度低则会影响鸡群的生产性能，如饲料效率降低、生产性能下降等。因此，做好鸡舍的冬季保温甚至加热对于保证鸡群良好的体质和生产性能是至关重要的。

夏季的高温很容易造成鸡的热应激，导致采食减少、饮水增多、粪便变稀、生长减慢、产蛋下降、疾病增多等问题的出现，甚至会出现热死鸡的现象。因此，夏季防暑在蛋鸡和肉鸡生产中都是不可忽视的措施。

四、繁殖习性

(1)卵生　与哺乳动物相比，鸡的繁殖过程有其独特性，其胚胎发育分为母体内和母体外两个阶段。而家畜的胚胎发育过程则是全部在母体内完成的。鸡胚胎发育的母体内阶段是在蛋的形成过程中。当卵巢上的卵泡成熟后发生排卵，卵被输卵管漏斗部接纳后在该部位与精子接触并开始受精过程，当蛋到达输卵管峡部的时候受精过程完成并开始第一次合子的细胞分裂，此后胚胎在子宫部不断进行细胞分裂，当蛋产出的时候就发育到了囊胚期或原肠胚早期。当蛋产出体外后胚胎停止发育，进入休眠状态。当环境条件适宜的时候(母鸡抱窝或人工孵化)胚胎在母体外继续发育直至成为一个雏鸡。

在现代孵化生产中，由于胚胎在母体外发育期间不再与种母鸡发生关系，但是母鸡本身的营养状况、健康状况依然会通过影响种蛋而影响胚胎发育过程。

(2)就巢习性　就巢是鸡在进化过程中形成的一种繁殖行为，在人工孵化技术开始应用之前，鸡(也包括其他家禽)都是通过就巢孵化后代的。就巢期间母鸡采食和饮水减少、停止产蛋，经常呆在鸡窝内卧在鸡蛋上进行孵化。由于就巢鸡不产蛋，在现代养鸡生产中就巢就成为一种不良性状，经过系统选育能够使鸡的就巢行为减弱或消失。目前，白壳蛋鸡基本上已经没有就巢习性，褐壳蛋鸡、白羽肉种鸡偶尔表现出较弱的就巢行为，土种鸡的就巢性还比较明显。

(3)无季节性　鸡没有繁殖季节性，只要饲料营养充足、环境条件适宜，种鸡、母鸡就能够一年四季产蛋。因此，在养鸡生产实践中必须为鸡群创造良好的生产条件。

五、换羽习性

雏鸡出壳后全身长满绒毛，在4日龄前后绒毛开始脱落并长出青年羽，这个过程大约在5周龄时完成，7周龄时青年鸡的羽毛开始脱换并长出成年羽，这个过程大约在17周龄完成。

舍饲的成年鸡在经历一个产蛋年度后随着产蛋率的降低逐渐开始换羽。放养的成年鸡一般到第二年的夏末冬初开始换羽，换羽时间对于一个个体大约需要7周时间，对于一个群体则需要10～13周时间。在蛋鸡或种鸡饲养中，可以在50～65周龄期间进行强制换羽。被强制换羽的鸡群大约经过6周时间基本完成换羽过程并开始新的产蛋期。

六、合群习性

鸡是群居性动物，喜欢大群生活在一起。而且，大群饲养也能够和谐相处。但是，如果一群鸡在一起生活时间长，相互熟悉，此时若将一只陌生的个体放入群内则会受到群内大多数鸡的攻击，直到几天后才会相安无事。

在养鸡生产中，鸡群可以小群饲养也可以大群饲养。但是，如果调群则要小心，不能经常调群，以免一个个体进入另外群内后受到攻击。尤其是公鸡，在混群后的打斗现象更突出。

七、胆小习性

鸡胆小、容易受惊吓。无论雏鸡还是青年鸡、成年鸡，受到惊吓后出现惊群，会造成部分个体的伤残甚至死亡。突然的响声（如汽车鸣喇叭、人员大声喊叫、窗户扇的摆动、工具翻倒的碰撞）、陌生人和其他动物的靠近、雷鸣电闪、灯光的晃动都会引起惊群。惊群的鸡其生长速度或产蛋性能都会受到严重影响。因此在养鸡生产实践中必须注意防止惊群现象的发生。

八、沙浴习性

地面平养的鸡群会表现出喜欢沙浴的习性。尤其是当鸡群到舍外运动场活动的时候，会在沙土地上用爪和喙在地面刨坑，当有一个小坑的时候鸡就会窝在里面将疏松的沙土揉到羽毛下，过一会儿再抖动羽毛将沙土抖下。通过沙浴鸡可以预防体表寄生虫的发生，还可以在沙土中啄食一些沙粒、草根、虫子等。

九、栖高习性

鸡的祖先为了躲避敌害，在夜间往往栖息在较高的树枝上，在鸡被驯化后依然保留了这种习性。除白羽肉鸡由于体格大、体躯重，不能高飞外，蛋用鸡、优质肉鸡和柴鸡都还有一定的飞高能力。

在平养鸡群的生产中要注意在鸡舍内设置栖架让鸡只夜间卧在栖架上，既可以减少地面鸡只的密度，又可以保持羽毛的干净和卫生。对于放养鸡群还要注意在场地周围设置的围网高度不能低，以免鸡只飞蹿出去而丢失。

第二节 鸡的经济学特性

一、繁殖潜力大

鸡的年产蛋数可高达 300 个/只，蛋用鸡种多数达到 280 个左右。但是，一些地方鸡种的产蛋数比较少，年产蛋只有 150 个左右，如果通过选育能够进一步提高其产蛋量。蛋用家禽的产蛋性能高，蛋鸡 18 周龄达性成熟，1 个产蛋年度内的产蛋量能够达到 17 千克左右，约为其自身体重的 9 倍。肉种鸡的年产蛋数量在 180 个左右，每年能够提供雏鸡 150 多个。

二、饲料效率高

高产蛋鸡每生产 1 千克鸡蛋只需要消耗 2.3～2.5 千克的饲料，快大型肉鸡体重增长 1 千克约消耗 2 千克的饲料。

三、生产周期短

白羽肉鸡目前的上市日龄在 35～45 日龄期间，体重能够达到 1.7～2.4 千克。一个鸡舍一年可以饲养 5～6 批。一批肉鸡从进雏开始投资到出售只有 1 个多月的时间，资金周转快。

优质肉鸡的饲养期在 60～120 天之间。相对于大多数的家畜而言，其生长期也是比较短的。如果能够合理搭配育雏期和育肥期，一个鸡舍一年能够饲养 4～6 批。

蛋鸡的饲养周期相对较长，从雏鸡出壳到开始产蛋大约需要 19 周的时间，一般产蛋期可以利用 50 周。

四、产品营养丰富

鸡蛋是营养最全面、消化吸收效率很高的食品，适合各个年龄的人食用；鸡肉是良好的补养品，仔鸡肉中蛋白质含量高而脂肪含量低，肉的消化吸收率很高，是很好的动物性食品。

第三节 鸡的外貌特征

一、鸡的外貌

(一)外貌部位

鸡的外貌部位大体可以分为头部、颈部、体躯与翅膀、尾部和腿5个部分(图2-1)。

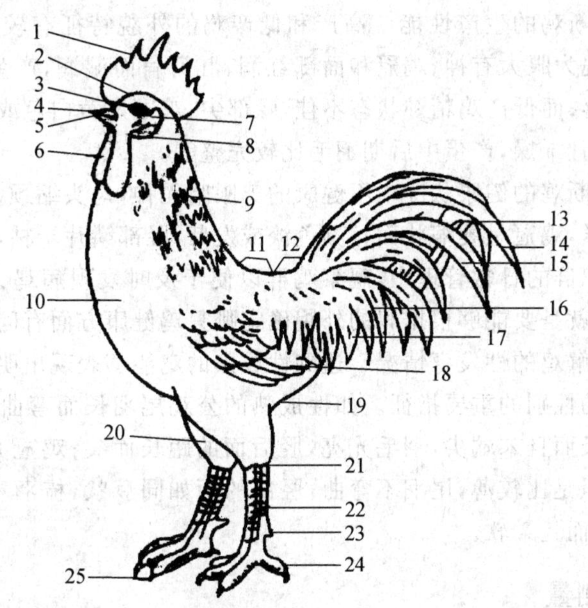

图2-1 鸡的外貌部位

1. 冠 2. 头顶 3. 眼 4. 鼻孔 5. 喙 6. 肉髯 7. 耳孔 8. 耳叶 9. 颈和颈羽 10. 胸 11. 背 12. 腰 13. 主尾羽 14. 大镰羽 15. 小镰羽 16. 覆尾羽 17. 鞍羽 18. 翼羽 19. 腹 20. 小腿 21. 踝关节 22. 跖(胫) 23. 距 24. 趾 25. 爪

(1)头部　鸡的头部包括喙与鼻孔、面部、鸡冠、髯、眼睛、耳叶与耳孔等。

(2)颈部　鸡的颈部较长,转动比较灵活。

(3)体躯与翅膀　鸡的体躯包括胸、背、腰和腹 4 部分;双翅贴于体躯两侧。

(4)尾部　主要是生长在尾综骨上的尾羽和尾脂腺。

(5)腿　包括大腿部、小腿部、胫部和趾。

(二)外貌识别在生产中的应用

(1)用于判断鸡的生产类型　通常肉用型鸡的外貌特征是头部粗大,颈部粗且较短,胫部粗,胸部宽深;蛋用型鸡头部清秀,颈部细长,胸部较小而腹部较大,胫部较细。因此,在鸡的选育过程中需要考虑一些外貌特征,如用于肉用的种鸡要求胸要宽深、腿要粗壮,头部粗大。

(2)用于推断鸡的年龄　年龄越大则羽毛越粗乱,胫部和趾部鳞片干燥,爪长而弯曲,鸡的距长而尖有弯曲,喙部粗糙。在市民选购柴鸡时,区别真假柴鸡,这是重要的判断依据。

(3)用于推断鸡的生产性能　高产和低产鸡的外貌特征有较为明显的不同。如高产蛋鸡表现为眼大有神、鸡冠和面部红润、肛门扁而湿润,产蛋中后期羽毛粗乱甚至有些脱落;而低产鸡精神状态不佳,喙部尖、鸡冠发黄白色或紫红色、面部黄红色,肛门圆而且干燥,产蛋中后期羽毛比较完整等。

(4)用于判断鸡的健康状况　不健康的鸡眼睛无神,勾头缩颈、羽毛散乱,双翅与体躯贴的不紧,鸡冠呈萎缩状而且颜色淡或发紫,胫部鳞片干枯,体躯瘦,腹部过大或过小。在鸡群的日常管理中,观察鸡群以便于及时发现病鸡、查找病因,防微杜渐,很重要的就是要能够根据鸡的外貌确定哪只鸡健康方面有问题。

(5)用于了解鸡的性发育情况　达到性成熟的鸡能够表现出明显的第二性征,这也是判定鸡的性别的重要指征。如性成熟的公鸡尾羽长而弯曲,颈部的梳羽和腰荐部的鞍羽长而且末端尖,羽毛光亮,胫后面的距长而尖;鸡冠大而红润。成年母鸡鸡冠红润但是比较薄,尾羽不弯曲,胫部的距如同豆状,梳羽和鞍羽短而且末端钝圆,腹部大而且柔软。

二、体尺测量

(一)体尺指标

(1)体斜长　用皮尺沿体表测量锁骨前上关节至坐骨结节间距离(厘米)。

(2)胸宽　用卡尺测量两肩关节之间的距离(厘米)。

(3)胸深　用卡尺测量第一胸椎到胸骨前缘间的距离(厘米)。

(4)胸角　用胸角器在胸骨前缘测量两侧胸部角度。

(5)胸骨长　用皮尺测量体表胸骨前后两端间的距离(厘米)。

(6)骨盆宽　用卡尺测量两坐骨结节间的距离(厘米)。

(7)胫长　用卡尺测量胫部上关节到第三、四趾间的直线距离(厘米)。

(8)胫围　胫骨中部的周长(厘米)。

(9)半潜水长　用皮尺测量从嘴尖到髋骨连线中点的距离(厘米)。

(10)颈长　头骨末端至最后一根颈椎间的距离(厘米)。

(二)体尺测量在生产中的应用

(1)是描述一个品种的重要指标　任何一个鸡品种在描述其特征和性能的时候都要提及部分体尺数据。许多蛋鸡育成期的饲养管理指标把胫长作为一个重要指标,而在肉鸡选种时常把胫围、胸宽等作为重要选育指标。

(2)是判断鸡发育的重要指标　鸡的生长发育情况主要从体尺和体重两方面进行衡量。

(3)是评价生产性能的参考指标　一些体尺指标能够反映鸡的生产性能,尤其是肉用性能(如胸宽、胸深、胸角、胫围等)。

第三章 养鸡设备与鸡场建设

第一节 养鸡设备

不同的自动化养鸡水平和不同的饲养方式对设备的要求不同，但基本的要求是轻巧灵活，体积小，易搬动，转动平稳，无噪声，响声轻微；调节方便，容易操作；结构简单，易于修理；节省能源，安全可靠，便于消毒，经济耐用。以下是最基本的养殖设备。

一、饲喂与供水设备

(一)饲养设备

1. 育雏笼

(1)叠层式电热育雏笼 在每层笼内都设有电加热器和温度控制装置，可保证不同日龄雏鸡所需的温度。每层设有加热笼、保温笼和运动笼。刚出壳的雏鸡只能在加热笼内活动，随日龄增加可逐渐扩大其活动范围。加热笼和保温笼前后都有门封闭，运动笼前后则为网。雏鸡在加热笼和保温笼内时，料盘和真空饮水器放在笼内。雏鸡长大后保温笼门可卸下，并装上网，饲槽和水槽可安装在笼的两侧，每层笼下设有粪盘，人工定期清粪(图 3-1)。

图 3-1 叠层式电热育雏笼

(2)叠层式育雏笼　指无加热装置的普通育雏笼,常用的是4层或5层。整个笼组用镀锌铁丝网片制成,由笼架固定支撑,每层笼间设承粪板,间隙50～70毫米,笼高330毫米(图3-2)。此种育雏笼具有结构紧凑、占地面积小、饲养密度大,对于整室加温的鸡舍使用效果不错。

图3-2　叠层式育雏笼

2. 育成笼

育成笼(图3-3)从结构上分为半阶梯式和叠层式两大类,有3层、4层和5层之分,可以与喂料机、乳头式饮水器、清粪设备等配套使用。根据育成鸡的品种与体形,每只鸡占用底网面积在340～400厘米^{2}之间。

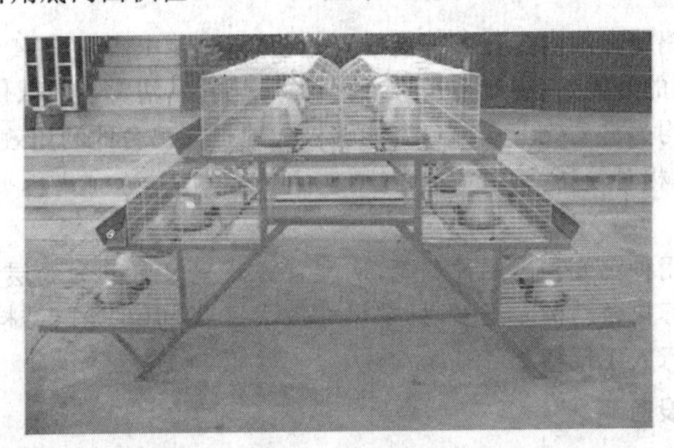

图3-3　育成笼

3. 蛋鸡笼

我国目前生产的蛋鸡笼(图 3-4)有适用于轻型蛋鸡的轻型鸡笼和适用于中型蛋鸡的中型蛋鸡笼,多为 3 层全阶梯或半阶梯组合方式。由笼架、笼体和护蛋板组成。笼架由横梁和斜撑组成,一般用厚 2.0～2.5 毫米的角钢或槽钢制成。笼体由冷拔钢丝经点焊成片,然后镀锌再拼装而成,包括顶网、底网、前网、后网、隔网和笼门等。一般前网和顶网压制在一起,后网和底网压制在一起,隔网为单网片,笼门作为前网或顶网的一部分,有的可以取下,有的可以上翻。笼底网要有一定坡度,一般为 6°～10°,伸出笼外 12～16 厘米形成集蛋槽。笼体的规格,一般前高40～45 厘米,深度为 45 厘米左右,每个小笼养鸡 3～5 只。护蛋板为一条镀锌薄铁皮,放于笼内前下方,下缘与底网间距 5.0～5.5 厘米。每小笼装鸡数根据国内外的饲养试验,以每小笼饲养 3～4 只鸡的效果最好。

图 3-4 蛋鸡笼

叠层式蛋鸡笼在国内少数养鸡场已开始使用,鸡笼上下重叠,4～6 层,每层之间有 12 厘米高的间隔,其中有传送带承接和运送粪便,清粪、喂饲、供水、集蛋以及环境条件控制均为自动化。这种鸡笼能够极大地提高鸡舍的利用效率和劳动生产效率,但是成本相对较高。

4. 种鸡笼

可分为蛋用种鸡笼和肉用种鸡笼,从配置方式上又可分为 2 层和 3 层。种母鸡笼与蛋鸡笼养设备结构差不多,只是尺寸放大一些,但在笼门结构上做了改进,以方便抓鸡进行人工授精。

(二)供料设备

1. 料塔

用于大、中型机械化鸡场,主要用作短期储存干粉状或颗粒状配合饲料。

2. 输料机

输料机是料塔和舍内喂料机的连接纽带，将料塔或储料间的饲料输送到舍内喂料机的料箱内。输料机有螺旋弹簧式、螺旋叶片式、链式。目前使用较多的是前两种。

(1)螺旋弹簧式　螺旋弹簧式输料机由电机驱动皮带轮带动空心弹簧在输料管内高速旋转，将饲料传送入鸡舍，通过落料管依次落入喂料机的料箱中。当最后一个料箱落满料时，该料箱上的料位器弹起切断电源，使输料机停止输料的作用。反之，当最后料箱中的饲料下降到某一位置时，料位器则接通电源，输料机又重新开始工作。

(2)螺旋叶片式　螺旋叶片式输料机是一种广泛使用的输料设备，主要工作部件是螺旋叶片。在完成由舍外向舍内输料作业时，由于螺旋叶片不能弯成一定角度，故一般由两台螺旋叶片式输料机组成，一台倾斜输料机将饲料送入水平输料机和料斗内，再由水平输料机将饲料输送到喂料机各料箱中。

3. 喂料设备

常用的喂饲设备有螺旋弹簧式、索盘式、链板式和轨道车式 4 种。

(1)螺旋弹簧式喂饲机　由料箱、内有螺旋弹簧的输料管以及盘筒形饲槽组成(图 3-5)，属于直线形喂料设备，工作时，饲料由舍外的贮料塔运入料箱，然后由螺旋弹簧将饲料沿着管道推送，依次向套接在输料管道出口下方的饲槽装料，当最后一个饲槽装满时，限位控制开关开启，使喂饲机的电动机停止转动，即完成一次喂饲。

图 3-5　螺旋弹簧式喂饲机

螺旋弹簧式喂饲机一般只用于平养鸡舍，优点是结构简单，便于自动化操作和防止饲料被污染。

(2)索盘式喂饲机　由料斗、驱动机构、索盘、输料管、转角轮和盘筒式饲槽组成。工作时由驱动机构带动索盘，索盘通过料斗时将饲料带出，并沿输料管输送，再由斜管送入盘筒式饲槽，管中多余饲料由回料管进入料斗。

索盘是该设备的主要部件，它由一根直径5～6毫米的钢丝绳和若干个塑料塞盘组成，塞盘采用低温注塑的方法等距离(50～100毫米)地固定在钢丝绳上。

索盘式喂饲机既可用于平养，也可用于笼养。用于笼养时，为长形镀铸钢板，位于饲槽内的输料管侧面有一缝隙，饲料由此进入饲槽。

索盘式喂饲机的优点是饲料在封闭的管道中运送，清洁卫生，不浪费饲料；工作平稳无声，不惊扰鸡群；可进行水平、垂直与倾斜输送；运送距离可达300～500米。缺点是当钢索折断时，修复困难，故要求钢索有较高的强度。

(3)链板式喂饲机　可用于平养和笼养。它由料箱、驱动机构、链板、长饲槽、转角轮、饲料清洁筛、饲槽支架等组成。链板是该设备的主要部件，它由若干链板相连而构成一封闭环。链板的前缘是一铲形斜面，当驱动机构带动链板沿饲槽和料斗构成的环路移动时，铲形斜面就将料斗内的饲料推送到整个长饲槽。按喂料机链片运行速度又分为高速链式喂料机(18～24米/分)和低速链式喂料机(7～13米/分)两种。

一般跨度10米左右的种鸡舍，跨度7米左右的肉鸡和蛋鸡舍用单链，跨度10米左右的蛋、肉鸡舍常用双链。

链板式喂饲机用于笼养时，三层料机可单独设置料斗和驱动机构，也可采用同一料斗和使用同一驱动机构。

链板式喂饲机的优点是结构简单、工作可靠。缺点是饲料易被污染和分级(粉料)。

(4)轨道车喂饲机　用于多层笼养鸡舍，是一种骑跨在鸡笼上的喂料车，沿鸡笼上或旁边的轨道缓慢行走，将料箱中的饲料分送至各层食槽中，根据料箱的配置形式可分为顶料箱式和跨笼料箱式。顶料箱行车式喂料机只有一个料桶，料箱底部装有搅龙，当喂料机工作时搅龙随之运转，将饲料推出料箱沿溜管均匀流入食槽。跨笼料箱喂料机根据鸡笼形式配置，每列食槽上都跨设一个矩形小料箱，料箱下部锥形扁口通向食槽中，当沿鸡笼移动时，饲料便沿锥面下滑落入食槽中。饲槽底部固定一条螺旋形弹簧圈，可防止鸡采食时选择饲料和将饲料抛出槽外。

(三)供水设备

1. 饮水器的种类

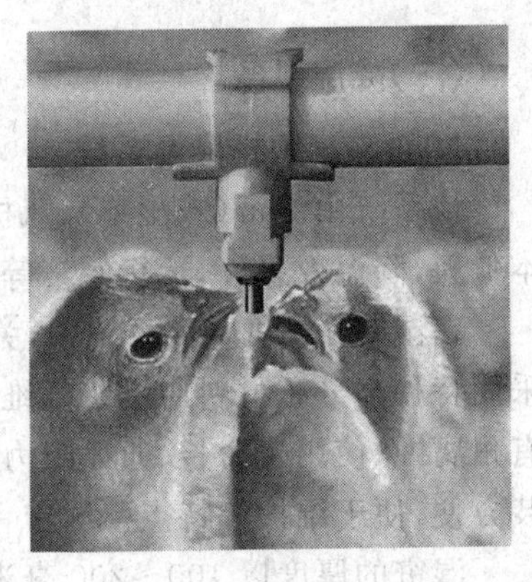

图 3-6　乳头式饮水器

(1)乳头式　乳头式饮水器(图 3-6)有锥面、平面、球面密封型三大类。该设备用毛细管原理,使阀杆底部经常保持挂有一滴水,当鸡啄水滴时便触动阀杆顶开阀门,水便自动流出供其饮用。平时则靠供水系统对阀体顶部的压力,使阀体紧压在阀座上防止漏水。乳头式饮水设备适用于笼养和平养鸡舍给成鸡或 2 周龄以上雏鸡供水。要求配有适当的水压和纯净的水源,使饮水器能正常供水。

(2)吊塔式　吊塔式又称普拉松饮水器,靠盘内水的重量来启闭供水阀门,即当盘内无水时,阀门打开,当盘内水达到一定量时,阀门关闭。主要用于平养鸡舍,用绳索吊在离地面一定高度(与雏鸡的背部或成鸡的眼睛等高)。该饮水器的优点是适应性广,不妨碍鸡群活动。

(3)水槽式　水槽一般安装于鸡笼食槽上方,是由镀锌板、搪瓷或塑料制成的 V 形槽,每 2 米一根由接头连接而成。水槽一头通入常流动水,使整条水槽内保持一定水位供鸡只饮用,另一头流入管道将水排出鸡舍。槽式饮水设备简单,但耗水量大。安装要求在整列鸡笼几十米长度内,水槽高度误差小于 5 厘米,误差过大不能保证正常供水。

(4)杯式　杯式饮水设备分为阀柄式和浮嘴式两种。该饮水器耗水少,并能保持地面或笼体内干燥。平时水杯在水管内压力下使密封帽紧贴于杯体锥面,阻止水流入杯内。当鸡饮水时将杯舌下啄,水流入杯体,达到自动供水的目的。

(5)真空式　由水筒和盘两部分组成,多为塑料制品。筒倒扣在盘中部,并由销子定位。筒内的水由筒下部壁上的小孔流入饮水器盘的环形槽内,能保持一定的水位。真空式饮水器主要用于平养鸡舍。

2. 供水系统

乳头式、杯式、吊塔式饮水器要与供水系统配套,供水系统由过滤器、减压装置和管路等组成。

(1)过滤器　过滤器的作用是滤去水中杂质,使减压装置和饮水器能正常供水。过滤器由壳体、放气阀、密封圈、上下垫管、弹簧及滤芯等组成。

(2)减压装置　减压装置的作用是将供水管压力减至饮水器所需要的压力,减压装置分为水箱式和减压阀式两种。

二、环境控制设备

(一)降温设备

1. 湿帘-风机降温系统

该系统由湿帘(或湿垫)、风机、循环水路与控制装置组成。具有设备简单,成本低廉,降温效果好,运行经济等特点,比较适合高温干燥地区。

在湿帘-风机降温系统中,关键设备是湿帘。国内使用比较多的是纸质湿帘,采用特种高分子材料与木浆纤维空间交联,加入高吸水、强耐性材料胶结而成,具有耐腐蚀、使用寿命长、通风阻力小、蒸发降温效率高、能承受较高的过流风速、安装方便、便于维护等特点。湿帘-风机降温系统是目前最成熟的蒸发降温系统。

湿帘的厚度以100～200毫米为宜,干燥地区应选择较厚的湿帘,潮湿地区所用湿帘不宜过厚。

2. 喷雾降温系统

用高压水泵通过喷头将水喷成直径小于100微米雾滴,雾滴在空气中迅速汽化而吸收舍内热量使舍温降低。常用的喷雾降温系统主要由水箱、水泵、过滤器、喷头、管路及控制装置组成,该系统设备简单,效果显著,但易导致舍内湿度提高。若将喷雾装置设置在负压通风鸡舍的进风口处,雾滴的喷出方向与进气气流相对,雾滴在下落时受气流的带动而降落缓慢,延长了雾滴的汽化时间,提高了降温效果。但鸡舍雾化不全时,易淋湿羽毛影响生产性能。

(二)采暖设备

1. 保温伞

保温伞适用于垫料地面和网上平养育雏期供暖。有电热式和燃气式两类。

(1)电热式　热源主要为红外线灯泡和远红外板,伞内温度由电子控温器控制,可将伞下距地面5 cm处的温度控制在26～35℃之间,温度调节方便。

(2)燃气式　主要由辐射器和保温反射罩组成。可燃气体在辐射器处燃烧产生热量,通过保温反射罩内表面的红外线涂层向下反射远红外线,以达到提高伞下温度的目的。燃气式保温伞内的温度可通过改变悬挂高度来调节。

由于燃气式保温伞使用的是气体燃料(天然气、液化石油气和沼气等),所以育雏室内应有良好的通风条件,以防由于不完全燃烧产生一氧化碳而使雏鸡中毒。

2. 热风炉

热风炉供暖系统主要由热风炉、送风风机、风机支架、电控箱、连接弯管、有孔风管等组成。热风炉有卧式和立式两种,是供暖系统中的主要设备。它以空气为介质，采用燃煤板式换热装置，送风升温快，热风出口温度为80～120℃，热效率达70%以上，比锅炉供热成本降低50%左右，使用方便、安全，是目前推广使用的一种采暖设备。可根据鸡舍供热面积选用不同功率热风炉。立式热风炉顶部的水套还能利用烟气余热提供热水。

(三)通风设备

1. 轴流风机

主要由外壳、叶片和电机组成，叶片直接安装在电机的转轴上。轴流风机风向与轴平行，具有风量大、耗能少、噪声低、结构简单、安装维修方便、运行可靠等特点，而且叶片可以逆转，以改变输送气流的方向，而风量和风压不变，因此既可用于送风，也可用于排风。但风压衰减较快。目前鸡舍的纵向通风常用节能、大直径、低转速的轴流风机。

2. 离心风机

主要由蜗牛形外壳、工作轮和机座组成。这种风机工作时，空气从进风口进入风机，旋转的带叶片工作轮形成离心力将其压入外壳，然后再沿着外壳经出风口送入通风管中。离心风机不具逆转性，但产生的压力较大，多用于畜舍热风和冷风输送。

(四)照明设备

(1)人工光照设备　包括白炽灯、荧光灯。

(2)照度计　可以直接测出光照强度的数值。由于家禽对光照的反应敏感，鸡舍内要求的照度比日光低得多，应选用精确的仪器。

(3)光照控制器　基本功能是自动启闭鸡舍照明灯，即利用定时器的多个时间段自编程序功能，实现精确控制舍内光照时间。

(五)清粪设备

1. 刮板式清粪机

用于网上平养和笼养，安置在鸡笼下的粪沟内，刮板略小于粪沟宽度。每开动一次，刮板作一次往返移动，刮板向前移动时将鸡粪刮到鸡舍一端的横向粪沟内，返回时，刮板上抬空行。横向粪沟内的鸡粪由螺旋清粪机排至舍外。根据鸡舍设计，一台电机可负载单列、双列或多列。

在用于半阶梯笼养和叠层笼养时采用多层式刮板，其安置在每一层的承粪板上，排粪设在安有动力装置相反一端。以四层笼养为例，开动电动机时，两层刮板为工作行程，另两层为空行，到达尽头时电动机反转，刮板反向移动，此时另两层刮板为工作行程，到达尽头时电动机停止。

2. 输送带式清粪机

适用于叠层式笼养鸡舍清粪，主要由电机和链传动装置，主、被动辊，承粪带等组成。承粪带安装在每层鸡笼下面，启动时由电机、减速器通过链条带动各层的主动辊运转，将鸡粪输送到一端，被端部设置的刮粪板刮落，从而完成清粪作业。

3. 螺旋弹簧横向清粪机

横向清粪机是机械清粪的配套设备。当纵向清粪机将鸡粪清理到鸡舍一端时，再由横向清粪机将刮出的鸡粪输送到舍外。作业时清粪螺旋直接放入粪槽内，不用加中间支承，输送混有鸡毛的黏稠鸡粪也不会堵塞。

三、卫生防疫设备

1. 多功能清洗机

具有冲洗和喷雾消毒两种用途，使用220 V电源作动力，适用于鸡舍、孵化室地面冲洗和设备洗涤消毒，该产品进水管可接到水龙头上，水流量大压力高，配上高压喷枪，比常规手工冲洗快而洁净，还具有体积小、耐腐蚀、使用方便等优点。

2. 鸡舍固定管道喷雾消毒设备

是一种用机械代替人工喷雾的设备，主要由泵组、药液箱、输液管、喷头组件和固定架等构成。饲养管理人员手持喷雾器进行消毒，劳动强度大，消毒剂喷洒不均。

采用固定式机械喷雾消毒设备，只需2～3分钟即可完成整个鸡舍消毒工作，药液喷洒均匀。固定管道喷雾设备安装时，根据鸡舍跨度确定装几列喷头，一般6米以下装一列，7～12米为两列，喷头组件的距离以每4～5米装一组为宜。此设备在夏季与通风设备配合使用，还可降低舍内温度3～4℃，配上高压喷枪还可作清洗机使用。

3. 火焰消毒器

利用煤油燃烧产生的高温火焰对鸡舍设备及建筑物表面进行消毒的。火焰消毒器的杀菌率可达97%，一般用药物消毒后，再用火焰消毒器消毒，可达到禽场防疫的要求，而且消毒后的设备和物体表面干燥。而只用药物消毒，杀菌率一般仅达84%，达不到规定的必须在93%以上的要求。

火焰消毒器所用的燃料为煤油，也可用农用柴油，严禁使用汽油或其他轻质易燃易爆燃料。火焰消毒器不可用于易燃物品的消毒，使用过程中也要做好防火工作。对草、木、竹结构鸡舍更应慎重使用。

四、其他设备

(一)集蛋设备

大型机械化多层笼养蛋鸡舍采用自动集蛋设备,可以完成纵向、横向集蛋工作。将纵向水平集蛋带放在蛋槽上,集蛋带宽度通常为95～110毫米,运行速度为0.8～1.0米/分。由纵向水平集蛋带将鸡蛋送到鸡舍一端后,再由各自的垂直集蛋机将几层鸡笼的鸡蛋集中到一个集蛋台,由人工或吸蛋器装箱。

(二)人工智能设备

1. 计算机在养禽生产中的应用

随着计算机各类软件的开发,利用计算机存贮信息量大、运算快速准确、信息传递方便等特点,将生产中各种数据及时输入计算机内,经处理后可以迅速地作出各类生产报表,并结合相关技术和经济参数制订出生产计划或财务计划,及时地为各类管理人员提供丰富而准确的生产信息,作为辅助管理和决策的智能工具。

2. 鸡舍内环境的自动化控制设备

根据鸡舍理想环境条件的要求,限定舍温、空气有害成分、通风量的控制范围和控制程序,通过不同的传感器和处理系统,使其利用通风装置启闭进行调节。例如,由中国电子科技集团公司第四十研究所研制生产的EI-2000型鸡舍环境控制系统由三个部分组成,即远程网络监控中心、计算机终端和鸡舍环境控制器。远程网络监控中心设在公司总部,可实时查看各养殖基地、各鸡舍的环境参数、工作状态和历史记录等信息;计算机终端安装在各养殖基地办公室,可自动接收公司总部远程监控中心发出的指令,自动上传数据并实时监控各鸡舍的环境参数和工作状态;鸡舍环境控制器分布在各鸡舍现场,通过对鸡舍的温度、湿度、氨气、静态压力和供水量等数据进行采集、处理,驱动鸡舍电气控制器,自动启停加热器、湿帘、风机、供水线、供料线、湿帘口、风帘口、报警器等设备,实现对鸡舍的温度、湿度、通风、供水、供料、报警、照明等功能的自动控制。

3. 电视监控系统

鸡舍内安装电视录像监视系统,管理人员能通过这套设备,在办公室直接观看鸡舍现场和鸡群动态,减少技术管理人员直接接触鸡群带来的惊扰和疫病传播的弊端,及时发现饲养管理中存在的问题,快速进行处理,并提高工作效率。

4. 空气负离子发生器

空气负离子发生器对室内空气污染物有明显的净化作用。不但可有效地滤除烟雾、尘埃和细菌,消除异味,补充负氧离子,营造出类似森林地带的清新空气;而且现代医学研究结果表明，空气负离子能促进动物健康和防治多种疾病，例如，它能改善动物体的肺功能，可改善心肌功能、精神振奋、能促进新陈代谢等，还能增强机体的免疫能力。

5. 鸡舍空气电净化防病防疫技术与装备

鸡舍空气电净化防病防疫系统由控制器、直流高压电源、空间电极系统组成。该系列是高电压小电流的电工类产品，对人、畜无直接危害。工作形式呈自动循环间歇工作状态，日耗电很小，最大型的日耗电也不到 0.8 千瓦。系统启用后能够很快地净化鸡舍内的粉尘和污浊气体。

第二节　鸡场的场址选择

家禽场场址的好坏直接关系到投产后场区小气候状况、经营管理及环境保护状况。现代化的家禽生产必须综合考虑占地规模、场区内外环境、市场与交通运输条件、区域基础设施、生产与饲养管理水平等因素，场址选择不当，可导致整个家禽场在运营过程中不但得不到理想的经济效益，还有可能因为对周围的大气、水、土壤等环境污染而遭到周边企业或城乡居民的反对。因此，场址选择是家禽场建设可行性研究的主要内容和规划建设必须面对的首要问题，需要考虑以下因素。

一、自然条件

1. 地势地形

家禽场应选在地势较高、干燥平坦及排水良好的场地，要避开低洼潮湿地，远离沼泽地。地势要向阳背风，以保持场区小气候温热状况的相对稳定，减少冬、春季风雪的侵袭。

平原地区一般场地比较平坦、开阔，应将场址选择在较周围地段稍高的地方，以利于排水防涝。地面坡度以 1%～3%为宜，且地下水位至少低于建筑物地基 0.5 米以下。对靠近河流、湖泊的地区，场地应比当地水文资料中最高水位高 1～2 米，以防涨水时受水淹没。

山区建场应选在稍平缓的坡上，坡面向阳，总坡度不超过 25%，建筑区坡度应在 2.5%以内。山区建场还要注意地质构造情况，避开断层、滑坡、塌方的地段，也要避开坡底和谷地及风口，以免受山洪和暴风雪的袭击。有些山区的谷地或山坳，常因地形地势限制，易形成局部空气涡流现象，致使场区内污浊空气长时间滞留、潮湿、阴冷或闷热，因此应注意避免。场地地形宜开阔整齐，避免过多的边角和过于狭长。

2. 水源水质

家禽场要有水质良好和水量丰富的水源，同时便于取用和进行防护。

水量充足是指能满足场内人禽饮用和其他生产、生活用水的需要，且在干燥或冻结时期也能满足场内全部用水需要。

水质要清洁，不含细菌、寄生虫卵及矿物毒物。在选择地下水做水源时，要调查是否因水质不良而出现过某些地方性疾病。国家农业部在 NY 5027《畜禽饮用水质量标准》、NY 5028《畜禽产品加工用水水质标准》中明确规定了无公害畜牧生产中的水质要求。水源不符合饮用水卫生标准时，必须经净化消毒处理，达到标准后方能饮用。

3. 土壤地质

土壤的透气性、吸湿性、毛细管特性及土壤化学成分等不仅直接和间接影响家禽场的空气、水质和地上植被等，还影响土壤的净化作用。沙壤土最适合场区建设，但在一些客观条件限制的地方，选择理想的土壤条件很不容易，需要在规划设计、施工建造和日常使用管理上设法弥补土壤缺陷。

对施工地段工程地质状况的了解，主要是收集工地附近的地质勘察资料，地层的构造状况，如断层、陷落、塌方及地下泥沼地层。对土层土壤的了解也很重要，如土层土壤的承载力，是否是膨胀土或回填土。膨胀土遇水后膨胀，导致基础破坏，不能直接作为建筑物基础的受力层；回填土土质松紧不均，会造成建筑物基础不均匀沉降，使建筑物倾斜或遭破坏。遇到这样的土层，需要做好加固处理，严重的不便处理的或投资过大的则应放弃选用。此外，了解拟建地段附近土质情况，对施工用材也有意义，如砂层可以作为砂浆、垫层的骨料，可以就地取材，节省投资。

4. 气候因素

气候状况不仅影响建筑规划、布局和设计，而且会影响鸡舍朝向、防寒与遮阳设施的设置，与家禽场防暑、防寒日程安排等也十分密切。因此，规划家禽场时，需要收集拟建地区与建筑设计有关和影响家禽场小气候的气候气象资料和常年气象变化、灾害性天气情况等，如平均气温、绝对最高气温、最低气温，土壤冻结深度，降雨量与积雪深度，最大风力、常年主导风向、风向频率，日照情况等。各地均有民用建筑热工设计规范和标准，在鸡舍建筑的热工计算时可以参照使用。

二、社会条件

1. 城乡建设规划

家禽场选址应符合本地区农牧业发展总体规划、土地利用发展规划、城乡建设发展规划和环境保护规划，不要在城镇建设发展方向上选址，以免影响城乡人民的生活环境，造成频繁的搬迁和重建。

2. 交通运输条件

家禽场每天都有大量的饲料、粪便、产品进出，所以场址应尽可能接近饲料产地和加工地，靠近产品销售地，确保其有合理的运输半径。大型集约化商品场，其物资需求和产品供销量极大，对外联系密切，故应保证交通方便，场外应通有公路，但应远离交通干线。

3. 电力供应情况

家禽场生产、生活用电都要求有可靠的供电条件，一些家禽生产环节如孵化、育雏、机械通风等电力供应必须绝对保证。通常，建设畜牧场要求有Ⅱ级供电电源。在Ⅲ级以下供电电源时，则需自备发电机，以保证场内供电的稳定可靠。为减少供电投资，应尽可能靠近输电线路，以缩短新线路敷设距离。

4. 卫生防疫要求

为防止家禽场受到周围环境的污染，选址时应避开居民点的污水排出口，不能将场址选在化工厂、屠宰场、制革厂等容易产生环境污染企业的下风向处或附近。在城镇郊区建场，距离大城市 20 千米，小城镇 10 千米。按照畜牧场建设标准，要求距离铁路、高速公路、交通干线不小于 1 千米，距离一般道路不少于 500 米，距离其他畜牧场、兽医机构、畜禽屠宰厂不小于 2 千米，距居民区不小于 3 千米，且必须在城乡建设区常年主导风向的下风向。禁止在以下地区或地段建场：规定的自然保护区、生活饮用水水源保护区、风景旅游区；受洪水或山洪威胁及有泥石流、滑坡等自然灾害多发地带；自然环境污染严重的地区。

5. 土地征用需要

必须遵守十分珍惜和合理利用土地的原则，不得占用基本农田，尽量利用荒地和劣地建场。大型家禽企业分期建设时，场址选择应一次完成，分期征地。近期工程应集中布置，征用土地满足本期工程所需面积（表 3-1）。远期工程可预留用地，随建随征。征用土地可按场区总平面设计图计算实际占地面积。

表 3-1 土地征用面积估算表

场 别	饲养规模	占地面积（米²/只）	备 注
种鸡场	1 万～5 万只种鸡	0.6～1.0	按种鸡计
蛋鸡场	10 万～20 万只产蛋鸡	0.5～0.8	按种鸡计
肉鸡场	年出栏肉鸡 100 万只	0.2～0.3	按年出栏量计

6. 周边环境情况

家禽场的辅助设施，特别是蓄粪池，应尽可能远离周围住宅区，一定要避开邻近居民的视线，尽可能利用树木等将其遮挡起来。建设安全护栏，并为蓄粪池配备永久性的盖罩。

应仔细核算粪便和污水的排放量，以准确计算粪便的贮存能力，并在粪便最易向环境扩散的季节里，贮存好所产生的所有粪便，防止粪便发生流失和扩散。建场的同时，最好规划一个粪便综合处理利用厂，化害为利。

第三节　养鸡场的规划

一、禽场建筑物的种类

按建筑设施的用途，禽场建筑物共分为5类，行政管理用房，包括办公室、接待室、会议室、图书资料室、财务室、门卫室以及配电、水泵、锅炉、车库、机修等用房；职工生活用房，包括食堂、宿舍、医务、浴室等房舍；生产性用房，包括各类鸡舍、孵化室等；生产辅助用房，包括料库、蛋库、兽医室、消毒更衣室等；粪污处理设施。

二、场区规划

(一)禽场各种房舍和设施的分区规划

首先考虑办公和生活场所尽量不受饲料粉尘、粪便气味和其他废弃物的污染；其次考虑生产禽群的防疫卫生，为杜绝各类传染源对禽群的危害，依地势、风向排列各类鸡舍顺序，若地势与风向在方向上不一致时，则以风向为主。因地势而使水的地面径流造成污染时，可用地下沟改变流水方向，避免污染重点鸡舍；或者利用侧风避开主风向，将要保护的鸡舍建在安全位置，免受上风向空气污染。根据拟建场地条件，也可用林带相隔，拉开距离使空气自然净化。对人员流动方向的改变，可建筑隔墙阻止。禽场分区规划的总体原则是人、禽、污三者以人为先、污为后，风与水以风为主的排列顺序。

禽场内生活区和行政区、生产区应严格分开并相隔一定距离，生活区和行政区在风向上与生产区相平行，有条件时，生活区可设置于禽场之外，否则如果隔离措施不严，会造成将来防疫措施的重大失误，使各种疫病连续不断地发生，导致养禽失败。

生产区是禽场布局中的主体，应慎重对待，孵化室应和所有的鸡舍相隔一定距离，最好设立于整个禽场之外。禽场生产区内，应按规模大小、饲养批次将禽群分成数个饲养小区，区与区之间应有一定的隔离距离，各类鸡舍之间的距离应因各品种各代次不同而不同，祖代鸡舍之间的距离相对来说应相隔远一些，以60～80米为宜，父母代鸡舍之间每栋距离为40～60米，商品代鸡舍每栋之间距离为20～40米。总之，禽代次越高，鸡舍间距应愈大。每栋鸡舍之间应有隔离措施，如围墙或沙沟等。

生产区内布局还应考虑风向，从上风方向至下风方向按代次应依次安排祖代、父母代、商品代，按禽的生长期应安排育雏舍、育成舍和成年种鸡舍，这样有利于保护重要禽群的安全。

(二)禽场生产流程

禽场内有两条最主要的流程，一条为饲料(库)—禽群(舍)—产品(库)，这三者间联系最频繁、劳动量最大；另外一条流程线为饲料(库)—禽群(舍)—粪污(场)，其末端为粪污处理场。因此饲料库、蛋库和粪场均要靠近生产区，但不能在生产区内，因为三者需与场外联系。饲料库、蛋库和粪场为相反的两个末端，因此其平面位置也应是相反方向或偏角的位置。

(三)禽场道路

禽场内道路布局应分为清洁道和脏污道，清洁道和脏污道不能相互交叉，其走向为孵化室、育雏室、育成舍、成年鸡舍，各舍有入口连接清洁道；脏污道主要用于运输禽粪、死禽及鸡舍内需要外出清洗的脏污设备，其走向也为孵化室、育雏室、育成舍、成年鸡舍，各舍均有出口连接脏污道。清洁道和脏污道不能交叉，以免污染。净道和污道以沟渠或林带相隔。

(四)禽场的绿化

绿化是衡量环境质量的一项重要指标。各种绿化布置能改善场区的小气候和舍内环境，有利于提高生产率，进行绿化设计必须注意不影响场区通风和鸡舍的自然通风效果。

第四节 鸡舍设计与建造

一、鸡舍的类型

(一)开放式

指舍内与外部直接相通，可利用光、热、风等自然能源，建筑投资低，但易受外界不良气候的影响，需要投入较多的人工进行调节。开放式鸡舍有以下三种形式：

1. 全敞开式

全敞开式又称棚式，即四周无墙壁，用网、篱笆或塑料编织物与外部隔开，由立柱或砖条支撑房顶。这种鸡舍通风效果好，但防暑、防雨、防风效果差，适于炎热地区或北方夏季使用，低温季节需封闭保温。以自然通风为主，必要时辅以机械通风；采用自然光照；具有防热容易保温难和基建投资运行费用少的特点。

一般情况下，开敞式鸡舍多建于我国南方地区，夏季温度高，湿度大，冬季也不太冷。此外，也可以作为其他地区季节性的简易鸡舍。

2. 半敞开式

前墙和后墙上部敞开，一般敞开 1/2～2/3，敞开的面积取决于气候条件及鸡舍类型，敞开部分可以装上卷帘，高温季节便于通风，低温季节封闭保温。

3. 有窗式

四周用围墙封闭，南北两侧墙上设窗户作为进风口，通过开窗机构来调节窗的开启程度。在气候温和的季节里依靠自然通风，不必开动风机；在气候不利的情况下则关闭南北两侧墙上大窗，开启一侧山墙的进风口，并开动另一侧山墙上的风机进行纵向通风。该种鸡舍既能充分利用阳光和自然通风，又能在恶劣的气候条件下实现人工调控室内环境，在通风形式上实现了横向、纵向通风相结合，因此兼备了开放与密闭式的双重特点。

(二)密闭式

一般无窗与外界隔离，屋顶与四壁隔温良好，通过各种设备控制与调节作用，使舍内小气候适宜于家禽体生理特点的需要，减少了自然界严寒、酷暑、狂风、暴雨等不利因素对家禽群的影响。但建筑和设备投资高，对电的依赖性很大，饲养管理技术要求高，需要慎重考虑当地的条件而选用。由于密闭舍具有防寒容易防热难的特点，一般适用于我国北方寒冷地区。

(三)新型鸡舍

1. 连栋式

把一个较大生产规模的家禽群所需要的若干栋鸡舍以连跨的形式连成一体，中间用隔墙分隔，如农业部山东蓬莱良种肉鸡示范场连栋鸡舍(图 3-7)。机械纵向通风技术和密闭式饲养管理技术的应用是实现整场连栋鸡舍的前提。它取消了相邻鸡舍之间的空间间隔，各单体仅以一墙相隔，实行纵向通风，利用屋顶采光，并在屋顶上设置应急通风洞口。连栋鸡舍在建筑形式上属封闭式鸡舍，但也可根据气候条件和季节变化的不同来决定采用人工光照还是自然光照，这样可以节约用电。优点是节省土地、建筑费用低、保温隔热性能好、建场投资低。

图3-7 农业部良种肉鸡示范场连栋鸡舍

2. 高密度叠层笼养式

采用全密闭形式、高密度叠层笼养的饲养工艺，使用湿垫-风机纵向通风降温技术，人工光照，鸡舍骨架为轻钢骨结构，使用彩色夹心钢板作为围护材料，混凝土地面。实践证明，蛋鸡高密度叠层笼养集约化程度高、节约土地、减少投资、舍内环境条件良好，可大大提高产蛋率、饲料报酬和劳动生产率，降低死淘率，具有良好的经济效益。特别是水平传送带上鸡粪得到自然风干，便于及时处理，大大改善了舍内及场区周围的环境卫生状况。

二、鸡舍设计与建造的基本原则

鸡舍设计与建造合理与否，不仅关系到鸡舍的安全和使用年限，而且对家禽生产潜力的发挥、舍内小气候状况、禽场工程投资等具有重要影响。进行鸡舍设计与建造时，必须遵循以下原则：

1. 满足建筑功能要求

家禽场建筑物有一些独特的性质和功能。要求这些建筑物既具有一般房屋的功能，又有适应家禽饲养的特点；由于场内饲养密度大，所以需要有兽医卫生及防疫设施和完善的防疫制度；由于有大量的废弃物产生，所以场内必须具备完善的粪尿处理系统；还必须有完善的供料贮料系统和供水系统。这些特性，决定了家禽场的设计、施工只有在畜牧兽医专业技术人员参与下，才能使家禽场的生产工艺和建筑设计符合畜牧生产的要求，才能保证设计的科学性。

2. 符合家禽生产工艺要求

规模化家禽场通常按照流水式生产工艺流程，进行高效率、高密度、高品质生产，鸡舍建筑设计应符合家禽生产工艺要求，便于生产操作及提高劳动生产率，利于集约化经营与管理，满足机械化、自动化所需条件和留有发展余地。首先要求在卫生防疫上确保本场人禽安全，避免外界的干扰和污染，同时也不污染和影响周围环境；其次要求场内各功能区划分和布局合理，各种建筑物位置恰当，便于组织生产；再次要求禽场总体设计与鸡舍单体设计相配套，鸡舍单体设计与建造符合家禽的卫生要求和设备安装的要求；最后要求按照“全进全出”的生产工艺组织家禽业的商品化生产。

3. 有利于各种技术措施的实施和应用

正确选择和运用建筑材料，根据建筑空间特点，确定合理的建筑形式、构造和施工方案，使鸡舍建筑坚固耐用，建造方便。同时鸡舍建筑要利于环境调控技术的实施，以便保证家禽良好的健康状况和高产。

4. 注意环境保护和节约投资

既要避免家禽场废弃物对自身环境的污染，又要避免外部环境对家禽场造成污染，更要防止家禽场对外部环境的污染。要搞好家禽场环境保护，合理选择场址及规划是先决条件，重视以废弃物处理为中心的环境保护设计，大力进行生态家禽场建设，充分利用废弃物，是环境保护的重要措施。

在鸡舍设计和建造过程中，应进行周密的计划和核算，根据当地的技术经济条件和气候条件，因地制宜、就地取材，尽量做到节省劳动力、节约建筑材料，减少投资。在满足先进的生产工艺前提下，尽可能做到经济实用。

三、鸡舍的功能设计

鸡舍建筑环境的功能要求是通风良好，保温隔热，光照适度等。鸡舍内环境因素的控制及调节，如组织气流、供暖散热、去污换气、排除水汽等均需要通过通风来完成。鸡舍围护结构的保温性能十分重要，它是防止太阳辐射和舍内失热的主要工程措施。在进行围护结构设计以及门窗或通风带设置、建材选择、小气候环境控制系统配置、防止冷风渗透和防暑降温、防寒保温设计等方面，均需根据各地的气候条件，选择相应的技术和设施，以保证鸡舍具有良好的温热环境。家禽对光照敏感，要避免不合理光照造成的性发育失控和啄癖的发生。

（一）鸡舍的通风设计

1. 自然通风

自然通风的动力是风压或热压。冬季往往是风压和热压同时发生作用，夏季舍内外温差小，在有风时风压作用大于热压作用，无风时，自然通风效果差。自然通风分为两种，一种是无专门进气管和排气管，依靠门窗进行的通风换气，适用于在温暖地区和寒冷地区的温暖季节使用。另一种是设置有专门的进气管和排气管，通过专门管道调节进行通风换气，适用于寒冷地区或温暖地区的寒冷季节使用。

在无管道自然通风系统中，在靠近地面的纵墙上设置地窗，可增加热压通风量，有风时可在地面形成“穿堂风”，这有利于夏季防暑。地窗可设置在采光窗之下，按采光面积的50%～70%设计成卧式保温窗。如果设置地窗仍不能满足夏季通风要求，可在屋顶设置天窗或通风屋脊，以增加热压通风。

进气管用木板制成，断面呈正方形或矩形，通常均匀地镶嵌在纵墙上，其与天棚的距离为40～50厘米，在纵墙两窗之间的上方。墙外受气口向下弯或加“<”形板，以防冷空气或降水直接侵入。墙内侧的受气口上应装调节板。进气管彼此之间的距离应为2～4米。在炎热地区，进气管设置在墙的下部，而在寒冷地区，进气管应设在墙的上部避免冷气流直接吹到禽体。

排气管用木板制成，断面呈正方形，要求管壁光滑、严密、保温（要有套管，内充保温材料）。排气管沿鸡舍屋脊两侧交错垂直安装在屋顶上。下端从天棚开始，上端伸出屋脊0.5～0.7米，再上为百叶窗式导风板，顶部为风帽。两个排气管的间距为8～12米，原则上设在舍内粪水沟上方为好。管内有调节板，以控制风量。在北方地区，为防止空气水汽在管壁凝结，可在总断面积不变情况下，适当增加每个排气管的面积，减少排气管的数量。在排气管的上端应设置风帽。

从理论上讲，排气管面积应与进气管面积相等。但事实上，通过门窗缝隙或建筑物结构不严密之处以及启闭门窗时，会有一部分空气进入舍内，故进气管的断面积应小于排气管的面积。一般进气管按排气管总断面积的70%计算。

在我国，每个排气管的断面积一般采用50厘米×50厘米～70厘米×70厘米；进气管的断面积多采用20厘米×20厘米～25厘米×25厘米。排气管的断面多采用正方形的，进气管多采用正方形或矩形。

在炎热地区的小跨度鸡舍，通过自然通风，一般可以达到换气的目的。鸡舍两侧的门窗对称设置，有利于穿堂风的形成。在寒冷地区，由于保暖需要，门窗关闭难以进行自然通风，需设置进气口和排气口以及通风管道，进行有管道自然通风。在寒冷地区，鸡舍余热越多，能从舍外导入的新鲜空气越多。

2. 机械通风

根据通风时形成的压力，机械通风分为负压通风、正压通风和联合通风三种方式。

（1）负压通风　也称排风式通风或排风，具有设备简单、投资少、管理费用低的优点。根据风机安装的位置，负压通风可分为：①屋顶排风式，风机安装于屋顶，将舍内的污浊空气、灰尘从屋顶上部排出，新鲜空气由侧墙风管或风口自然进入。这种通风方式适用于温暖和较热地区、跨度在12～18米以内的鸡舍或2～3排多层笼鸡舍使用，若停电时，可进行自然通风。②侧壁排风式，单侧壁排风形式为风机安装在一侧纵墙上，进气口设置在另一侧纵墙上，鸡舍跨度在12米以内；双侧壁排风则为在两侧纵墙上分别安置风机，新鲜空气从山墙或屋顶上的进气口进入，经管道分送到舍内的两侧，这种方式适用于跨度在20米以内的鸡舍或舍内有5排笼架的鸡舍。不适用于多风地区。

（2）正压通风　也称进气式通风或送风，其优点在于可对进入的空气进行预处理，从而可有效地保证舍内的适宜温湿状况和清洁的空气环境，在严寒、炎热地区均可使用。但其系统比较复杂、投资和管理费用大。根据风机安装位置，正压通风可分为：①侧壁送风，分一侧送风或两侧送风。前者为穿堂风形式，适用于炎热地区和10米内小跨度的鸡舍。而两侧壁送风适于大跨度鸡舍。②屋顶送风，屋顶送风是指将风机安装在屋梁上，通过管道送风，使舍内污浊气体经由两侧壁风口排出。这种通风方式，适用于多风或气候极冷或极热地区。

（3）联合通风　同时采用机械送风和机械排风的通风方式。在大型封闭鸡舍，尤其是在无窗封闭舍，单靠机械排风或机械送风往往达不到通风换气的目的，故需采用联合式机械通风。联合通风效率要比单纯的正压通风或负压通风效果好。

根据气流在舍内流动的方向，机械通风分横向通风和纵向通风。横向通风适用于小跨度鸡舍，通风距离过长，易导致舍内气温不均。纵向通风适用于纵向长距离送风或排风。当纵向距离过大时，可将风机安装在两端或中部，进气口设置在中部或两端。将其余部位的门和窗全部关闭，使进入的空气沿纵轴方向流动，将舍内污浊空气排出舍外。

3. 通风换气量的确定

通风换气量的确定，可以根据鸡舍内产生的二氧化碳、水汽和热能计算，但主要是根据通风换气参数确定通风换气量。

近年来，一些技术发达国家根据实验结果，计算制定了各种家畜通风换气参数（表3-2），这就为鸡舍通风换气系统的设计，尤其是对大型鸡舍机械通风系统的设计提供了依据。

在确定了通风量以后，必须计算鸡舍的换气次数。鸡舍换气次数是指在1小时内换入新鲜空气的体积与鸡舍容积之比。一般规定，鸡舍冬季换气每小时应保持2～4次，除炎热季节外，一般不应多于5次，因冬季换气次数过多，就会降低舍内气温。

表 3-2 鸡舍的通风量参数 米³/(分·只)

季节	成年鸡	青年鸡	育雏鸡
夏	0.27	0.22	0.11
春	0.18	0.14	0.07
秋	0.18	0.14	0.07
冬	0.08	0.06	0.02

(二)防暑降温设计

1. 确定屋顶的隔热构造

应选择导热系数较小的、热阻较大的建筑材料设计屋顶以加强隔热。但单一材料往往不能有效隔热,必须从结构上综合几种材料的特点,以形成较大热阻达到良好隔热的效果。确定屋顶隔热的原则是:屋面的最下层铺设导热系数较小的材料,中间层为蓄热系数较大材料,最上层是导热系数大的建筑材料。这种结构设计只适用于冬暖夏热的地区,对冬冷夏热的地区,将屋面上层的传热性较大的建筑材料换成导热性较小的建筑材料。根据我国自然气候特点,屋顶除了具有良好的隔热结构外,还必须有足够的厚度。

2. 修建通风屋顶

将屋顶修成双层及夹层屋顶,空气可从中间流通,将屋顶上层接受的热量带走,大大减少了通过屋顶下层传入舍内的热量。

为了保证通风间层隔热良好,要求间层内壁必须光滑,以减少空气阻力,同时进风口尽量与夏季主风方向一致,排风口应设在高处,以充分利用风压与热压。间层的风道应尽量短直,以保证自然通风畅通;同时间层应具有适宜的高度,如坡屋顶间层高度为12~20厘米,平屋顶间层高度为20厘米。对于夏热冬冷和寒冷地区,不宜采用通风屋顶。

3. 采用浅色的外围护结构表面

屋面和外墙面采用白色或浅色,增加其反射太阳辐射的作用,可以减少太阳辐射热向舍内传入。

4. 遮阳

通过挂竹帘、搭凉棚、植树、棚架攀缘植物和在窗口设置水平和垂直挡板等形式遮阳。在炎热地区采取遮阳措施是鸡舍防暑降温的有效措施。但是,遮阳往往与采光通风矛盾,应全面考虑。

5. 绿化

通过栽树、种植牧草和饲料作物以覆盖裸露地面，吸收太阳辐射，降低场区空气环境温度。绿化使地表温度降低，从而减少辐射到外墙、屋面和门、窗的热量。

(三)防寒保暖设计

1. 加强屋顶和天棚的保温隔热设计

在鸡舍外围护结构中，散失热量最多的是屋顶与天棚，其次是墙壁、地面。屋顶和天棚的结构必须严密，不透气。在寒冷地区，天棚是一种重要的防寒保温结构，如在天棚设置保温层(炉灰、锯末等)是加大屋顶热阻值的有效措施。随着建材工业的发展，用于天棚隔热的合成材料有玻璃棉、聚苯乙烯泡沫塑料、聚氨酯板等。

适当降低鸡舍净高，有助于改善舍内温度状况。寒冷地区趋向于采用 2～2.8 米的净高。

2. 墙壁的隔热设计

在寒冷地区通过选择导热系数小的材料，确定合理的隔热结构和精心施工，就有可能提高鸡舍墙壁的保温能力。如选空心砖代替普通红砖，墙的热阻值可提高41％。而用加气混凝土块，则热阻可提高 6 倍。采用空心墙体或在空心中充填隔热材料，也会大大提高墙的热阻值。

3. 门、窗设计

在寒冷地区，在受寒风侵袭的北侧、西侧墙应少设窗、门，并注意对北墙和西墙加强保温，以及在外门加门斗、设双层窗或临时加塑料薄膜、窗帘等，对加强鸡舍冬季保温均有重要作用。

4. 地面的保温隔热设计

夯实土及三合土地面在干燥状况下，具有良好的温热特性。水泥地面具有坚固、耐久和不透水等优良特点，但水泥地面既硬又冷，直接用作畜床最好加铺木板、垫草或厩垫。保持干燥状态的木板是理想的温暖地面——畜床，但实际上木板铺在地上往往吸水而变成良好的热导体，很冷也不结实。为了克服混凝土地面凉和硬的缺点，可采用橡皮或塑料质的厩垫，以提高地面的隔热性能。

5. 选择有利保温的鸡舍形式

大跨度鸡舍和圆形鸡舍通过外围护结构的总失热量也小，所用建筑材料也省，同时鸡舍的有效面积大，利用率高，便于采用先进生产技术和生产工艺，实现畜牧业生产过程的机械化和自动化。在寒冷地区修建多层鸡舍，是解决保温和节约燃料的一种办法，但多层鸡舍投资大，转群及饲料、粪污和产品的运进、运出均需靠升降设备。

四、不同类型鸡舍的设计

(一)不同类型鸡舍的设计要点

1. 开放式

全开敞式和半开敞式鸡舍设计时主要考虑隔热、降温、通风、遮阳、防飘雨以及冬季寒潮袭击等;有窗式鸡舍一般适于我国中部地区,黄河以南、淮河、长江流域。在上述地区靠北部分设计时既应考虑防寒,又要考虑通风;靠南部分主要考虑夏季通风、隔热、降温,并兼顾冬季保温。通过对通风窗的大小、布置和开启方式的设计,既要达到组织好自然通风的气流,又要达到保温的目的。

2. 密闭式

密闭式鸡舍设计时主要考虑冬季保温防寒,其次考虑夏季防暑问题。在布置上尽量争取较多的日照,抵御风的袭击。外墙特别是屋顶要有较好的保温性能。密闭式鸡舍光照比较容易满足,重点是通风设计。因为它是用机械通风来调节温湿度和通风换气量的,所以进排风口的位置、大小、形式,风机的规格型号,换气方式等设计非常重要。

(二)鸡舍平面设计

1. 平面布置形式

(1)平养鸡舍平面布置　根据走道与饲养区的布置形式,平养鸡舍分无走道式、单走道式、中走道双列式、双走道双列式等。

①无走道式　鸡舍长度由饲养密度和饲养定额来确定;跨度没有限制,跨度在6米以内设一台喂料器,12米左右设两台喂料器。鸡舍一端设置工作间,工作间与饲养间用墙隔开,饲养间另一端设出粪和鸡转运大门。

②单走道单列式　多将走道设在北侧,有的南侧还设运动场,主要用于种鸡饲养,但利用率较低;受喂饲宽度和集蛋操作长度限制,建筑跨度不大。

③中走道双列式　两列饲养区设走道,利用率较高,比较经济。但如只用一台链式喂料机,存在走道和链板交叉问题;若为网上平养,必须用两套喂料设备。此外,对有窗鸡舍,开窗困难。

④双走道双列式　在鸡舍南北两侧各设一走道,配置一套饲喂设备和一套清粪设备即可,利于开窗。

(2)笼养鸡舍平面布置　根据笼架配置和排列方式上的差异,笼养鸡舍的平面布置分为无走道式和有走道式两大类。

①无走道式　一般用于平置笼养鸡舍,把鸡笼分布在同一个平面上,两个鸡笼

相对布置成一组，合用一条食槽、水槽和集蛋带。通过纵向和横向水平集蛋机定时集蛋；由笼架上的行车完成给料、观察和捉鸡等工作。其优点是鸡舍面积利用充分，鸡群环境条件差异不大。

②有走道式 平置式有走道布置时，鸡笼悬挂在支撑屋架的立柱上，并布置在同一平面上，笼间设走道作为机具给料、人工拣蛋之用。二列三走道仅布置两列鸡笼架，靠两侧纵墙和中间共设3个走道，适用于阶梯式、叠层式和混合式笼养。三列二走道一般在中间布置三或二阶梯全笼架，靠两侧纵墙布置阶梯式半笼架。三列四走道布置3列鸡笼架，设4条走道，是较为常用的布置方式，建筑跨度适中。

2. 平面尺寸确定

平面尺寸主要是指鸡舍跨度和长度，它与鸡舍所需的建筑面积有关。

(1)鸡舍跨度确定

①生产工艺与鸡舍跨度的关系 进行生产工艺设计时，应根据饲养密度和饲养定额确定饲养区面积，依据选择的喂料设备、承载的鸡只数量及设备布置要求确定饲养区宽度和长度。

$$平养鸡舍的跨度 \approx n 个饲养区 + m 个走道宽度$$

肉鸡或蛋鸡平养的机械喂料系统饲槽布置分单链和双链，饲养区宽度在5米左右选用单链，宽度在10米左右则用双链；种鸡平养因饲养密度低，饲养区宽度一般在10米左右，常采用单链。平养时的走道宽度一般取0.6～1.0米，具体取值主要根据工艺设计中的饲喂、集蛋方式与设备选型来确定。

$$笼养鸡舍的跨度 \approx n 个鸡笼架宽度 + m 个走道宽度$$

②通风方式与鸡舍跨度的关系 开敞式鸡舍采用横向自然通风，跨度在6米左右通风效果较好，不宜超过9米。生产中，三层全阶梯蛋鸡笼架的横向宽度在2.1～2.2米之间，走道净距一般不小于0.6米。若鸡舍跨度9米，一般可布置三列四走道，跨度12米则可布置四列五走道，跨度15米时则可布置五列六走道。

③与建筑结构形式和建筑模数的协调 鸡舍的跨度还需要根据建筑结构类型、维护墙体厚度和建筑模数来综合确定。如上述笼养鸡舍采用轻型钢结构装配式建筑，钢结构断面柱子尺寸180毫米×180毫米×6毫米，墙体靠外侧安装，则鸡舍的跨度只考虑柱子尺寸，应为9 705+180=9 885(毫米)，考虑建筑模数，则应调整为9 900毫米。

一般平养鸡舍的跨度容易满足建筑模数要求；笼养鸡舍跨度与笼架尺寸(决定选用的设备型号)及操作管理需要的走道宽度有关。

(2)鸡舍长度确定　主要考虑以下几个方面，即饲养量、选用的饲喂设备和清粪设备的布置要求及其使用效率、场区的地形条件与总体布置。

笼养鸡舍的鸡舍长度，则根据所选择的笼具容纳的鸡的数量，结合笼具尺寸，再适当考虑设备、工作空间等后确定。以一个10万只蛋鸡场为例，根据工艺设计，单栋蛋鸡舍饲养量为0.88万只/批，采用9LTZ型三层全阶梯中型鸡笼，单元鸡笼长度2 078毫米，共饲养96只蛋鸡，三列四走道布置形式，则所需鸡笼单元数＝饲养量/单元饲养量＝8 800/96＝92(个)，采用三列布置，实际取93组；每列单元数＝93/3＝31(个)，鸡笼安装长度L_1＝单元鸡笼长度×每列单元数＝2 078×31＝64 418(毫米)＝64.418(米)。鸡舍的净长还需要加上设备安装和两端走道长度，包括：工作间开间(如取3.6米)；鸡笼架头架尺寸1.01米；头架过渡食槽长度0.27米；尾架尺寸0.5米；尾架过渡食槽长度0.195米；两端走道各取1.5米。则鸡舍净长度L_0＝64.418＋3.6＋1.01＋0.27＋0.5＋0.195＋2×1.5＝73.0(米)。

国内外的喂料系统一般允许鸡舍长度达到150米。根据我国的情况，长度为50～100米较为适宜。设计时应参考具体的设备技术参数说明进行。管理水平和自动化程度高时，每个饲养员能管理2万～5万只蛋鸡甚至更多。我国现有管理水平饲养员只能管理0.5万～1万只蛋鸡，正适合50～100米长鸡舍的饲养量。

我国原来的鸡舍多采用砖木、砖混、砖钢等结构，适宜的柱距范围是3～6米。鸡舍的长度一般应是确定柱距的整倍数，若取整倍数后鸡舍长度比工艺所要求的长许多，则可不必强求全部采用单一的标准柱距。

3. 鸡舍管理间布置

鸡舍管理间布置有一端式和中间式两种。一端式有利于发挥机械效率，便于组织交通，是常用的平面组合方式。中间式布置在有两栋以上鸡舍时，饲料和粪污通道的布置会出现交叉，不利于防疫，规模化鸡场不宜采用。

(三)鸡舍剖面设计

鸡舍剖面是以饲养管理方式、机具设备、环境要求及自然条件为依据设计的。

1. 剖面形式

(1)单坡式　适用于小规模饲养，常用于带运动场的鸡舍，能避风雨、防严寒，在南方炎热地带椽口常设遮阳板。单坡式跨度一般不大于6米。

(2)双坡式　跨度为6～15米。又分双坡通风管式和双坡气楼式。双坡通风管式的有窗鸡舍，通风管作为自然通风主要的排风口；密闭式鸡舍，风管作为机械通风主要的进风口。双坡气楼式鸡舍有一侧气楼和双侧气楼(钟楼)，气楼开敞部分应装铁丝网、塑料尼龙等材料做成窗帘，既透光又保温，还可根据外界气候条件卷起放下。

2. 剖面尺寸

鸡舍高度大小不仅影响土建投资，而且影响舍内小气候调节。一般剖面的高跨比取 1∶(4～5)，炎热地区及采用自然通风的鸡舍跨度要求大些，寒冷地区和采用机械通风系统的鸡舍要求小些。

(1)平养鸡舍的剖面尺寸　地面平养鸡舍的高度以不影响饲养管理人员的通行和操作为基础，同时考虑鸡舍的通风方式和保温等要求。通常，开敞式高度取 2.4～2.8 米，密闭式取 1.9～2.4 米。网上平养鸡舍的高度取值为：开敞式鸡舍 3.1～3.5 米，密闭式鸡舍 2.6～3.2 米。

(2)笼养鸡舍的剖面尺寸　决定笼养鸡舍剖面尺寸的因素主要有设备高度、清粪方式以及环境要求等。设备高度主要取决于鸡笼架高度、喂料器类型和拣蛋方式；清粪方式有高床、中床和低床三种。

3. 门窗与通风洞口的竖向布置

开放式和有窗鸡舍的窗洞口设置以满足舍内光线均匀为原则。开放舍中设置的采光带，以上下布置两条为宜；有窗舍的窗洞开口应每开间设立式窗，或采取上下层卧式窗，这样可获得较好的光照效果。

鸡舍通风洞口设置应使自然气流通过鸡的饲养层面。平养鸡舍的进风口下标高应与网面相平或略高于网面，笼养鸡舍为 0.3～0.5 米，上标高最好高出笼架。

在实际生产中，可以让提供鸡笼设备的厂商结合具体的场地提供鸡场和鸡舍设计方案。

第四章 鸡的饲料

第一节 鸡饲料营养基础

一、鸡的消化生理

(一)鸡消化系统的组成

鸡的消化系统由消化道和消化腺两部分组成,消化道包括:喙—口腔—咽—嗉囊—腺胃—十二指肠—空肠—回肠—盲肠—直肠—泄殖腔—肛门,消化腺、唾液腺、胰脏和胆囊。如图 4-1 所示。

(二)鸡消化生理的特点

鸡的消化道短,成年鸡的消化道仅 150 厘米左右,体长与消化道的长度比为 1:(4~6),粗纤维消化率低。另外,消化道短、容积小,食物通过快,消化吸收不完全。在生产中依据鸡的生物学特性,日粮应以精料为主。鸡口腔中唾液腺不发达,能分泌含少量淀粉酶的酸性黏液,消化作用不大,只能起润湿饲料便于吞咽的作用。嗉囊可贮存、软化饲料,嗉囊黏膜分泌液中不含有消化酶。因此,嗉囊的功能只是贮存、湿润和软化饲料,并根据胃的需要有节奏地把食物送进胃内。腺胃容积小但壁厚,黏膜层的腺体能分泌含有蛋白酶和盐酸的胃液,对饲料主要起浸润软化作用。由于饲料在腺胃的停留时间短,因而饲料在腺胃内基本不消化便进入肌胃。肌胃内有粗糙的摩擦面,加上肌胃收缩时的压力及肌胃内存留的沙砾作用,能磨碎饲料,同时,来自腺胃的蛋白酶对食物中的蛋白质进行分解。

鸡肠道分为小肠和大肠,小肠接收肝脏、胰腺分泌的消化液。由十二指肠、空肠和回肠组成,胰腺和胆囊的输出管口都开口于十二指肠。小肠分泌淀粉酶、蛋白酶,胰腺分泌淀粉酶、蛋白酶、脂肪酶等。大肠由两条发达的盲肠和一条很短的直肠组成。

鸡具有结构独特的泄殖腔,是直肠末端的连续部分,是直肠、输尿管、输卵管(或输精管)共同开口的空腔。鸡的嗅觉和味觉远没有哺乳动物的发达,但喙端内有丰富而敏感的物理感受器。因此,饲料的物理特性如颗粒的大小和硬度,对家禽的摄食及消化影响较大。鸡对不同直径粒度大小的选择与喙的口径大小有关。鸡能区分饲料粒度的细微差别，适度的颗粒大小及硬度，均有助于提高鸡的生产性能。

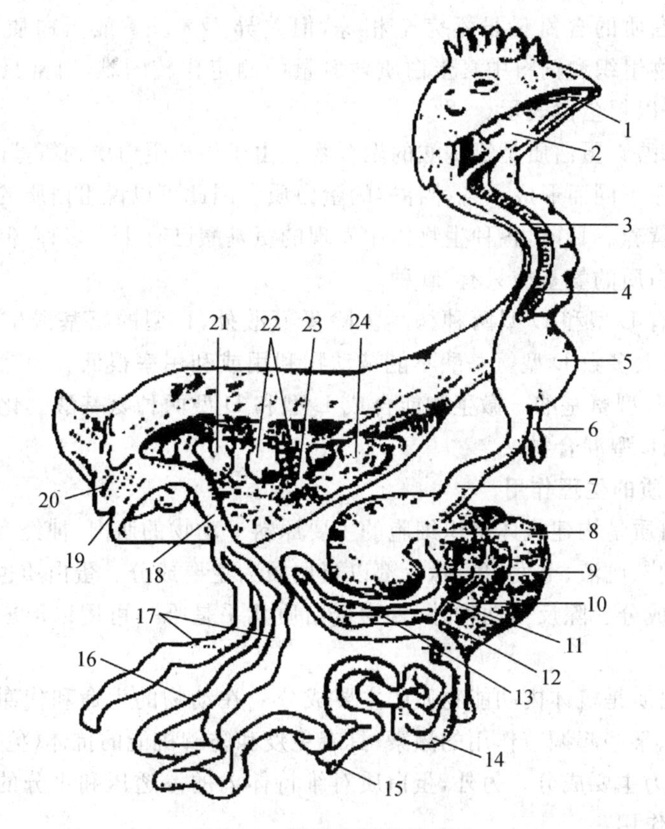

图 4-1 鸡消化器官模式图

1. 口腔 2. 咽 3. 食管 4. 气管 5. 嗉囊 6. 鸣管 7. 腺胃 8. 肌胃 9. 十二指肠 10. 胆囊 11. 肝管及胆管 12. 胰管 13. 胰 14. 空肠 15. 卵黄囊憩室 16. 回肠 17. 盲肠 18. 直肠 19. 泄殖腔 20. 肛门 21. 输卵管 22. 卵巢 23. 心 24. 肺

二、蛋白质和氨基酸营养

(一)蛋白质的营养

1. 蛋白质的组成

(1)组成蛋白质的元素 蛋白质的主要组成元素是碳、氢、氧、氮，大多数的蛋白质还含有硫，少数含有磷、铁、铜和碘等元素。比较典型的蛋白质元素组成：碳

51.0%～55.0%，氮 15.5%～18.0%，氢 6.5%～7.3%，硫 0.5%～2.0%，氧 21.5%～23.5%，磷 0～1.5%。

各种蛋白质的含氮量虽不完全相等，但差异不大。一般蛋白质的含氮量按 16%计。动物组织和饲料中真蛋白质含氮量的测定比较困难，通常只测定其中的总含氮量，并以粗蛋白表示。

(2)氨基酸　蛋白质是氨基酸的聚合物。由于构成蛋白质的氨基酸的数量、种类和排列顺序不同而形成了各种各样的蛋白质。因此可以说蛋白质的营养实际上是氨基酸的营养。目前，各种生物体中发现的氨基酸已有 180 多种，但常见的构成动植物体蛋白质的氨基酸只有 20 种。

氨基酸有 L 型和 D 型两种构型。除蛋氨酸外，L 型的氨基酸生物学效价比 D 型高，而且大多数 D 型氨基酸不能被动物利用或利用率很低。天然饲料中仅含易被利用的 L 型氨基酸。微生物能合成 L 型和 D 型两种氨基酸。化学合成的氨基酸多为 D、L 型混合物。

2. 蛋白质的生理作用

(1)蛋白质是构建机体组织细胞的主要原料　动物的肌肉、神经、结缔组织、腺体、精液、皮肤、血液、毛发、角、喙等都以蛋白质为主要成分。蛋白质也是乳、蛋、毛的主要组成成分。除反刍动物外，食物蛋白质几乎是唯一可用以形成动物体蛋白质的氮来源。

(2)蛋白质是机体内功能物质的主要成分　在动物的生命和代谢活动中起催化作用的酶、某些起调节作用的激素、具有免疫和防御机能的抗体(免疫球蛋白)都是以蛋白质为主要成分。另外，蛋白质对维持体内的渗透压和水分的正常分布也起着重要的作用。

(3)蛋白质是组织更新、修补的主要原料　在动物的新陈代谢过程中，组织和器官的蛋白质的更新、损伤组织的修补都需要蛋白质。据同位素测定，全身蛋白质 6～7 个月可更新一半。

(4)蛋白质可供能和转化为糖、脂肪　在机体能量供应不足时，蛋白质也可分解供能，维持机体的代谢活动。当摄入蛋白质过多或氨基酸不平衡时，多余的部分也可能转化成糖、脂肪或分解产热。

3. 蛋白质的消化吸收

鸡对蛋白质的消化起始于胃。首先盐酸使之变性，蛋白质立体的三维结构被分解，肽键暴露；接着在胃蛋白酶、十二指肠胰蛋白酶和糜蛋白酶等内切酶的作用下，蛋白质分子降解为含氨基酸数目不等的各种多肽。随后在小肠中，多肽经胰腺分泌的羧基肽酶和氨基肽酶等外切酶的作用，进一步降解为游离氨基酸(占食入蛋白质的 60%以上)和寡肽。2～3 个肽键的寡肽能被肠黏膜直接吸收或经二肽酶等水解为氨基酸后被吸收。

吸收主要在小肠上 2/3 的部位进行。实验证明,各种氨基酸的吸收速度是不同的。部分氨基酸吸收速度的顺序:半胱氨酸＞蛋氨酸＞色氨酸＞亮氨酸＞苯丙氨酸＞赖氨酸≈丙氨酸＞丝氨酸＞天门冬氨酸＞谷氨酸。被吸收的氨基酸主要经门脉运送到肝脏,只有少量的氨基酸经淋巴系统转运。

(二)氨基酸的营养

1. 必需氨基酸和半必需氨基酸

(1)必需氨基酸　必需氨基酸是指动物自身不能合成或合成的量不能满足动物的需要,必须由饲粮提供的氨基酸。各种动物所需必需氨基酸的种类大致相同,但由于代谢途径的差异,也存在一定的不同。

(2)半必需氨基酸　半必需氨基酸是指机体内以必需氨基酸为前提合成的氨基酸,反应是不可逆的,饲粮中补充半必需氨基酸可以在一定程度上节约对应的必需氨基酸。例如,动物可以由蛋氨酸合成半胱氨酸和胱氨酸,由苯丙氨酸氧化生成酪氨酸,由甘氨酸合成丝氨酸。半胱氨酸或胱氨酸、酪氨酸以及丝氨酸就是半必需氨基酸。饲粮中补充相应的必需氨基酸可以满足动物对半必需氨基酸的需要,补充半必需氨基酸不能满足动物对必需氨基酸的需要。

2. 非必需氨基酸

非必需氨基酸是指可不由饲粮提供,动物体内的合成完全可以满足需要的氨基酸,并不是指动物在生长和维持生命的过程中不需要这些氨基酸。

3. 限制性氨基酸

限制性氨基酸是指一定饲料或饲粮所含必需氨基酸的量与动物所需的蛋白质必需氨基酸的量相比,比值偏低的氨基酸。由于这些氨基酸的不足,限制了动物对其他必需和非必需氨基酸的利用。其中比值最低的称第一限制性氨基酸,以后依次为第二、第三、第四……限制性氨基酸。蛋氨酸是家禽的第一限制性氨基酸。

4. 氨基酸之间的拮抗

某些氨基酸在过量的情况下,有可能在肠道和肾小管吸收时与另一种或几种氨基酸产生竞争,增加机体对这种(些)氨基酸的需要,这种现象称为氨基酸的拮抗。例如,饲粮中赖氨酸过高,可干扰精氨酸在肠道的吸收和肾小管的重吸收,导致尿中排除的精氨酸增加;另一方面家禽饲粮中过量的赖氨酸能导致肾脏线粒体中精氨酸酶活性升高,加快精氨酸的降解,造成精氨酸的缺乏。实际生产中过量的亮氨酸严重抑制鸡的采食和生长,可以通过额外添加异亮氨酸和缬氨酸得到缓解;

反之,过量异亮氨酸和缬氨酸的生长抑制作用也可以通过添加更多的亮氨酸缓解。另外,苏氨酸、甘氨酸、丝氨酸和蛋氨酸之间也存在拮抗。存在拮抗作用的氨基酸之间,比例相差愈大拮抗作用愈明显。拮抗往往伴随着氨基酸的不平衡。

5. 氨基酸的缺乏

氨基酸缺乏不完全等于蛋白质缺乏。某些情况下有可能饲粮蛋白质水平超过标准,而个别必需氨基酸含量仍不能满足需要;或者蛋白质不足,但个别氨基酸并不缺乏。但是必需氨基酸的缺乏与蛋白质缺乏表现症状相同。例如,幼龄动物食欲减退和废绝,成年动物采食量代偿性增加;体内酶和激素合成速度减慢,血清蛋白浓度降低;生长速度下降,饲料利用率变差,有时出现贫血、脂肪肝、水肿等症状。表 4-1 列出了饲粮必需氨基酸不足对生长鸡的影响。

表 4-1 饲粮必需氨基酸不足对生长鸡的影响

处理	蛋白质(%)	日增量(克/天)	采食量(克/天)	蛋白效率比
1. 玉米+豆饼	14.7	49	102	3.38
2. 玉米+最缺乏的氨基酸	15.7	65	110	3.76
3. 处理1+补充全部氨基酸至适量	13.7	66	112	4.30

注:蛋白效率比是体增重(克)与蛋白摄入量(克)之比。

6. 氨基酸的过量

氨基酸过量表现出毒性作用,不同种类的氨基酸毒性差异很大。蛋氨酸的毒性远远大于其他氨基酸。当饲粮蛋氨酸超过 0.7%时,过多的蛋氨酸会降低肉仔鸡的生产性能,而胱氨酸的饲粮含量甚至达到 1.9%时也没有降低肉仔鸡的生产性能。

7. 氨基酸平衡和理想蛋白质

(1)氨基酸平衡　氨基酸平衡指的是饲粮氨基酸之间的比例和数量与动物需要氨基酸之间的比例和数量一致性程度。一致性程度越高,饲粮氨基酸越平衡,营养价值越高。

(2)氨基酸不平衡　氨基酸的不平衡主要指饲粮氨基酸的比例与动物所需氨基酸的比例不一致。一般不会出现饲粮中氨基酸的比例都超过需要的情况,往往是大部分氨基酸符合需要的比例,而个别氨基酸偏低。不平衡主要是比例问题,缺乏主要是量不足。在实际生产中,饲粮氨基酸不平衡一般都同时存在氨基酸的缺乏。

(3)氨基酸互补　氨基酸的互补是指在饲粮配合中,利用各种饲料氨基酸含量和比例的不同,通过两种或两种以上饲料蛋白质配合,相互取长补短,弥补氨基酸的缺陷，使饲粮氨基酸比例达到较理想状态。在生产实践中，这是提高饲粮蛋白质品质和利用率的经济有效的方法。

(4)理想蛋白质　所谓理想蛋白质，是指这种蛋白质的氨基酸在组成和比例上与动物所需蛋白质的氨基酸的组成和比例一致，包括必需氨基酸之间以及必需氨基酸和非必需氨基酸之间的组成和比例，动物对该种蛋白质的利用率应为100%。理想蛋白质模式的本质是氨基酸之间的最佳平衡模式，以这种模式组成的蛋白质最符合动物的需要，因而能够最大限度地被利用。

理想蛋白质中最重要的是必需氨基酸之间的比例，为了便于推广应用，通常把赖氨酸作为基准氨基酸，其相对需要量定为100，其他必需氨基酸需要量表示为赖氨酸需要量的百分比，称为必需氨基酸模式或理想蛋白质模式。由于生产方式、代谢途径的差异，不同种类和不同生长阶段的动物理想蛋白质模式存在明显差别。

三、脂肪营养

(一)脂类的概念和分类

脂类是一类不溶于水而溶于有机溶剂如乙醚、苯、氯仿的物质。脂类按是否与碱发生皂化反应，分为可皂化脂类和非皂化脂类。可皂化脂类包括简单脂类和复合脂类，非皂化脂类包括固醇类、萜烯类和脂溶性维生素。

简单脂类是鸡营养中最重要的脂类物质，它是一类不含氮的有机物质。甘油三酯主要存在于植物种子和动物脂肪组织中，蜡质主要存在于植物表面和动物羽、毛表面，某些海生动物体内也沉积蜡质。

复合脂类属于动植物细胞中的结构物质，平均占细胞膜干物质(DM)一半或一半以上。叶中脂类含量占总DM 3%～10%，其中60%以上是复合脂类。动物肌肉组织中脂类60%～70%是磷脂类。

非皂化脂类在动植物体内种类甚多，但含量少，常与动物特定生理代谢功能相联系。

(二)脂类的基本特性

脂类的下列特性与动物营养密切相关。

1. 脂类的水解特性

脂类可以在稀酸、强碱和脂肪酶的作用下水解。酸水解可逆，水解产物是甘油和高级脂肪酸。碱水解又称皂化反应，其反应不可逆，水解产物是甘油和高级脂肪酸盐(肥皂)。脂肪酶催化脂的水解产物是甘油一酯或甘油二酯和高级脂肪酸。

尽管脂肪水解产生的游离脂肪酸多为无臭无味的长链脂肪酸，但短链脂肪酸特别是含有4～6个碳原子的脂肪酸(如丁酸和已酸)却具有强烈的异味或酸败味，影响适口性，降低鸡的采食量，影响饲料的利用。

2. 脂类氧化酸败

这一类变化分自动氧化和微生物氧化。其中，自动氧化反应最为普遍，脂质自动氧化是一种由自由基激发的氧化。是指在室温下脂质与空气中的氧发生反应先后形成脂质过氧化物、氢氧化物以及醛和醇的过程。微生物氧化是一个由酶催化的氧化。存在于植物饲料中的脂氧化酶或微生物产生的脂氧化酶最容易使不饱和脂肪酸氧化。催化的反应与自动氧化一样，但反应形成的过氧化物在同样温湿度条件下比自动氧化多。

脂肪长时间暴露在空气中会产生难闻的气味，这种现象称为脂肪的酸败。酸败是脂肪特别是其中的不饱和脂肪酸发生自动氧化、微生物氧化的结果，产生了短链的醛和醇，出现酸败味。酸败程度一般用酸值来表示。酸值是指不加热时中和1克油脂中游离脂肪酸所需氢氧化钾的毫克数。它是反映脂肪的新鲜程度和衡量脂肪品质好坏的重要指标。

脂肪氧化酸败不仅导致脂肪营养价值降低，而且还产生一些不良的气味，影响适口性，严重时损害动物体内组织细胞。一般含油脂高的饲料保存时应添加抗氧化剂。

(三)简单脂类的营养作用

(1)提供能量。甘油和脂肪酸是动物维持生命活动和进行生产的重要能量来源。脂肪提供能量具有以下特点：①含能高。1克脂肪在体内分解成二氧化碳和水可产生38千焦能量，是蛋白质和碳水化合物的2.25倍。②代谢损失少，热增耗低。③较高的消化率。

(2)储备能量。动物采食多余的能量以脂肪的形式贮存在体内。脂肪组织中脂肪含量最高可达97%。糖原的含水量很高，相同质量的脂肪贮存能量的能力是糖原的6倍。糖原在动物体内的含量仅为1%左右，因此脂肪是动物主要的贮能形式。

(3)提供必需脂肪酸。动物对脂肪的需要并不是必需的，但脂肪提供的一些脂肪酸是动物必需的。植物来源的脂肪酸有300多种，有三种脂肪酸是动物体内不能合成，而必须由日粮提供的，在体内具有明确的生理作用，对机体正常发育和健康是不可缺少的，它们是亚油酸、α-亚麻酸和花生四烯酸。

(4)协助脂溶性物质的吸收。脂肪作为溶剂可协助脂溶性维生素以及其他脂溶性物质的消化吸收。无脂日粮会产生脂溶性维生素的缺乏症。

(5)维持体温、防护作用及提供代谢水。

(6)调节脂肪组织的内分泌功能。

(7)其他作用,在饲料加工中,添加脂肪可降低粉尘,提高饲粮的适口性和采食量。

(四)脂肪的消化吸收

脂类由于是非极性的,不能与水混溶,所以必须先使其形成一种能溶于水的乳糜微粒,才能通过小肠微绒毛将其吸收。上述过程可概括为:脂类水解→水解产物形成可溶的微粒→小肠黏膜摄取这些微粒→在小肠黏膜细胞中重新合成甘油三酯→甘油三酯进入血液循环。

四、碳水化合物营养

(一)碳水化合物的概念和分类

糖类的俗称是碳水化合物,是多羟基的醛、酮或其简单衍生物以及能水解产生上述产物的化合物的总称。这类营养素在常规营养分析中包括无氮浸出物和粗纤维,它是一类重要的营养素,在动物饲粮中占一半以上。

糖类大多由碳、氢、氧三大元素遵循C∶H∶O为1∶2∶1的结构规律构成基本糖单位,可用通式$(CH_2O)_n$来表示,其中C、H、O的原子比恰好可以看作由碳水化合物复合而成,因此曾得名“碳水化合物”。后来人们发现少数糖类不遵循这一结构规律,但由于碳水化合物的名称已经沿用已久,现在已成为人们对糖类的习惯称呼。

(二)碳水化合物的营养生理作用

1. 碳水化合物的供能贮能作用

碳水化合物,特别是葡萄糖是供给动物代谢活动快速应变需能的最有效的营养素。碳水化合物除了直接氧化供能外,也可以转变成糖原和脂肪贮存。

2. 碳水化合物的其他作用

(1)某些寡糖的生理作用　近几年来,人们对于寡糖的研究和应用具有特别的兴趣,已合成了一些寡糖产品,并用于生产。如甘露寡糖(MOS,酵母细胞壁的衍生物)、果寡糖(FOS,由蔗糖通过转果糖酶反应合成)、寡木糖、壳寡糖等。这些寡糖的有益作用首先表现在促进机体肠道内微生态平衡、结合并排出外源性病原菌;另外,一些寡糖不仅能连接到细菌上,而且也能与一定毒素、病毒、真核细胞的表面结合。结合后,寡糖作为这些外源抗原的助剂,能减缓抗原的吸收,增加抗体的效价,从而调节机体的免疫系统。有研究表明:饲粮中添加适量的甘露寡糖可缩短肉仔鸡达到上市体重所需的时间,经济效益约提高5%。另有试验表明,甘露寡糖可使肉鸡胆汁 IgA 水平提高 14.2%。甘露寡糖同某些病原菌竞争与肠黏膜上皮细胞结合的点位,可降低家禽疾病的发生率,提高存活率。

(2)动物体内糖苷的生理作用　糖苷是指具有环状结构的醛糖或酮糖的半缩醛羟基上的氢,被烷基或芳香基团所取代的缩醛衍生物。糖苷经完全水解,糖苷键分裂,产生的糖部分称为糖基,非糖部分称为配基。现已确定动物体内代谢产生的许多糖苷具有解毒作用。

(3)结构性碳水化合物的营养生理作用　结构性碳水化合物在体内有多种营养生理功能,饲粮中适宜水平的纤维对动物生产性能和健康有积极的作用。粘多糖是保证多种生理功能实现的重要物质。透明质酸具有高度黏性,在润滑关节、保护机体在受到强烈振动时,不致影响正常功能方面起重要作用。硫酸软骨素在软骨中起结构支持作用。几丁质(又名甲壳素、壳多糖)是许多低等动物尤其是节肢动物外壳的重要组成部分。

(4)糖蛋白质、糖脂的生理作用　目前糖蛋白质是指由比较短、往往是分支的寡糖链与多肽共价相连所构成的复合糖。糖蛋白质种类繁多,在体内物质运输、血液凝固、生物催化、润滑保护、结构支持、黏着细胞、降低冰点、卵子受精、免疫和激素发挥活性等方面发挥极其重要的作用。

(三)非淀粉多糖对鸡的抗营养作用

谷物子实中含有大量不同种类和性质的非淀粉多糖(NSP),如小麦和黑麦中的水溶性非淀粉多糖主要是阿拉伯木聚糖;而大麦和燕麦中水溶性的非淀粉多糖主要是 β-葡聚糖;豆科植物中主要的非淀粉多糖是纤维素、木聚糖和果胶多糖。持水率达 1∶10,黏滞性达 3.27～4.14。易于蛋白质、酚类、维生素、离子等结合。

对于鸡来说,由于其自身不能分泌相应的消化酶来降解非淀粉多糖,非淀粉多糖不易被消化,不但营养价值低,而且经常表现为抗营养作用。非淀粉多糖的抗营养作用机理主要是其在肠道中产生黏性胶质,这种胶质延迟胃排空,降低胃肠蠕动,妨碍消化酶与底物接触,减慢已消化营养素向肠壁移动的速度,影响营养物质的消化吸收。消除饲粮中非淀粉多糖的抗营养作用,最为有效的方法是添加相应的酶制剂,如向小麦型日粮中添加木聚糖酶,向大麦型日粮中添加 β-葡聚糖酶等。

(四)碳水化合物的消化吸收

对于鸡来讲只有单糖才能够被直接吸收。二糖、三糖、多糖都必须被动物自身分泌的消化酶或者微生物来源的酶降解为单糖之后才能被利用。营养性碳水化合物主要在消化道前段(口腔到回肠末端)消化吸收,而结构性碳水化合物主要在消化道后段(回肠末端以后)消化吸收。总的来看,鸡对碳水化合物的消化吸收特点是以淀粉形成葡萄糖为主,以粗纤维形成挥发性脂肪酸为辅,主要消化部位在小肠。所以,鸡的饲养实践中,其饲粮粗纤维水平不宜太高。

十二指肠是碳水化合物消化吸收的主要部位。饲料在十二指肠与胰液、肠液、胆汁混合。α-淀粉酶继续把尚未消化的淀粉分解成为麦芽糖和糊精。低聚α-1,6-糖苷酶分解淀粉和糊精中α-1,6-糖苷键。这样,饲料中营养性多糖基本上都分解成了二糖,然后由肠黏膜产生的二糖酶——麦芽糖酶、蔗糖酶、乳糖酶等彻底分解成单糖被吸收。小肠吸收的单糖主要是葡萄糖和少量的果糖和半乳糖。果糖在肠黏膜细胞内可转化为葡萄糖,葡萄糖吸收入血后,供全身组织细胞利用。鸡消化道中不含乳糖酶,不能消化吸收乳糖,饲粮中乳糖水平过高可能导致鸡腹泻。

碳水化合物吸收主要在十二指肠,以单糖形式经载体主动转运通过小肠壁吸收。随食糜向回肠移动,吸收率逐渐下降。单糖吸收受激素控制,也需要 Ca^{2+} 和维生素参加。不同单糖吸收速度不同。

进入肠后段的碳水化合物以结构性多糖为主,包括部分在肠前段未被消化吸收的营养性碳水化合物。因肠后段黏膜分泌物不含消化酶,这些物质由微生物发酵分解,主要产物为挥发性脂肪酸、二氧化碳和甲烷。鸡盲肠不发达,结肠的容量也比较小,其中的细菌对纤维素、半纤维素的消化能力有限,大部分随粪便排出体外。

五、维生素营养

维生素是一类鸡代谢所必需而需要量极少的低分子有机化合物,体内一般不能合成,必须由饲粮提供,或者提供其先体物。维生素缺乏可引起机体代谢紊乱,产生一系列缺乏症,影响动物健康和生产性能,严重时可导致动物死亡。

常见的维生素有 14 种,根据溶解性质的差异,一般分为脂溶性维生素和水溶性维生素两大类。

(一)脂溶性维生素

脂溶性维生素包括维生素 A、维生素 D、维生素 E 和维生素 K。

1. 维生素 A

维生素 A 是含有β-白芷酮环的不饱和一元醇。它有视黄醇、视黄醛和视黄酸三种衍生物,每种都有顺、反两种构型,其中以反式视黄醇效价最高。维生素 A 只存在于动物体中,植物中不含维生素 A,而含有维生素 A 原(先体)——胡萝卜素。胡萝卜素也存在多种类似物,其中以β-胡萝卜素活性最强。

(1)维生素 A 的生理功能

维持正常视觉。视紫质存在于动物视网膜内的杆状细胞中,是由视蛋白与视黄醛结合的一种感光物质。动物缺乏维生素 A 时,不能合成足够的视紫质,从而导致夜盲。

保护上皮组织完整。维生素 A 不足时,黏多糖合成受阻,引起消化道、呼吸道、生殖泌尿系统、眼角膜及其周围软组织等的上皮组织细胞都可能发生鳞状角质化。上皮组织的这种变化可引起腹泻,眼角膜软化、浑浊,干眼,流泪和浓性分泌物等多种症状。脱落的角质化细胞在膀胱和肾易形成结石,角质化也减弱了上皮组织对外来感染和侵袭的抵抗力,动物因此易患感冒、肺炎、肾炎和膀胱炎等。

促进性激素的形成。维生素 A 缺乏时,性激素分泌减少,精液质量降低;对鸡的孵化、生长、产蛋等均有显著的不良影响。

促进生长。维护骨骼的正常生长和修补。

维持神经细胞的正常功能。

维持细胞膜的稳定性,增加免疫球蛋白,提高机体免疫力。

(2)维生素 A 的缺乏与过量

维生素 A 缺乏:鸡对维生素 A 缺乏非常敏感,一旦缺乏,生长和生产就会受到影响,甚至患病和死亡。种鸡和幼雏对维生素 A 的要求更严格。饲粮维生素 A 不足时,生长鸡通常在 2~5 周龄内出现缺乏症状,表现为食欲减弱,生长阻滞,消瘦,衰弱,羽毛粗糙竖起蓬乱,喙交错,角膜过度角化,患干眼病。口腔、食管和唾液腺管道过度角化,死亡率增加。

维生素 A 过量:维生素 A 过量,动物产生食欲不振,采食量下降,生长缓慢,体重降低,眼睑肿胀粘连,器官退化,先天畸形,骨强度降低且畸形,甚至死亡。

(3)维生素 A 的来源

动物性来源:主要存在于动物肝脏。以鱼类肝脏中含量最高,尤其是鳕鱼、鲨鱼类及金枪鱼等。此外,鱼卵子、全乳(乳脂)、肉类、蛋黄也含有丰富的维生素 A。

植物性来源:植物体内只含有维生素 A 原——胡萝卜素。以 β-胡萝卜素分布最广,活性最大。主要存在于青绿饲料和胡萝卜中。

2. 维生素 D

维生素 D 有维生素 D_2(麦角钙化醇)和维生素 D_3(胆钙化醇)两种活性形式。麦角钙化醇的先体是来自植物的麦角固醇;胆钙化醇来自动物的 7-脱氢胆固醇。先体经紫外线照射而转变成维生素 D_2 和维生素 D_3。7-脱氢胆固醇在动物体中可由胆固醇和鲨烯(三十碳)转化而来。后两者大量存在于皮肤、肠壁和其他组织中。

(1)维生素 D 的生理功能

促进肠道钙磷的吸收,提高血液钙和磷的水平,促进骨的钙化。

维生素 D 与肠黏膜细胞的分化有关,促进肠道黏膜和绒毛的发育。

1,25-二羟胆钙化醇与甲状旁腺素一起维持血钙和血磷的正常水平。

(2)维生素D的缺乏与过量

维生素D缺乏:雏鸡缺乏维生素D表现食欲不振、生长受阻、精神委靡、羽被不良、佝偻病、喙变软;产蛋鸡的薄壳蛋和软壳蛋数量增加,产蛋量下降,蛋变小、变形,孵化率显著降低;骨骼异常。

维生素D过量:早期骨骼钙化加速,但后期钙和磷自骨骼中的排出量增加,使血钙和血磷水平提高,动脉中钙盐广泛沉积;各种组织和器官都发生钙质沉着以及骨损伤,并使骨骼疏松易折,或对成骨和破骨细胞有影响。

(3)维生素D的来源

动物性来源:主要有鱼肝油、鱼肉、肝、全脂奶、奶酪、蛋黄、黄油等。动物的皮肤及禽类的喙、爪均含有维生素D原(7-脱氢胆固醇),只要得到直接或反射的日光照射或人工紫外线辐射,7-脱氢胆固醇就可以转化为维生素D_3。

植物性来源:植物活体中不含维生素D(维生素D_2),但含有丰富的维生素D原(麦角固醇)。维生素D原经过日光或人工紫外线照射后,可转变为维生素D_2。因此,天然干燥的干草、酵母、花生、日晒干的蒿秆、豆科干草、番茄、胡萝卜等均含有一定的维生素D或维生素D原。

3. 维生素E

维生素E也称生育酚,是一组有生物活性、化学结构相近的酚类化合物的总称。其中α-生育酚、β-生育酚、γ-生育酚和δ-生育酚较为重要,以α-生育酚分布最广,效价最高。维生素E不稳定,酯化后可提高其稳定性。最常用的是其乙酸酯,生物活性用国际单位表示:

1毫克DL-α-生育酚醋酸酯=1 IU维生素E

1毫克DL-α-生育酚=1.1 IU维生素E

1毫克D-α-生育酚醋酸酯=1.36 IU维生素E

1毫克D-α-生育酚=1.49 IU维生素E

(1)维生素E的生理功能

生物抗氧化作用,通过中和过氧化反应链形成的游离基和阻止自由基的生成使氧化链中断,从而防止细胞膜中脂质的过氧化和由此而引起的一系列损害;

促进性激素的分泌,调节性腺发育和功能,改善生殖机能;

促进促甲状腺素和促肾上腺皮质激素的生成;

维生素E和硒缺乏可降低机体的免疫力和对疾病的抵抗力;

维生素E在生物氧化还原系统中是细胞色素还原酶的辅助因子;

参与细胞DNA合成的调节;

对过氧化氢、黄曲霉毒素、亚硝基化合物具有抗毒和解毒的作用以及降低镉、汞、砷、银等重金属和有毒元素的毒性；

通过使含硒的氧化型谷胱甘肽过氧化物酶变成还原型的谷胱甘肽过氧化物酶以及减少其他过氧化物的生成而节约硒，减轻因缺硒而带来的影响；

维护肌肉正常功能，促使细胞复活，防止肝坏死和肌肉退化。

(2)维生素 E 的缺乏与过量

维生素 E 缺乏：鸡缺乏维生素 E 表现为繁殖功能紊乱、胚胎退化、脑软化、红细胞溶血、血浆蛋白质减少、肾退化、渗出性素质病、脂肪组织褪色、肌肉营养障碍以及免疫力下降等。

维生素 E 过量：相对于维生素 A 和维生素 D 而言，维生素 E 几乎是无毒的，大多数动物能耐受 100 倍于需要量的剂量。

(3)维生素 E 的来源

动物性来源：在动物性饲料中含量极少，仅人和牛的初乳及蛋类中有一定含量。动物体内不能合成维生素 E。

植物性来源：维生素 E 在自然界分布很广，主要存在于植物性饲料中。植物油，特别是小麦胚油是维生素 E 的主要来源。另外，大多数的青绿饲料、子实胚芽、青干草、酵母、糠麸等均是维生素 E 的良好来源。

4. 维生素 K

1929 年发现鸡日粮中缺乏某种因子时会发生出血综合征，后来这种因子被确定为脂溶性维生素 K。天然存在的维生素 K 活性物质有叶绿醌(维生素 K_1)和甲基萘醌(维生素 K_2)。人工合成的包括亚硫酸氢钠甲萘醌——维生素 K_3 和乙酰甲萘醌——维生素 K_4。其中最重要的是维生素 K_1、维生素 K_2 和维生素 K_3。维生素 K_3 的活性最强，比维生素 K_2 高约 3.3 倍。

(1)维生素 K 的生理功能　参与肝脏凝血酶原的合成，维持正常血凝。此外，还有利尿、强化肝脏解毒能力及降低血压的功能。

(2)维生素 K 的缺乏和过量

维生素 K 缺乏：凝血时间延长，出血不止。皮下广泛性出血及肌肉、脑、胃肠道、腹脏、泌尿生殖系统等器官或组织出血、贫血，繁殖力下降，甚至死亡。鸡的典型症状是：翅下出现蓝绿色斑块，蜷缩，发抖，贫血。

维生素 K 过量：维生素 K_1、维生素 K_2 及其衍生物无毒。维生素 K_3 对皮肤和呼吸道是有毒的，但其亚硫酸盐衍生物无毒性。

(3)维生素 K 的来源

动物性来源：维生素 K 在自然界分布广泛，鱼粉、动物肝脏、蛋黄均是维生素K的来源。

植物性来源：绿色饲料是维生素K的丰富来源，其他植物饲料含量也较多。

(二)水溶性维生素

1. 硫胺素(维生素B_1)

硫胺素由一分子嘧啶和一分子噻唑通过一个甲基桥结合而成，含有硫和氨基，故称硫胺素。能溶于70%的乙醇和水，受热、遇碱迅速被破坏。

硫胺素在细胞中的功能是作为辅酶(羧辅酶)，参与α-酮酸的脱羧而进入糖代谢和三羧酸循环。硫胺素的主要功能是参与碳水化合物代谢，需要量也与碳水化合物的摄入量有关。鸡缺乏硫胺素表现为食欲差、憔悴、消化不良、瘦弱及外周神经受损引起的症状，如多发性神经炎、头向后仰、角弓反张、强直和频繁的痉挛。硫胺素几乎无毒，酵母是硫胺素最丰富的来源。谷物含量也较多，胚芽和种皮是硫胺素主要存在的部位。瘦肉、肝、肾和蛋等动物产品也是硫胺素的丰富来源。

2. 核黄素(维生素B_2)

核黄素是由一个二甲基异咯嗪和一个核糖醇结合而成，为橙黄色的结晶，微溶于水，耐热，但蓝色光或紫外光以及其他可见光可使之迅速破坏。核黄素参与碳水化合物、蛋白质、核酸和脂肪的代谢。促进蛋白质沉积，提高饲料利用率，保护皮肤。

鸡肠道微生物能合成核黄素，但吸收利用差。必须在日粮中供给足够的核黄素才能保证正常的生长和生产。鸡核黄素缺乏的典型症状表现为足爪向内弯曲，用跗关节行走，腿麻痹、腹泻、产蛋量和孵化率下降等。

3. 泛酸

泛酸因在自然界分布十分广泛，又称遍多酸或维生素B_3。泛酸是辅酶A的辅基，因此辅酶A的功能即是泛酸的功能。泛酸在体内参与脂肪酸的合成与降解，柠檬酸循环，胆碱乙酰化，抗体合成。总之，泛酸有利于营养物质的吸收和利用。

鸡缺乏泛酸时出现皮炎，喙角和肛门有局限性痂块，脚底长茧，裂缝出血和结痂；眼睑肿胀。鸡对泛酸的需要量较大，尤其是雏鸡，故需适量添加。动物采食过量的泛酸会出现中毒现象，中毒剂量是需要剂量的数百倍。泛酸广泛分布于动植物体中，苜蓿干草、花生饼、糖蜜、酵母、米糠和小麦麸含量丰富；谷物的种子及其副产物和其他饲料中含量也较多。

4. 尼克酸(烟酸、维生素PP)

尼克酸是吡啶的衍生物，它很容易转变成尼克酰胺。尼克酸和尼克酰胺都是白色、无味的针状结晶，溶于水，耐热。尼克酸参与碳水化合物、脂类和蛋白质的代谢，尤其在体内供能代谢的反应中起重要作用。

鸡缺乏烟酸的典型症状是：黑舌症，舌暗红发炎，舌尖白色；口腔及食管前端发炎，黏膜呈深红色；脚和皮肤有鳞状皮炎，关节肿大，腿骨弯曲（滑腱症），趾底发炎；火鸡、鸭、鹅缺乏烟酸的症状虽然与鸡相似，但症状要严重得多，它们对烟酸的需要量也较鸡高。尼克酸广泛分布于饲料中，但谷物中的尼克酸利用率低。动物性产品、酒糟、发酵液以及油饼类含量丰富。谷物类的副产物、绿色的叶子，特别是青草中的含量较多。

5. 维生素 B_6

维生素 B_6 包括吡哆醇、吡哆醛和吡哆胺三种吡啶衍生物。维生素 B_6 的各种形式对热、酸和碱稳定；遇光，尤其是在中性和碱性溶液中易被破坏。强氧化剂很容易使吡哆醛变成无生物学活性的 4 - 吡哆酸。合成的吡哆醇是白色结晶，易溶于水。维生素 B_6 的功能主要与蛋白质代谢的酶系统相联系，也参与碳水化合物和脂肪的代谢，涉及体内 50 多种酶。

鸡缺乏时表现为异常的兴奋、癫狂、无目的运动和倒退并伴有吱吱叫声，听觉紊乱、运动失调。维生素 B_6 广泛分布于饲料中，酵母、肝、肌肉、乳清、谷物及其副产物和蔬菜都是维生素 B_6 的丰富来源。杂交鸡对维生素 B_6 的需要较纯种鸡多。

6. 生物素

生物素具有尿素和噻吩相结合的骈环，噻唑环的 α 位带有戊酸侧链。它有多种异构体，但只有 d - 生物素才有活性。合成的生物素是白色针状结晶，在常规条件下很稳定，酸败的脂和胆碱能使它失去活性，紫外线照射可使之缓慢破坏。在动物体内生物素以辅酶的形式广泛参与碳水化合物、脂肪和蛋白质的代谢，例如，丙酮酸的羧化、氨基酸的脱氨基、嘌呤和必需脂肪酸的合成等。

鸡缺乏的典型症状是：滑腱症，脚、胫、趾、嘴和眼周围皮肤炎症，角化，开裂出血，生成硬性结痂，类似于泛酸的缺乏症。但生物素引起的皮炎是从脚开始，而泛酸缺乏的损伤首先表现在嘴角和眼睑上，严重时才损害到脚。雏鸡还会发生胫骨短粗、共济失调和特有的骨骼畸形。种鸡缺乏生物素会造成种蛋受精率和孵化率降低，尤其是孵化中后期的胚胎死亡较多。动物性饲料中，如鱼、奶、肝脏、肾、蛋、肉等中含量丰富。动物性来源的利用率较植物性高。

7. 叶酸

叶酸由一个蝶啶环、对氨基苯甲酸和谷氨酸缩合而成，也叫蝶酰谷氨酸。它是橙黄色的结晶粉末，无臭无味。叶酸本身不具有活性，需在体内进行与氢还原反应生成 5,6,7,8 - 四氢叶酸才具生理活性。四氢叶酸是传递一碳基团的辅酶。主要功能是:使丝氨酸和甘氨酸相互转化;使苯丙氨酸形成酪氨酸;使丝氨酸形成谷氨酸;使高半胱氨酸形成蛋氨酸;使乙醇胺合成胆碱;与维生素 B_{12} 和维生素 C 共同参与红细胞和血红蛋白的合成;在 DNA 和 RNA 形成过程中,参与嘌呤环的合成;保护肝脏并具解毒作用。

鸡缺乏时羽毛生长不良,褪色,幼鸡胫骨短粗。产蛋率与孵化率下降,胚胎死亡率显著增加,羽毛脱色,生长迟缓。叶酸广泛分布于动植物产品中。绿色的叶片和肉质器官、谷物、大豆以及其他豆类和多种动物产品中叶酸的含量都很丰富,但奶中的含量不多。

8. 维生素 B_{12}

维生素 B_{12} 是一个结构最复杂的、唯一含有金属元素(钴)的维生素,故又称钴胺素。它有多种生物活性形式,呈暗红色结晶,易吸湿,可被氧化剂、还原剂、醛类、抗坏血酸、二价铁盐等破坏。维生素 B_{12} 在体内主要以二脱氧腺苷钴胺素和甲钴胺素两种辅酶的形式参与多种代谢活动,如嘌呤和嘧啶的合成、甲基的转移、某些氨基酸的合成以及碳水化合物和脂肪的代谢;促进红细胞的形成和维持神经系统的完整;合成血红蛋白,控制恶性贫血。

鸡缺乏维生素 B_{12} 羽毛粗乱,发生肌胃黏膜炎症,肌胃糜烂,死亡率高,脂肪在肝脏、心脏、肾脏沉积等。雏鸡胫骨短粗症,甲状腺机能降低。在自然界,维生素 B_{12} 只在动物产品和微生物中发现,植物性饲料基本不含此维生素。

9. 胆碱

胆碱是 β-羟乙基三甲胺羟化物,常温下为液体、无色,有黏滞性和较强的碱性,易吸潮,也易溶于水。严格来说,对于哺乳动物,胆碱不是维生素,如有足够的甲基这些动物都能合成足够的胆碱满足需要。但对于雏鸡来讲,胆碱却是维生素。胆碱在体内的主要功能是:防止脂肪肝,胆碱作为卵磷脂的成分在脂肪代谢过程中可促进脂肪酸以卵磷脂的形式被运输;促进小肠乳糜微粒的形成和分泌;提高肝脏利用脂肪酸的能力,从而防止脂肪在肝中过多积累;神经传导,胆碱是构成乙酰胆碱的主要成分,对神经冲动的传递起着重要作用;促进代谢,胆碱是甲基供体,三个不稳定的甲基可以与其他物质生产化合物;另外,胆碱、蛋氨酸和甜菜碱有协调作用。

胆碱缺乏可引起脂肪代谢障碍,使脂肪在细胞内沉积,从而导致脂肪肝综合征,生长迟缓,骨和关节畸变,生产性能下降,死亡率增高。饲喂高能量和高脂肪饲粮的鸡因采食量降低,使胆碱摄入量不足,因此高能饲粮的鸡对胆碱的需要量大。动物性饲料中含有丰富的胆碱,如鱼粉、蚕蛹、肉类等,植物性饲料,如饼粕、胚芽、青绿饲料等都含有丰富的胆碱。各种动物都能合成胆碱,合成的部位在肝脏。

10. 维生素C(抗坏血酸)

维生素C是一种含有6个碳原子的酸性多羟基化合物,因能防治坏血病而又称为抗坏血酸。它是一种无色的结晶粉末,加热很容易被破坏。结晶的抗坏血酸在干燥的空气中比较稳定,但金属离子可加速其破坏。由于维生素C具有可逆的氧化性和还原性,所以它广泛参与机体的多种生化反应。已被阐明的最主要的功能是参与胶原蛋白质合成。此外,还有以下几个方面的功能:①在细胞内电子转移的反应中起重要的作用;②参与某些氨基酸的氧化反应;③促进肠道铁离子的吸收和在体内的转运;④减轻体内转运金属离子的毒性作用;⑤能刺激白细胞中吞噬细胞和网状内皮系统的功能;⑥促进抗体的形成;⑦是致癌物质——亚硝基胺的天然抑制剂;⑧参与肾上腺皮质类固醇的合成。

维生素C缺乏时首先是组织中的抗坏血酸含量降低。其后出现食欲不振,生长、生产和繁殖受阻,易患贫血和传染病,黏膜自发性出血。鸡一般能合成抗坏血酸,且常规饲料中也有充足的抗坏血酸,通常不会出现缺乏症。但在应激的条件下,可能出现缺乏症,表现为蛋壳质量下降。动物性饲料中维生素C的含量较少;青菜、水果、青草类、绿色植物等是维生素C的主要来源。

六、矿物质营养

矿物元素是动物营养中的一大类无机营养素。现已确认动物体组织中含有约45种矿物元素。

体内存在的矿物元素,有一些是动物生理过程和体内代谢必不可少的,这一部分就是营养学上常说的必需矿物元素,在体内的分布和数量由其生理功能决定。这类元素在体内具有重要的营养生理功能:有的参与体组织的结构组成,如钙、磷、镁以其相应盐的形式存在,是骨和牙齿的主要组成部分;有的作为酶(参与辅酶或辅基的组成)的组成成分(如锌、锰、铜、硒等)和激活剂(如镁、氯等)参与体内物质代谢;有的作为激素组成(如碘)参与体内的代谢调节等;还有的元素以离子的形式维持体内电解质平衡和酸碱平衡,如Na^{+}、K^{+}、Cl^{-}等。必需矿物元素必须由外界供给,当外界供给不足,不仅影响生长或生产,而且引起动物体内代谢异常、生化指标变化和缺乏症。在缺乏某种矿物元素的饲粮中补充该元素,相应的缺乏症会减轻或消失。

必需矿物元素和有毒有害元素对动物而言是相对的。一些矿物元素,在饲粮中含量较低时是必需矿物元素,在含量过高情况下则可能是有毒有害元素。在20世纪70年代以前,把硒归类为有毒有害元素,因为在动物的饲粮中硒含量超过5~

6毫克/千克会导致动物中毒。但是，当饲粮硒缺乏时，既影响动物的生长或生产，又出现典型的缺乏症，所以它又是必需矿物元素。

必需矿物元素按动物体内含量或需要不同分成常量矿物元素和微量矿物元素两大类。常量矿物元素一般指在动物体内含量高于0.01%的元素，主要包括钙、磷、钠、钾、氯、镁、硫等7种。微量矿物元素一般指在动物体内含量低于0.01%的元素，目前查明必需的微量元素有铁、锌、铜、锰、碘、硒、钴、钼、氟、铬、硼等12种。铝、钒、镍、锡、砷、铅、锂、溴等8种元素在动物体内的含量非常低，在实际生产中基本上几乎不出现缺乏症，但实验证明可能是动物必需的微量元素。

(一)常量元素

1. 钙和磷

钙和磷是在所有的矿物质元素中动物体内含量最高的两种元素，几乎占矿物质总量的65%～70%。钙占动物体重的1%～2%，约99%的钙和氢氧化钙复合盐类，以羟基磷灰石的形式存在于骨骼和牙齿中，其余的钙分布于体液和软组织中。磷占动物体重的0.7%～1.1%，其中80%磷存在于骨骼和牙齿中，其余的磷分布于体液和软组织中，主要作为磷蛋白、核酸和磷脂的构成成分而发挥作用。通常动物骨骼中的钙磷比例约为2∶1。

(1)生理功能　钙在动物体内具有以下生物学功能：①作为动物体结构组成物质参与骨骼和牙齿的组成，起支持保护作用；②通过钙控制神经传递物质释放，调节神经兴奋性；③通过神经体液调节，改变细胞膜通透性，使Ca^{2+}进入细胞内触发肌肉收缩；④激活多种酶的活性；⑤促进胰岛素、儿茶酚氨、肾上腺皮质固醇甚至唾液等的分泌；⑥钙还具有自身营养调节功能，在外源钙供给不足时，沉积钙(特别是骨骼中)可大量分解供代谢循环需要，此功能对产蛋十分重要。

在所有矿物质元素中磷的生物功能最多：①与钙一起参与骨齿结构组成，保证骨骼和牙齿的结构完整；②参与体内能量代谢，是ATP和磷酸肌酸的组成成分，这两种物质是重要的供能、贮能物质，也是底物磷酸化的重要参加者；③促进营养物质的吸收，磷以磷脂的方式促进脂类物质和脂溶性维生素的吸收；④保证生物膜的完整，磷脂是细胞膜不可缺少的成分；⑤磷作为重要生命遗传物质DNA、RNA和一些酶的结构成分，参与许多生命活动过程，如蛋白质合成和动物产品生产。

(2)缺乏和过量　鸡最易出现钙缺乏。一般常见缺乏症表现是：食欲降低，异食癖；生长减慢，生产力和饲料利用率下降；骨生长发育异常，已骨化的钙、磷也可能大量游离到骨外，造成骨灰分降低、骨软，严重的不能维持骨的正常形态，从而影响其他生理功能。动物典型的钙、磷缺乏症有佝偻病、骨疏松症和产后瘫痪。

佝偻病是幼龄生长动物钙、磷缺乏所表现出的一种典型营养缺乏症。其表现为:动物行走步态僵硬或脚跛,甚至骨折;骨骼生长发育明显畸形,长骨末端肿大;骨矿物质元素含量减少;血钙、血磷或两者含量下降。由饲粮低钙高磷引起血钙降低、血磷正常的佝偻病叫低钙佝偻病;由饲粮低磷高钙引起血磷降低、血钙正常的佝偻病叫低磷佝偻病;饲粮钙磷都低引起血钙血磷相应降低的佝偻病叫真佝偻病。

骨软化症是成年鸡钙、磷缺乏所表现出的一种典型营养缺乏症。饲粮钙、磷、维生素 D_3 缺乏或不平衡,产蛋高峰期过多动用骨中矿物元素均可引起此病。患骨软化症动物的肋骨和其他骨骼因大量沉积的矿物质分解而形成蜂窝状,容易造成骨折、骨骼变形等。

骨松症是成年鸡的另一种钙、磷营养代谢性疾病。患骨松症的动物,骨中矿物质元素含量均正常,只是骨中的绝对总量减少而造成的功能不正常。引起骨松症的根本原因大致有二:一是骨基质蛋白质合成障碍,减少矿物元素沉积,使骨的绝对总量减少;二是长期低钙摄入,使骨的代谢功能减弱、骨总灰分减少和骨强度降低。属后一种原因引起的骨松症可增加饲粮供给而消除。实际生产中出现骨松症的情况很少见。

过多采食含钙丰富的饲料或过量补饲钙质,亦对鸡有害。钙过量会使鸡的脂肪消化率下降,因为脂肪酸和钙结合成钙皂,其排出量增加。另外,过量的钙还会干扰动物体内磷、锰、铁、镁、碘等元素的吸收和代谢,尤其是生长期的鸡对高钙的饲粮比较敏感,饲粮中的钙一旦超过饲养标准的50%,即产生不良的后果。但产蛋期的耐受量可达5%。

动物吸收过量的磷后能引起甲状旁腺机能亢进,骨骼中如果大量磷释放进入血液后,会造成骨组织营养不良。

(3)来源和吸收　动物性饲料如鱼粉、肉骨粉、奶等一般含钙量较为丰富;多汁的青绿作物,特别是豆科植物也是钙的丰富来源。谷物及其加工副产品含钙量较低。矿物质饲料经常用作鸡饲料。常用作补充钙源的矿物质饲料有石灰石粉、贝壳粉、骨粉和磷酸氢钙等。

植物性饲料如谷物和糠麸等含磷量较为丰富,但植酸磷含量高,而鸡对植酸磷利用率偏低。饲粮中添加植酸酶可以提高植物性来源磷的利用,减少矿物性磷的添加,有利于资源利用和环境保护。饲粮中缺磷时,可用骨粉或脱氟的磷酸盐,如磷酸一钙、磷酸二钙和磷酸钙等补饲。给鸡添加钙补充料时,要考虑钙磷比例,适宜的钙磷比例是(1～2)∶1。产蛋期由于需要大量的钙形成蛋壳,故钙在饲粮中含量可达3.5%左右。

2. 镁

动物体约含0.05%的镁,其中60%～70%存在于骨骼中,占骨灰分的0.5%～

0.7%。骨镁1/3以磷酸盐形式存在,2/3吸附在矿物质元素结构表面。存在于软组织中镁占总体镁的30%~40%,主要存在于细胞内亚细胞结构中。

(1)生理功能 镁作为一个必需元素有如下功能:①参与骨骼和牙齿组成;②作为酶的活化因子或直接参与酶组成,如磷酸酶、氧化酶、激酶、肽酶和精氨酸酶等;③参与DNA、RNA和蛋白质合成;④调节神经肌肉兴奋性,保证神经肌肉的正常功能。

(2)缺乏和过量 动物缺镁主要表现厌食、生长受阻、过度兴奋、痉挛和肌肉抽搐,严重的导致昏迷死亡。血液学检查表明血镁降低。也可能出现肾钙沉积和肝中氧化磷酸化强度下降、外周血管扩张和血压体温下降等症状。

镁过量引起动物中毒,主要表现为采食量下降、生产力降低、昏睡、运动失调和腹泻,严重可引起死亡。当鸡饲粮镁高于1%时,生长速度减慢、产蛋率下降和蛋壳变薄。实际生产中使用含镁添加剂混合不均时也可能导致中毒。

(3)来源和吸收 镁普遍存在于各种饲料中,尤其是糠麸、饼粕和青饲料含镁丰富,谷实类含镁量也高,块根、块茎等亦含有较多的镁,但早春牧草含镁较低。镁的添加物有氧化镁、碳酸镁、硫酸镁。饲粮中钾、钙、氨等影响吸收;硫酸镁的吸收利用率较高。

3. 钠、钾、氯

此3种元素主要分布在体液和软组织中。钠主要分布在细胞外,大量存在于体液中,少量存在于骨中;钾主要分布在肌肉和神经细胞内;氯在细胞内外均有。

(1)生理功能 体内钠、钾、氯的主要作用是作为电解质维持渗透压,调节酸碱平衡,控制水的代谢;钠对传导神经冲动和营养物质吸收起重要作用;细胞内钾与很多代谢有关;钠、钾、氯可为酶提供有利于发挥作用的环境或作为酶的活化因子。

(2)缺乏或过量 各种动物饲料钠都较缺乏,其次是氯,钾一般不缺。产蛋鸡缺钠,易形成啄癖,同时也伴随着产蛋率下降和蛋重减轻,但不同品种鸡生产力下降程度不同。猪和羔羊缺钾,食欲明显变差。

一般情况下,动物能自身调节钠摄入,食盐任食也不会有害,各种动物耐受食盐的能力都比较强,在供水充足时耐受力更强。但较长时间缺乏食盐的动物,任食食盐可导致中毒,其表现症状为腹泻、极度口渴、产生类似于脑膜炎样的神经症状。

(3)来源和吸收:青绿饲料含钾丰富,此外,饼粕类尤其是豆粕含量也较多,一般含量为1.2%~2.2%。

大部分植物性饲料含钠较少,而动物性饲料尤其是肉粉和海产品饲料是钠的丰富来源。实际生产中用食盐来补充钠。

除鱼粉和肉粉外,氯在各种植物性饲料中的含量都很少,食盐是氯的主要来源。鸡能很好地吸收钾、钠和氯。

4. 硫

动物体内约含0.15%的硫，少量以硫酸盐的形式存在于血中，大部分以有机硫形式存在于肌肉组织、骨和齿中。有些蛋白质如毛、羽等含硫量高达4%左右。

(1)生理功能　硫主要是通过含硫的氨基酸、维生素和激素而体现其生理功能。硫通过间接地参与蛋白质合成和脂肪及碳水化合物的代谢，完成各种含硫生物活性物质在体内的生理生化功能。

(2)缺乏或过量　在正常饲养条件下鸡不会缺硫，实验鸡缺硫所表现的症状是食欲丧失、多泪、脱毛等。饲粮添加超过0.5%的无机硫，鸡出现食欲减退、增重下降、腹泻或便秘、神经抑郁等症状，长期处于高硫饲粮，可导致死亡。

(3)来源和吸收　蛋白质是硫的主要来源，鱼粉、肉粉等含硫较高。含硫氨基酸以主动的方式吸收，无机硫以简单扩散的方式吸收。

(二)微量元素

1. 铁

鸡体内含铁30～70毫克/千克。60%～70%分布于血红蛋白质中，2%～20%分布于肌红蛋白质中，0.1%～0.4%分布在细胞色素中，约1%存在于转运载体化合物和酶系统中。肝、脾和骨髓是主要的贮铁器官。

(1)生理功能　铁主要有三方面的营养生理功能：①参与载体组成、转运和贮存营养素。②参与体内物质代谢。③生理防卫机能。乳铁蛋白质在肠道能把游离铁离子结合成复合物，防止大肠杆菌利用，有利于乳酸杆菌利用。

(2)缺乏或过量　缺铁的典型症状是贫血。其临床症状表现为生长慢、昏睡、可视黏膜变白、呼吸频率增加、抗病力弱，严重时死亡率高。当血红蛋白质低于正常值25%时表现贫血，低于正常值50%～60%时则可能表现出生理功能障碍。鸡缺铁常表现低色素小红细胞性贫血。鸡对铁过量的耐受力是500毫克/千克。

(3)来源和吸收　各种天然植物饲料一般均含有丰富的铁。动物性饲料鱼粉、肉粉含铁同样丰富。消化道吸收铁的能力较差，吸收率只有5%～30%，但在缺铁情况下可提高到40%～60%。十二指肠是铁的主要吸收部位，各种动物的胃也能吸收相当数量的铁。大多数铁以螯合或以转铁蛋白结合的形式经易化扩散吸收。

2. 锌

鸡体内含锌在10～100毫克/千克范围内，平均30毫克/千克，锌在体内的分布不均衡，骨骼肌中占体内总锌50%～60%，骨骼中约占30%，其他组织器官含锌较少。

(1)生理功能　锌作为必需微量元素主要有以下营养生理作用：①参与体内酶

组成。已知体内200种以上的酶含锌，在不同酶中，锌起着催化分解、合成和稳定酶蛋白质四级结构和调节酶活性等多种生化作用。②参与维持上皮细胞和皮毛的正常形态、生长和健康，其生化基础与锌参与胱氨酸和酸黏多糖代谢有关，缺锌使这些代谢受影响，从而使上皮细胞角质化和脱毛。③维持激素的正常作用。④维持生物膜的正常结构和功能，防止生物膜遭受氧化损害和结构变形，锌对膜中正常受体的机能有保护作用。

(2)缺乏或过量　鸡缺锌可产生食欲低、采食量和生产性能下降、皮肤和被毛损害。皮肤不完全角质化症是缺锌的典型表现。生长鸡缺锌，表现严重皮炎，脚爪特别明显，骨可能发育异常。鸡摄入过量的锌对铜、铁元素吸收不利，会造成贫血、呆滞、消化道紊乱和生长迟缓。

(3)来源和吸收　各种饲料一般均含有一定量的锌，谷实中的玉米和高粱含锌量较低。当饲料含锌不足时，可用含锌化合物(硫酸锌、氧化锌、蛋氨酸锌等)补饲。锌的吸收主要受以下几个方面的影响：①体内锌含量、体锌平衡状态和吸收细胞内束缚锌的物质对锌的吸收起调节作用。②饲粮因素也影响锌吸收。如有机酸、氨基酸等低分子量配位体可与锌形成螯合物促进锌吸收，而钙、植酸、铜和葡萄糖硫苷等与锌有拮抗作用，降低锌吸收。③机体状况，当动物处于应激状况时，降低锌的吸收。

3. 铜

体内其中约一半的铜存在于肌肉组织中。肝是体铜的主要贮存器官。

(1)生理功能　铜的主要营养生理功能有3个方面：①作为金属酶组成部分直接参与体内代谢。②维持铁的正常代谢，有利于血红蛋白合成和红细胞成熟。③参与骨形成。铜是骨细胞、胶原和弹性蛋白形成不可缺少的元素。

(2)缺乏或过量　鸡基本上不出现缺乏，只有在纯合饲粮或其他特定饲粮条件下才可能出现缺铜。缺乏时鸡表现正常色素或正常红细胞性贫血，可能是因缺铜降低了含铜酶在铁代谢中的作用，使血红蛋白合成和红细胞形成受阻。缺铜常常引起鸡骨折或骨畸形，产蛋率下降及孵化过程中胚胎死亡，即使孵出也往往难以成活。铜中毒时鸡一般表现为贫血、肌肉苍白、生长受阻等。

(3)来源和吸收　饲料中含铜量取决于土壤类型和植物生长条件。铜在各种饲料如，牧草、谷实、糠麸及饼粕等中的含量均较多，但鸡对其中铜的吸收率极低，一般为5%～10%，以扩散的方式吸收。

4. 锰

鸡体内含锰低，为0.2～0.3毫克/千克。骨、肝、肾、胰腺含量较高，为1～3毫克/千克，肌肉中含量较低，为0.1～0.2毫克/千克。骨中锰占总体锰量的25%，主要沉积在骨的无机物中，有机基质中含少量。

（1）生理功能　锰的主要营养生理作用是在碳水化合物、脂类、蛋白质和胆固醇代谢中作为酶活化因子或组成部分。此外，锰是维持大脑正常代谢功能必不可少的物质。

（2）缺乏或过量　鸡缺锰可导致采食量下降、生长减慢、饲料利用率降低、骨异常、共济失调和繁殖功能异常等。骨异常是缺锰典型的表现。鸡缺锰产生滑腱症（或叫骨短粗症）和软骨营养障碍。滑腱症的主要表现为：胫骨和跖骨之间的关节肿大畸形，胫骨扭向弯曲，长骨增厚缩短，腓长肌腱滑出骨突，严重者不愿走动，不能站立，甚至死亡。软骨营养障碍主要表现为：下颌骨缩短呈鹦鹉嘴，鸡胚的腿、翅缩短变粗，死亡率高。锰过量可引起动物生长受阻、贫血和胃肠道损害，有时出现神经症状。

（3）来源和吸收　谷实和糠麸含锰较多，而玉米和大麦含锰较少。主要在十二指肠吸收。锰的吸收率为5%～10%。影响锰吸收的因素很多。饲粮锰浓度低、吸收部位存在低分子配位体、动物处于妊娠期以及鸡患球虫病时，可提高锰的吸收率；饲粮中高铁、钙和磷降低锰的吸收；锰的来源对吸收影响较大，鸡对大豆饼、棉籽饼中的锰吸收70%左右，而对菜籽饼中的锰只能吸收50%左右。

5. 硒

体内含硒0.05～0.2毫克/千克。肌肉中总硒含量最多，肾肝中硒浓度最高，体内硒一般与蛋白质结合存在。

（1）生理功能　硒最重要的营养生理作用是参与谷胱甘肽过氧化物酶组成，对体内氢或脂过氧化物有较强的还原作用，保护细胞膜结构完整和功能正常。肝中此酶活性最高，骨骼肌中最低。硒对胰腺组成和功能有重要影响。硒有保证肠道脂肪酶活性，促进乳糜微粒正常形成，从而促进脂类及其脂溶性物质消化吸收的作用。

（2）缺乏或过量　鸡缺硒主要表现渗出性素质和胰腺纤维变性。前者实际上是一种缺硒引起的水肿，因体液渗出毛细管积于皮下，特别是腹部皮下可见蓝绿色体液积蓄，患病鸡生长慢，死亡率高。胰腺纤维变性是严重缺硒引起胰腺萎缩的病理表现，1周龄小鸡最易出现，患此病的鸡胰腺分泌的消化液明显减少。鸡摄入过量的硒可引起中毒，表现为采食量减少，孵化率降低，常因饥渴而死。

（3）来源和吸收　亚硒酸钠常用来补充饲料中硒的不足。硒的主要吸收部位是十二指肠，少量在小肠其他部位吸收。

6. 碘

动物体内平均含碘0.2～0.3毫克/千克，分布全身组织细胞，70%～80%存在于甲状腺内,是单个微量元素在单一组织器官中浓度最高的元素。血中碘以甲状腺素形式存在,主要与蛋白质结合,少量游离存在于血浆中。

(1)生理功能 碘作为必需微量元素最主要功能是参与甲状腺组成,调节代谢和维持体内热平衡,对繁殖、生长、发育、红细胞生成和血液循环等起调控作用。体内一些特殊蛋白质(如皮毛角质蛋白质)的代谢和胡萝卜素转变成维生素A都离不开甲状腺素。

(2)缺乏或过量 鸡缺碘,因甲状腺细胞代偿性实质增生而表现肿大,生长受阻,繁殖力下降。鸡对碘过量的耐受力为300毫克/千克。超过耐受量鸡产蛋量下降。

(3)来源和吸收 碘主要是从饲料和饮水中摄取,而饲料和饮水中的含碘量则取决于各地区的生物地质化学状况。碘在消化道各部位都可吸收。以碘化物形式存在的碘吸收率特别高。有机形式的碘吸收率虽然也比较高,但吸收速度较慢。

7. 钴

钴在鸡体内含量极少,其中40%左右贮存于肌肉中,14%贮存于骨骼中,其余则分布在其他组织中。在肝脏中,大多数的钴以维生素B_{12}形式存在。

(1)生理功能 钴在体内的主要生物学功能是参与维生素B_{12}的合成。另外,钴可激活磷酸葡萄糖变位酶、精氨酸酶、碱性磷酸酶、碳酸酐酶、脱氧核糖核酸酶等,已经证明钴直接参与造血过程。

(2)缺乏或过量 生产中一般不发生缺乏症,过量的钴可引起肉仔鸡血红蛋白浓度升高,并发腹水症,肉鸡的耐受量是70毫克/千克。

(3)来源和吸收 各种饲料中均含有微量的钴,但消化率较低。补饲钴最简便的方法是使用氯化钴。

8. 钼

体内钼的含量平均1~4毫克/千克,其中60%~70%的钼在骨骼。

(1)生理功能 钼的主要营养生化作用是作为黄嘌呤氧化酶或脱氢酶、醛氧化酶和亚硫酸盐氧化酶等的组成,参加体内氧化还原反应。鸡蛋白质代谢产物以尿酸的形式排出,嘌呤分解形成尿酸的过程中需要大量黄嘌呤氧化酶。另外,钼促进小鸡生长和提高种蛋孵化率。钼参与体内铁的代谢,促进肝脏铁蛋白释放铁元素,进入血浆。

(2)缺乏或过量 在实际生产中,很少出现缺钼症状。实验条件下缺钼,鸡表现生长减慢,组织钼含量和黄嘌呤氧化酶活性低,黄嘌呤氧化成尿酸的能力下降,尿中出现嘌呤代谢中间产物。钼过量,雏鸡精神委靡不振,采食量下降,生长受阻,部分鸡羽毛蓬乱,脱羽,腿骨异常,死亡率高。

(3)来源和吸收　饲料中钼的含量受土壤中含量影响较大。钼来源不同,钼的消化率相差较大。

9. 氟

体内氟主要存在于骨中,其次是毛。

(1)生理功能　抑制口腔有害微生物的生长,其次氟还能够抑制糖被口腔细菌酶分解而产生酸。

(2)缺乏或过量　一般生产条件下不易出现缺氟。氟中毒可能出现。肉鸡和蛋鸡氟的耐受量分别为300毫克/千克和400毫克/千克。超过此限度可产生中毒。主要的中毒表现是:种鸡蛋孵化率降低;软骨内骨生长减慢,骨膜肥厚,钙化程度降低;血氟含量明显增加。实际条件下的中毒具有明显地区性。

(3)来源和吸收　鸡对氟的需要量甚微,一般饲料和饮水中氟的含量往往超过实际需要。鸡对氟的吸收率较高,可达80%~90%。

10. 铬

体内铬分布较广,浓度很低,集中分布不明显,动物随年龄增加,体内铬含量减少。

(1)生理功能　铬的营养生理作用:①与尼克酸、甘氨酸、谷氨酸、胱氨酸形成有机螯合物(也叫葡萄糖耐受因子),具有类似胰岛素的生物活性,对调节碳水化合物、脂肪和蛋白质代谢有重要作用;②有助于动物体内代谢,抵抗应激影响。

(2)缺乏或过量　实验性缺铬,鸡对葡萄糖耐受力降低,血中循环胰岛素水平升高,生长受阻,繁殖性能下降,甚至表现出神经症状。

(3)来源和吸收　谷物、糠麸、块根块茎等饲料均为有机铬化合物的良好来源,含量可达0.1~1.0毫克/千克。至今实验尚未能确认,鸡饲粮中是否有必要补充铬化合物。

七、水的营养

(一)水的作用

(1)水是机体的主要组成成分。水是机体细胞的一种主要结构物质。水和空气一样,是动物生命绝对不可缺少的一种物质。

(2)水是一种理想的溶剂。因水有很高的电解常数,很多化合物容易在水中电解,以离子形式存在,鸡体内水的代谢与电解质的代谢紧密结合。多数细胞质是胶体和晶体的混合物,使得水溶解性特别重要。此外,水在胃肠道中作为转运半固状食糜的中间媒介,还作为血液、组织液、细胞及分泌物、排泄物等的载体。所以,体内各种营养物质的吸收、转运和代谢废物的排出必须溶于水后才能进行。

(3)水是一切化学反应的介质。水的离解较弱,属于惰性物质。但是,由于体内酶的作用,使水参与很多生物化学反应,如水解、水合、氧化还原、有机化合物的合成和细胞的呼吸过程等。机体内所有聚合和解聚合作用都伴有水的结合或释放。

(4)调节体温。水的比热大、导热性好、蒸发热高,所以水能储蓄热能、迅速传递热能和蒸发散失热能,有利于体温的调节。血液循环中血液的快速流动、喘气和出汗、冷应激时限制血液流经体表等,都有助于动物保持体温恒定。水的导热性比其他液体好,有助于深部组织热量的散失。

(5)润滑作用。机体关节囊内、体腔内和各器官间的组织液中的水,可以减少关节和器官间的摩擦力,起到润滑作用。

此外,水对神经系统如脑脊髓液的保护性缓冲作用也是非常重要的。

(二)水的来源及排泄

1. 水的来源

(1)饮水　饮水是鸡获得水的重要来源。鸡饮水的多少与生理状态、生产水平、饲料或饲粮构成成分、环境温度等有关。在环境温度还不至于引起热应激的前提下,饮水量随采食量增加而成直线上升。在热应激时,饮水量大幅度增加。

(2)饲料水　饲料水是动物获取水的另一个重要来源。鸡采食不同性质的饲料,获取水分的多少各异。幼嫩青绿多汁饲料水分可高到90%以上;配合饲料水分含量一般在10%～14%以内。鸡采食饲料中水分含量多,饮水越少。

(3)代谢水　代谢水是动物体细胞中有机物质氧化分解或合成过程中所产生的水,又称氧化水,其量占总摄水量的5%～10%。

2. 水的排泄

鸡体内的水经复杂的代谢过程后,通过粪、尿的排泄,肺和皮肤的蒸发,以及离体产品等途径排出体外,保持动物体内水的平衡。

(1)粪和尿的排泄　正常生理状况下,鲜鸡粪(尿)含水量70%。

(2)肺脏和皮肤的蒸发　肺脏以水蒸气形式呼出的水量,随环境温度的提高和鸡活动量的增加而增加。

由于鸡的皮肤缺乏汗腺,通过皮肤蒸发方式散失的水分几乎是可以忽略不计的。

(3)经动物产品排出　产蛋鸡每产1克蛋,排出水0.7克左右,一枚60克重的蛋,含水42克以上,产蛋鸡缺水,产蛋率明显下降。

(三)需水量及饮水品质

1. 鸡的需水量

鸡的饮水量与下列因素有关:环境温度、相对湿度、日粮的成分、生长或产蛋率及肾脏的吸水率。表4-2列出了环境温度21℃时水的消耗量。

表4-2 不同年龄鸡的饮水量

周龄	肉鸡 (毫升/(只·周))	白来航母鸡 (毫升/(只·周))	褐壳蛋鸡 (毫升/(只·周))
1	225	200	200
2	480	300	400
3	725	—	—
4	1 000	500	700
5	1 250	—	—
6	1 500	700	800
7	1 750	—	—
8	2 000	800	900
9	—	—	—
10	—	900	1 000
11	—	—	—
12	—	1 000	1 100
13	—	—	—
14	—	1 100	1 100
15	—	—	—
16	—	1 200	1 200
17	—	—	—
18	—	1 300	1 300
19	—	—	—
20	—	1 600	1 500

注:"—"表示资料缺乏;数据随环境温度、日粮组成、生长或产蛋率和设备类型的变化差异很大。本数据适于环境温度20~25℃的条件。引自NRC(1994)。

2. 水的品质

水的品质直接影响动物的饮水量、饲料消耗、健康和生产水平。天然水中可能含有各种微生物,包括细菌或病毒。细菌中以沙门氏菌属、钩端螺旋体属及埃希氏杆菌属最为常见。美国国家事务局(1973)建议,家畜饮水中大肠杆菌数应小于50 000个/升。

水中主要阴离子是CO_3^{2-}、SO_4^{2-}、Cl^-、NO_3^-;主要阳离子是Ca^{2+}、Mg^{2+}、Na^+及重金属中Hg^{2+}、Cd^{2+}、Pb^{3+}……一般以水中总可溶性固形物(TDS)即各种溶解

盐类含量指标来评价水的品质，其要求见表4-3。

表4-3　鸡对水中不同浓度总溶解固形物(TDS)的耐受力

可溶性总盐分(毫克/升)	评　论
<1 000	适于所有家禽
1 000～2 999	可能会引起湿粪，但不影响健康和生产性能
3 000～4 999	属劣质水，常会引起湿粪、增加死亡、降低生长
5 000～6 999	不能用于家禽，几乎总会引起一些问题，特别是上限时，可能会抑制生长、降低生产性能、增加死亡
7 000～10 000	不适于家禽，可能适于其他家畜
>10 000	不能用于任何家禽和家畜

注：引自NRC(1994)。

总之，水是鸡十分重要的必需营养物质。水主要通过饮水来提供，饮水的品质是不能忽视的问题。

第二节　鸡饲料配制的常用原料

一、能量饲料

以干物质计，粗蛋白质含量低于20%、粗纤维含量低于18%的一类饲料即为能量饲料。这类饲料主要包括谷实类、糠麸类、脱水块根、块茎及其加工副产品、动植物油脂以及乳清粉等。

(一)谷实类

谷实类饲料主要指禾本科作物的子实。

1. 玉米

玉米中碳水化合物在70%以上，多存在于胚乳中。主要是淀粉，单糖和二糖较少，粗纤维含量也较少。粗蛋白质含量一般为7%～9%，其品质较差，赖氨酸、蛋氨酸、色氨酸等必需氨基酸含量相对贫乏。粗脂肪含量为3%～4%，但高油玉米中粗脂肪含量可达8%以上，主要存在于胚芽中。其粗脂肪主要是甘油三酯，构成的脂肪酸主要为不饱和脂肪酸，如亚油酸占59%，油酸占27%，亚麻酸占0.8%，花生四烯酸占0.2%，硬脂酸占2%以上。

玉米为高能量饲料，代谢能(鸡)为13.56兆焦/千克。粗灰分较少，仅1%左右，其中钙少磷多，但磷多以植酸盐形式存在，鸡的利用效率低。玉米中其他矿物元素尤其是微量元素很少。维生素含量较少,但维生素E含量较多,为20～30毫克/千克。黄玉米胚乳中含有较多的色素,主要是胡萝卜素、叶黄素和玉米黄素等。

玉米对鸡的饲用价值很高。尤其是黄玉米由于富含色素,对鸡的皮肤、脚、喙等以及蛋黄的着色有良好的效果。着色良好的鸡产品深受消费者欢迎,因而其商品价值高。然而,也应避免在鸡饲粮中过量使用玉米,否则肉鸡腹腔内会过量蓄积脂肪而使屠体品质下降。

2. 小麦

小麦有效能值高,代谢能(鸡)为12.72兆焦/千克。粗蛋白质含量居谷实类之首位,一般达12%以上,但必需氨基酸尤其是赖氨酸不足,因而小麦蛋白质品质较差。无氮浸出物多,在其干物质中可达75%以上。粗脂肪含量低(约1.7%),这是小麦能值低于玉米的原因之一。

矿物质含量一般都高于其他谷实,磷、钾等含量较多,但半数以上的磷为无效态的植酸磷。小麦中非淀粉多糖(NSP)含量较多,可达小麦干重6%以上。小麦非淀粉多糖主要是阿拉伯木聚糖,这种多糖不能被动物消化酶消化,而且有黏性,在一定程度上影响小麦的消化率。小麦对鸡的饲用价值约为玉米的90%。若用小麦作鸡的能量饲料时,可使用相应的非淀粉多糖酶,且不宜粉碎过细。

小麦次粉是以小麦为原料磨制各种面粉后获得的副产品之一,比小麦麸营养价值高。由于加工工艺不同,制粉程度不同,出麸率不同,所以次粉成分差异很大。因此,用小麦次粉作饲料原料时,要对其成分与营养价值实测。

(二)糠麸类

谷实经加工后形成的一些副产品即为糠麸类,包括米糠、小麦麸、大麦麸等。糠麸主要由果种皮、外胚乳、糊粉层、胚芽、颖稃纤维残渣等组成。糠麸成分不仅受原粮种类影响,而且还受原粮加工方法和精度影响。与原粮相比,糠麸中粗蛋白质、粗纤维、B族维生素、矿物质等含量较高,但无氮浸出物含量低,故属于一类有效能较低的饲料。

1. 小麦麸

小麦麸俗称麸皮,是以小麦籽实为原料加工面粉后的副产品。小麦麸的成分变异较大,主要受小麦品种、制粉工艺、面粉加工精度等因素影响。我国对小麦麸的分类方法较多。按面粉加工精度,可将小麦麸分为精粉麸和标粉麸;按小麦品种,可将小麦麸分为红粉麸和白粉麸;按制粉工艺产出麸的形态、成分等,可将其分为大麸皮、小麸皮、次粉和粉头等。

小麦麸中粗蛋白质含量高于原粮,一般为12%～17%,氨基酸组成较佳,但蛋氨酸含量少。与原粮相比,小麦麸中无氮浸出物(60%左右)较少,但粗纤维含量高得多,多达10%,甚至更高。正是这个原因,小麦麸中有效能较低,代谢能(鸡)为6.82兆焦/千克。灰分较多,所含灰分中钙少(0.1%～0.2%)磷多(0.9%～1.4%),Ca、P比例(约1∶8)极不平衡,但其中磷多为(约75%)植酸磷。另外,小麦麸中铁、锰、锌较多。由于麦粒中B族维生素多集中在糊粉层与胚中,故小麦麸中B族维生素含量很高,如含核黄素3.5毫克/千克,硫胺素8.9毫克/千克。

2. 米糠

米糠是糙米精制时产生的果皮、种皮、外胚乳和糊粉层等的混合物。果皮和种皮的全部、外胚乳和糊粉层的部分,合称为米糠。米糠的品质与成分,因糙米精制程度而不同,精制的程度越高,米糠的饲用价值愈大。由于米糠所含脂肪多,易氧化酸败,不能久存,所以常对其脱脂,生产米糠饼(经机榨制得)或米糠粕(经浸提制得)。

米糠中粗蛋白质含量较高,约为13%,氨基酸的含量与一般谷物相似或稍高于谷物,但其赖氨酸含量高。脂肪含量高达10%～17%,脂肪酸组成中多为不饱和脂肪酸。粗纤维含量较多,质地疏松,容重较轻。但米糠中无氮浸出物含量不高,一般在50%以下。米糠中有效能较高,代谢能(鸡)为11.21兆焦/千克。有效能值高的原因显然与米糠粗脂肪含量高达10%～18%有关,脱脂后的米糠能值下降。所含矿物质中钙(0.07%)少磷(1.43%)多,钙、磷比例极不平衡(1∶20),但80%以上的磷为植酸磷。B族维生素和维生素E丰富,如维生素B_1、维生素B_5、泛酸含量分别为19.6毫克/千克、303.0毫克/千克、25.8毫克/千克。

全脂米糠不能久存,要使用新鲜的米糠,酸败变质的米糠不能饲用。脱脂米糠(米糠饼、米糠粕)储存期可适当延长,但仍不能久存,因为其中还含有相当量的脂肪,所以对脱脂米糠也应及时使用。

(三)油脂类

由于生产性能的不断提高,对饲粮能量浓度的要求愈来愈高。要配制高能量饲粮,用常规的饲料难达到高能量饲粮。因此,近几年来,油脂作为能量饲料在鸡饲粮中的应用愈来愈普遍。

鸡饲料中常用到的油脂有以下4类。

1. 动物油脂

是指用家畜、家禽和鱼体组织(含内脏)提取的一类油脂。其成分以甘油三酯为主,另含少量的不皂化物和不溶物等。动物油脂中脂肪酸主要为饱和脂肪酸,但鱼油有高含量的不饱和脂肪酸。

2. 植物油脂

这类油脂是从植物种子中提取而得,主要成分为甘油三酯,另含少量的植物固醇与蜡质成分。大豆油、菜籽油、棕榈油等是这类油脂的代表。植物油脂中的脂肪酸主要为不饱和脂肪酸。

3. 饲料级水解油脂

这类油脂是指制取食用油或生产肥皂过程中所得的副产品，其主要成分为脂肪酸。

4. 粉末状油脂

对油脂进行特殊处理，使其成为粉末状。这类油脂便于包装、运输、贮存和应用。

二、蛋白质饲料

蛋白质饲料是指干物质中粗蛋白质含量大于或等于20%、粗纤维含量小于18%的饲料。

(一)植物性蛋白质饲料

植物性蛋白质饲料包括豆类子实、饼粕类和其他植物性蛋白质饲料。这类蛋白质饲料是使用量最多、最常用的蛋白质饲料。

1. 豆类籽实

鸡饲料中使用最为普遍的是大豆子实，大豆蛋白质含量为32%～40%。生大豆中蛋白质多属水溶性蛋白质(约90%)，加热后即溶于水。氨基酸组成良好，植物蛋白中普遍缺乏的赖氨酸含量较高，但含硫氨基酸较缺乏。大豆脂肪含量高，达17%～20%，其中不饱和脂肪酸较多，亚油酸和亚麻酸可占55%。脂肪的代谢能约比牛油高出29%，油脂中存在磷脂质，占1.8%～3.2%。大豆碳水化合物含量不高，无氮浸出物仅26%左右。生大豆中存在多种抗营养因子，因此生产中常对大豆进行膨化处理。

在肉鸡饲粮中以颗粒料饲喂时，添加全脂大豆与豆粕+豆油相比可更多地提高肉鸡的代谢能和肉鸡对饲料脂肪的消化率。饲喂全脂大豆的肉鸡胴体和脂肪组织中亚油酸和ω-3脂肪酸含量较高。加工全脂大豆在蛋鸡饲粮中能完全取代豆粕，可提高蛋重，并明显改变蛋黄中脂肪酸组成，显著提高亚麻酸和亚油酸含量，降低饱和脂肪酸含量，从而提高鸡蛋的营养价值。

2. 饼粕类

(1)大豆饼粕　大豆饼粕是以大豆为原料取油后的副产物。由于制油工艺不同，通常将压榨法取油后的产品称为大豆饼，而将浸出法取油后的产品称为大豆粕。

大豆饼粕粗蛋白质含量高，一般在40%～50%之间，必需氨基酸含量高，组成合理。赖氨酸含量在饼粕类中最高，为 2.4%～2.8%。赖氨酸与精氨酸比约为 100∶130，比例较为恰当。若配合大量玉米和少量的鱼粉，很适合家禽氨基酸营养需求。异亮氨酸含量是饼粕饲料中最高者，约 1.8%，是异亮氨酸与缬氨酸比例最好的一种。大豆饼粕色氨酸、苏氨酸含量也很高，与谷实类饲料配合可起到互补作用。蛋氨酸含量不足，在玉米-大豆饼粕为主的饲粮中，一般要额外添加蛋氨酸才能满足鸡营养需求。大豆饼粕粗纤维含量较低，主要来自大豆皮。无氮浸出物主要是蔗糖、棉籽糖、水苏糖和多糖类，淀粉含量低。大豆饼粕中胡萝卜素、核黄素和硫胺素含量少，烟酸和泛酸含量较多，胆碱含量丰富，维生素 E 在脂肪残量高和储存不久的饼粕中含量较高。矿物质中钙少磷多，磷多为植酸磷(约占 61%)，硒含量低。

此外，大豆饼粕色泽佳、风味好，加工适当的大豆饼粕仅含微量抗营养因子，不易变质，使用上无用量限制。

加热适度的大豆饼粕是养鸡最好的蛋白质来源，适用任何阶段的家禽，幼雏效果更好，其他饼粕原料不及大豆饼粕。

(2)菜籽饼粕　油菜是我国的主要油料作物之一，菜籽饼和菜籽粕是油菜籽榨油后的副产品。

菜籽饼粕均含有较高的粗蛋白质，为 34%～38%。氨基酸组成平衡，含硫氨基酸较多，精氨酸含量低，精氨酸与赖氨酸的比例适宜，是一种氨基酸平衡良好的饲料。粗纤维含量较高，为 12%～13%，有效能值较低。碳水化合物为不宜消化的淀粉，且含有 8%的戊聚糖，雏鸡不能利用。菜籽外壳几乎无利用价值，是影响菜籽粕利用代谢能的根本原因。矿物质中钙、磷含量均高，但大部分为植酸磷，富含铁、锰、锌、硒，尤其是硒含量远高于豆饼。维生素中胆碱、叶酸、烟酸、核黄素、硫胺素均比豆饼高，但胆碱与芥子碱呈结合状态，不易被肠道吸收。菜籽饼粕含有硫葡萄糖甙、芥子碱、植酸、单宁等抗营养因子，影响其适口性。

菜籽饼粕因含有多种抗营养因子，饲喂价值明显低于大豆粕。并可引起甲状腺肿大，采食量下降，生产性能下降。近年来，国内外培育的“双低”(低芥酸和低硫葡萄糖甙)品种已在我国部分地区推广，并获得较好效果。

在鸡配合饲料中，菜籽饼粕应限量使用。一般幼雏饲粮中应避免使用。品质优良的菜籽饼粕，肉鸡后期可用至 10%～15%，但为防止肉鸡风味变劣，用量宜低于 10%。蛋鸡、种鸡可用至 8%，超过 12%即引起蛋重和孵化率下降。褐壳蛋鸡采食多时，鸡蛋有鱼腥味，应谨慎使用。

(3)棉籽饼粕　棉籽饼粕是棉籽经脱壳取油后的副产品，完全去壳的叫作棉仁饼粕。主产区在新疆、河南、山东等省市。

棉籽饼粕粗蛋白含量较高,达34%以上,棉仁饼粕粗蛋白可达41%~44%。氨基酸中赖氨酸较低,仅相当于大豆饼粕的50%~60%,蛋氨酸亦低,精氨酸含量较高,赖氨酸与精氨酸之比在100∶270以上。矿物质中钙少磷多,其中71%左右为植酸磷,含硒少。维生素B_1含量较多,维生素A、维生素D少。粗纤维含量主要取决于制油过程中棉籽脱壳程度。棉籽饼粕中的抗营养因子主要为棉酚、环丙烯脂肪酸、单宁和植酸。

棉籽饼粕对鸡的饲用价值主要取决于游离棉酚和粗纤维的含量。含壳多的棉籽饼粕,粗纤维含量高,热能低,应避免在肉鸡中使用。用量以游离棉酚含量而定,通常游离棉酚含量在0.05%以下的棉籽饼(粕),在肉鸡中可用到饲粮的10%~20%,产蛋鸡可用到饲粮的5%~15%。未经脱毒处理的饼粕,饲粮中用量不得超过5%。蛋鸡饲粮中棉酚含量在200毫克/千克以下,不影响产蛋率;若要防止"桃红蛋",应限制在50毫克/千克以下。亚铁盐的添加可增强鸡对棉酚的耐受力。鉴于棉籽饼粕中的环丙烯脂肪酸对动物的不良影响,棉籽饼粕中的脂肪含量越低越安全。

游离棉酚可使种鸡尤其是母鸡生殖细胞发生障碍,因此种鸡中应尽量少用或不用。

(4)花生(仁)饼粕　花生(仁)饼粕是花生脱壳后,经机械压榨或溶剂浸提油后的副产品。

花生(仁)饼的粗蛋白质含量约44%,花生(仁)粕的粗蛋白质含量约47%,蛋白质含量高,但63%为不溶于水的球蛋白,可溶于水的白蛋白仅占7%。氨基酸组成不平衡,赖氨酸、蛋氨酸含量偏低,精氨酸含量在所有植物性饲料中最高。无氮浸出物中大多为淀粉、糖分和戊聚糖。脂肪酸以油酸为主,不饱和脂肪酸占53%~78%。钙磷含量低,磷多为植酸磷,铁含量略高,其他矿物元素较少。胡萝卜素、维生素D、维生素C含量低,B族维生素较丰富,尤其烟酸含量高,约174毫克/千克。核黄素含量低,胆碱为1 500~2 000毫克/千克。

花生(仁)饼粕中含有少量胰蛋白酶抑制因子。花生(仁)饼粕极易感染黄曲霉,产生黄曲霉毒素,引起动物中毒。我国饲料卫生标准中规定,花生饼粕黄曲霉素B_1含量不得大于0.05毫克/千克。

为避免黄曲霉毒素中毒,幼雏应避免使用花生(仁)饼粕,应用于成鸡,因其适口性好,可提高鸡的食欲,育成期可用到6%,产蛋鸡可用到9%,若补充赖氨酸、蛋氨酸或与鱼粉、豆饼、血粉配合使用,效果更好。在鸡饲粮中添加蛋氨酸、硒、胡萝卜素、维生素或提高饲粮蛋白质水平,都可以降低黄曲霉毒素的毒性。

(5)芝麻饼粕　芝麻饼粕是芝麻取油后的副产品。

芝麻饼粕蛋白质含量较高，约40%。氨基酸组成中蛋氨酸、色氨酸含量丰富，尤其蛋氨酸高达0.8%以上，为饼粕类之首；赖氨酸缺乏，精氨酸极高，赖氨酸与精氨酸之比为100∶420，比例严重失衡，配制饲料时应注意。粗纤维含量约7%，代谢能低于花生、大豆饼粕，约为9.0兆焦/千克。矿物质中钙、磷较多，但多以植酸盐形式存在，故钙、磷、锌的吸收均受到抑制。维生素A、维生素D、维生素E含量低，核黄素、烟酸含量较高。芝麻饼粕中的抗营养因子主要为植酸和草酸，二者能影响矿物质的消化和吸收。

芝麻饼粕是一种略带苦味的优质蛋白质饲料。使用效果不如大豆饼粕，在鸡饲料中用量不宜超过10%，雏鸡禁用。因含有较多植酸，用量过高会引起脚软和生长抑制等。

3. 玉米蛋白粉

玉米蛋白粉是玉米加工的主要副产物之一，为玉米除去淀粉、胚芽、外皮后剩下的产品。

玉米蛋白粉粗蛋白质含量40%～60%，氨基酸组成不佳，蛋氨酸、精氨酸含量高，赖氨酸和色氨酸严重不足，赖氨酸与精氨酸比达100∶(200～250)，与理想比值相差甚远。粗纤维含量低，易消化，代谢能与玉米近似或高于玉米，为高能饲料。矿物质含量少，铁较多，钙、磷较低。维生素中胡萝卜素含量较高，维生素B族少。富含色素，主要是叶黄素和玉米黄质，前者是玉米含量的15～20倍，是较好的着色剂。

玉米蛋白粉用于鸡饲料可节省蛋氨酸，着色效果明显。因玉米蛋白粉太细，配合饲料中用量不宜过大，否则影响采食量，以5%以下为宜，颗粒化后可用至10%左右。

在使用玉米蛋白粉的过程中，应注意霉菌含量，尤其黄曲霉毒素含量。

(二)动物性蛋白质饲料

鸡饲料中常用的动物性蛋白质饲料主要包括鱼粉、肉粉、肉骨粉、血粉和蚕蛹粉。

1. 鱼粉

鱼粉是用一种或多种鱼类为原料，经去油、脱水、粉碎加工后的高蛋白质饲料。全世界的鱼粉生产国主要有秘鲁、智利、日本、丹麦、美国、挪威等，其中秘鲁与智利的出口量约占总贸易量的70%。中国的鱼粉产量不高，需大量进口。

鱼粉的主要营养特点是蛋白质含量高，一般脱脂全鱼粉的粗蛋白质含量高达60%以上。氨基酸组成齐全、平衡，尤其是主要氨基酸与鸡体组织氨基酸组成基本一致。钙、磷含量高,比例适宜。微量元素中碘、硒含量高。富含维生素 B_{12}、脂溶性维生素 A、维生素 D、维生素 E 和未知生长因子。所以,鱼粉不仅是一种优质蛋白源,而且是一种不易被其他蛋白质饲料完全取代的动物性蛋白质饲料。但鱼粉营养成分因原料质量和加工工艺不同,变异较大。

因鱼粉中不饱和脂肪酸含量较高并具有鱼腥味,故在鸡饲粮中使用量不可过多,如果使用鱼粉过多可导致禽肉、蛋产生鱼腥味,因此当鱼粉中脂肪含量约10%时,在鸡饲粮中用量应控制在10%以下。

鱼粉应贮藏在干燥、低温、通风、避光的地方,防止发生变质。当加工温度过高、时间过长或运输、贮藏过程中发生自燃,会使鱼粉产生肌胃糜烂素,这是鱼粉中的组胺(组氨酸的衍生物)与赖氨酸反应生成的一种化合物,以沙丁鱼制得的鱼粉(红鱼粉)最易生成这种化合物。正常的鱼粉中肌胃糜烂素含量不超过0.3毫克/千克,如果含量过高,喂鸡时常因胃酸分泌过度而使鸡嗉囊肿大,肌胃糜烂、溃疡、穿孔,最后呕血死亡。此病又称为"黑色呕吐病",生产中对该类鱼粉应慎用或不用。

计算配方时应考虑鱼粉的含盐量,以防食盐中毒。

2. 肉骨粉与肉粉

肉骨粉是以动物屠宰后不宜食用的下脚料以及肉类罐头厂、肉品加工厂等的残余碎肉、内脏、杂骨等为原料,经高温消毒、干燥粉碎制成的粉状饲料。肉粉是以纯肉屑或碎肉制成的饲料。骨粉是动物的骨经脱脂脱胶后制成的饲料。

因原料组成和肉、骨的比例不同,肉骨粉的质量差异较大,粗蛋白质20%～50%、赖氨酸1%～3%、含硫氨基酸3%～6%、色氨酸低于0.5%;粗灰分为26%～40%、钙7%～10%、磷3.8%～5.0%,是动物良好的钙磷供源;脂肪8%～18%;维生素 B_{12}、烟酸、胆碱含量丰富,维生素 A、维生素 D 含量较少。

肉骨粉和肉粉虽作为一类蛋白质饲料原料,可与谷类饲料搭配,补充谷类饲料蛋白质的不足。但由于肉骨粉主要由肉、骨、腱、韧带、内脏等组成,还包括毛、蹄、角、皮及血等废弃物,所以品质变异很大。若以腐败的原料制成产品,品质更差,甚至可导致中毒。加工过程中热处理过度的产品的适口性和消化率均下降。贮存不当时,脂肪易氧化酸败,影响适口性和动物产品品质。总体饲养效果较鱼粉差。

肉骨粉的原料很易感染沙门氏菌,在加工处理畜禽副产品过程中,要进行严格的消毒。例如英国曾经由于对动物副产物未进行正确的处理,用感染有传染性沙门氏菌的禽的副产物制成的肉粉饲喂家禽,导致禽蛋和肉仔鸡肉感染。另外,用患病家畜的副产物制成的肉粉应尽量不喂同类动物。目前由于疯牛病的原因,许多国家已禁止用反刍动物副产物制成的肉粉饲喂反刍动物。

3. 血粉

血粉是以畜、禽血液为原料，经脱水加工而成的粉状动物性蛋白质补充饲料。利用全血生产血粉的方法主要有喷雾干燥法、蒸煮法和晾晒法。

血粉干物质中粗蛋白质含量一般在80%以上，赖氨酸含量居天然饲料之首，达6%～9%。色氨酸、亮氨酸、缬氨酸含量也高于其他动物性蛋白，但缺乏异亮氨酸、蛋氨酸。总的氨基酸组成非常不平衡。血粉的蛋白质、氨基酸利用率与加工方法、干燥温度、时间的长短有很大关系，通常持续高温会使氨基酸的利用率降低，低温喷雾法生产的血粉优于蒸煮法生产的血粉。血粉含钙、磷少，含铁多，约2 800毫克/千克。

血粉适口性差，氨基酸组成不平衡，并具黏性，过量添加易引起腹泻，因此饲粮中血粉的添加量不宜过高。一般仔鸡饲料中用量应小于2%，成鸡饲料中用量不应超过4%。

4. 蚕蛹粉

蚕蛹是蚕丝工业副产物，分为桑蚕蛹和柞蚕蛹。

蚕蛹中含有60%以上的粗蛋白质，必需氨基酸组成好，可与鱼粉相当，不仅富含赖氨酸，而且含硫氨基酸、色氨酸含量也高，约比鱼粉的高出1倍。未脱脂蚕蛹的有效能值与鱼粉的有效能值近似，是一种高能量、高蛋白质饲料，既可用作蛋白质补充料又可提高饲料能量水平。新鲜蚕蛹富含核黄素，含量是牛肝的5倍、卵黄的20倍。蚕蛹的钙磷比为1∶(4～5)，可作为配合饲料中调整钙磷比的动物性磷源饲料。蚕蛹脂肪中不饱和脂肪酸含量较高，富含亚油酸和亚麻酸，但不宜贮存。陈旧不新鲜的蚕蛹呈白色或褐色。蚕蛹可以鲜喂，或脱脂后作饲料。蚕蛹含有几丁质，不易消化，其含量可通过测定“粗纤维”的方法检测出来，优质的蚕蛹不应含有大量粗纤维，凡粗纤维含量过多为混有异物。

蚕蛹的主要缺点是具有异味，蚕蛹粉在饲粮中参考用量：肉鸡、火鸡料2.5%～5%，蛋鸡料2%。

(三)单细胞蛋白质饲料

单细胞蛋白质(SCP)是单细胞或具有简单构造的多细胞生物的菌体蛋白的统称。目前可供作饲料用的SCP微生物主要有酵母、真菌、藻类及非病原性细菌4大类，其中以酵母使用最多。

单细胞蛋白质饲料由于原料及生产工艺不同，营养成分变化较大，一般风干制品中含粗蛋白质在50%以上。因为这类蛋白质是由多个独立生存的单细胞构成，富含多种酶系和B族维生素。必需氨基酸组成和利用率与优质豆饼相似。微量元素中富含铁、锌、硒。

三、矿物质饲料

矿物质饲料是补充动物矿物质需要的饲料。它包括人工合成的、天然单一的和多种混合的矿物质饲料，以及配合有载体或赋形剂的痕量、微量、常量元素补充料。常量矿物质饲料包括钙源性饲料、磷源性饲料、食盐以及含硫饲料和含镁饲料等。

(一)钙源性饲料

通常天然植物性饲料中的含钙量与鸡的需要量相比明显不足，特别是对产蛋家禽。因此，动物饲粮中应注意钙的补充。常用的含钙矿物质饲料有石灰石粉、贝壳粉、蛋壳粉等。

1. 石灰石粉

石灰石粉又称石粉，为天然的碳酸钙($CaCO_3$)，一般含纯钙35%以上，是补充钙的最廉价、最方便的矿物质原料。

天然的石灰石中，只要铅、汞、砷、氟的含量不超过安全系数，都可用作饲料。石粉过量，会降低饲粮有机养分的消化率，还对青年鸡的肾脏有害，使泌尿系统尿酸盐过多沉积而发生炎症，甚至形成结石。蛋鸡过多接受石粉，蛋壳上会附着一层薄薄的细粒，影响蛋的合格率。

石粉作为钙的来源，对蛋鸡来讲，以粗为宜，粒度可达1.5～2.0毫米。较粗的粒度有助于保持血液中钙的浓度，满足形成蛋壳的需要，从而增加蛋壳强度，减少蛋的破损率，但粗粒影响饲料的混合均匀度。

2. 贝壳粉

贝壳粉是各种贝类外壳(蚌壳、牡蛎壳、蛤蜊壳、螺蛳壳等)经加工粉碎而成的粉状或粒状产品，多呈灰白色、灰色、灰褐色。主要成分为碳酸钙，含钙量应不低于33%。品质好的贝壳粉杂质少，含钙高，呈白色粉状或片状，用于蛋鸡或种鸡的饲料中，可提高蛋壳强度，减少破蛋软蛋，片状贝壳粉效果更佳。鸡对贝壳粉的粒度要求：蛋鸡以70%通过1.8毫米、肉鸡以60%通过0.30毫米筛为宜。

贝壳粉内常掺杂砂石和泥土等杂质，使用时应注意检查。另外若贝肉未除尽，加之贮存不当，堆积日久易出现发霉、腐臭等情况，这会使其饲料价值显著降低。选购及应用时要特别注意。

3. 蛋壳粉

禽蛋加工厂或孵化厂废弃的蛋壳，经干燥灭菌、粉碎后即得到蛋壳粉。无论蛋品加工后的蛋壳或孵化出雏后的蛋壳，都残留有壳膜和一些蛋白，因此除了含有

34%左右钙外，还含有7%的蛋白质及0.09%的磷。蛋壳粉是理想的钙源饲料，利用率高，用于蛋鸡、种鸡饲料中，与贝壳粉一样可增加蛋壳硬度。蛋壳干燥的温度应超过82℃，以消除传染病源。

（二）磷源性饲料

常用的富含磷的矿物质饲料有磷酸氢钙和骨粉等。

1. 磷酸氢钙

磷酸氢钙也叫磷酸二钙，为白色或灰白色的粉末或粒状产品，又分为无水盐和二水盐2种，后者的钙、磷利用率较高。磷酸二钙一般是在干式法磷酸液或精制湿式法磷酸液中加入石灰乳或磷酸钙而制成的。市售品中除含有无水磷酸二钙外，还含少量的磷酸一钙及未反应的磷酸钙。含磷18%以上，钙21%以上。饲料级磷酸氢钙应注意脱氟处理，含氟量不得超过标准。

2. 骨粉

骨粉是以家畜骨骼为原料加工而成的，由于加工方法的不同，成分含量及名称各不相同，是补充钙、磷需要的良好来源。

骨粉一般为黄褐乃至灰白色的粉末，有肉骨蒸煮过的味道。骨粉的含氟量较低，只要杀菌消毒彻底，便可安全使用。但由于成分变化大，来源不稳定，而且常有异臭，在国外饲料工业上的用量逐渐减少。

骨粉是鸡的配合饲料中常用的磷源饲料，优质骨粉含磷量可以达到12%以上，钙磷比例为2∶1左右，符合动物机体的需要，同时还富含多种微量元素。一般在鸡饲料中添加量为1%～3%。值得注意的是，用简易方法生产的骨粉，即不经脱脂、脱胶和热压灭菌而直接粉碎制成的生骨粉，因含有较多的脂肪和蛋白，易腐败变质。尤其是品质低劣、有异臭、呈灰泥色的骨粉，常携带大量病菌，用于饲料易引发疾病传播。有的兽骨收购场地，为避免蝇蛆繁殖，喷洒敌敌畏等药剂而使骨粉带毒，这种骨粉绝对不能用作饲料。

（三）钠源性饲料

1. 氯化钠

氯化钠（NaCl）一般称为食盐，精制食盐含氯化钠99%以上，粗盐含氯化钠为95%。食盐除了具有维持体液渗透压和酸碱平衡的作用外，还可刺激唾液分泌，提高饲料适口性，增强动物食欲，具有调味剂的作用。

对于鸡来讲，因饲粮中食盐配合过多或混合不匀易引起食盐中毒。雏鸡饲料中若配合0.7%以上的食盐，则会出现生长受阻，甚至有死亡现象。产蛋鸡饲料中含盐超过1%时，可引起饮水增多，粪便变稀，产蛋率下降。家禽一般以0.25%～

0.5%为宜。

2. 碳酸氢钠

碳酸氢钠又名小苏打，分子式为 $NaHCO_3$，为无色结晶粉末，无味，略具潮解性，其水溶液因水解而呈微碱性，受热易分解放出二氧化碳。碳酸氢钠含钠 27%以上，生物利用率高，是优质的钠源性矿物质饲料之一。

碳酸氢钠不仅可以补充钠，更重要的是具有缓冲作用，能够调节饲粮电解质平衡和胃肠道 pH 值。夏季在肉鸡和蛋鸡饲粮中添加碳酸氢钠可减缓热应激，防止生产性能的下降。添加量一般为 0.5%。

3. 硫酸钠

硫酸钠又名芒硝，分子式为 Na_2SO_4，为白色粉末。含钠 32%以上，含硫 22%以上，生物利用率高，既可补钠又可补硫，特别是补钠时不会增加氯含量，是优良的钠、硫源之一。在鸡饲粮中添加，有利于羽毛的生长发育，防止啄羽癖。

四、青绿饲料

(一)青绿饲料的营养特性

1. 水分含量高

陆生植物的水分含量为 60%～90%，而水生植物可高达 90%～95%。因此，其鲜草含的干物质少，能值较低。

2. 蛋白质含量较高，品质较优

一般禾本科牧草和叶菜类饲料的粗蛋白质含量在 1.5%～3.0%之间，豆科牧草在 3.2%～4.4%之间。若按干物质计算，前者粗蛋白质含量达 13%～15%，后者可高达 18%～24%。不仅如此，由于青绿饲料是植物体的营养器官，含有各种必需氨基酸，尤其以赖氨酸、色氨酸含量较高，故蛋白质生物学价值较高，一般可达 70%以上。

3. 粗纤维含量较低

幼嫩的青绿饲料含粗纤维较少，木质素低，无氮浸出物较高。若以干物质为基础，则其中粗纤维为 15%～30%，无氮浸出物为 40%～50%。粗纤维的含量随着植物生长期的延长而增加，木质素的含量也显著增加。一般来说，植物开花或抽穗之前，粗纤维含量较低。

4. 钙磷比例适宜

青绿饲料中矿物质含量因植物种类、土壤与施肥情况而异。以温带草地牧草为例，钙为 0.25%～0.5%、磷为 0.20%～0.35%，比例较为适宜，特别是豆科牧草钙的含量较高。

5. 维生素含量丰富

青绿饲料是供应鸡维生素营养的良好来源。特别是胡萝卜素含量较高，每千克饲料含50～80毫克之多。此外，青绿饲料中维生素B族、维生素E、维生素C和维生素K的含量也较丰富，如青苜蓿中含硫胺素为1.5毫克/千克、核黄素4.6毫克/千克、烟酸18毫克/千克。但缺乏维生素D，维生素B_6（吡哆醇）的含量也很低。综上所述，从动物营养的角度来说，青绿饲料是一种营养相对平衡的饲料，但因其水分含量高，干物质中消化能较低，从而限制了其潜在的营养优势。

（二）青绿饲料的使用

对单胃杂食动物的鸡来说，由于青绿饲料干物质中含有较多数量的粗纤维，它们对粗纤维的消化主要在盲肠内进行，因而对青绿饲料的利用率较差。并且，青绿饲料容积较大，而鸡的胃肠容积有限，使其采食量受到限制。因此，在鸡饲粮中不能大量加入青绿饲料，但可作为一种蛋白质与维生素的良好来源适量搭配于饲粮中，以补充其饲料组成的不足，从而满足鸡对营养的全面需要。

五、饲料添加剂

饲料添加剂与能量饲料、蛋白质饲料和矿物质饲料共同组成配合饲料，它在配合饲料中添加量很少，但作为配合饲料的重要微量活性成分，起着完善配合饲料的营养、提高饲料利用率、促进生长发育、预防疾病、减少饲料养分损失及改善畜产品品质等重要作用。

（一）饲料添加剂分类

目前，在饲料中应用的添加剂有300多个品种，经常使用的有150多种。鸡饲料中使用的添加剂有20～60种。根据动物营养学原理，一般分为营养性和非营养性两大类，非营养性添加剂根据作用又可细分为多类，如图4-2所示。

（二）饲料添加剂的作用

1. 提高饲料利用率

饲料中因为缺乏某些微量营养物质，特别是在集约化生产条件下，鸡易发生营养缺乏症与营养代谢障碍，影响生长发育，从而造成经济损失。在饲料中使用添加剂，可完善饲粮的营养价值，提高饲料利用率，充分发挥鸡的生产潜能，提高畜禽生产率。

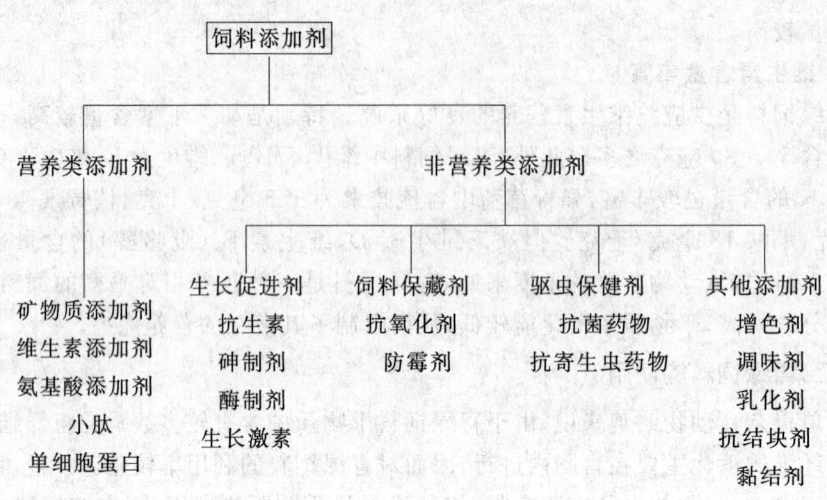

图 4-2 饲料添加剂分类示意图

2. 改善饲料适口性

饲料风味剂的应用,对提高饲料适口性、促进鸡采食有积极的意义。

3. 促进生长发育

促生长剂有防病保健、促进鸡生长的功效。除抗生素、合成抗菌剂外,许多新型促生长剂,如益生素、寡糖、有机盐等已在生产中得到应用。

4. 改善饲料加工性能

使用各种形式的黏结剂,以减少粉尘、改善饲料加工性能、提高饲料生产能力。饲料中含有的许多营养成分,如维生素、不饱和脂肪酸等,极易氧化失效或变质,在配合饲料生产中使用抗氧化剂、防霉剂,以减少饲料加工、贮存中的养分损失。

5. 改善畜产品品质

随着人们生活水平的提高,消费者对肉、蛋的质量要求日益提高,通过饲料添加剂途径,可改肉、蛋产品的外观色泽与内在品质,延长货架寿命。

6. 合理利用饲料资源

配合饲料由多种饲料原料配制而成,使用添加剂后可利用某些尚未利用或未充分利用的饲料资源,生产出营养价值完善的饲粮,从而可扩大利用那些在单一状态无法利用或限量使用的饲料资源,降低配合饲料成本。尤其是某些饲料原料含有抗营养因子,单一使用不利于畜禽健康,进而有可能危及环境或人的健康,但由于配套使用了相应的添加剂,就可使这类饲料资源得以充分利用,获取较高的社会、生态和经济效益。

这里需特别指出的是,在鸡饲料生产中往往不是仅使用单一添加剂,而常常是同时使用几种添加剂或复合性添加剂，因此使用饲料添加剂产生的效益常常是多样性或综合性的。

第三节 鸡的营养需要

一、概述

鸡的营养需要包括维持的需要、生长增重的需要和产蛋需要。具体包括对蛋白质、氨基酸的需要，对能量的需要，对维生素的需要和对微量元素的需要等，但是根据生长阶段和生产目的不同变化很大。例如，对于同一品种的商品蛋鸡来讲，雏鸡和生长后备母鸡、产蛋前期及产蛋期对于营养的需求是不同的。而蛋鸡体格较小、产蛋较多，而肉鸡生长速度快、体格大、饲料利用率高等，这些因素都决定了它们之间营养需要的差异。

二、饲养标准

饲养标准是家禽育种公司或科研机构根据在特定条件下，为发挥家禽最佳生产性能而探索制订的各种营养素的日需要量，或推算出每单位重量的配合饲料中各种营养成分所占的比例。

(一)中国家禽饲养标准

1988 年我国首次颁布了中国家禽饲养标准(试用)，此后经过大量的实验研究和应用探索，不断完善，于 2004 年再次颁布了中国家禽饲养标准。这里介绍的是 2004 年版中国家禽饲养标准中有关鸡的饲养标准。

1. 生长期蛋鸡饲养标准

见表 4－4 和表 4－5。

表 4－4 生长期蛋鸡的饲养标准(能量、蛋白质、氨基酸、亚油酸)

营养指标	0～8 周龄	9～18 周龄	19 周龄至开产
代谢能(兆焦/千克)	11.91	11.7	11.50
(兆卡/千克)	(2.85)	(2.8)	(2.75)
粗蛋白质(%)	19.0	15.5	17.0
蛋白能量比(克/兆焦)	15.95	13.25	14.78
(克/兆卡)	(66.67)	(55.3)	(61.82)
赖氨酸能量比(克/兆焦)	0.84	0.58	0.61
(克/兆卡)	(3.51)	(2.43)	(2.55)

续表 4-4

营养指标	0～8周龄	9～18周龄	19周龄至开产
赖氨酸(%)	1.0	0.68	0.70
蛋氨酸(%)	0.37	0.27	0.34
蛋氨酸+胱氨酸(%)	0.74	0.55	0.64
苏氨酸(%)	0.66	0.55	0.62
色氨酸(%)	0.20	0.18	0.19
精氨酸(%)	1.18	0.98	1.02
亮氨酸(%)	1.27	1.01	1.07
异亮氨酸(%)	0.71	0.59	0.60
苯丙氨酸(%)	0.64	0.53	0.54
组氨酸(%)	0.31	0.26	0.27
脯氨酸(%)	0.50	0.34	0.44
缬氨酸(%)	0.73	0.60	0.62
亚油酸(%)	1	1	1

注:本标准以中型蛋鸡计算;开产指产蛋率达到5%的日龄(下同)。

表 4-5 生长期蛋鸡的饲养标准(矿物质、维生素)

营养指标	0～8周龄	9～18周龄	19周龄至开产
钙(%)	0.9	0.8	2.0
总磷(%)	0.73	0.60	0.55
非植酸磷(%)	0.4	0.35	0.32
钠(%)	0.15	0.15	0.15
铁(毫克/千克)	80	60	60
铜(毫克/千克)	8	6	8
锌(毫克/千克)	60	40	80
锰(毫克/千克)	60	40	60
碘(毫克/千克)	0.35	0.35	0.35
硒(毫克/千克)	0.3	0.3	0.3
维生素 A(国际单位/千克)	4 000	4 000	4 000
维生素 D(国际单位/千克)	800	800	800
维生素 E(国际单位/千克)	10	8	8
维生素 K(毫克/千克)	0.5	0.5	0.5
硫胺素(毫克/千克)	1.8	1.3	1.3
核黄素(毫克/千克)	3.6	1.8	2.2

续表 4-5

营养指标	0～8 周龄	9～18 周龄	19 周龄至开产
泛酸(毫克/千克)	10	10	10
烟酸(毫克/千克)	30	11	11
吡哆醇(毫克/千克)	3	3	3
生物素(毫克/千克)	0.15	0.10	0.10
叶酸(毫克/千克)	0.55	0.25	0.25
维生素 B_{12}(毫克/千克)	0.01	0.003	0.004
胆碱(毫克/千克)	1 300	900	500

2. 产蛋鸡的饲养标准

见表 4-6 和表 4-7。

表 4-6　产蛋鸡的饲养标准(能量、蛋白质、氨基酸、亚油酸)

营养指标	开产至产蛋高峰（产蛋率＞85％）	产蛋高峰后（产蛋率＜85％）	种　鸡
代谢能(兆焦/千克)	11.29	10.87	11.29
(兆卡/千克)	(2.70)	(2.65)	(2.70)
粗蛋白质(％)	16.5	15.5	18.0
蛋白能量比(克/兆焦)	14.61	14.26	15.94
(克/兆卡)	(61.11)	(58.49)	(66.67)
赖氨酸能量比(克/兆焦)	0.44	0.61	0.63
(克/兆卡)	(2.67)	(2.54)	(2.63)
赖氨酸(％)	0.75	0.70	0.75
蛋氨酸(％)	0.34	0.32	0.34
蛋氨酸＋胱氨酸(％)	0.65	0.56	0.65
苏氨酸(％)	0.55	0.50	0.55
色氨酸(％)	0.16	0.15	0.16
精氨酸(％)	0.76	0.69	0.76
亮氨酸(％)	1.02	0.98	1.02
异亮氨酸(％)	0.72	0.66	0.72
苯丙氨酸(％)	0.58	0.52	0.58
组氨酸(％)	0.25	0.23	0.25
缬氨酸(％)	0.59	0.54	0.59
亚油酸(％)	1	1	1

表 4-7 产蛋期蛋鸡的饲养标准(矿物质、维生素)

营养指标	开产至产蛋高峰 (产蛋率＞85%)	产蛋高峰后 (产蛋率＜85%)	种 鸡
钙(%)	3.5	3.5	3.5
总磷(%)	0.60	0.60	0.60
非植酸磷(%)	0.32	0.32	0.32
钠(%)	0.15	0.15	0.15
铁(毫克/千克)	60	60	60
铜(毫克/千克)	8	8	6
锌(毫克/千克)	80	80	80
锰(毫克/千克)	60	60	60
碘(毫克/千克)	0.35	0.35	0.35
硒(毫克/千克)	0.3	0.3	0.3
维生素 A(国际单位/千克)	8 000	8 000	10 000
维生素 D(国际单位/千克)	1 600	1 600	2 000
维生素 E(国际单位/千克)	5	5	10
维生素 K(毫克/千克)	0.5	0.5	0.5
硫胺素(毫克/千克)	0.8	0.8	0.8
核黄素(毫克/千克)	32.5	2.5	3.8
泛酸(毫克/千克)	2.2	2.2	10
烟酸(毫克/千克)	20	20	30
吡哆醇(毫克/千克)	3	3	4.5
生物素(毫克/千克)	0.10	0.10	0.15
叶酸(毫克/千克)	0.25	0.25	0.35
维生素 B_{12}(毫克/千克)	0.004	0.004	0.004
胆碱(毫克/千克)	500	500	500

3. 我国的肉鸡饲养标准

我国在 1988 年制订了中国家禽饲养标准(试行),2004 年经过修订后发布了鸡饲养标准(NY/T 33—2004),其中有关肉鸡方面的标准见表 4-8、表 4-9。

表 4-8　我国肉仔鸡饲养标准一(能量、蛋白质、氨基酸、亚油酸)

营养指标	0～3 周龄	4～6 周龄	7 周龄后
代谢能(兆焦/千克)	12.54	12.96	13.17
(兆卡/千克)	(3.00)	(3.10)	(3.15)
粗蛋白质(%)	21.5	20.0	18.0
蛋白能量比(克/兆焦)	17.14	15.43	13.67
(克/兆卡)	(71.67)	(64.52)	(57.14)
赖氨酸能量比(克/兆焦)	0.92	0.77	0.67
(克/兆卡)	(3.83)	(3.23)	(2.81)
赖氨酸(%)	1.15	1.0	0.87
蛋氨酸(%)	0.5	0.4	0.34
蛋氨酸+胱氨酸(%)	0.91	0.76	0.65
苏氨酸(%)	0.81	0.72	0.68
色氨酸(%)	0.21	0.18	0.17
精氨酸(%)	1.20	1.12	1.01
亮氨酸(%)	1.26	1.05	0.94
异亮氨酸(%)	0.81	0.75	0.63
苯丙氨酸(%)	0.71	0.66	0.58
组氨酸(%)	0.35	0.32	0.27
脯氨酸(%)	0.58	0.54	0.47
缬氨酸(%)	0.85	0.74	0.64
亚油酸(%)	1	1	1

表 4-9　我国肉仔鸡饲养标准二(能量、蛋白质、氨基酸、亚油酸)

营养指标	0～3 周龄	4～6 周龄	7 周龄后
代谢能(兆焦/千克)	12.75	12.96	13.17
(兆卡/千克)	(3.05)	(3.10)	(3.15)
粗蛋白质(%)	22	20.0	17.0
蛋白能量比(克/兆焦)	17.25	15.43	12.91
(克/兆卡)	(72.13)	(64.52)	(53.97)
赖氨酸能量比(克/兆焦)	0.88	0.77	0.62
(克/兆卡)	(3.627)	(3.23)	(2.60)
赖氨酸(%)	1.2	1.0	0.82
蛋氨酸(%)	0.52	0.4	0.32
蛋氨酸+胱氨酸(%)	0.92	0.76	0.63
苏氨酸(%)	0.84	0.72	0.64

续表 4-9

营养指标	0～3 周龄	4～6 周龄	7 周龄后
色氨酸(%)	0.21	0.18	0.16
精氨酸(%)	1.25	1.12	0.95
亮氨酸(%)	1.26	1.05	0.94
异亮氨酸(%)	0.84	0.75	0.59
苯丙氨酸(%)	0.74	0.66	0.55
组氨酸(%)	0.36	0.32	0.25
脯氨酸(%)	0.60	0.54	0.44
缬氨酸(%)	0.90	0.74	0.72
亚油酸(%)	1	1	1

(二)育种公司饲养标准

在实际生产中,一些育种公司根据本公司所培育的种鸡的具体情况制订了自己的饲养标准,这些标准更接近所饲养鸡的要求。

1. 伊萨巴布考克 B-380 父母代蛋鸡饲养标准

(1)巴布考克 B-380 父母代蛋鸡育雏育成期饲养标准见表 4-10。

表 4-10 巴布考克 B-380 父母代蛋鸡育雏育成期饲养标准

营养指标	1～3 周	4～10 周	11～16 周	17～18 周
代谢能(兆焦/千克)	12.3	11.9	11.3	11.5
粗蛋白质(%)	20.00	19.00	16.00	17.00
蛋氨酸(%)	0.52	0.45	0.33	0.36
蛋氨酸+胱氨酸(%)	0.85	0.76	0.58	0.65
赖氨酸(%)	1.15	0.98	0.72	0.75
苏氨酸(%)	0.73	0.65	0.50	0.53
色氨酸(%)	0.21	0.19	0.17	0.17
亚油酸(%)	1.50	1.25	1.00	1.00
钙(%)	1.05～1.10	1.00～1.10	0.90～1.10	2.00～2.10
有效磷(%)	0.48	0.42	0.36	0.45

(2)巴布考克 B-380 父母代蛋鸡产蛋期饲养标准见表 4-11。

2. 伊萨新红褐父母代蛋鸡饲养标准

(1)伊萨新红褐父母代蛋鸡育雏育成期饲养标准见表 4-12。

(2)伊萨新红褐父母代蛋鸡产蛋期饲养标准见表 4-13。

表 4-11　巴布考克 B-380 父母代蛋鸡产蛋期饲养标准

营养指标	19～45 周龄	46 周龄后
粗蛋白质(克)	21.0	20.0
蛋氨酸(毫克)	450	400
蛋氨酸+胱氨酸(毫克)	790	700
赖氨酸(毫克)	930	900
苏氨酸(毫克)	620	590
色氨酸(毫克)	200	190
亚油酸(克)	1.6	1.8
钙(克)	3.8～4.2	4.2～4.6
有效磷(克)	0.42	0.38

表 4-12　伊萨新红褐父母代蛋鸡育雏育成期饲养标准

营养指标	育雏期	育成前期	育成后期	开产前
代谢能(兆焦/千克)	12.34	11.93	11.3～11.7	11.3～11.7
粗蛋白质(%)	18.5	17～18	15～16	16～17
蛋氨酸(%)	0.45	0.43	0.34	0.38
蛋氨酸+胱氨酸(%)	0.80	0.77	0.61	0.68
赖氨酸(%)	1.12	0.96	0.76	0.85
苏氨酸(%)	0.73	0.63	0.50	0.56
色氨酸(%)	0.21	0.20	0.17	0.19
亚油酸(%)	1.20	1.00	0.80	1.00
钙(%)	1.00～1.10	0.95～1.00	0.90～1.10	2～2.5
有效磷(%)	0.47～0.50	0.40～0.45	0.35～0.40	0.40～0.45

表 4-13　伊萨新红褐父母代蛋鸡产蛋期饲养标准

营养指标	产蛋 1 期	产蛋 2 期	产蛋 3 期	产蛋 4 期
代谢能(兆焦/千克)	11.30～11.72	11.30～11.72	11.30～11.72	11.30～11.72
粗蛋白质(%)	17～18	17～18	16～17	15～16
蛋氨酸(%)	0.42	0.39	0.36	0.33
蛋氨酸+胱氨酸(%)	0.75	0.70	0.64	0.59
赖氨酸(%)	0.86	0.80	0.74	0.68
苏氨酸(%)	0.63	0.59	0.54	0.50
色氨酸(%)	0.20	0.19	0.17	0.16

续表 4-13

营养指标	产蛋 1 期	产蛋 2 期	产蛋 3 期	产蛋 4 期
亚油酸(%)	1.40	1.30	1.20	1.10
钙(%)	4.0	4.1	4.2	4.3
有效磷(%)	0.45	0.43	0.40	0.37

3. 罗曼褐商品代蛋鸡饲养标准

(1)罗曼褐商品代蛋鸡育雏育成期饲养标准见表 4-14。

表 4-14 罗曼褐商品代蛋鸡育雏育成期饲养标准

营养指标	1～4 周龄	5～8 周龄	9～16 周龄	17～19 周龄
代谢能(兆焦/千克)	12.34	11.93	11.3～11.7	11.3～11.7
粗蛋白质(%)	21	18.5	14.5	17.5
蛋氨酸(%)	0.48	0.38	0.33	0.36
蛋氨酸+胱氨酸(%)	0.83	0.67	0.57	0.68
赖氨酸(%)	1.20	1.00	0.65	0.85
苏氨酸(%)	0.80	0.70	0.50	0.60
色氨酸(%)	0.23	0.21	0.16	0.20
亚油酸(%)	1.40	1.40	1.10	1.10
钙(%)	1.05	1.00	0.90	2.00
有效磷(%)	0.48	0.45	0.37	0.45

(2)罗曼褐商品代蛋鸡产蛋期饲养标准见表 4-15。

表 4-15 罗曼褐商品代蛋鸡产蛋期饲养标准

营养指标	产蛋 1 期	产蛋 2 期	产蛋 3 期	产蛋 4 期
代谢能(兆焦)	11.30～11.72	11.30～11.72	11.30～11.72	11.30～11.72
粗蛋白质(克)	17～18	17～18	16～17	15～16
蛋氨酸(毫克)	0.42	0.39	0.36	0.33
蛋氨酸+胱氨酸(毫克)	0.75	0.70	0.64	0.59
赖氨酸(毫克)	0.86	0.80	0.74	0.68
苏氨酸(毫克)	0.63	0.59	0.54	0.50
色氨酸(毫克)	0.20	0.19	0.17	0.16
亚油酸(克)	1.40	1.30	1.20	1.10
钙(克)	4.0	4.1	4.2	4.3
有效磷(克)	0.45	0.43	0.40	0.37

4. AA 肉鸡的饲养标准

见表 4-16。

表 4-16　AA 父母代种鸡各期营养标准

饲　　料	育雏料（0～5 周）	育成料（6～18 周）	产前料（19～23 周）	种鸡料（24～64 周）	种鸡料（炎热天气）	种公鸡料（配种期）
代谢能(兆焦/千克)	11.5～11.7	11.09～11.3	11.3～11.5	11.3～11.5	11.3～11.7	11.09～11.3
粗蛋白质(%)	18～20	15～16	16～17	15～16	16～17	13～14
亚油酸(%)	1.5	1.5	1.7～1.8	1.5	1.5	1.5
赖氨酸(%)	1.10(0.93[d])	0.75(0.63[d])	0.85(0.63[d])	0.75(0.63[d])	0.90(0.80[d])	0.70(0.60[d])
蛋氨酸＋胱氨酸(%)	0.80(0.70[d])	0.60(0.50[d])	0.65(0.55[d])	0.60(0.50[d])	0.68(0.57[d])	0.60(0.50[d])
蛋氨酸(%)	0.45(0.40[d])	0.36(0.30[d])	0.40(0.33[d])	0.36(0.30[d])	0.44(0.36[d])	0.32(0.27[d])
苏氨酸(%)	0.70	0.55	0.50	0.60	0.65	0.60
色氨酸(%)	0.20	0.16	0.17	0.19	0.20	0.17
钙(%)	0.90～1.10	0.90～1.10	1.20～1.40	3.00～3.20	3.00～3.30	0.90～1.10
有效磷(%)	0.45～0.50	0.40～0.45	0.38～0.40	0.38～0.40	0.40～0.45	0.40～0.45
钠(%)	0.16～0.18	0.16～0.18	0.16～0.18	0.16～0.20	0.16～0.20	0.15～0.20
氯(%)	0.10～0.22	0.18～0.22	0.15～0.20	0.18～0.20	0.22～0.27	0.15～0.20
钾(%)	0.70～0.75	0.70～0.75	0.70～0.75	0.70～0.75	0.70～0.75	0.55～0.65
锰(毫克/千克)	80		100			
锌(毫克/千克)	80		100			
铁(毫克/千克)	60		60			
铜(毫克/千克)	5		10			
硒(毫克/千克)	0.4		0.4			
碘(毫克/千克)	1.0		2.0			
钴(毫克/千克)	0.5		0.5			

续表 4-16

饲　料	育雏料（0～5 周）	育成料（6～18 周）	产前料（19～23 周）	种鸡料（24～64 周）	种鸡料（炎热天气）	种公鸡料（配种期）
维生素 A(国际单位/千克)	12 000		150 000		150 000	150 000
维生素 D_3(国际单位/千克)	3 000		3 000		3 000	3 000
维生素 E(国际单位/千克)	40		60		150	60
维生素 K(毫克/千克)	2		5		5	5
维生素 B_1(毫克/千克)	2		3		3	3
维生素 B_2(毫克/千克)	8		12		12	12
维生素 B_3(毫克/千克)	10		15		15	15
烟酸 B_5(毫克/千克)	60		60		60	60
维生素 B_6(毫克/千克)	3		5		5	5
叶酸 B_{10}(毫克/千克)	1		2		2	2
维生素 B_{12}(毫克/千克)	0.02		0.03		0.03	0.03
生物素(毫克/千克)	0.15		0.20		0.20	0.20
胆碱(毫克/千克)	750		750		750	750

注:d 最低需要量。

第四节 鸡的饲料配方设计

合理的配制饲粮是满足家禽各种营养物质需要,保证正常饲养的关键,只有喂饲营养完善的饲粮才能保持家禽的健康和高产。配合饲料是根据畜禽不同生长阶段和生产目的(如产肉、产蛋、产奶、产毛、观赏等)对不同营养物质的需要而配制的含有各种营养成分的饲粮。

一、饲料配方设计

配方设计的目的主要是为了合理饲养家禽,既要满足营养需求,充分发挥它们的生产性能,又不浪费饲料,降低饲养成本,提高经济效益。

(一)配合饲粮时应考虑的营养物质和饲料种类

配合饲粮时应根据饲养标准规定,必须考虑能量、蛋白质、维生素和矿物质。谷物是能量的主要来源,配合饲粮时必须有一定量的谷物。糠麸类能量也比较多,维生素B族丰富而且价格便宜,虽然纤维含量多,配合饲粮时也要占一定的比例。一般来讲,谷物和糠麸的蛋白质含量比较少,蛋白质的营养价值不够完善,特别是缺少蛋氨酸和赖氨酸,维生素、钙、磷等矿物质的含量也不足,因此还要加一些植物性和动物性的蛋白质饲料、维生素添加剂或青饲料、贝壳骨粉、食盐以及易缺乏的微量矿物质饲料,使配合的饲粮含有各种营养物质,满足家禽的生长、产蛋、繁殖和维持健康的需要(表4-17)。

表4-17 配合饲粮时各类饲料的大致比例

饲料类型	百分比(%)
谷物饲料(2~3种以上)	45~70
糠麸类	1~15
动物性蛋白饲料	0~10
植物性蛋白饲料	15~25
矿物质饲料	5~8
干草类	0~5
微量元素矿物质和维生素添加剂	0.5~1
青饲料(两种以上,按精料总量加喂)	根据情况决定是否添加

(二)饲料配方原则

1. 满足营养原则

任何配方都必须根据所做配方对象的营养需要而设计，要满足家禽对各营养素的需要量，因此应根据家禽不同生产类型、生理阶段、生产水平、环境温度选用合适的饲粮，在配合饲粮之前要查所养家禽的饲粮营养标准。如果受条件限制，饲养标准中规定的各项营养指标不能全部达到时，也必须满足对能量、蛋白质、钙、磷、食盐等主要营养的需要。需要强调的是，饲养标准中的指标并非生产实际中动物发挥最佳水平的需要量，如微量元素和维生素，必需根据生产实际适当添加。

2. 营养完善平衡原则

要尽量做到原料多样化，彼此取长补短，以保证营养物质完善，必要时补充饲料添加剂。微量元素和维生素根据需要全部由添加剂提供。尤其是氨基酸平衡，有些饲料，如花生饼(粕)，虽然赖氨酸和蛋氨酸的比例适合鸡的营养要求，但如与玉米和高粱等低赖氨酸饲料搭配，则另需选用含赖氨酸很高的饲料原料或补加赖氨酸，不然会造成赖氨酸缺乏。此外，花生饼(粕)中精氨酸含量很高，需与精氨酸含量低的饲料如菜籽饼、鱼粉或血粉进行搭配，否则会导致精氨酸含量过高，影响赖氨酸的吸收。

3. 安全原则

必须注意配合饲料的品质，对原料的品质、等级必须经过检测。污染、毒素等导致失去饲喂价值的原料以及不合格的原料，不予使用或不能直接使用。饲料中的有毒物质要控制在限定允许范围以内，如毒麦、黑穗病菌麦不得超过0.25%。

4. 易消化原则

饲料中粗纤维含量一般不超过5%，很多饲料原料，如麦麸和未全脱壳的葵花籽饼，含有很高的粗纤维，雏鸡很难消化，应尽量少用。同时要考虑鸡消化道与日粮的容积问题，日粮的容积应与鸡消化道相适应。如果容积过大，鸡虽有饱感，但各种营养成分仍不能满足要求；如容积过小，虽满足了营养成分的需要，但因饥饿感而导致不安，不利于正常生长。鸡虽有根据日粮能量水平调整采食量的能力，但这种能力也是有限的，日粮营养浓度太低，采食不到足够的营养物质，特别是在育成期和产蛋期，要控制粗纤维含量。

5. 低成本原则

饲料成本占养殖成本的70%左右，因而配制饲料时既要营养全面，又要注意降低成本。选料要根据当地饲料资源及价格状况，尽量选用营养丰富且价格低廉的饲料原料，制作的饲料配方必须有合理的经济效益。从经济观点出发，充分利用本地资源，就地取材，加工生产，降低饲料成本。尽量采用最低成本配方，同时根据市场原料价格的变化，对饲料配方进行相应的调整。

(三)配合饲粮时应注意的问题

(1)配合的日粮要与饲养标准接近，以免引起营养缺乏或过多，造成某些营养缺乏症的发生或经济损失。配合饲料的种类尽可能多一些，保证各种营养物质完善，提高饲料的消化率。

(2)注意饲料的品质和适口性。如果饲料品质不良或适口性差，即使在计算上符合标准，而实际并不能满足家禽的营养需求，特别是雏鸡决不能喂皮壳过硬或变质发霉的饲料。饲料的适口性直接影响家禽的采食量，适口性不好，动物不爱吃，采食量小，不能满足营养需要。

(3)要注意饲料配方中能量与蛋白质的比例和钙与磷的比例。不同品种的家禽，同一品种的不同生长阶段，其生产性能和生理状态的不同，对饲料中能量与蛋白质的比例、钙磷比要求也不同。如育成期对蛋白质的比重要求较高，育肥期对能量要求较高，产蛋期则对钙、磷以及维生素要求较高且平衡。

(4)注意饲料的纤维含量，幼雏和成鸡高产时期减少糠麸等粗饲料或加强饲料的调制。

(5)饲粮的配合应有相对的稳定性，如因需要而变动时，必须注意逐渐改变，使鸡有逐步适应的过程，饲粮配合的突然改变会造成消化不良，影响鸡的生长和产蛋。日粮配方可根据饲养效果、饲养管理经验、生产季节和饲养户的生产水平进行适当的调整，但调整的幅度不宜过大，一般控制在10%以下。

(6)配合的全价饲粮必须混合均匀，否则达不到预期目的，造成浪费，甚至会造成某些微量元素和防治药物食量过多，引起中毒。

(7)根据当地条件选择价格便宜的饲料原料，做到既能满足家禽的营养需要，又能降低饲粮成本。

二、参考饲料配方

按家禽的生长阶段及其机体生理需要更换饲料。如果饲料中的营养成分低，不能满足家禽生长发育和产蛋的需要，就会影响其生长发育和产蛋。若饲料中的营养成分过剩，机体不能充分利用，造成浪费，增高饲养成本。想获得高效益，就要按照家禽的不同时期更换饲料配方，做到饲料配方与生长阶段一致，才能充分发挥家禽的生产性能和饲料作用，促进鸡的生长和产蛋，提高饲料报酬，降低饲养成本，获得较高的经济效益。

产蛋鸡饲料配方是根据产蛋鸡的营养需要、饲料的营养价值、原料的现状及价格等条件合理地确定各种原料的配合比例。它必须满足产蛋鸡的营养需要，充分发挥产蛋鸡的生产性能，获得数量多、品质好、成本低的产品。所以设计产蛋鸡饲料配方时必须了解产蛋鸡对各种营养物质的需要量和各种饲料原料的特性，只有在此基础上才能进行合理科学的配合。现将蛋鸡各生长阶段和产蛋期的饲料配方介绍如下（表 4 - 18、表 4 - 19）。

表 4 - 18 生长蛋鸡的饲料配方

	配方编号	1	2	3
	适用阶段	0～6 周龄	7～14 周龄	15～20 周龄
配方组成(%)	玉米	58.33	59.45	61.64
	豆饼	25.70	18.80	5.70
	小麦麸	12.70	18.70	29.90
	骨粉	1.80	1.50	1.10
	石粉	0.04	0.13	0.26
	食盐	0.35	0.35	0.35
	DL - 蛋氨酸	0.08	0.07	0.05
	复合添加剂	1.00	1.00	1.00
营养水平	代谢能(兆焦/千克)	11.92	11.72	11.30
	粗蛋白质(%)	18.00	16.00	12.00
	赖氨酸(%)	0.85	0.71	0.45
	蛋氨酸(%)	0.30	0.27	0.20
	钙(%)	0.80	0.70	0.60
	有效磷(%)	0.40	0.35	0.30

表 4 - 19 产蛋鸡的饲料配方

	配方编号	1	2	3
	适用阶段	21～24 周龄	25～42 周龄	43～72 周龄
配方组成(%)	玉米	74.0	70.59	66.65
	苜蓿粉	2.00	1.00	2.00
	大豆饼	6.58	11.97	4.00
	棉仁饼	3.29	3.00	4.00
	菜籽饼	3.29	3.00	4.00

续表 4-19

	配方编号	1	2	3
	适用阶段	21～24 周龄	25～42 周龄	43～72 周龄
配方组成(%)	鱼粉	5.87	5.00	2.00
	磷酸氢钙	0.81	0.96	1.91
	石粉	6.14	6.95	6.75
	食盐	0.37	0.37	0.25
	DL-蛋氨酸	0.06	0.10	0.09
	复合添加剂	1.00	1.00	1.00
营养水平	代谢能(兆焦/千克)	11.52	11.42	11.51
	粗蛋白质(%)	16.00	17.10	16.10
	赖氨酸(%)	0.60	0.74	0.82
	蛋氨酸(%)	0.31	0.40	0.39
	钙(%)	2.99	3.23	3.22
	有效磷(%)	0.40	0.39	0.38

从鸡群开始产蛋到进入高峰，需 8 周左右的时间，鸡群体重每天都在增加，同时产蛋呈跳跃式上升，增长很快，而在这个时期蛋鸡基本上能根据能量需要来调节采食量。因此，在此期间多任其自由采食，并提供优良、营养完善且平衡的高蛋白、高钙日粮，以充分满足蛋鸡高产与同时增重的营养需要。

肉用仔鸡生长快，饲养期短。饲粮必须含有较高的能量和蛋白质，对维生素、矿物质等微量元素要求也很严格，能量和蛋白质不足时鸡生长缓慢，饲料效率低，微量元素不足还会导致各种代谢症状。但是高能量和高蛋白饲料尽管生产效果好，由于饲料成本增加，经济效益未必划算。可根据饲料成本、肉鸡的销售价格以及最佳的出场周龄，确定合适的营养标准。肉用仔鸡饲料配合标准举例见表4-20。

表 4-20 肉用仔鸡饲料配方

原 料	例一		例二		例三	
	仔鸡前期	仔鸡后期	仔鸡前期	仔鸡后期	仔鸡前期	仔鸡后期
玉米	60	65	62	68.5	57.05	64.10
大豆饼	25	23	15	12	36.4	30.35
棉仁饼	—	—	16	15	—	—
麦麸	5	4	—	—	—	—

续表 4-20

原料	例一		例二		例三	
	仔鸡前期	仔鸡后期	仔鸡前期	仔鸡后期	仔鸡前期	仔鸡后期
鱼粉	8	6	6	3	—	—
植物油	—	—	—	—	1.90	2.00
贝壳	0.6		—	—	0.90	1.40
骨粉	1	—	0.5	0.5	—	—
脱氟磷酸氢钙	—	—	0.5	1.0	2.40	0.09
盐	0.4	0.4	0.3	0.3	0.25	0.25
蛋氨酸	—	—	0.14	0.04	0.10	—

第五节 配合饲料加工

一、全价配合饲料生产工艺

全价配合饲料生产工艺一般可分为先配合后粉碎或先粉碎后配合两类生产工艺。各有优缺点。

(一)先配合后粉碎工艺

先将各种需要粉碎的原料,包括谷物籽实类饲料和饼粕类饲料等,按配方要求比例计量,稍加混合后一起粉碎;然后在粉碎后的混合料中按配方比例加入其他不需要粉碎的原料;再经混合机充分混合均匀,成为粉状全价配合饲料。也可以进一步压制成颗粒饲料。这种工艺较适合于原料品种多、投资少的小型饲料厂或颗粒饲料生产车间。其生产工艺流程见图 4-3。

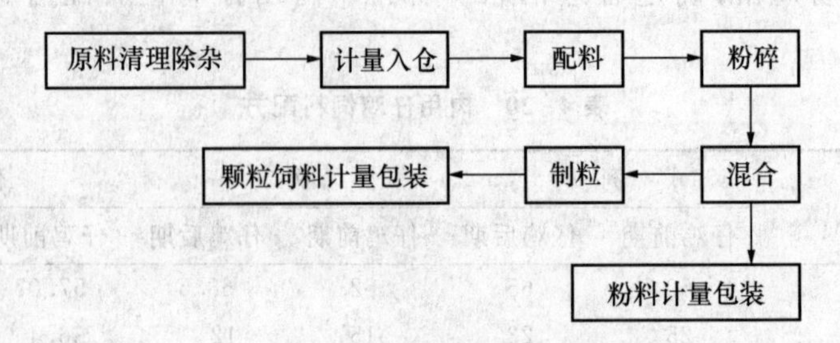

图 4-3 先配合后粉碎工艺生产流程

此工艺优点:原料仓即是配料仓,节省了贮料仓的数量;工艺连续性好;工艺流程较简单。缺点:粗细粉料不易搭配;易造成某些原料(主要是粉碎的饲料原料)粉碎过度现象;粒度、容重不同的物料,容易发生分级,配料误差大。产品质量不易保证。

(二)先粉碎后配合工艺

先将不同的原料分别粉碎,贮入配料仓,然后按配方比例计量,进行充分混合,成为粉状全价配合饲料,也可进一步压制成颗粒饲料。此工艺的优点:可按需要对不同原料粉碎成不同的粒度;充分发挥粉碎机的生产效率,减少能耗和设备磨损,提高产量,降低成本;配料准确。易保证产品质量。缺点:需要较多的配料仓;生产工艺较复杂;设备投资大。其生产工艺流程见图 4-4。

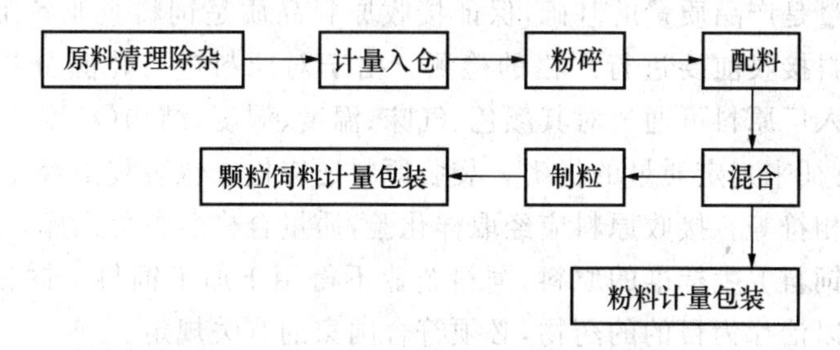

图 4-4　先粉碎后配合工艺生产流程

二、简单的饲料加工技术设备

目前,很多养殖户自己加工饲料。为了减少设备投入,大多采用人工配料、人工混合的方法。为了确保配料的质量,应采用以下方法:

(1)各种原料的称量必须准确,并制作配料批次表,防止原料的漏加或多加。

(2)混合均匀。先称取配比比较大的原料,依次称取配比较小的原料放在配比较大的原料上。用量很小的原料首先进行预稀释,稀释后再倒入大堆原料上。人工混合时采用"倒堆"的方法,从不同的方位至少"倒堆"6 次。采用这种方法混合,其混合的均匀度比较高。

第六节　饲料质量控制

饲料质量控制又叫质量管理,是指运用各种科学方法,为保证和提高产品质量而进行的一系列组织、管理和技术工作。饲料质量控制就是通过科学先进的饲料配方,严格控制参配原料的质量标准和生产过程,生产出符合企业标准、用户在正确使用后畜禽能达到预期生产效果的产品。

配合饲料质量控制的内容比较广泛，具体有以下几个方面。

一、饲料配方的质量控制

饲料产品质量取决于配方是否科学、先进，它要求企业技术核心部门，特别是研究配方开发的专业人员要紧跟世界动物营养科学领域的发展，所设计的配方要适合当前畜禽新品种的营养需要及饲养管理水平的要求，设计出针对性强的合理配方。

二、原料质量管理

原料质量是产品质量的基础，保证接收原料品质是饲料企业各工序质量管理的关键。原料接收前要进行严格的检测。由于对原料进行化验分析需一定的时间，因此，对入厂原料可通过对其颜色、气味、温度、湿度、结构（粒度适当、均匀）、外观、杂质等特征来判定质量的优劣。袋装原料还应检查包装袋是否完好，袋上标签与货物是否相符等。接收原料应经取样化验，质量合格后方可入库。凡有霉变、污染等不符合饲料卫生标准的原料，饲料企业不得用于加工饲料。饲料厂使用的饲料添加剂和以治疗为目的的药物，必须符合国家的有关规定。

三、生产过程管理

1. 清理与粉碎

原料的清理，每周至少检查一次，要确保设备按照规定进行工作；磁铁，每天检查，及时清扫；锤片粉碎机，每天检查。停机时检查筛板及筛孔破坏情况，运转时检查粒度是否合格，如不合格，及时更换。

2. 配料与混合

饲料厂要严格按照配方生产，并制定批量配料，不准随意变更原料品种及配比数量。预混合饲料在更换品种时，要科学安排换批顺序。注意做好必要的清理工作，防止生产过程中交叉污染。生产饲料的原料，要有接收、配料、盘存原始记录，严防差错。药物添加剂及其他有毒的添加剂更应小心谨慎，应建立每天每班清查交接制度。饲料进搅拌机之前，应检查配方及批量配料表，以防止配料中的错误。混合工段要保证饲料产品混合的均匀及防止混杂与污染，要正确地选择性能良好的混合机。

3. 制粒

饲料厂的制粒工序要根据物料水分和蒸气温度、压力，随时调节物料流量和蒸气流量，要重视制粒前的调质处理和制粒后的颗粒冷却，以保证颗粒饲料质量。为保证制粒质量，需每天检查压力表、温度计、电流表的工作情况，看其是否清晰，是否需要修理与更换，也要随时测试颗粒成品质量。

4. 包装与标志

饲料产品包装必须符合饲料质量和安全、卫生的要求，适于保存，方便运输和使用。饲料产品的外包装要有标签。标签的内容包括：产品名称、产品登记编号、批号、净重、出厂年月日、厂名、厂址等。预混合饲料要注明有效期。在贴标签之前仔细检查标签和袋内饲料是否相符，严防贴错标签。

5. 产品储存

各种饲料产品均应分品种储存，加强保管检查，注意防虫防鼠。各种产品必须经检验合格后方可出售。对成品库存集起来的散落混杂料，不得当作成品销售。

总之，饲料生产要建立健全管理制度，明确各工段、各岗位的工作质量指标和操作规程，并严格执行。

第五章　鸡的品种与选育

第一节　概　述

家鸡源于野生的红色原鸡，其驯化历史至少约4 000年，但直到1 800年前后鸡肉和鸡蛋才成为大量生产的商品。经过劳动人民和育种家长期的驯养、驯化、培育，至今世界上已有家鸡品种200多个，使得鸡成为人类饲养最普遍的家禽。

所谓鸡的品种，是指通过选育、分化而形成的鸡群，它们具有大体相似的体型外貌和相对一致的生产性能，并且能够把其特点和性状确实遗传给其后代。世界各国人民在长期的养殖生产实践中已培育出了许多优良的鸡品种，每个品种又有好几个变种，不同品种反映出不同的体质类型、外部形态、内部结构、生产性能和经济用途，为了便于研究和实用，人们常将鸡的品种加以划分，通常的分类方法有：标准品种分类法和现代分类法。

一、标准品种分类法

按国际上公认的标准品种分类法将鸡分为类、型、品种和品变种4级。

1. 类

按照鸡的原产地划分，主要有亚洲类、美洲类、地中海类、英国类、波兰类、法国类等。如来航鸡属于地中海类，狼山鸡属于亚洲类，洛岛红鸡、洛克鸡属于美洲类，澳品顿、科尼什属于英国类等。

2. 型

按照鸡的用途划分有蛋用型、肉用型、兼用型和玩赏型。

3. 品种

鸡的品种是在一定的社会条件和自然条件下形成的，在明确选育目标和指标的要求下进行系统选育，实现群内个体遗传性能稳定，体形外貌、性状表现、生产水平等方面整齐一致以达到品种标准的纯种类群，如来航鸡、洛克鸡、科尼什鸡等都是生产力高、遗传性能稳定、具有一定遗传结构、群体整齐度高并且具有一定数量的优秀家鸡品种。

4. 品变种

亦称变种或内种，是指品种中因羽毛、斑纹或冠形不同而区分的不同的品变种。如来航鸡按冠形(单冠、玫瑰、胡桃冠)、羽色(白、黄、褐、黑)等有12个品变种。

二、现代分类法

为适应近代养鸡业的发展,产生了现代分类法,即依据鸡的生产性能分为蛋用系和肉用系(即蛋鸡系和肉鸡系)。

(一)蛋鸡系

主要产品是鸡蛋,根据蛋壳颜色又可分为3个系。

1. 白壳蛋系

特点是体型较小,蛋壳纯白,羽毛全白。大都由单冠白来航选育杂交而成,有二系、三系或四系配套几种制种模式。

2. 褐壳蛋系

是产褐壳蛋的中型蛋鸡(体型比轻型白壳蛋鸡大,比肉鸡小),多由原兼用型标准品种如新汉夏、洛岛红、澳洲黑、芦花洛克等选育杂交而成。杂交制种模式与白壳蛋系基本相同。

3. 粉壳蛋系

一般由白壳蛋系与褐壳系杂交而成,所产蛋壳颜色介于白、褐之间并且深浅不一,粉壳蛋系的鸡生活力较强。

目前几乎所有蛋鸡系利用了伴性遗传原理,商品代雏鸡出雏时即可自别雌雄。

(二)肉鸡系

主要用途是生产商品肉仔鸡,必须具备两套品系,即培育出专门化父系和母系,用作配套杂交。利用原标准品种中的肉用型鸡和兼用型鸡培育成产肉性能优异、早期生长速度快、产蛋性能好、肉料比高的专门化父系和母系,经配套杂交生产商品肉用仔鸡。

1. 肉鸡父系

生产肉鸡所用的父系须具备优越的产肉性能,初期生长速度快。目前生产肉用仔鸡的父系是从白科尼什鸡中培育的纯系,用它与母系杂交后所产生的肉用仔鸡都是白羽,避免了屠体有杂色残羽。

2. 肉鸡母系

生产肉鸡所用的母系须具备较高的产蛋量和良好的孵化率,所孵出的雏鸡体型大、生长增重快速等优点。肉鸡母系的培育采用兼用型品种,目前多采用白洛克和浅花苏塞斯。引入我国的肉鸡配套鸡种或商品鸡主要有罗斯Ⅰ号、爱拔益加鸡即 AA 鸡、星布罗等。

3. 优质肉鸡

与上述白羽肉鸡不同的是，优质肉鸡的羽毛颜色多为黄色或麻色，也有黑色和杂色的。皮肤大多数为黄色。父本体型较大，母本产蛋较多。

三、国际家禽育种动向

根据王晓峰的总结，当今国际上的育种公司不断地重组与整合，公司规模越来越大，而公司的数量却在逐年减少，目前世界上生产性能领先、市场占有率高的家禽品种都集中在五个大的集团公司。其中蛋鸡品种集中于 EW 集团旗下的德国罗曼集团和荷兰汉德克动物育种集团，肉鸡品种集中于 EW 集团旗下的安伟捷集团和美国泰森集团旗下的科宝公司，肉鸭品种集中于樱桃谷农场有限公司和法国克里莫集团，肥肝鹅品种集中于法国克里莫集团。

(一)EW 集团

EW 集团目前是世界上最大的家禽育种集团，它是德国的一家私营企业集团，目前拥有4 000名员工，年销售额为 8.5 亿美元，共有 40 个分公司，在 18 个国家设有分支机构。2005 年，Wesjohann 买下安伟捷集团公司，改名为 EW 集团，集团旗下拥有全球市场份额最大的 3 家蛋鸡育种公司(罗曼、海兰、尼克)及 3 家肉鸡育种公司(爱拨益加、罗斯、印度安河)及 Nicolas、BUT 火鸡育种公司，至此，EW 集团成为全球最大的蛋鸡和白羽肉鸡育种公司。

1. 罗曼集团

EW 集团是由德国罗曼集团更名而来的。德国罗曼集团于 1932 年成立并生产鱼粉，1956 年开始肉鸡育种，1959 年开始蛋鸡育种。1978 年公司买下美国海兰公司，1985 年 Wesjohann 家族买下罗曼集团，1987 年又买下美国尼克公司，从 1994 年开始建立独立的肉鸡育种公司——罗曼印地安河公司，1998 年将罗曼印地安河公司出售，专注蛋鸡育种，罗曼集团旗下的三大蛋鸡品牌分别归属于三家独立经营的公司。1999 年 Wesjohann 兄弟分家，分为罗曼育种公司和罗曼动保公司，2000 年罗曼育种公司开始占据全球蛋鸡市场第一位，2002—2003 年，罗曼公司的种鸡占有全球 56%的市场份额，其中罗曼品种占 26%、海兰品种占 25%、尼克品种占 5%。近两年罗曼集团旗下的蛋种鸡在中国市场占有率有所增加，其中海兰蛋鸡市场占有率最高，其次是罗曼蛋鸡。

2. 安伟捷集团

安伟捷集团公司总部分别位于美国阿拉巴马州汉斯维尔市和苏格兰爱丁堡，拥有 150 余座生产基地，在全球拥有 1 400 名员工。安伟捷集团是世界家禽育种业领头人，旗下拥有爱拨益加、罗斯、印度安河三大肉鸡品牌，除肉鸡育种产业外，还拥有尼古拉火鸡育种公司（位于美国加利福尼亚州索纳马市）、专门生产肉鸡商品代种蛋的大型公司 CWT 农场。公司在全球 4 大洲分别拥有 4 个相同的育种程序，其产品遍及世界 85 个国家和地区，优良的产品质量得到了全球客户的广泛认可。

（二）荷兰汉德克动物育种集团

汉德克动物育种集团总部位于荷兰的博克斯梅尔，其拥有 4 个育种公司：伊沙家禽育种公司（蛋鸡育种），海波罗家禽育种公司（肉鸡育种），海波尔种猪育种公司和海波利特火鸡育种公司，另外拥有一个国际家禽贸易公司。

1. 伊沙家禽育种公司

汉德克动物育种集团于 2005 年收购法国伊沙家禽育种有限公司。目前，荷兰汉德克家禽育种公司和法国伊沙家禽育种公司平等地归属于汉德克动物育种集团，并且一起构成汉德克动物育种集团的蛋鸡育种公司——伊沙家禽育种公司，能够提供各种优良的白壳和褐壳等蛋鸡品种，通过分布于 4 大洲的多个育种基地向世界市场更好地提供祖代和父母代产品。

目前，伊沙家禽育种公司在全球拥有一系列的全资机构和合资公司，现有 480 余名员工，其旗下共有海赛克斯、宝万斯、迪卡、伊沙、雪佛、沃伦、巴布考克等蛋鸡品牌，以前这几大品牌分别归属独立的公司，通过这些品牌，伊沙家禽育种公司将竭力为世界 100 多个国家的蛋鸡业提供全面优质的服务。

2. 海波罗家禽育种公司

海波罗公司隶属于荷兰泰高国际集团，泰高集团是荷兰上市公司，拥有产销量世界第一的海洋养殖及饲料预混料、欧洲第一的配合饲料生产企业。海波罗公司是泰高集团下属的专业肉鸡育种的公司，已有 50 多年历史，是世界上仅存的几家肉鸡育种公司之一，其主要业务是白羽肉鸡和黄羽肉鸡育种，2010 年 6 月海波罗公司已与美国科宝公司合并。

（三）美国泰森集团

美国泰森食品公司位于美国阿肯萨州，目前是全球最大的鸡肉、牛肉供应商及生产商，在美国鸡肉市场占有率为 25%。泰森集团的业务主要集中在美国，其国际业务在整个业务体系中所占的比重并不大。

在肉鸡和肉鸭育种业务中，其肉鸡品种有艾维茵、科宝、海波罗，肉鸭品种为萨索肉鸭。

科宝公司是美国泰森集团下属的全资子公司，在 1999 年收购了艾维茵农场后，旗下拥有艾维茵和科宝两大肉鸡品牌，在肉鸡市场中与安伟捷公司处于竞争地位。据不完全统计，安伟捷公司和科宝公司占全球肉鸡市场总量的90%左右。

(四)法国克里莫集团

克里莫公司位于法国卢瓦尔河地区的南特市附近，是一家私营育种公司，以肉鸭(奥白星、番鸭、骡鸭)、鹅(朗德鹅、莱茵鹅)、兔(伊普吕)、鸽(欧洲肉鸽)、珍珠鸡育种为主，其中水禽育种在国际上处于领先地位，种鸭在欧洲市场占主导地位。目前，克里莫公司正在大力拓展肉鸡市场，在收购法国哈伯德公司后，在肉鸡市场确立了自己的地位。

法国哈伯德公司具有85年以上历史，原为美国哈伯德肉鸡育种公司，20世纪90年代中后期与法国依莎公司对等合并成立哈伯德-依莎家禽育种公司，2004年法国克里莫集团收购了哈伯德-依莎公司肉鸡部分，继续保持哈伯德品牌，法国和美国白羽肉鸡品种(FLEX、CLASSIC、YIELD)得到进一步发展，同时也保持了法国黄鸡特有品牌(红宝，JA57等)的市场地位。

(五)樱桃谷农场有限公司

樱桃谷农场建立于1959年，其总部位于英国林肯郡的罗斯韦尔(Roth well)，是世界肉鸭选育和鸭肉产品加工的市场主导者，为欧洲、亚洲和远东市场提供高标准的种鸭和技术及鸭肉产品。公司有两个主要业务：一是樱桃谷食品加工，主要向英国和欧洲市场提供高质量的冷冻和熟制鸭肉产品；二是樱桃谷种禽，主要为全世界养鸭工业提供种鸭及其技术服务。这两个业务相互补充，使公司能在肉鸭生产的各个领域提供独特的咨询和技术服务。樱桃谷农场在英国雇有大约600个员工，在中国拥有多个子公司与合资的种鸭和食品加工公司。

(六)其他育种公司

1. 匈牙利巴波娜国际育种公司

巴波娜国际育种公司成立于1789年，是欧洲最大、最先进的农牧联合体，公司在动物育种方面积累了200多年的丰富经验，专门致力于现代蛋鸡基础研究及育种工作已有40多年。作为全球领先的蛋鸡育种公司中的一员，公司致力于高品质、高性能、抗病力强、易饲养的蛋鸡品种研发和推广，目前针对中国的气候特点和饲养条件、管理模式推出了巴波娜褐(褐羽褐壳蛋)、巴波娜黄(黄羽褐壳蛋)、巴波娜黑康(黑羽)、巴波娜粉4个配套系。

2. 卡比尔国际育种公司

卡比尔国际育种公司是以色列与意大利合资的家禽育种公司，拥有以色列卡比尔公司庞大的基因库，20世纪70年代，卡比尔公司曾向中国提供了隐性白、安卡红等祖代肉种鸡,为我国黄羽肉鸡业发展提供了重要的育种素材,我国培育成功的黄羽肉鸡配套系中,很多都导入了隐性白血统。目前卡比尔国际育种公司主要致力于黄羽肉鸡育种工作,是除中国外国际上为数不多的黄羽肉鸡育种公司之一。

第二节 蛋鸡配套系

在原标准品种(或地方品种)的基础上,采用现代育种方法培育出的具有特定商业代号的高产蛋鸡群称为蛋鸡配套系。其特征是产蛋性能显著提高,鸡蛋商品性极强,有特定的商品名称。根据蛋壳颜色的不同,分为白壳蛋鸡、褐壳蛋鸡和粉壳蛋鸡。

(一)白壳蛋鸡

白壳蛋鸡所产蛋壳为纯白色,鸡羽毛白色,主要是以单冠白来航品种为基础育成的,是蛋用型鸡的典型代表,白壳蛋鸡的商品代雏鸡大多数可根据快慢羽自别雌雄。目前,白壳蛋鸡在世界范围内的饲养数量很多,分布地区也很广,但是在我国白壳蛋鸡的份额则较小,主要在黄河以北地区饲养。这种鸡体躯较小而清秀,体型紧凑;开产早、无就巢性、产蛋量高,饲料报酬高;单位面积的饲养密度大;蛋中血斑和肉斑率很低;适应性强,适宜于集约化笼养管理。它的不足之处是富于神经质,胆小易惊,抗应激性较差;啄癖较多,特别是开产初期啄肛造成的伤亡率较高,因此一定要注意断喙。下面就我国蛋鸡生产场饲养比例较高的白壳蛋鸡配套系进行简介。

1. 北京白鸡

(1)品种形成与特点 北京白鸡是华都集团北京市种鸡公司从 1975 年开始,在引进国外白壳蛋鸡的基础上培育成功的系列性优良蛋用鸡新品种,由开始单一选育推广的北京白鸡商品代京白Ⅲ系相继发展为二元杂交的“京白 823”、“京白 893”、三元杂交的“京白 723”,到后来大面积推广的“京白 904”、“精选京白 904”、“京白 938”、“京白 823”等四元杂交高产配套品系,其适应性强,既可在北方饲养,也可在南方饲养,既适于工厂化高密度笼养,也适于散养。

北京白鸡体型小而清秀,全身羽毛白色紧贴。冠大、鲜红,公鸡的冠较厚而直立,母鸡的冠较薄倒向一侧。喙、胫、趾和皮肤呈黄色;耳叶白色。

(2)生产性能 北京白鸡的主要特点是成熟早、产蛋率高,饲料消耗少。北京白鸡年产蛋 260～280 个,平均蛋重 57 克,每生产 1 千克蛋耗精料 2.3 千克左右,达到了商品代蛋鸡的国际水平。

2. 海赛克斯白鸡

(1)品种形成与特点　该鸡系荷兰尤利布里德公司育成的4系配套杂交鸡，以产蛋强度高、蛋重大而著称，被认为是当代最高产的白壳蛋鸡之一，我国1978年由上海金桥鸡场最早引进父母代种鸡，该鸡羽毛白色，皮肤及胫、喙为黄色，体型中等大小，商品代雏鸡根据羽速自别雌雄。

(2)生产性能　其产蛋遗传潜力公司保证279个。该鸡种135～140日龄见蛋，160日龄达50%产蛋率，210～220日龄产蛋高峰就超过90%以上，总蛋重16～17千克。据英国、瑞典、德国、比利时、奥地利等国家测定的平均资料为：72周龄产蛋量274.1个，平均蛋重60.4克，每千克蛋耗料2.6千克；产蛋期存活率92.5%。

3. 罗曼白

(1)品种形成与特点　罗曼白系德国罗曼公司育成的两系配套杂交鸡，即精选罗曼SLS。该鸡毛色玉白，因其产蛋量高、蛋重大而深受广大养殖户的青睐。

(2)生产性能　据罗曼公司的资料，罗曼白商品代鸡：0～20周龄育成率96%～98%；20周龄体重1.3～1.35千克；150～155日龄达50%产蛋率，高峰产蛋率92%～94%，72周龄产蛋量290～300个，平均蛋重62～63克，总蛋重18～19千克，每千克蛋耗料2.3～2.4千克；产蛋期末体重1.75～1.85千克；产蛋期存活率94%～96%。

4. 海兰W-36

(1)品种形成与特点　海兰W-36系美国海兰国际公司育成的4系配套杂交鸡，公、母鸡均为纯白色羽毛，体型“V”字形，单冠，喙、胫为黄色。商品代初生雏鸡可根据快慢羽自别雌雄。公鸡为慢羽型，母鸡为快羽型。商品代生产性能较高，适应性较好。

(2)生产性能　出壳重32～40克，0～18周成活率为97%；育雏、育成期饲料消耗5.4千克，50%产蛋率日龄145～155天，高峰期产蛋率94%，72周龄入舍母鸡产蛋数270～290个，平均蛋重62克，产蛋期存活率92%，料蛋比(2.1～2.4)∶1。

据美国海兰印第安河公司提供的资料介绍：海兰W-36商品代鸡，0～18周龄育成率97%，平均体重1.28千克；161日龄达50%产蛋率，高峰产蛋率91%～94%，32周龄平均蛋重56.7克，70周龄平均蛋重64.8克，80周龄入舍鸡产蛋量294～315个，饲养日年产蛋量305～325个；产蛋期存活率90%～94%。

5. 宝万斯白

(1)品种形成与特点　宝万斯白蛋鸡是荷兰汉德克家禽育种有限公司培育的4元杂交白壳蛋鸡配套系。A系、B系、D系为单冠、白毛快羽系；C系为单冠、白毛慢羽系。父母代父本单冠、白毛快羽，母本为单冠、白毛慢羽。商品代雏鸡单冠、白羽、羽速自别，快羽为母雏，慢羽为公雏。其具典型的单冠白来航鸡的外貌特征。其高产性已被世界公认，蛋重均匀，蛋壳强度好。

(2)生产性能　父母代种鸡开产日龄 140～150 天，高峰产蛋率 90%～92%；68 周龄入舍母鸡产蛋 260～265 个，产合格种蛋 230～240 个，体重 1.75～1.85 千克。商品鸡 20 周龄体重 1.35～1.4 千克，1～20 周龄耗料 6.8～7.3 千克/只，成活率 96%～98%；开产日龄 140～147 天，高峰产蛋率 93%～96%；80 周龄入舍母鸡产蛋 327～335 个，蛋重 61～62 克，体重 1.7～1.8 千克；21～80 周龄日耗料 104～110 克/只，料蛋比(2.10～2.20)∶1。

6. 尼克白鸡

(1)品种形成与特点　系美国辉瑞公司育成的三系配套杂交鸡，鸡体型紧凑，羽毛纯白色，皮肤及喙黄色，单冠，体重较小。商品代初生雏鸡可根据快慢羽自别雌雄。该鸡的特点是产蛋多、体重小、耗料少、适应性强。18 周龄体重约 1.27 千克。

(2)生产性能　尼克白鸡 140～153 日龄开产，80 周龄产蛋量为 325～347 个，蛋重 60～62 克，料蛋比为(2.1～2.3)∶1，产蛋期存活率 89%～94%。

7. 依莎巴布可克 B-300

(1)品种形成与特点　巴布可克鸡系美国巴布可克公司育成的 4 系配套杂交鸡，世界上有 70 多个国家和地区饲养，其分布范围仅次于星杂 288。巴布可克公司被法国依莎公司兼并，该鸡现称“依莎巴布可克 B-300”。该鸡羽毛纯白色，胫、皮肤及喙为黄色，体型紧凑清秀，20 周龄体重约 1.3 千克。商品代初生雏鸡可根据快慢羽自别雌雄，公鸡为慢羽型，母鸡为快羽型。

(2)生产性能　商品鸡 0～20 周龄育成率 97%，产蛋期存活率 90%～94%，72 周龄入舍鸡产蛋量 275 个，饲养日产蛋量 283 个，平均蛋重 61 克，总蛋重 16.79 千克，每千克蛋耗料 2.5～2.6 千克，产蛋期末体重 1.6～1.7 千克。

(二)褐壳蛋鸡

褐壳蛋鸡是在蛋肉兼用型品种鸡的基础上经过现代育种技术选育出的高产配套品系，所产蛋的蛋壳颜色为褐色，而且蛋重大、刚开产就比白壳蛋重；蛋的破损率较低，适于运输和保存；褐壳蛋鸡的性情温顺，好管理；体重较大，产肉量较高；啄癖少，因而死亡、淘汰率较低；商品代杂交鸡可以根据羽色自别雌雄。由于褐壳蛋鸡体重较大，采食量比白羽蛋鸡多 5～6 克/天，每只鸡所占面积比白色鸡多 15%左右，单位面积产蛋少 5%～7%。目前，一些育种公司通过选育已经使褐壳蛋鸡的体重接近白壳蛋鸡。下面就我国蛋鸡生产场饲养比例较高的配套系做一简介。

1. 海兰褐

(1)品种形成与特点　海兰褐是美国海兰国际公司育成的4系配套杂交鸡。其父本为洛岛红型鸡的品种,而母本则为洛岛白的品系。由于父本洛岛红和母本洛岛白分别带有伴性金色和银色基因,其配套杂交所产生的商品代可以根据绒毛颜色鉴别雌雄。海兰褐的商品代初生雏,母雏全身红色,公雏全身白色,可以自别雌雄。但由于母本是合成系,商品代中红色绒毛母雏中有少数个体在背部带有深褐色条纹,白色绒毛公雏中有部分在背部带有浅褐色条纹。商品代母鸡在成年后,全身羽毛基本(整体上)红色,尾部上端大都带有少许白色。该鸡的头部较为紧凑,单冠,耳叶红色,也有带有部分白色的。皮肤、喙和胫黄色。体形结实,基本呈元宝形。海兰褐壳蛋鸡具有饲料报酬高、产蛋多和成活率高的优良特点。

(2)生产性能　海兰商品鸡:0～20周龄育成率97%;20周龄体重1.54千克,156日龄达50%产蛋率,29周龄达产蛋高峰,高峰产蛋率91%～96%,18～80周龄饲养日产蛋量299～318个,32周龄平均蛋重60.4克,每千克蛋耗料2.5千克;20～74周龄蛋鸡存活率91%～95%。

2. 罗曼褐

(1)品种形成与特点　罗曼褐是德国罗曼公司育成的4系配套、产褐壳蛋的高产蛋鸡。父本两系均为褐色,母本两系均为白色。商品代雏直接可用羽色自别雌雄:公雏白羽,母雏褐羽。罗曼褐壳蛋鸡具有适应性强、耗料少、产蛋多和成活率高的优良特点。

(2)生产性能　罗曼褐商品代生产性能:1～18周龄成活率98%,开产日龄21～23周,高峰产蛋率92%～94%,入舍母鸡12个月产蛋300～305个,平均蛋重63.5～65.5克,饲料利用率2.0%～2.2%,产蛋期成活率94.6%。罗曼褐父母代性能:开产日龄21～23周,高峰期产蛋率90%～92%。每只入舍母鸡的产蛋量:68周产蛋255～265个,72周产蛋273～283个。每只入舍蛋鸡生产合格种蛋量:产蛋到68周225～235个,产蛋到72周240～250个。每只舍饲母鸡生产雏鸡量:产蛋到68周90～96只,产蛋到72周95～102只。饲料消耗:1～20周龄8.0千克,21～68周龄(公鸡加母鸡)40.0千克。20周龄体重:母鸡1.5～1.7千克,公鸡2.0～2.2千克。68周龄体重:母鸡2.0～2.2千克,公鸡3.0～3.3千克。存活率:育成期96%～99%,产蛋期93%～96%。

3. 巴布考克B-380

(1)品种形成与特点　巴布考克B-380蛋鸡是由法国哈巴德伊莎公司培育的世界优秀的4系配套种鸡,商品代雏鸡可用羽色自别雌雄。巴布考克B-380最显著的外观特点是具有黑色尾羽,其中40%～50%的商品代鸡体上着生黑色羽毛,由此可作为它的品牌特征以防假冒。该鸡种性温驯，耐粗饲，省饲料，适应性强，好饲养，尤其适应我国的自然气候和社会生产条件，因而在我国各地推广养殖。蛋壳颜色均匀，产蛋前后期蛋重表现较为一致。

(2)生产性能　该鸡种具有优越的产蛋性能，商品代 76 周龄产蛋数达 337 个，总蛋重 21.16 千克；蛋大小均匀，产蛋前后期蛋重差别较小，特别适于作种蛋孵化(对父母代而言)；蛋重适中，产蛋全期平均蛋重 62.5 克；蛋壳颜色深浅一致，而且破损率低，有利于商品蛋销售；节省饲料，料蛋比低 2.05∶1。

4. 迪卡褐

(1)品种形成与特点　迪卡褐壳蛋鸡是荷兰汉德克家禽育种公司培育的又一个褐壳蛋鸡良种。它原由美国迪卡公司培育，1998 年兼并入荷兰汉德克家禽育种公司。该鸡种的显著特点是综合指标优异，如开产早、产蛋期长、蛋重大、产蛋量高、适应性强、饲料利用率高等。体型小，蛋壳棕红色，蛋黄橘黄色。种鸡 4 系配套，父本两系均为褐羽，母本两系均为白羽。商品代雏鸡可用羽色自别雌雄：公雏白羽，母雏褐羽。

(2)生产性能　商品代蛋鸡：20 周龄体重 1.65 千克；0～20 周龄育成率97%～98%；24～25 周龄达 50%产蛋率；高峰产蛋率达 90%～95%，90%以上的产蛋率可维持 12 周，78 周龄产蛋量为 285～310 个，蛋重 63.5～64.5 克，总蛋重 18～19.9 千克，每千克蛋耗料 2.58 千克；产蛋期存活率 90%～95%。据欧洲家禽测定站的平均资料：72 周龄产蛋量 273 个，平均蛋重 62.9 克，总蛋重 17.2 千克，每千克蛋耗料 2.56 千克；产蛋期死亡率 5.9%。

5. 伊萨褐

(1)品种形成与特点　伊萨褐蛋鸡是法国伊萨公司培育成的 4 系配套褐壳蛋鸡，是目前国际上最优秀的高产褐壳蛋鸡之一。伊萨褐父本两系(A、B)为红褐色，母本两系(C、D)为白色，商品代雏鸡可用羽色自别雌雄：公雏白色，母雏褐色。商品代体型中等，成年母鸡羽毛呈褐色并带有少量白斑，蛋壳为褐色。

(2)生产性能　商品代鸡：0～20 周龄育成率 97%～98%；20 周龄体重 1.6 千克；23 周龄达 50%产蛋率，25 周龄母鸡进入产蛋高峰期，高峰产蛋率 93%，76 周龄入舍鸡产蛋量 292 个，饲养日产蛋量 302 个，平均蛋重 62.5 克，总蛋重 18.2 千克，每千克蛋耗料 2.4～2.5 千克；产蛋期末母鸡体重 2.25 千克；存活率 93%。

6. 尼克红蛋鸡

(1)品种形成与特点　尼克红蛋鸡是德国罗曼家禽育种公司所属尼克公司培育的高产蛋鸡品种。种鸡 4 系配套，商品代羽色自别雌雄，成年母鸡外羽红色，内羽白色(红带白底)。尼克红蛋鸡产蛋多、蛋重大、饲料报酬高、蛋壳优质、蛋形规则。尼克红蛋鸡抗逆性强，成活率高，疫病净化好，无惊群、啄肛现象。

(2)生产性能　尼克红商品蛋鸡成活率：0～18周龄达98%，产蛋期达94%～95%。饲料消耗：18周龄累计7千克，产蛋期每天每只耗料115～118克。产蛋性能：90%以上产蛋持续期5～6个月，76周龄总产蛋量314个，平均蛋重68.8克。

7. 宝万斯高兰

(1)品种形成与特点　宝万斯高兰蛋鸡是荷兰汉德克家禽育种有限公司培育4元杂交褐壳蛋鸡配套系。A系、B系为单冠、褐色羽，C系、D系为单冠、白色羽。父母代父本为红色单冠、褐色羽产褐壳蛋，母本为单冠、白色羽产褐壳蛋。商品代雏鸡单冠，羽色自别，即褐羽为母雏(有部分雏在背部有深褐色绒羽带)，白羽为公雏(有部分雏在背部有浅褐色绒羽带)。成年母鸡为单冠、褐羽产褐壳蛋。其主要特点成活率高，蛋壳颜色深，蛋重稍大。

(2)生产性能　宝万斯高兰商品代蛋鸡6周龄平均体重0.45千克，18周龄体重1.45～1.52千克，20周龄体重1.62～1.72千克，20周龄成活率96%～98%，入舍鸡耗料7.5～7.9千克。产蛋阶段(21～80周龄)：成活率93%～94%，平均日耗料114～117克/只，达50%产蛋日龄140～147天，高峰产蛋率93%～95%，入舍鸡产蛋数326～335个，平均蛋重62.5～63.5克，料蛋比(2.20～2.30)∶1。

8. 农大褐3号

(1)品种形成与特点　农大褐3号是中国农业大学利用从美国引进的MB小型褐壳种鸡育种素材与该校的纯系蛋鸡杂交后育成的优良蛋鸡品种。由于在育种过程中导入了矮小型基因(dw)，因此这种鸡腿短、体格小，体重比普通蛋鸡约小25%。农大褐3号占地面积少，饲料转化率高，性情温顺，由于品种关系其体型、蛋重、蛋壳颜色更趋近于土鸡，尤其蛋黄颜色要比普通鸡蛋深得多，味感更接近土鸡。

(2)生产性能　商品代生产性能：1～120日龄成活率大于96%，产蛋期成活率大于95%，开产(产蛋率达50%)日龄146～156天，72周龄入舍鸡产蛋数281个，平均蛋重53～58克，总蛋重15.7～16.4千克，120日龄体重1.25千克，成年体重1.6千克，育雏育成期耗料5.7千克，产蛋期平均日耗料90克。

9. 宝万斯尼拉

(1)品种形成与特点　宝万斯尼拉是由荷兰汉德克家禽育种有限公司育成的4元杂交褐壳蛋鸡配套系。A系、B系为单冠、红褐色羽，C系、D系为单冠、芦花色羽。父母代父本为单冠、红褐色羽；母本为单冠、芦花色羽，产褐壳蛋。商品代雏鸡单冠、羽色自别(母雏羽毛为灰褐色，公雏为黑色)。成年母鸡为单冠、红褐色羽，产褐壳蛋；公鸡为芦花色羽毛。该品种具有性情温顺、易饲养管理、耐粗饲、料蛋比理想、蛋色均匀、蛋形整齐等特点。

(2)生产性能 宝万斯尼拉育成期(0～17周)成活率98%,18周体重1.525千克,18周耗料6.6千克。产蛋期(18～76周)存活率95%,开产日龄143天,高峰产蛋率94%,平均蛋重61.5克,入舍母鸡产蛋数316个,平均每日耗料114克。

10. 伊萨新红褐

(1)品种形成与特点 伊萨新红褐为法国伊萨公司培育的4系配套种鸡,该鸡种的一个突出的特点是双自别雌雄。父母代1日龄雏鸡羽速自别雌雄,商品代1日龄雏鸡羽色自别雌雄。伊莎新红褐适应性广,抗病力强,成活率高;耐粗饲,易饲养;产蛋率高,产蛋高峰持续期长,产蛋数多,蛋个大,总蛋重高,是适合我国国情的优秀褐壳蛋鸡鸡种。

(2)生产性能 商品鸡18周龄平均体重1.57千克,1～18周龄耗料6.95千克/只,成活率97%～98%;平均开产日龄147天,25～27周龄达产蛋高峰,高峰产蛋率94%;76周龄入舍母鸡平均产蛋332个,总蛋重20.8千克,平均蛋重62克,体重2 050～2 150克;19～76周龄日耗料115～125克/只,料蛋比(2.12～2.18)∶1,成活率94%～96%。

11. 巴波娜-特佳

(1)品种形成与特点 由匈牙利巴波娜国际育种公司育成。红褐色羽毛、深褐色蛋,具有抵抗力强、产蛋量高、成活率高、蛋的破损率低等特点。

(2)生产性能 商品鸡18周龄平均体重1.58千克,1～18周龄耗料7.15千克/只,成活率95%～98%;平均开产日龄149天,25～27周龄达产蛋高峰,高峰产蛋率95%;72周龄入舍母鸡平均产蛋302个,总蛋重19.8千克,体重2 150～2 250克;19～72周龄日耗料115～125克/只,料蛋比(2.12～2.18)∶1,成活率92%～96%。

(三)粉壳蛋鸡

粉壳蛋鸡是由洛岛红品种与白来航品种间正交或反交所产生的杂种鸡,其蛋壳颜色介于褐壳蛋与白壳蛋之间,呈灰色,国内群众都称其为粉壳蛋(或驳壳蛋)。成年母鸡羽色大多以白色为背景有黄、黑、灰等杂色羽斑,与褐壳蛋鸡又不相同,因此就将其分成粉壳蛋鸡一类。

1. 尼克珊瑚粉(尼克T)蛋鸡

(1)品种形成与特点 尼克珊瑚粉是德国罗曼家禽育种公司所属尼克公司最新培育的粉壳蛋鸡配套系,其优点是性情温顺,容易管理。珊瑚粉商品代都能够羽速自别,商品代母鸡白色羽毛、粉色蛋壳。尼克珊瑚粉在产蛋数、蛋重、蛋壳强度、饲料效率和成活率等方面都有显著的优势并且拥有良好的疾病抵抗力和应激抵抗力。

(2)生产性能　尼克珊瑚粉产蛋率高,耗料少,0～18 周龄成活率达 97%～99%、产蛋期成活率达 93%～96%;18 周龄饲料消耗累计 5.9～6.2 千克、产蛋期每天每只 105～115 克;产蛋性能 90%以上,产蛋持续期 6～7 个月,76 周龄总产蛋量 329 个,平均蛋重 64.0～65.0 克/个。

2. 罗曼粉蛋鸡

(1)品种形成与特点　罗曼粉是德国罗曼公司育成的 4 系配套、产粉壳蛋的高产蛋鸡系。具有产蛋率高、蛋重大、蛋壳质量好、高峰期维持时间长、耐热、抗病力强、适应性强等优点,是国际国内优良蛋鸡品种之一。

(2)生产性能　父母代 1～18 周龄的成活率为 96%～98%,开产日龄 147～154 天,高峰期产蛋率 89%～92%,72 周龄入舍母鸡产蛋 266～276 个,合格种蛋 238～250 个,提供母雏 95 只。商品代鸡 20 周龄体重 1.4～1.5 千克,1～20 周龄消耗饲料 7.3～7.8 千克,成活率 97%;开产日龄 140～150 天,高峰期产蛋率 92%～95%,72 周龄入舍母鸡产蛋 300～310 个,蛋重 63～64 克;21～72 周龄平均只日耗料 110～118 克。

3. 宝万斯粉蛋鸡

(1)品种形成与特点　宝万斯粉蛋鸡是荷兰汉德克家禽育种有限公司培育的 4 元杂交粉壳蛋鸡配套系,A 系、B 系为红色单冠、褐色羽,C 系、D 系为红色单冠、白色羽。父母代父本为单冠、褐色快羽,母本为单冠白色慢羽。商品代雏鸡单冠羽速自别,快羽为母雏,慢羽为公雏。

(2)生产性能　父母代 18 周龄体重公鸡 1.7 千克、母鸡 1.4～1.45 千克;20 周龄成活率 95%～96%,入舍鸡耗料 7.1～7.6 千克/只。商品鸡 20 周龄体重 1.4～1.5 千克,1～20 周龄耗料 6.8～7.5 千克/只,成活率 96%～98%;开产日龄 140～147 天,高峰产蛋率 93%～96%;80 周龄入舍母鸡产蛋 324～336 个,平均蛋重 62 克,体重 1.85～2.0 千克;21～80 周龄日耗料 107～113 克/只,料蛋比(2.15～2.25)∶1,成活率 93%～95%。

4. 京白 939

(1)品种形成与特点　京白 939 是北京市种鸡公司的科研人员在 1993—1994 年间进行选育的粉壳蛋鸡配套系。京白 939 为 4 元杂交粉壳蛋鸡配套系。祖代 A 系、B 系,父母代 AB 系公母鸡为褐色快羽,具有典型的单冠洛岛红鸡的体型外貌特征;C 系、CD 系母鸡为白色慢羽,D 系、CD 系公鸡为白色快羽,具有典型的单冠白来航鸡的体形外貌特征。商品代(ABCD)雏鸡为红色单冠、花羽(乳黄、褐色相杂、两色斑块、斑型呈不规则分布),羽速自别,快羽为母雏,慢羽为公雏。成年母鸡为白、褐色不规则相间的花鸡,有少部分纯白和纯褐色羽。

(2)生产性能　父母代鸡18周龄体重公鸡1.95千克、母鸡1.25～1.28千克；20周龄成活率96%～97%，入舍鸡耗料7.0～7.8千克/只。产蛋阶段(21～68周龄)成活率92%～93%，平均日耗料113～115克，达50%产蛋率日龄150～155天，高峰产蛋率91%～93%；入舍鸡产蛋数255～265个，入舍鸡产种蛋数225～235个，入舍只鸡提供母雏数93只。商品代鸡20周龄体重1.4～1.5千克，20周龄成活率96%～98%，入舍鸡耗料7.4～7.6千克/只。产蛋阶段(21～72周龄)成活率93%～95%，平均日耗料105～115克/只，达50%产蛋日龄150～155天，高峰产蛋率92%～94%，入舍鸡产蛋数300～306个，平均蛋重60.5～63克，料蛋比(2.25～2.30)∶1。

5. 农大3号粉壳蛋鸡

(1)品种形成与特点　农大3号粉壳蛋鸡是由中国农业大学培育的蛋鸡良种，2003年9月通过国家畜禽品种审定委员会家禽专业委员会审定，在育种过程中导入了矮小型基因，因此这种鸡腿短、体格小，体重比普通蛋鸡约小25%，粉壳蛋鸡比普通型蛋鸡的饲料利用率提高15%以上。进行林地或果园放养具有易管理、效益高、蛋质好等优点。

(2)生产性能　商品代生产性能：1～120日龄成活率大于96%，产蛋期成活率大于95%，开产日龄145～155天，72周龄入舍鸡产蛋数282个，平均蛋重53～58克，总蛋重15.6～16.7千克，120日龄体重1.2千克，成年体重1.55千克，育雏育成期耗料5.5千克，产蛋期平均日耗料89克。蛋壳颜色为粉色。

6. 海兰灰鸡

(1)品种形成与特点　海兰灰鸡为美国海兰国际公司育成的粉壳蛋鸡商业配套系鸡种。海兰灰的父本与海兰褐鸡父本为同一父本(洛岛红型鸡的品种)，母本白来航，单冠，耳叶白色，全身羽毛白色，皮肤、喙和胫的颜色均为黄色，体型轻小清秀。海兰灰的商品代初生雏鸡全身绒毛为鹅黄色，有小黑点呈点状分布全身，可以通过羽速鉴别雌雄，成年鸡背部羽毛呈灰浅红色，翅间、腿部和尾部呈白色，皮肤、喙和胫的颜色均为黄色，体型轻小清秀。

(2)生产性能　父母代生产性能：母鸡成活率1～18周95%，18～65周96%，50%产蛋日龄145天，18～65周入舍鸡产蛋数252个，合格的入孵种蛋数219个，生产的母雏数96只。商品代生产性能：生长期(至18周)成活率98%，饲料消耗5.66千克，18周龄体重1.42千克。产蛋期(至72周)日耗料110克，50%产蛋日龄151天，32周龄蛋重60.1克，至72周龄饲养日产蛋总重19.1千克，料蛋比2.16∶1。

第三节 肉鸡配套系

肉鸡配套系是指在原标准品种(或地方品种)的基础上,采用现代育种方法培育出的,具有特定商业代号的高产肉鸡群。根据肉鸡生长速度和产品品质分为快大型肉鸡和优质型肉鸡两大类。

一、快大型肉鸡

快大型的肉鸡突出的特点是早期生长速度快,体重大,一般商品肉鸡 6 周龄平均体重在 2 千克以上,每千克增重的饲料消耗在 2 千克左右。快大型肉鸡都是采用 4 系配套杂交进行制种生产的,父本是来自白色科尼什鸡的高产品系,母本则是由白洛克鸡育成的高产品系,大部分鸡种为白色羽毛,少数鸡种为黄(或红)色羽毛。这类肉鸡在西方和中东较受消费者喜爱。因为较容易加工烹调,是主要的快餐食品之一。

1. AA 肉鸡

(1)品种形成与特点　AA 肉鸡也称为爱拨益加肉鸡,该品种由美国爱拨益加家禽育种公司育成,4 系配套杂交,白羽。特点是体型大,生长发育快,饲料转化率高,适应性强。因其育成历史较长,肉用性能优良,为我国肉鸡生产的主要鸡种。祖代父本分为常规型和多肉型(胸肉率高,也称为 AA^+ 系)均为快羽,生产的父母代雏鸡翻肛鉴别雌雄。祖代母本分为常规型和羽毛鉴别型,常规型父系为快羽,母系为慢羽,生产的父母代雏鸡可用快慢羽鉴别雌雄;羽毛鉴别型父系为慢羽,母系为快羽,生产的父母代雏鸡需翻肛鉴别雌雄,其母本与父本快羽公鸡配套杂交后,商品代雏鸡可以快慢羽鉴别雌雄。

(2)生产性能

①常规型　商品代肉鸡 7 周龄公鸡重 3.18 千克,母鸡 2.69 千克,混养体重 2.94 千克;通过雏鸡羽毛生长速度鉴别性别的商品代肉鸡 7 周龄公鸡重 3.31 千克,母鸡 2.76 千克,混养体重 3.04 千克。

②AA^+多肉型　AA^+父母代种鸡能够生产可羽速鉴别雏鸡雌雄的商品代肉鸡,即商品代母鸡为快羽,商品代公鸡为慢羽。该品系母鸡 24 周末育雏育成期成活率平均为 96.5%;68 周龄母鸡死淘率平均为 10%;入舍母鸡总产蛋数量多,高峰产蛋率平均为 87%～90%;产蛋高峰(80%以上)维持 12 周以上;受精蛋高峰孵化率在 95%左右。AA^+商品代肉鸡 42 日龄体重可达 2.5 千克,49 日龄达 2.9 千克,料肉比为 2.0∶1。商品代肉鸡因其具有腿肉多和双胸的特点,特别适合大小

肉鸡分割,适合快餐、速冻产品,从产品加工特性上体现在A级产品率高,胸肌形态优良,胸肉产出率高,适合上线加工,鸡肉生产成本低。

2. 艾维茵肉鸡

(1)品种形成与特点　艾维茵肉鸡是美国艾维茵国际家禽育种有限公司育成的白羽肉鸡。祖代种鸡采用4系配套制种方式,父本A、B两系体重大,体躯宽而深,胸腿部肌肉发达,属于白科尼什肉鸡体型;母本C、D两系体型中等,呈椭圆形,体躯紧凑、丰满,羽毛较紧密,属于白洛克杂交型鸡。艾维茵肉鸡具有适应性强、增重快、饲料转化率高、抗病力强、成活率高等特点。商品代肉用仔鸡羽毛为白色,体型饱满,胸宽、腿短、皮肤黄色而光滑。艾维茵肉鸡有AV2000和超级2000两种类型。

(2)生产性能　AV2000和超级2000父母代及AV2000和超级2000的生产性能见表5-1、表5-2。

表5-1　艾维茵父母代种鸡生产性能

类型	产蛋5%的周龄	高峰周龄	高峰产蛋率(%)	入舍母鸡产蛋(41周)(个)	入舍母鸡产种蛋(41周)(个)	入舍母鸡产雏(41周)(只)	平均孵化率(41周)(%)	产蛋期成活率(%)
AV2000	25～26	31～32	86	187	176	153	87	88～90
超级2000	25～26	31～32	85	185	175	150	86	88～90

表5-2　艾维茵商品代肉鸡生产性能

周龄	体重(千克)		饲料转化率	
	AV2000	超级2000	AV2000	超级2000
5	1.67	1.97	1.68∶1	1.68∶1
6	2.18	2.38	1.84∶1	1.81∶1
7	2.66	2.92	1.98∶1	1.96∶1
8	3.15	3.77	2.12∶1	2.12∶1

3. 科宝500肉鸡

(1)品种形成与特点　科宝500(Cobb 500)肉鸡是美国泰臣食品国际家禽育种公司培育的白羽肉鸡品种,是一个已有多年历史的较为成熟的配套系,在欧洲、中东及远东的一些地区均有饲养。该鸡种体型大,胸深背阔,全身白羽,鸡头大小适中,单冠直立,冠髯鲜红,虹彩橙黄,脚高而粗。商品代生长快,均匀度好,饲料报酬高,肌肉丰满,肉质鲜美,适应性与抗病力较强。

(2)生产性能　科宝500肉鸡的父母代种鸡在67周龄时的产蛋量168.7个，其中合格种蛋为155.7个，平均孵化率为75.7%，每只种母鸡可产商品代雏117.88只。商品代仔鸡在42日龄时，活重达2.186千克，料肉比为1.8∶1。

4. 罗斯308肉鸡

(1)品种形成与特点　罗斯308肉鸡是英国罗斯育种公司培育的4系配套优良肉用鸡种。其父母代种用性能优良，种鸡产合格种蛋多，受精率与孵化率高，能产出最大数量的健雏。商品代的生产性能卓越，尤其适应东亚环境特点，商品代雏鸡可以根据羽速自别雌雄，罗斯308以其生长快、饲料报酬高、产肉量高充分满足了生产多用途肉鸡系列产品的生产者之需，商品肉鸡适合全鸡、分割和深加工，产品畅销世界市场。

(2)生产性能　父母代种鸡64周龄鸡只产蛋总数为180个，所产种蛋数为171个，种蛋孵化率85%；23周入舍母鸡每只所产健雏总数145只；高峰期产蛋率84.3%；育成期成活率95%；产蛋期成活率95%。商品代鸡适应性和抗病力都很强，在良好的饲养管理下，前期增重比较快，育雏成活率可达98%以上。6周龄平均体重1.94千克，饲料消耗3.58千克，料肉比1.83∶1；7周龄平均体重2.37千克，饲料消耗4.67千克，料肉比为1.97∶1；8周龄平均体重2.82千克，饲料消耗5.98千克，料肉比为2.12∶1。

二、优质型肉鸡

优质肉鸡生产通常用的是通过杂交育种而育成的优质鸡种，即充分利用我国的地方鸡种作为素材，选育出各具特色的纯系(含合成系)，通过配合力测定，筛选出最优杂交组合，以两系、三系或四系杂交模式进行商品优质肉鸡生产。

1. 石岐杂鸡

(1)品种形成与特点　石岐杂鸡是20世纪60年代中期由香港渔农处和香港几家育种场选用广东3个著名的地方良种——惠阳鸡、清远麻鸡和石岐鸡为主要改良对象，先后引用新汉县、白洛克、科尼什和哈巴德等外来品种进行复杂杂交，得出的较为理想的杂交后代，其外貌特征和肉脂品质基本上保持着三黄鸡的黄毛、黄皮、黄脚、黄脂、短脚、单冠、圆身、薄皮、细骨、脂丰、肉厚、味浓等特点。此外，它还具有体型较大、适应性好、抗病力强、成活率高、个体发育均匀等优点。

(2)生产性能　石岐杂鸡经110～120天饲养，青年小母鸡平均体重在1.75千克以上，公鸡在2.0千克以上。全期肉料比为1∶(3.2～3.40)。母鸡年产蛋120～140个，生产性能稳定。青年小母鸡半净膛屠宰率为75%～82%，胸肌占活重的11%～18%，腿肌占活重的12%～14%。

2. 康达尔黄鸡

(1)品种形成与特点　康达尔黄鸡是深圳市康达尔养鸡公司选育而成的优质三黄鸡配套系。康达尔128配套系是最早通过国家家禽品种审定委员会审定通过的配套系,它既有地方品种三黄鸡肉质嫩滑、口味鲜美的优点,又具有增重较快、胸肌发达、早熟、脚矮、抗病力强的遗传特性,是广东省大宗出口创汇的鸡种之一。

(2)生产性能　康达尔黄鸡父母代开产日龄150天,年产蛋175个以上,蛋重60克,每只母鸡全年可提供商品代鸡苗130只。商品代上市周龄均为16周,公鸡体重2.3千克,母鸡1.68千克,饲料转化率3.2∶1;快大型公母鸡均为12周龄,公鸡体重1.98千克,母鸡1.79千克,饲料转化率3∶1。

3. 江村黄鸡

(1)品种形成与特点　江村黄鸡是广州市江丰实业有限公司培育的优质鸡种,分为JH-1号和JH-2号快大型鸡、JH-3号中速型鸡。其中江村黄鸡JH-2号、JH-3号2000年通过国家畜禽品种审定委员会审定。江村黄鸡各品系的特点是鸡冠鲜红直立,嘴黄而短,全身羽毛金黄,被毛紧贴,体型短而宽,肌肉丰满,肉质细嫩,鸡味鲜美,皮下脂肪特佳,是制作白切鸡等名菜的优良鸡种。该鸡抗逆性好,饲料转化率高。既适合于大规模集约化饲养,又适合于小群放养。

(2)生产性能　江村黄鸡父母代母鸡22周龄开产,27～29周龄为产蛋高峰期,高峰期产蛋率75%～80%,至66周龄产种蛋150个,平均受精率92%,孵化率85%。肉用母鸡饲养100天体重1.7～1.9千克,肉料比1∶(2.9～3.0);肉用公鸡饲养期63天,体重1.5千克,肉料比1∶2.3,全期成活率为90%以上。

4. 新兴黄鸡Ⅱ号

(1)品种形成与特点　新兴黄鸡Ⅱ号是由广东温氏食品集团有限公司南方家禽育种有限公司育成的。利用新兴本地土杂鸡、广东粤黄鸡(石岐杂鸡)、"882"商品代鸡的相互杂交合成的鸡为素材,经闭锁选育提高而育成了新兴黄鸡Ⅱ号。其父系N201、母系N202为石岐杂鸡与隐性白的杂交纯繁后代,具有三黄特征,体形团圆,红色单冠直立,体质健壮,性情温顺,肌肉丰满,在尾羽、鞍羽、颈羽、主翼羽处有轻度黑羽,为慢羽品系。商品代公鸡:红色单冠,金黄色羽毛,尾羽和主翼羽处有轻度黑羽,胸宽,体形团圆,皮黄、胫黄。商品代母鸡:红色单冠,三黄特征明显,体型团圆,在尾羽、鞍羽、颈羽、主翼羽处有轻度黑羽。

(2)生产性能　新兴优质三黄公鸡,60～70天上市,上市体重1.5～1.6千克;新兴优质三黄母鸡,80～90天上市,上市体重1.3～1.4千克。

5. 岭南黄鸡

(1)品种形成与特点　岭南黄鸡是广东省农科院畜牧研究所家禽研究室经多

年培育而成的黄鸡品种。它由多个品系、多个配套组合构成，具有优质、黄羽、节粮、高效等鲜明特征，既保持了中国地方鸡种大部分独特品质，又具有高效、节粮的特征，深得广大养鸡专业户的喜爱。目前，岭南黄鸡推出的配套系主要有3种，即岭南黄Ⅰ、Ⅱ、Ⅲ号。Ⅰ号为中速型，Ⅱ号为快大型，Ⅲ号为高档优质出口型。商品代快慢羽自别雌雄。

(2)生产性能　商品代多长快羽，毛色纯黄，体型优美，形态饱满，肉质鲜嫩，上市形象好，市场认同程度高。经国家家禽生产性能测定站检测，岭南黄Ⅱ号42日龄公母鸡平均体重为1.3千克，料肉比为1.83∶1，成活率为98.99%，在全国参加测试的14个黄羽肉鸡品种中是生长速度和饲料转化率最好的黄鸡配套系，产品质量达到国内领先水平。

6. 华青黄(麻)鸡

(1)品种形成与特点　华青黄(麻)鸡是上海华青实业集团在引进肉鸡安卡红基础上，用我国优良品种崇仁麻鸡、仙居鸡和现代高产蛋鸡遗传基因，培育出华青青脚麻羽肉鸡。华青优质黄(麻)鸡系列优质鸡特征明显、生长速度快、皮下脂肪适中、胸肌丰富、性成熟早、抗病强、饲料报酬高。

(2)生产性能　商品代42日龄平均体重1.25千克，饲料转化率1.90∶1；49日龄平均体重1.5千克，饲料转化率2.20∶1；63日龄平均体重2.1千克，饲料转化率2.4∶1。

7. 良凤花鸡

(1)品种形成与特点　良凤花鸡是南宁市良凤农牧有限责任公司培育的。该品种体态上与土鸡极为相似，羽毛多为麻黄、麻黑色，少量为黑色。冠、肉垂、脸、耳叶均为红色，皮肤黄色，肌肉纤维细，肉质鲜嫩。公鸡单冠直立，胸宽背平，尾羽翘起。刚开产小母鸡头部清秀，体型紧凑，脚矮小。该鸡具有很强的适应性，耐粗饲，抗病力强，放牧饲养更能显出其优势。

(2)生产性能　良凤花鸡父母代24周龄开产，开产母鸡体重2.1～2.3千克，每只母鸡年产蛋量170个。商品代肉鸡60日龄体重为1.7～1.8千克，料肉比为(2.2～2.4)∶1。

第四节　地方良种鸡

我国是世界上第一养鸡大国，是世界上鸡种资源最丰富的国家之一，现有地方品种及培育品种100多个。地方良种鸡是指我国某一地区生长较慢，性成熟较早，肌肉结实细致，肉质鲜美嫩滑，风味独特，营养丰富，有的还有药用价值，具有当地人们喜爱的体型外貌,适用于传统方法加工烹饪,商品价值和人们的喜爱程度明显高于从国外引进的快大型肉鸡的地方鸡种,也就是土鸡。

1. 北京油鸡

(1)品种形成与特点 北京油鸡是北京地区特有的肉蛋兼用型地方优良品种,距今已有300余年历史。

北京油鸡体躯中等,羽色美观,主要为赤褐色和黄色羽色。赤褐色者体型较小,黄色者体型大。雏鸡绒毛呈淡黄或土黄色。冠羽、胫羽、髯羽也很明显,很惹人喜爱。成年鸡羽毛厚而蓬松。公鸡羽毛色泽鲜艳光亮,头部高昂,尾羽多为黑色。母鸡头、尾微翘,胫略短,体态敦实。北京油鸡羽毛较其他鸡种特殊,具有冠羽和胫羽,有的个体还有趾羽。不少个体下颌或颊部有髯须,故称为"三羽"(凤头、毛腿和胡子嘴),这就是北京油鸡的主要外貌特征。该鸡肉质细嫩,肉味浓香,皮下及腹脂丰满,是适于后期肥育的优质肉用鸡种,具有蛋质佳良、生活力强和遗传性稳定等特性。缺点是晚熟,就巢性强,产蛋量低。

(2)生产性能 油鸡生长速度缓慢,初生重为38.4克,成年体重公鸡为2.049千克,母鸡为1.73千克。屠宰测定:成年公鸡半净膛率为83.5%,全净膛率为76.6%;母鸡半净膛率为70.7%,全净膛率为64.6%。性成熟较晚,母鸡7月龄开产,年产蛋为110~125个,平均蛋重为56克,蛋壳厚度0.325毫米,蛋壳褐色,个别呈淡紫色,蛋形指数为1.32。

2. 大骨鸡

(1)品种形成与特点 大骨鸡又称庄河鸡,原产于辽宁省庄河县,它是由当地鸡与"九斤黄"鸡、"寿光"鸡经多代杂交,多年培育而成的卵肉兼用鸡。大骨鸡体型魁伟,胸深且广,背宽而长,腿高粗壮,腹部丰满,敦实有力,以体大、蛋大、口味鲜美著称。觅食力强。公鸡羽毛棕红色,尾羽黑色并带金属光泽。母鸡多呈麻黄色,头颈粗壮,眼大明亮,单冠,冠、耳叶、肉垂均呈红色。喙、胫、趾均呈黄色。

(2)生产性能 成年体重公鸡为2.9~3.75千克,母鸡为2.3千克。6月龄公鸡达成年体重的76.67%,母鸡达77.59%。大骨鸡产肉性能较好,皮下脂肪分布均匀,肉质鲜嫩。其半净膛屠宰率公鸡为77.80%,母鸡为73.45%,全净膛屠宰率公鸡为75.69%,母鸡为70.88%。开产日龄平均213天,年平均产蛋164个左右,高的可达180个以上。平均蛋重为62~64克,蛋壳呈深棕色,壳厚而坚实,破损率低。蛋料比为1∶(3.0~3.5)。种蛋受精率为90%,受精蛋孵化率为80%,60日龄育雏率为85%以上,就巢率为5%~10%,就巢持续期为20~30天。

大骨鸡是优良的兼用型地方鸡种,应注意保种和加强选育,使其优良性能得以进一步提高。同时可以大骨鸡为母本,以引进的蛋鸡品种为父本进行杂交,以便从中选出蛋肉兼用和肉蛋兼用的较佳杂交组合,进而探索大骨鸡的杂交利用途径。

3. 仙居鸡

(1)品种形成与特点　仙居鸡又称梅林鸡,原产于浙江省仙居县,是我国优良蛋用鸡品种。仙居鸡体型小巧,体型体态颇似来航鸡。头小颈长,背平直,翼紧贴体躯,尾部上翘,骨骼纤细。体质结实,体态匀称紧凑。单冠。喙、胫和趾有肉色、黄色和青色。公鸡冠直立,高3～4厘米。羽毛主要呈黄红色,梳羽、蓑羽色较浅有光泽,主翼羽红夹黑色,镰羽和尾羽均黑色。母鸡冠矮,高约2厘米。羽色较杂,但以黄色为主,颈羽颜色较深,主冀羽羽片半黄半黑,尾羽黑色。

(2)生产性能　成年公鸡体重1.4～1.5千克,母鸡0.75～1.25千克。180日半净膛屠宰率公鸡为82.7%,母鸡为83.0%;全净膛屠宰率公鸡为71.0%,母鸡为72.2%。开产日龄150天,年产蛋160～180个,蛋重44克,蛋壳以浅褐色为主。

4. 萧山鸡

(1)品种形成与特点　萧山鸡又名"越鸡",原产于浙江省萧山县一带,萧山鸡体型较大,外形近似方而浑圆。初生雏羽浅黄色,较为一致。公鸡体格健壮,羽毛紧密,头昂尾翘。红色单冠、直立、中等大小。肉垂、耳叶红色。眼球略小,虹彩橙黄色。喙稍弯曲,端部红黄色,基部褐色。全身羽毛有红、黄两种,两者颈、翼、背部等羽色较深,尾羽多呈黑色。母鸡体态匀称,骨骼较细。全身羽毛基本黄色,但麻色也不少。颈、翼、尾部间有少量黑色羽毛。单冠红色,冠齿大小不一。肉垂、耳叶红色。眼球蓝褐色,虹彩橙黄色。喙、胫黄色。萧山鸡素以体大、味美著称,特点是早期生长较快,早熟,易肥,屠宰率高,当地群众称萧山鸡为"沙地大种鸡"。

(2)生产性能　萧山鸡早期生长速度较快,特别是2月龄阉割后的阉鸡更快。但长羽速度慢。屠体皮肤黄色,皮下脂肪较多,肉质好而味美。成年公鸡体重2.5～3.5千克,母鸡2.1～3.2千克。180日龄开产,年产蛋130～150个,平均蛋重55克,蛋壳褐色,蛋形指数为1.39。种蛋受精率为84.85%,受精蛋孵化率为85.99%。有就巢性的母鸡就巢性强,平均每年就巢约4次,高的达8次之多,每次就巢约10天,长的达月余,对产蛋的影响较大。

5. 浦东鸡

(1)品种形成与特点　浦东鸡俗名九斤黄,原产于上海市的黄浦江以东的广大地区,故名浦东鸡。

浦东鸡体型较大,呈三角形,偏重产肉。公鸡羽色有黄胸黄背、红胸红背和黑胸红背3种。母鸡全身黄色,有深浅之分,羽片端部或边缘常有黑色斑点,因而形成深麻色或浅麻色。公鸡单冠直立,冠齿多为7个;母鸡有的冠齿不清。耳叶红色，脚趾黄色。有胫羽和趾羽。生长速度早期不快，长羽也较缓慢，特别是公鸡，通常需要3～4月龄全身羽毛才长齐。

(2)生产性能　成年体重公鸡4千克，母鸡3千克左右。浦东鸡肉质优良，但生长速度较慢，产蛋量也不高，极需加强选育工作。公鸡阉割后饲养10个月，体重可达5～7千克。母鸡年产蛋量100～130个，蛋重58克。蛋壳褐色，壳质细致，结构良好。

6. 桃源鸡

(1)品种形成与特点　桃源鸡是湖南省的地方鸡种，它以体型高大而驰名，故又称桃源大种鸡。

桃源鸡体型高大，体质结实，羽毛蓬松，体躯稍长、呈长方形。公鸡头颈高昂，尾羽上翘，侧视呈"U"字形。母鸡体稍高，背较长而平直，后躯深圆，近似方形。公鸡体羽呈金黄色或红色，主翼羽和尾羽呈黑色，梳羽金黄色或兼有黑斑。母鸡羽色有黄色和麻色两个类型。黄羽型的背羽呈黄色，胫羽呈麻黄色，喙、胫呈青灰色，皮肤白色。单冠，公鸡冠直立，母鸡冠倒向一侧。

(2)生产性能　桃源鸡初生重为41.92克，成年体重公鸡为3.3千克，母鸡为2.9千克。24周龄公鸡半净膛屠宰率为84.9%、母鸡为82.06%；全净膛屠宰率公鸡为75.9%、母鸡为73.56%。开产日龄平均为195天，年产蛋100～120个，平均蛋重为55克，蛋壳浅褐色，蛋形指数1.32。

7. 惠阳鸡

(1)品种形成与特点　惠阳鸡又称三黄胡须鸡，原产于广东省惠州地区，素以肥育性能好、肉质鲜美、皮脆骨软、脂丰味美等特点在港澳活鸡市场久负盛誉。惠阳鸡属中小型鸡，胸深背短，后躯丰满，整个躯体状似葫芦瓜形。突出的特征是颌下有发达而张开的细羽毛，状似胡须。头稍大，单冠直立，有6～7个冠齿，耳红，虹彩金黄色，无肉髯或仅有很小的肉垂。羽毛黄色，部分主翼羽和主尾羽呈黑色，喙、胫和皮肤金黄色。惠阳鸡生性活泼，耐粗饲，易育肥。

(2)生产性能　成年公鸡体重2.2千克，母鸡体重1.6千克。前期放养，后期笼养育肥的肉鸡，品质最优，鸡味最浓，是目前鸡中上品。青年小母鸡平均半净膛屠宰率为84.8%，全净膛率为76%。150日龄公鸡半净膛屠宰率为87.5%，全净膛率为78.7%。惠阳鸡产蛋性能低，6月龄后开产，年产蛋70～90个，平均蛋重47克，蛋壳分棕色、白色两种。

8. 寿光鸡

(1)品种形成与特点　寿光鸡原产于山东寿光的稻田区慈家、伦家一带，也称"慈伦鸡"。寿光鸡有大型和中型两种，还有少数是小型的。大型寿光鸡外貌雄伟，头较大，脸粗糙，体躯高大，骨骼粗壮，体长胸深，胸部发达，胫高而粗，体型近似方形。中型寿光鸡头大小适中，脸平滑清秀。喙略短而弯曲、呈灰黑色，喙尖色略淡。成年鸡全身羽毛黑色，颈背面、前胸、背、鞍、腰、肩、翼羽、镰羽等部位呈深黑色，并有绿色光泽。其他部位羽毛略淡，呈黑灰色。单冠，公鸡冠大而直立；母鸡冠形有大小之分，喙、胫、趾灰黑色，皮肤白色。寿光鸡耐粗饲，觅食能力强，富体脂。

(2)生产性能　雏鸡早期的增重和长羽速度均较慢，特别是大型寿光鸡，是典型的慢羽鸡，常有背羽稀疏和秃尾等现象，约40日龄之后生长速度加快。大型成年公鸡体重3.6千克，母鸡3.3千克，中型成年公鸡体重2.8千克，母鸡2.3千克。成年大型鸡半净膛屠宰率公鸡83.7%，母鸡80.3%；中型鸡半净膛屠宰率公鸡83.7%，母鸡77.2%；大型鸡全净膛屠宰率公鸡72.3%，母鸡65.6%；中型鸡全净膛屠宰率公鸡71.8%，母鸡63.2%。大型鸡开产日龄240～270天，中型鸡开产日龄190～210天。大型鸡年产蛋90～100个，中型鸡年产蛋120～150个。大型鸡蛋重65～75克，中型鸡蛋重60～65克。蛋壳呈褐色，蛋形指数大型鸡为1.32，中型鸡为1.31。

寿光鸡遗传性较为稳定，外貌特征比较一致，体硕大，蛋重大，就巢性弱。但还存在着早期生长慢、成熟晚、产蛋量少等缺点。今后应加强本品种选育，保存优良基因，在本品种内培育具有不同特点的品系，进行品系杂交，以进一步发挥其生产性能。

9. 溧阳鸡

(1)品种形成与特点　溧阳鸡原产于江苏省溧阳县，当地素有腌咸鸡庆贺时食用的风俗，长期以来群众爱养大鸡，选留大鸡作种用，逐渐培育形成体型较大、肌肉丰满、觅食能力强，产蛋较多的溧阳鸡品种。溧阳鸡羽毛黄色，麻黄和麻栗色也常见，也以黄羽、黄喙、黄脚为特点，俗称“三黄鸡”和“九斤黄”。公鸡羽色黄或橘黄，主翼羽全黑或半黄半黑，副主翼羽黄或半黑，主尾羽黑色，胸、颈、鞘羽全黄或橘黄色，有的羽毛有黑边。母鸡羽色多为草黄色，少数麻黄色。雏鸡羽绒木黄色，部分有似蛙背的黑条纹。公鸡单冠直立，耳垂、肉髯长大而鲜红，母鸡单冠直立或侧冠，眼大，虹彩呈橘黄色。体型较大，躯体略显方形，胸宽，肌肉丰满，腿粗长。

(2)生产性能　成年公鸡体重3.7～4.0千克，母鸡体重2.6千克，204～282天开产，年产蛋量120～170个，平均蛋重57克，蛋壳褐色。种蛋受精率95.3%，孵化率85.6%。母鸡就巢性强，就巢鸡占鸡群的26.24%。生长速度中等，平均体重56日龄公鸡0.71千克，母鸡0.62千克；90日龄公鸡1.35千克，母鸡1.15千克。成年鸡半净膛屠宰率公鸡87.55%，母鸡85.75%；全净膛屠宰率公鸡79.3%，母鸡72.9%，肉质鲜美。

10. 鹿苑鸡

(1)品种形成与特点　鹿苑鸡又名鹿苑大鸡，产于江苏省沙洲县鹿苑镇。产区邻近大、中城市，而且生活水平高，需求体大、肥嫩味美、质高的鸡。当地有名的名菜“叫化鸡”(又名煨鸡)就是以肥美的鹿苑母鸡为原料，而老店马咏斋卤制的油鸡更是驰名常熟、苏州、无锡一带。由于以鹿苑鸡加工成的产品具香、酥、鲜、嫩特点，因而使其获得更高评价。

鹿苑鸡体型高大，体质结实，胸部较深，背部平直。冠小而薄，肉垂、耳叶小，眼中等大，虹彩呈粉红色，喙中等长，黄色，有的个体喙基部呈褐色。全身羽毛黄色，紧贴体躯，颈羽、主翼羽和尾羽有黑色斑纹。公鸡羽毛色彩较浓，梳羽、蓑羽和小镰羽呈金黄色，大镰羽呈黑色并富光泽。胫、趾呈黄色。雏鸡绒羽黄色。

(2)生产性能　鹿苑成年公鸡为 3.12 千克，母鸡为 2.37 千克。6 月龄公鸡体重为成年公鸡的 60.16%，母鸡为 66.71%。鹿苑鸡屠宰后的屠体美观，皮肤黄色，皮下脂肪丰富，肉质良好，肉味鲜美。特别是当地习惯于以体重 1.75 千克的青年鸡作为食用，这个阶段肥美的母鸡是煨制“叫化鸡”的优质原料。其屠宰率，3 月龄公鸡半净膛率为 84.94%，母鸡为 82.68%；全净膛率公鸡为 77.28%，母鸡为 75.74%。6 月龄公鸡半净膛率为 81.13%，母鸡为 82.57%；全净膛率公鸡为 72.64%，母鸡为 73.01%。

母鸡开产日龄为 180 天，年平均产蛋 144 个左右，平均蛋重 54.2 克，蛋壳褐色。种蛋受精率为 94.3%，受精蛋孵化率为 87.23%。30 日龄雏鸡成活率为 90% 以上。该鸡就巢性较强，约占 18.7%，近年经过选育有所下降。

鹿苑鸡是我国地方鸡种中产肉性能比较突出的一个品种，以肉质鲜嫩肥美而驰名大江南北。应加强本品种选育工作，向肉用方向发展，扩大数量，以培育我国的优质肉用地方鸡种。

11. 清远麻鸡

(1)品种形成与特点　清远麻鸡原产于广东省清远县(现清远市)。因母鸡背侧羽毛有细小黑色斑点，故称麻鸡。

清远麻鸡体型特征可概括为“一楔”、“二细”、“三麻身”。“一楔”指母鸡体型象楔形，前躯紧凑，后躯圆大；“二细”指头细、脚细；“三麻身”指母鸡背羽面主要有麻黄、麻棕、麻褐 3 种颜色。公鸡体质结实灵活，结构匀称，属肉用体型。出壳雏鸡背部绒羽为灰棕色，两侧各有一条约 4 毫米宽的白色绒羽带，直至第一次换羽后才消失，这是清远麻鸡雏鸡的独特标志。

公鸡头大小适中。单冠直立，颜色鲜红，冠齿为5～6 个。肉垂、耳叶鲜红。虹彩橙黄色。喙黄。颈部长短适中，头颈、背部的羽毛金黄色，胸羽、腹羽、尾羽及主翼羽黑色，肩羽、蓑羽枣红色。脚短而黄。母鸡头细小。单冠直立，冠中等，冠齿为5～6个，冠、耳叶呈鲜红色。喙黄而短。虹彩橙黄色。颈长短适中，头部和颈前1/3的羽毛呈深黄色。背部羽毛分黄、棕、褐三色，有黑色斑点，形成麻黄、麻棕、麻褐3种，据调查统计，麻黄占34.5%，麻棕占43.0%，麻褐占11.2%，余下为其他色，其中以麻黄、麻棕两色居多。主、副翼羽的内侧呈黑色，外侧呈麻斑，由前至后变淡而麻点逐渐消失。胫趾短细、呈黄色。

(2)生产性能　成年公鸡体重2.18千克，母鸡1.7千克。开产日龄150～180日龄，年产蛋量72～85个，平均蛋重46.6克，蛋壳淡褐色和乳白色，蛋形指数1.31。6月龄开产前的母鸡体重在1.3千克以上，6月龄母鸡半净膛屠宰率为85%，全净膛屠宰率为75.5%；阉公鸡半净膛屠宰率为83.7%，全净膛屠宰率为76.7%。

清远麻鸡以肉用品质优良而驰名，但其生产水平特别是繁殖力低，个体生长发育差异较大，因此应系统选育，重点建立核心群，大力扶持专业户、重点户发展麻鸡生产。

12. 文昌鸡

(1)品种形成与特点　文昌鸡原产于海南省文昌市潭牛镇，是通过数百年人工选择而形成的古老优良品种鸡。文昌鸡具有头小、颈小、脚小及颈短、脚短的“三小二短”特征。该鸡前躯窄胸浅、背短平、后躯发达特别是腹部容积大，外观呈U形，黄肤、黄胫。文昌鸡的体型决定了其单位体重体表面积相对较大，对高温耐受力较强，这与该品种所处的生态环境基本对应，具有适应炎热气候的特征。文昌鸡以其体型方圆，脚胫短细，皮薄骨酥，肉质嫩滑，肉味馥香，营养丰富，色、香、味、形、营养俱佳等特色，荣居海南“四大名菜”之首，在中外饮食文化的历史长河中已驰誉几百年。

(2)生产性能　成年鸡的体重公鸡1.6～1.8千克、母鸡1.35～1.6千克。开产日龄为120天，早熟性能突出，公鸡21日龄时冠已发育明显。繁殖性能强，在笼养条件下，年产蛋150个以上，受精率、孵化率都在90%以上。公鸡70～80日龄时体重1.2～1.31千克，料肉比3.0∶1左右；母鸡110～120日龄时体重达1.3～1.4千克，料肉比(3.5～3.8)∶1。

13. 固始鸡

(1)品种形成与特点　固始鸡原产于河南省固始县和安徽省霍丘等相邻地区，中心产区为河南省固始县。固始鸡体型中等，体躯呈三角形，外观秀丽，体态匀称，羽毛丰满。母鸡毛色有黄、麻、黑等不同颜色，公鸡毛色多为深红色或黄红色，尾羽多为黑色，尾形有佛手尾、直尾两种，以佛手尾为主，尾羽卷曲飘摇、别致、美观。鸡嘴呈青色或青黄色，腿、脚都是青色，无脚毛。固始鸡与其他品种杂交，这种青嘴、青腿的特征便告消失，因此青嘴、青腿是固始鸡的天然防伪标志。固始鸡有青脚系和乌骨系两个品系。单冠为主，也有豆冠、草莓冠、玫瑰冠等其他冠形。

(2)生产性能　固始鸡早期生长速度较慢，6 月龄的公鸡体重约 1.5 千克，母鸡体重约 1 千克。公鸡到 7～8 月龄才停止生长，母鸡开产后仍继续生长发育，到 8～9 月龄时体重才趋于稳定。成年公鸡平均体重 2.0～2.5 千克，母鸡 1.25～2.25 千克。开产日龄 180 日龄，年产蛋 140～160 个，平均蛋重 51.4 克，蛋壳红褐色，蛋形指数 1.32。商品鸡 70 日龄平均体重 1.25 千克，料肉比 2.7∶1，成活率达 98%。

14. 乌骨鸡

(1)品种形成与特点　乌骨鸡又叫乌鸡、药鸡、绒毛鸡、泰和鸡、武山鸡、黑脚鸡、松毛鸡等，乌骨鸡原产于我国江西省泰和县武山西岩汪陂村。其体态小巧玲珑，细致紧凑，头小、颈短、腿矮，外貌具有十大特征：①丛冠。冠状似草莓形，冠齿丛生，颜色在性成熟前为暗紫色，性成熟略带红色。②缨头。头顶有一丛丝毛，形成毛冠又称“风头”，雌鸡比雄鸡更明显，形如“白绒球”。③绿耳。耳叶呈暗紫色，略呈孔雀蓝色，在性成熟时更加鲜艳夺目，成年后，色泽逐渐变为暗绿色，雄鸡褪色较快。④胡须。在鸡的下颌处，生有较细长的丝毛，雌鸡比雄鸡更为发达。⑤五爪。每只脚有五趾，在鸡的后趾基部多生一趾。⑥丝毛。全身羽毛呈绒丝状，洁白光滑，只有主翼羽和尾羽的基部还有少量的扁毛。一般翼羽较短，羽片末端常有不完全的分裂，尾羽和雄鸡镰羽不发达。⑦毛脚。胫部和第四趾长有白色的羽毛，外侧明显。⑧乌皮。全身皮肤及眼睑、喙、胫、趾均呈乌黑色。⑨乌肉。全身肌肉及内脏膜及腹膜均呈乌色，但胸肌和腿肌颜色较浅。⑩乌骨。骨膜深黑色，骨质为浅黑色。成年鸡适应性强，幼雏抗逆性差，体质较弱。乌骨鸡具有良好的药用价值，被广泛用来调理治病，有的或将其加工制成丸剂成药，或炖煮服用，成为中药和食疗的一个组成部分。

(2)生产性能　成年公鸡体重 1.3～1.5 千克，成年母鸡体重 1.0～1.25 千克，公鸡性成熟平均日龄为 150～160 天，母鸡开产日龄平均为 170～180 天。年产蛋 80～100 个，最高可达 130～150 个。母鸡就巢性强，在自然条件下，每产 10～12 个蛋就巢一次，每次就巢持续 15～30 天，种蛋孵化期为 21 天。在饲料条件较好的情况下，生长发育良好的个体，年就巢次数减少，且持续期也缩短。

其他的地方良种鸡还有广东的杏花鸡、云南的茶花鸡、四川的峨嵋黑鸡、甘肃的静宁鸡、内蒙古的边鸡、西藏的藏鸡、河南的卢氏鸡、正阳三黄鸡等。

第五节 鸡的杂交利用

杂交在鸡的生产中应用广泛，在现代的肉鸡、蛋鸡以及土杂鸡生产中几乎都使用杂交的方法，但为了不同生产目的而采用的杂交方式和方法也有所不同。现简单介绍一下在家鸡生产上常用的杂交方法及其特点。

一、商品肉鸡、商品蛋鸡配套杂交模式

商品肉鸡、商品蛋鸡配套模式是双杂交即先用 4 个种群分两组杂交，然后再在两种杂种间进行杂交，产生商品鸡。这种方法在现代肉用仔鸡和商品蛋鸡生产中被广泛采用。但在杂交以前，一般都先培育专门化品系，然后再进行品系间杂交产生父母代的父本和母本，父母代再进行杂交而产生商品代鸡。引入我国的配套肉用仔鸡、商品蛋鸡繁育体系，几乎都采用了这种方式。有的还以 4 个以上甚至 8 个品系进行杂交。这种杂交方式的特点是：首先，遗传基础更为广泛，有更多的优良基因起累加和互补的作用，从而造成较大的杂交优势；其次，除利用杂种母鸡的优势外，还利用了杂种公鸡的优势。但这种方法要涉及 4 个种群(图 5-1)，原种场的组织工作就更复杂了一些。

商品代集 4 个系的优良特性为一体，充分发挥杂交优势效应。商品代不能作种用，否则后代性状分离，生产性能显著下降。

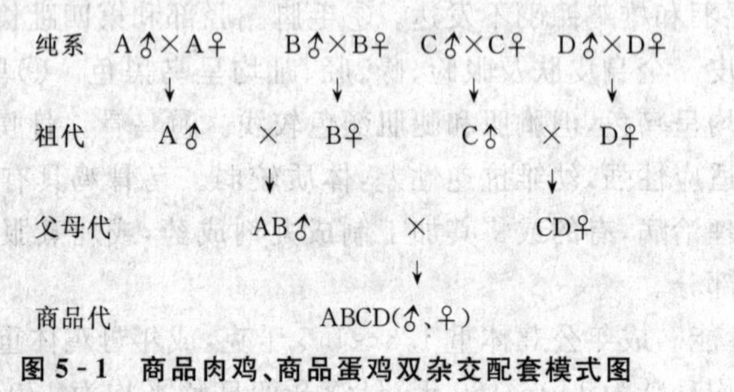

图 5-1 商品肉鸡、商品蛋鸡双杂交配套模式图

二、优质鸡配套杂交模式

优质鸡配套模式一般用二系或三系配套模式构成，以三系居多。配套系商品代的性能表现主要体现在生产速度、肉质和颜色性状(羽色和肤色等)3 个方面。生长速度通常可划分为快速、中速和慢速 3 个档次，肉质与生长速度密切相关，一般而言，快速类型肉质较差，中速次之，慢速最好。但在某些情况下，各种长速类型

的肉质能迎合不同消费者的喜好，因而其评价也有所不同。羽色和肤色(包括胫和喙等的颜色)跟生长速度和肉质没有直接关系，但能满足不同地区消费者习惯。父母代的性能表现主要体现在产蛋量和产苗鸡数等繁殖性能上，不同生长速度与体型的优质鸡，繁殖性能也不同。目前情况下，通常生长速度快、体型大者其产蛋量和产苗鸡数等繁殖性能相应也较好。因为商品代的生长速度、肉质、颜色性状以及父母代的繁殖性能等均由各纯系的选育效果而定，祖代(曾祖代)、纯系的生产性能所达到的水平和培育程度至关重要。

1. 简单杂交

简单杂交又称单杂交或商品杂交，即指两个种群杂交一次，后代杂种无论公母全部不作种用，不再继续配种繁殖，而只作经济利用。杂交方式可表示如下：

种群　　♂A ×B♀
　　　　　　↓
商品代　　AB

在肉鸡方面，一代杂种便作商品用最为简单。我国有的地方利用引进的肉鸡良种公鸡与地方品种母鸡杂交，所得后代作商品肉鸡用，这就是简单杂交的例子。这种方法可以使杂交后代的生长速度得以提高，在肉鸡的生长能力上有一定的优势，而且所需的品种又少。但它的缺点是不能充分利用繁殖性能方面的杂交优势，因为用作繁殖产蛋的是地方品种母鸡，它的产蛋能力较低。当然，用地方种公鸡与外来种母鸡杂交，将会有较好的效果。如流行的白肉杂鸡、红肉杂鸡、黄肉杂鸡。大致有两种配法：一是用世界一流的白羽肉种公鸡作父本，一流的高产蛋鸡作母本，子代为白色，45 日龄体重约 1.1 千克，白肉杂鸡经屠宰后主要供应冰鲜鸡市场；二是用世界一流的黄羽、麻羽肉种公鸡作父本，一流有色高产蛋鸡作母本，子代为各地活鸡市场广受欢迎的仿土鸡。

2. 三系配套杂交

优质鸡配套杂交最常见的是在 3 个种群中，先用两个种群杂交产生在繁殖性能方面具有显著杂交优势的母鸡或公鸡，再用第三个种群作父本或母本与之杂交，生产商品肉鸡。如广东优质广源肉鸡的杂交组合就是先通过江 - 13 白洛克品系与海生黄鸡杂交，所得的杂交一代母鸡再与地方品种公鸡交配生产商品肉鸡。这种杂交方式的特点是充分利用了第一级杂交的杂交优势，使繁殖母鸡杂交化，产蛋能力和繁殖性能显著提高。再加上第二级杂交，把地方鸡种的优质性能吸收进去，使商品肉鸡不仅在生活力和生长势方面取得优势，而且在肉质和饲料适应性方面也取得优势。这一方面显然比单杂交的优势要明显得多。

我国优质鸡生产目前占主导地位的配套模式有以下 2 种。

配套模式1：

优良地方品种(黄鸡或麻鸡)♂×外来种鸡(隐性白等)♀

↓

优良地方品种(黄鸡或麻鸡)♂× F_1♀

↓

商品代

配套模式2：

纯合矮小型鸡(dw)♂×外来种鸡或优良地方品种♀(纯系)

↓

优良地方品种♂×含矮小基因 F_1♀

↓

正常型商品代

第六节 鸡的引种

鸡的品种关系着养鸡生产的成败，不管是祖代场、父母代场还是商品鸡养殖场，在从事养鸡生产时，首先要解决的问题就是确保引进适合养殖的鸡种，针对市场、养殖场层次、条件引进鸡种。

一、引种前要了解的相关知识

(一)现代鸡品种的概况和市场需求

1. 肉鸡鸡种概况

我国目前的肉鸡品种可大致分为4类：一类是进口的快大型白羽肉鸡，以科宝、双A、艾维茵、罗斯308等为代表，全国平均约占8%。二类是国内自主培育的多种优质肉鸡，以配套的三黄鸡、青脚鸡为代表，占国内冰鲜鸡65%的市场。三类是各地的地方品种，北京油鸡、固始鸡、清远麻鸡等，肉质最好，市场价格最高，所占比例很小，约2%。四类是最近十几年，在争议和非议中，纯粹从民间逐步发展起来的817肉杂鸡，所占比例约为25%。

2. 蛋鸡鸡种概况

我国蛋鸡品种丰富，主要包括地方品种、国内培育品种和引进品种，据2002年度国家家禽遗传资源管理委员会调查统计，我国有81个地方鸡类品种，有蛋用型品种5个、偏蛋用型品种4个、兼用型品种31个，这些品种规模极小，主要以保种为主；国内培育蛋鸡品种主要有华都系列、新杨系列、农大褐、京红、京粉等，市场份额较小；海兰、罗曼、尼克、伊莎、宝万斯、海塞克斯等进口品种，占国内祖代份额70%左右。

种鸡养殖户欲占领某一地区的商品鸡苗或肉鸡市场，必须对该地区目前的消费状况、市场需求量和将来的市场发展趋势等作全面而细致的调查与分析。在了解和把握市场的基础上，确定适宜的饲养品种。

(二)合理评价自身条件，确定养殖方向和养殖规模

随着家禽养殖业微利时代的到来，养殖户将面临更为激烈的市场竞争。养殖户必须从实际出发，从技术水平、经济能力、养殖规模等方面重新认识和评估自己，以减少投资的盲目性、经营的主观性和技术的随意性。

1. 技术水平

与商品鸡饲养相比，种鸡饲养要求养殖企业具备更高的养殖技术和管理技巧。初学者应先培训学习再上岗，决不能"先上马、后备鞍"，有一定规模的养殖企业应配备相应的畜牧兽医技术人员，并加强有关种鸡饲养管理方面的培训工作；同时经常与供种单位和科研院校保持联系，及时了解市场行情和养殖新技术。通过科学饲养，总结制定出一套适合于本场的饲养管理操作程序。

2. 经济能力

鉴于种鸡饲养周期长、投入成本大，养殖企业无论在引种时还是在日后的生产管理中，必须根据自身的经济能力合理使用资金，做到"看菜吃饭、量体裁衣"。

3. 养殖规模

应视自身的技术水平和经济能力而定。有条件的可以一次性完成规模化生产；但对自身经济、技术条件等都有欠缺的企业，可以采用"滚雪球"的办法由小到大逐步发展。

二、摸清品种价格，确认供种单位

由于我国养殖行业法规不健全、父母代种鸡市场鱼目混珠、各供种单位品种质量良莠不齐，养殖户引种决不能贪图便宜，只看价格而不顾品种质量，必须掌握以质论价，慎重引种。市场认可的品种尽管价位高一些，引种成本大一些，但在良好的饲养管理条件下，种鸡遗传性能稳定、生产性能优异，其商品鸡苗的生产成本反而较低。

在引种之前，必须全面了解供种单位的技术背景，重点是了解其是否具备育种与制种能力。供种单位应具备的条件：一是拥有一支学科齐全、研发力量雄厚的专业队伍；二是具有丰富的品种资源(基因库)和育种素材，并有完整的系谱记录；三是有明确的科研育种目标和中长期育种计划。尤其值得一提的是，科研育

种需要一个长期的、循序渐进的累积过程，品种(配套系)需要几个世代的选育才能逐步成熟，任何靠“急功近利”或“拔苗助长”的办法是不可能培育出市场认可的品种(系)。

父母代种鸡生产性能的优劣，直接关系到养殖户效益。为此，了解供种单位的品种结构与种质性能，是引种的基本出发点。养殖企业只有饲养优质、高产、稳定、节粮的种鸡，才能取得良好的经济效益。父母代种鸡的生产性能指标包括开产日龄与体重、产蛋量、蛋重、耗料量、商品鸡的生产性能及饲料报酬等。养殖户掌握上述生产性能指标，一方面可以通过报刊、杂志等广告宣传媒体获得相关信息；另一方面则通过调查市场，了解当地具有市场影响的品种性能。

此外，在当前市场竞争白热化之际，当几个供种单位的品种与市场价位基本接近时，凡服务态度好、服务质量高、品种质量市场认可的供种单位，理应作为引种的首选单位。

三、选择引种时间，确定合理的引种方式

为了确保引种质量，养殖企业应尽量减少通过中间商或中介机构(进口代理产品除外)引种，直接与供种单位联系，并且引种前最好与供种单位签订相应的书面合同或协议，内容包括品种、数量、价格、提货时间、交货地点、付款方式及配套服务等。

引种的方式可以引进种鸡、种雏鸡或种蛋。

1. 引进种蛋孵化

到供种单位选择新鲜、受精率高、无病源、有效的种鸡蛋。按购买数量多少选择大小适当的包装盒，由场家用报纸、稻草、锯屑等进行科学无损包装，途中应防剧烈震动，搬运轻快、小心，待到达目的地后应让种蛋静置，而后再进行消毒孵化。

2. 引进种雏

(1)运输工具无论是汽车、火车、飞机、船均可，关键是途中要保持箱底水平，尽量避免剧烈震动、颠簸，防止急刹车、猛开车等。

(2)途中不应长时间在烈日下暴晒，应选林荫道行驶，且行走一段时间后应停车检查鸡苗状况。若绒毛潮湿说明温度过高；如挤压一起发出吱吱叫，则温度偏低，要及时采用散热或保温相应措施。

(3)一般在24小时内到达目的地的，途中不必饲喂；若超过24小时，途中应喂料并供应饮水，喂料时间应在上午8～9时，下午3～4时进行。刚出壳雏苗应用水拌料饲喂，既促进吃食帮助消化，又能解决部分水分的补充。

3. 引进种鸡

用标准笼具装运，垫上铺料，可随汽车、火车、飞机、船等托运，人要随鸡一起走，如气温低带些报纸或衣物保暖。

四、必须严格检疫和防疫

引进种源要确保健康，防止引种时带进疾病，进场前应严格隔离饲养，经观察确认无病后才能入场。

第六章　种鸡的繁殖技术

第一节　蛋的形成过程

一、蛋的结构与组成

(一)鸡蛋的结构

如果把一个鸡蛋剖开进行观察，由外到内依次分为4层：蛋壳、蛋壳膜、蛋白和蛋黄(图6-1)。

1. 蛋壳

(1)蛋壳的结构　蛋壳是鸡蛋外周的一层坚硬的部分，由碳酸钙柱状结晶体组成，每个柱状结晶体的下部为乳头体，是与壳膜接触的位置，结构相对疏松，中上部的结构比较致密，是蛋壳的主要成分。在柱状结晶体之间存在缝隙，即气孔，它是蛋内外气体交换和蛋内水分蒸发的通道，也是外界微生物进入蛋内的通道。气孔的基部和顶部直径较大，中间部位直径较小。

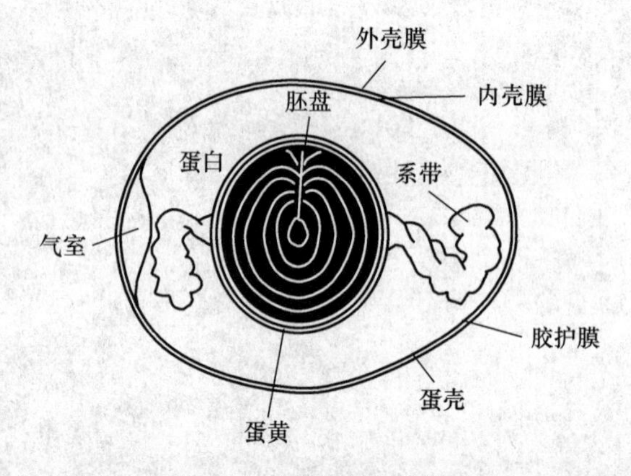

图6-1　蛋的结构示意图

(2)蛋壳的厚度与致密度　蛋壳的厚度在0.27～0.35毫米之间，通常钝端(靠气室处)较薄，锐端较厚。蛋壳厚度与其强度呈正相关，即蛋壳越厚其强度越大。但是，衡量蛋壳质量的另外一个指标是蛋壳的致密度，致密度高说明气孔直径小，碳酸钙晶体排列紧凑而且均匀，致密度越高蛋壳的强度也越高，而且致密度对蛋壳质量的影响比厚度更大。放养鸡蛋壳的气孔直径较小，致密度高，但厚度并不是很大，与笼养鸡的蛋相比放养鸡的蛋壳更结实，蛋的保质期更长。

(3)胶护膜　在蛋壳的外表面有一层非常薄的膜(通常不被注意到)，也称为胶护膜，如果仔细观察新鲜的鸡蛋，能够发现其表面有一些粉状的薄膜。它是当鸡蛋在形成后产出的时候经过鸡子宫部和阴道部结合处时，刺激该部位的腺体所分泌的黏液涂抹在蛋壳表面形成的，新产下的蛋胶护膜封闭壳上气孔，随着蛋存放时间的延长会逐渐消失，水洗及擦拭后也容易脱落。胶护膜遮蔽气孔表面，能够防止外界微生物进入蛋内和防止蛋内水分蒸发。

（4）影响蛋壳厚度与致密度的因素　蛋壳的厚度和致密度对蛋壳的强度、弹性、蛋的贮存性能都有很大影响，了解影响蛋壳厚度和致密度的因素有助于在生产中有的放矢。

饲料中钙和磷的含量与比例是主要的影响因素。钙是蛋壳的主要组成成分，但是饲料中钙的吸收需要有合适的磷含量，磷含量过多或过少都影响钙的吸收。

饲料中的维生素 D_3 含量影响钙的吸收。活性的维生素 D_3 是肠道形成钙结合蛋白的重要物质，后者是钙从肠道进入血液的载体。

2. 蛋壳膜

在蛋壳的内表面有两层很薄的膜：贴紧蛋壳内壁的一层称为外壳膜，在其内部并包围在蛋白表面的是内壳膜，也称为蛋白膜。在气室所处位置内外壳膜是分离的，在其他部位则是紧贴在一起的。外壳膜结构较疏松，内壳膜较致密。蛋壳膜的作用是包围蛋内容物，减少蛋内水分蒸发和蛋外微生物侵入。

蛋的钝端内部有一个气室，它是由于蛋产出后蛋白和蛋黄温度下降、体积收缩在蛋壳内形成真空，空气由厚度较小的蛋钝端气孔进入后形成的。气室随着蛋存放时间延长而增大，尤其是存放环境湿度小的时候更明显。在孵化过程中它可以为后期胚胎提供氧气。

气室的大小可以作为判断鸡蛋存放时间长短的重要依据。一般在夏季不超过5天、其他季节不超过7天，气室的直径不超过1.8厘米。如果超过2.2厘米则说明鸡蛋不新鲜了。但是，外界温度高低、湿度大小、是否通风都会影响气室大小的变化。

3. 蛋白

是蛋中所占比例最大的部分，主要是由水分和蛋白质组成，还有少量（微量）的维生素、矿物质。由外向内分为4层：外稀蛋白层、浓蛋白层（或外浓蛋白）、内稀蛋白层和系带层（内浓蛋白）。

系带层蛋白在卵黄周围旋转，两端扭曲形成系带，包围蛋黄部分形成系带层浓蛋白。系带到子宫部才可以看出。稀蛋白加上由峡部和子宫部分泌渗入的水分相混合，由于蛋的形成是旋转前进，使蛋白也旋转成层，分出内外两层稀蛋白和中间夹杂的一层浓蛋白。

4. 蛋黄

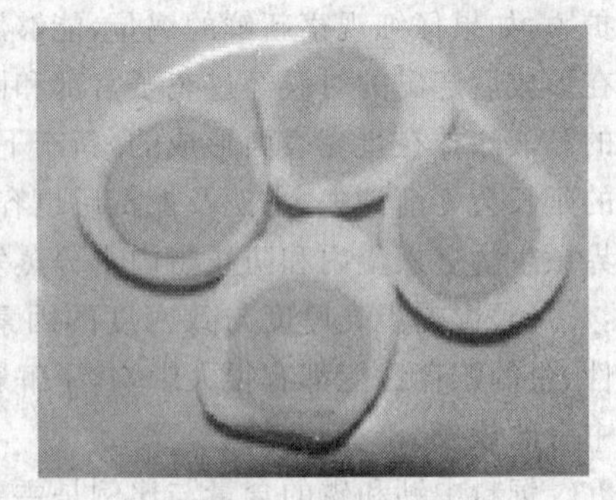

图 6-2 蛋黄层次

位于蛋的中心位置。最中心是蛋黄心,围绕蛋黄心深色蛋黄和浅色蛋黄叠层排列(以同心圆的形式交替排列)(图 6-2),蛋黄的表面被蛋黄膜所包围。在蛋黄的上面有一个颜色与周围不同的圆斑,是胚盘或胚珠的位置。

最初累积的卵黄为淡色,到性成熟后,卵泡迅速发育,在成熟排卵前 9～10 天,卵黄迅速增大,因昼夜新陈代谢的节奏性而形成深色和淡色相间的蛋黄。

(二)鸡蛋的组成

1. 鸡蛋的物理组成

蛋的各个部分包括蛋壳(包括壳膜)、蛋白和蛋黄,不同类型家禽蛋的这 3 部分组成情况也不同,见表 6-1。

表 6-1 不同类型禽蛋的各部分组成 %

项目	鸡蛋	鸭蛋	鹅蛋	火鸡蛋	鸽蛋	雉鸡蛋	鹌鹑蛋
蛋壳	12.30	12.00	12.40	11.80	8.10	10.60	20.70
蛋白	55.80	52.60	52.50	64.00	74.00	53.10	47.40
蛋黄	31.90	35.40	35.10	27.90	17.90	36.30	31.90

2. 鸡蛋的化学组成

鸡蛋不同部分的化学成分见表 6-2。

表 6-2 鸡蛋不同部分的化学成分 %

项目	水分	蛋白质	脂肪	碳水化合物	灰分	其他
蛋白	85～87	10.3～11.5	微量	0.6～0.69	0.5～0.6	—
蛋黄	47～48.2	16～16.6	30～33	0.5～1	1～1.1	0.8
蛋壳	1.5	2	0	0	96.5	—

二、母鸡的生殖系统

母鸡的生殖器官包括性腺(卵巢)和生殖道(输卵管)两部分(图 6-3),而且只有左侧能正常发育,右侧在胚胎发育后期开始退化,只有极少数的个体其右侧的卵巢或(和)输卵管能正常发育并具备生理机能。

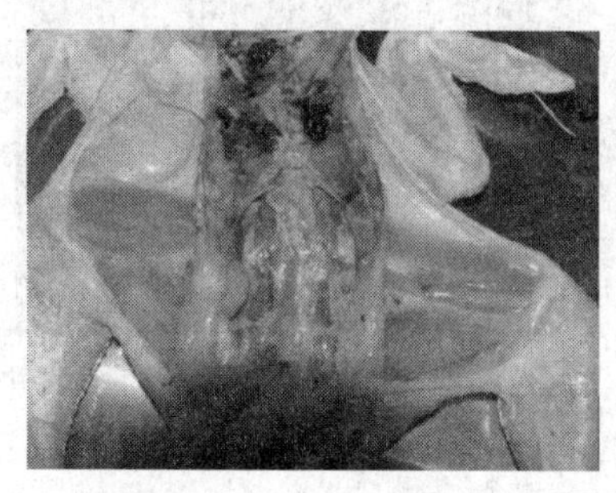

图 6-3 母鸡的生殖器官

(左为青年母鸡,右为产蛋鸡)

(一)卵巢

1. 解剖特点

正常情况下,母禽的卵巢位于腹腔的左侧,左肾前叶的头端腹面,肾上腺的腹侧,左肺叶的紧后方,以较短的卵巢系膜韧带悬于腰部背壁。另外,卵巢还与腹膜褶及输卵管相连接。

卵巢分为内外两层:内层称为卵巢髓质,主要由结缔组织纤维、间质细胞和平滑肌细胞组成,髓质内分布有丰富的血管和神经。外层为卵巢皮质(包括最表面的生殖上皮和其下面的白膜,白膜为一层结缔组织),皮质内有大量的卵泡、未分化形成的卵泡前体和皮质间质细胞。卵泡由卵细胞和包被于其表面的卵泡细胞(形成卵泡膜)组成,卵泡的表面分布有大量的血管和神经末梢。

2. 外观特点

卵巢的大小、颜色和形状随雌禽的月龄大小和性活动状态而有很大变化。幼禽的卵巢为扁平的椭圆形,颜色灰黄,随月龄增大卵巢逐渐显得突出,颜色变为灰白,其表面呈颗粒状。性成熟后卵巢表面由许多大小不等的卵泡堆叠,形似一串葡萄,小卵泡及卵巢实质部分仍为灰白色,大卵泡为黄色。

幼龄时期鸡卵巢的重量不足 1 克,以后缓慢增长,16 周龄时仍不足 5 克,性成熟后可达 50～90 克,这主要是来自 10 多个大、中卵泡的重量,而卵巢的主要组织重量仅增至 6 克。卵巢的重量还取决于性器官的功能状况,休产期和抱窝期家禽的卵巢萎缩,重量仅为正常的 10%左右。

正常卵泡的形状为球形,表面血管清晰(图 6-4),被沙门氏菌感染的卵巢,其卵泡表面血管有充、出血现象,卵黄为油乳状,卵泡为不规则的圆形,蒂变长。

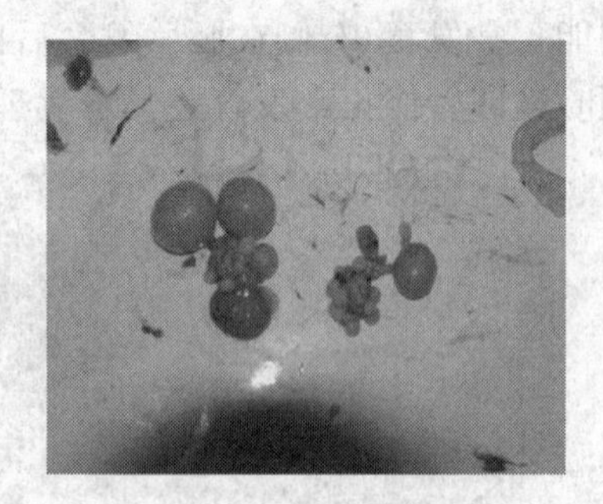

图 6-4 卵泡形态

(左为腹腔内状态,右为取出后状态)

3. 卵巢的功能

(1)形成卵泡 卵巢皮质部有成千上万个卵泡,接近性成熟时,有一部分卵泡开始快速发育,其后陆续有部分卵泡以较快的速度生长,当卵泡发育到一定程度时达到成熟,卵泡膜破裂发生排卵。

(2)分泌激素 卵巢分泌的激素有两类:一是较大卵泡的卵泡膜上的内膜细胞可以合成和分泌雌激素,颗粒细胞可以合成和分泌孕激素(类固醇激素);二是抑制素和卵泡抑素(蛋白质激素)。

(二)输卵管

1. 解剖及结构

(1)解剖位置 输卵管位于腹腔左侧,前端在卵巢下方,后端与泄殖腔相通。在雏禽和青年禽阶段,输卵管平贴在左侧肾脏的腹面。

(2)外观特征 幼龄时输卵管较为平直,贴于左侧肾脏的腹面,颜色较浅,用肉眼不容易看清;随周龄增大其直径变粗,长度加长,弯曲增多;当达到性成熟,则显得极度弯曲,外观为灰白色。休产期、抱窝期会明显萎缩,重量仅为产蛋期的10%左右。

(3)结构 输卵管由外向内共3层:浆膜层、肌肉层和黏膜层(图6-5),后两层在输卵管不同部位的厚度和形状有较大差别。

2. 功能

根据结构和生理作用差别可将输卵管分为5个部分,其各自的功能如下:

(1)漏斗部 也称伞部,形如漏斗,是输卵管的起始部。其开口处是很薄的、边缘不平齐而是有许多游离的指状突起,平时闭合,当排卵时该部不停地开闭、蠕动。向后则管径变细,该部后端狭窄,称为颈。该部的背壁以腹膜褶与卵巢相连。

漏斗部的机能主要是摄取卵巢上排出的卵子(即卵黄),其中下部内壁的皱褶

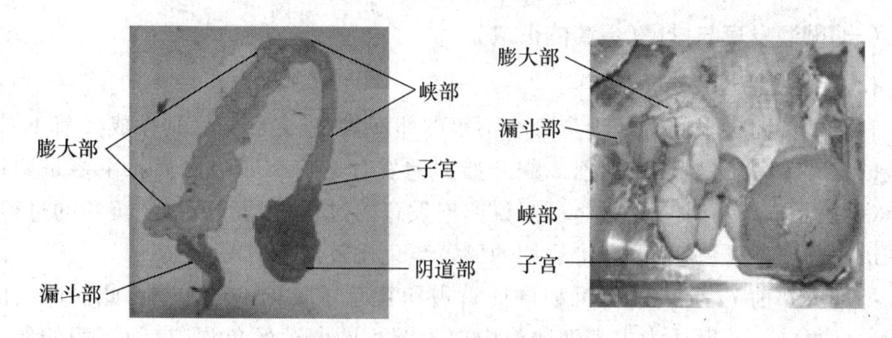

图 6-5　鸡的输卵管解剖图

(又称精子窝)当中还可以贮存精子,因此这里也是受精的部位。

漏斗部具有较强的再生机能,若有不大于1～1.5厘米的破裂处即会很快愈合,不会影响卵子的通过。

(2)膨大部　也称蛋白分泌部。是输卵管最长和最弯曲的部位,管腔较粗,管壁较厚,长度为输卵管总长的50%～65%。内壁黏膜形成宽而深的纵褶,其上有很发达的管状腺体和单细胞腺体。其肌肉层比较发达,外纵肌束呈螺旋状排列,蠕动时可推动卵黄向后旋转前进。

蛋白及大部分盐类(如钠、钙、镁等)是在这里分泌的。

(3)峡部　又称管腰部,是输卵管中后部较狭窄的一段,它与膨大部之间的界限不太明显。内壁的黏膜纵褶不显著。在此处的黏膜分泌物形成蛋的内外壳膜,此处的机能表现也决定了蛋的形状。此处还可能会分泌少量蛋白。

(4)子宫部　也称壳腺部。是峡部之后的一个较短的囊状扩大部,肌肉层很厚,在与峡部的交界处环形面加厚形成括约肌。黏膜被许多横的和斜的沟分割成叶片状的次级褶,腺体狭小,又称壳腺。该部腺体一方面会分泌子宫液(水分为主,含少量盐类如钾),另一方面可分泌碳酸钙用于形成蛋壳,蛋壳上的色素也是在此分泌的。

(5)阴道部　是输卵管的末端,呈"S"状弯曲,开口于泄殖腔的左侧。阴道部的肌肉层较厚,黏膜白色,有低而细的皱褶。

子宫与阴道的结合部有子宫阴道腺(UV腺),当蛋产出时经过此处,其分泌物涂抹在蛋壳表面会形成胶护膜。另外,该部腺体可以贮藏和释放精子,交配后或输精后精子可暂时贮存于其中,在一定时期内陆续释放,维持受精。

三、鸡蛋的形成过程

蛋黄是在卵巢上形成的,蛋的其他部分是在输卵管的不同部位形成的。

(一)卵泡发育与排卵(蛋黄的形成)

1. 卵泡发育过程

在正常的卵巢表面有数千个大小不等的卵泡,在雏禽出壳后到性成熟前4周,卵泡的发育十分缓慢,性成熟前3周开始卵泡发育迅速。卵泡发育时主要是卵黄物质(磷脂蛋白)在卵泡内沉积,可以说卵泡发育的过程就是卵黄物质沉积的过程。初期沉积的卵黄颜色比较浅,中后期的卵黄颜色比较深。

卵泡成熟前7~9天内所沉积的卵黄占卵黄总重量的90%以上,此前卵黄的沉积速度很慢。一般认为中大型卵泡中白天沉积的卵黄颜色深、夜间沉积的卵黄颜色浅,深浅色卵黄交替排列。饲料对卵黄颜色深浅的影响很大。

性成熟后在雌禽卵巢上面有5~8个直径在1.5厘米以上的大卵泡,有10~20个直径在0.5~1.5厘米之间的中型卵泡,直径在0.5厘米以下的小卵泡有很多(鹅卵巢上的大中型卵泡数量可能没有鸭多)。卵泡发育到一定时期,体积达到一定大小时候,在排卵诱导素的作用下,卵泡膜顶端的排卵缝痕破裂,成熟的卵(黄)脱落,发生排卵。

2. 激素对卵泡发育的调节

卵泡的生长主要受促卵泡素(FSH)的调节。FSH能够促进卵巢上血液循环的加快,将由肝脏合成的磷脂蛋白输送到卵巢并输入卵泡内形成卵黄。

卵黄物质通过卵泡表面血管渗入卵泡腔内,形成蛋黄。卵黄物质靠近卵泡膜内表面的部分形成卵(蛋)黄膜。卵黄膜通常是在卵泡接近成熟时形成的。

大卵泡内分泌的抑制素能够降低FSH的合成和释放,进而抑制其他卵泡的发育,保证卵巢上的卵泡依次发育和排卵,防止同时有多个卵泡发育和排卵,使得卵泡依序发育。

卵泡生长到一定程度成为大卵泡后对排卵诱导素(OIH,这种激素在哺乳动物也称为促黄体素、LH)的反应变的敏感。在OIH的作用下卵泡膜变脆,表面血管萎缩,卵泡膜从其顶端的排卵缝处破裂,卵黄从中排出,完成排卵过程。

当子宫内有蛋存在的时候卵巢上成熟的卵泡暂时不排卵;当蛋产出后约经过30分钟开始下次排卵。但是,在非正常状态下,无论输卵管内有无异物都不能阻止成熟卵泡的排卵。

(二)蛋在输卵管内的过程

1. 形成过程

成熟的卵(黄)从卵巢排出后被输卵管(oviduct)的伞部接纳,伞部的边缘包紧并压迫卵黄向后运行,约经20分钟卵黄通过伞部进入膨大部。在伞部除发生受精之外，没有其他成分加入卵黄内。

当卵黄进入膨大部后刺激该部位腺体分泌黏稠的蛋白包围在卵黄的周围，卵黄在此段内以旋转的形式向前运行，最初分泌的黏稠蛋白形成系带和内稀蛋白层，此后分泌的黏稠蛋白包围在内稀蛋白层的外周，大约经过3小时蛋离开膨大部进入峡部。

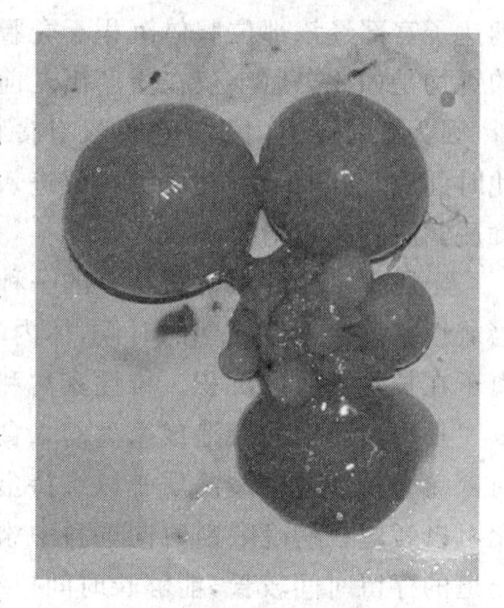

图6-6　不同发育时期的卵黄

峡部的腺体分泌物包围在黏稠蛋白周围形成内、外壳膜，一般认为峡部前段腺体的分泌物形成内壳膜，后段腺体的分泌物形成外壳膜。蛋的形状是由峡部所决定的，当峡部机能出现异常时就可能形成畸形蛋。蛋经过峡部的时间为1～1.3小时。

蛋离开峡部后进入子宫部，在子宫部停留18～20小时，在最初的4小时内子宫部腺体分泌子宫液并透过壳膜渗入黏稠蛋白内，使靠近壳膜的黏稠蛋白被稀释而形成外稀蛋白层，并使蛋白的重量增加近1倍。此后腺体分泌的碳酸钙沉积在外壳膜上形成蛋壳，在蛋离开子宫部前碳酸钙持续地沉积。

子宫部有炎症的时候，蛋壳会出现不均匀沉淀，造成蛋壳不光滑；蛋壳形成时子宫部出现异常收缩，会造成蛋壳表面出现皱纹。

蛋壳的颜色是由存在于壳内的色素决定的，血红蛋白中的卟啉经过若干种酶的分解后形成各种色素，经过血液循环到达子宫部而沉积在蛋壳上。产有色蛋壳的家禽品种是其体内缺少某种或某几种酶，而产白色蛋壳的则是体内有相关的各种酶，能最终将色素完全分解。

蛋产出前经过子宫阴道腺时该腺体的分泌物涂抹于蛋壳表面，在蛋产出后干燥形成胶护膜并堵塞气孔。蛋经过阴道部的时间仅有几分钟。

2. 蛋壳形成机理

蛋壳主要成分是碳酸钙，形成所需的碳酸根离子(CO_3^{2-})来自血液中的碳酸氢根离子(HCO_3^-)，HCO_3^- 在子宫部被碳酸酐酶作用，形成 CO_3^{2-}。Ca^{2+} 来自于饲料或髓质骨。在子宫部腺体内 CO_3^{2-} 和 Ca^{2+} 结合形成 $CaCO_3$。

夏季高温情况下家禽的呼吸加快，二氧化碳排出过多，血液中碳酸氢根离子浓度下降，容易导致蛋壳变薄。通过饮水或向饲料添加碳酸氢钠则可以缓解这种不良影响。

蛋壳形成所需的钙主要是饲料中所含的钙，经肠道吸收后进入血液循环，然后到达子宫部经该部位腺体沉积于壳膜上，下午及前半夜这段时间蛋壳形成所沉积的钙均是如此。后半夜在蛋产出之前这一时期蛋壳形成所需要的钙主要来自髓质骨，因为此时肠道内几乎已经没有食物存在，血液中经肠道吸收的钙源已经消失，此时髓质骨开始分解并将钙释放进入血液用于蛋壳的形成。不过在第2天上午采食后髓质骨又重新得到恢复。

髓质骨是雌性家禽所特有的一种组织，存在于长骨（臂骨、腿骨等）的骨腔内。当雌性家禽接近性成熟的时候，体内雌激素的含量明显升高，在雌激素的刺激下钙离子在长骨骨腔内沉积。雄性家禽和未达到性成熟的雌禽无髓质骨。

夏季高温期间会造成家禽的采食量减少并导致钙的摄入减少，使蛋壳变薄，有时家禽会较多地动用髓质骨以维持蛋壳的形成过程。生产上为了减少髓质骨的动用可以考虑在傍晚喂料时向饲料中添加一些颗粒状的贝壳粒或石灰石粒，它们在肠道的存留时间较长，能够长时间持续为血液提供钙，有利于蛋壳质量的提高和减少钙缺乏症的发生。

饲料中缺少钙会使产蛋期的家禽（尤其是笼养蛋鸡）大量动用髓质骨中的钙，造成血钙降低，导致肌肉无力而无法站立，发生笼养产蛋鸡产蛋疲劳综合征。不过，在地面散养的家禽很少出现这种情况。

3. 气室

正常情况下气室位于蛋的钝端正中。蛋在雌禽体内形成过程中由于输卵管内的温度较高（41℃左右），蛋壳内是充满的，当蛋产出体外后遇到外界的较低温度，蛋内容物收缩而蛋壳没有变化，蛋内局部形成真空，空气通过蛋钝端气孔进入蛋壳内，由于外壳膜质地比较疏松且与蛋壳内壁贴得很紧，在蛋的钝端内外壳膜分离，容纳进入蛋壳内的空气，形成气室。在孵化期间气室内的空气能够为胚胎的气体交换提供氧气。据有关资料报道，在气室尚未形成的时候就把蛋放进孵化器容易形成弱胚。

气室会随蛋存放时间的延长而变大，因此也可以把气室大小作为鉴别蛋是否新鲜的重要参考指标。个别情况下气室的位置会偏向一侧，把蛋剧烈摇动的时候会使气室的位置活动而不固定，这样的蛋都不能孵化。

四、产蛋

（一）产蛋时间

一般来说鸡的产蛋时间集中在上午9～12时，12时之前所产鸡蛋占当天产蛋总数的85％以上。

如果环境温度出现大的变化或饲养管理出现失误、家禽出现疫情，则产蛋时间会向后推迟，而且分布比较分散。

蛋在膨大部和子宫部的时候其大头向后（胸腔方向），而在产出前于子宫阴道部发生反转，大头朝前（肛门方向）。据报道，鸡蛋在产出时约有 90% 是大头先产出。

难产：会出现脱肛并诱发啄肛，也会造成鸡被憋死。育成末期光照增加速度过快（尤其在体重发育不足的时候）、换料时机与方法不恰当会引起难产的发生。

（二）产蛋规律

家禽产蛋量的多少，依赖于产蛋持续性的长短和产蛋期的产蛋率，鸡在其产蛋年中，产蛋期间可以分为 3 个阶段（图 6-7）。

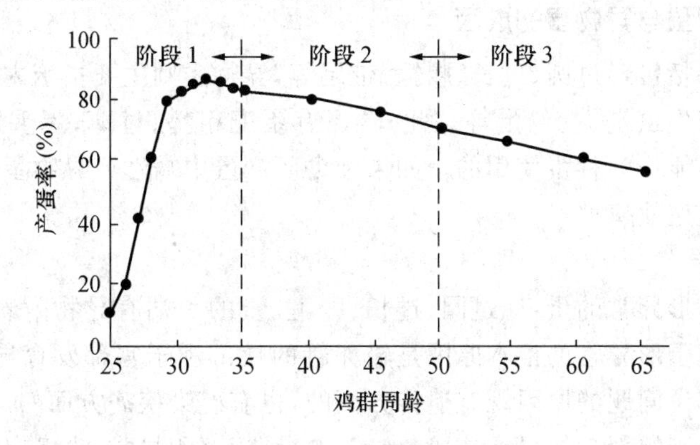

图 6-7　产蛋曲线

1. 产蛋率上升期

指 19～27 周龄时期，产蛋率逐周上升，每周的递增速度在 5%～10%之间。从开始产第一个蛋到正常产蛋开始，经 1～2 周的时间，称之为产蛋始产期。这个时期产蛋规律性不强，产蛋不正常，产软壳蛋或异形蛋较多，平均蛋重较小，随着周龄的增大，蛋重也逐渐增大。双黄蛋比较多，尤其是优质黄（麻）羽肉种鸡，这个时期内所产双黄蛋的数量占一个繁殖年度内双黄蛋总数的 90%以上。种蛋受精率比较低。鸡的体重也在增加，采食量也逐渐增加。

产软壳蛋、异形蛋或双黄蛋可能是超量分泌促卵泡素（FSH）和排卵诱导素（OIH）造成同一时间内多于一个卵泡成熟或破裂的结果。而性成熟、卵泡生长和输卵管成长以及第二性征的出现需要增加分泌促性腺激素。

这个阶段产蛋率上升幅度小的原因可能有：饲料营养水平低、育成期鸡群发育均匀度差、育成期鸡群体重偏小、鸡群健康状况不良（总体性的体质弱、处于感染或恢复阶段、雏鸡或育成鸡感染过传染性支气管炎等）。

2. 产蛋高峰期

一般指 27～50(或 55)周龄。这个时期内家禽产蛋模式正常,每一只都具有其自己的产蛋模式,鸡群的产蛋率最高,蛋的质量也最好。平均蛋重在 30 周龄后基本趋于稳定,增长缓慢,鸡的采食量和体重基本稳定。此时期的长短对产蛋量的多少起着最重要的作用。

3. 产蛋后期

50(或 55)周龄以后至产蛋结束(70(或 72)周龄,种鸡也有在 68 周龄)。这个时期产蛋率逐周缓慢下降,蛋重仍在缓慢增加,蛋壳质量下降,种蛋受精率也有所下降。鸡的体重增加较多。

(三)畸形蛋与异物蛋的成因

畸形蛋包括蛋形过圆、过长、腰箍、带尾等,异物蛋则主要指蛋内有异物如血斑蛋、肉斑蛋、寄生虫蛋、蛋包蛋等。此外,还有蛋壳粗糙、过薄,蛋重过大、过小等。这样的蛋是不能作为种蛋使用的。如果种禽所产蛋中畸形或异物蛋比率偏高则会明显影响其繁殖效率。

1. 畸形蛋

主要指外形异常的蛋,如过圆、过长、腰箍、蛋的一端有异物附着、蛋的外形不圆滑等。引起蛋形异常的根本原因是输卵管的峡部和子宫部发育异常或有炎症,引起这两个部位问题的原因既有遗传方面的,也有感染疾病方面的。蛋过长、过圆或扁大多是由于峡部功能异常造成;带尾、腰箍、钙沉积异常、表面有皱纹等主要是子宫部问题造成的。

2. 异物蛋

主要指在蛋的内部有血斑(图 6-8)、肉斑,甚至有寄生虫的存在,异物蛋不仅种用价值低,其食用价值也低。在血斑蛋中卵黄膜表面附着有褐色的斑块,它是卵泡排卵破裂时渗出的血滴附着在蛋黄上或在排卵过程中卵泡膜刚破裂时血管渗出的血液凝结在蛋黄表面后形成的;肉斑蛋在蛋清中有灰白色的斑块,它是在蛋形成过程中蛋黄通过输卵管膨大部时,该部位腺体组织脱落造成的;含寄生虫的蛋则是寄生在输卵管膨大部中的特殊寄生虫(蛋蛭)被蛋清包裹后形成的。

图 6-8 蛋黄上的血斑

引起蛋内异物的原因同样是既有遗传方面的，也有感染疾病方面的，还有饲料和环境方面的。

3. 过大蛋

指蛋重明显超过该品种标准的蛋重。它通常的原因是蛋包蛋、多黄蛋。蛋包蛋是在一个大蛋内包有一个正常的蛋，它是当一个蛋在子宫部形成蛋壳的时候母禽受到刺激，输卵管发生异常的逆蠕动，把蛋反推向膨大部，然后又逐渐回到子宫部并形成蛋壳，再产出体外。多黄蛋中常见的有双黄蛋，比较少见的还有三黄、四黄蛋，它的形成是处于刚开产期间的家禽体内生殖激素合成多，激素分泌不稳定，卵巢上多个卵泡同时发育，在相近的时间内先后排卵而形成多黄蛋的，也有可能是一个卵泡成熟排卵后家禽受到刺激，引起卵巢上另一个接近成熟的卵泡提早排卵而形成的。

另外，个别的蛋尽管只有一个蛋黄，但是其重量偏大，也不适宜作种蛋用，在产蛋后期的鸡群中比较常见。蛋重偏大不仅影响种用价值，也影响蛋的生产成本。生产上可以通过控制种禽体重、减少饲料中亚油酸的含量或适当控制采食量进行调整。

4. 过小蛋

蛋的重量小也不符合孵化要求。这种情况一是出现在初开产时期，此时卵黄比较小，形成的蛋也小，随着种禽日龄和产蛋率的增加会迅速减少。另一种是无黄蛋，它是由于母禽输卵管膨大部腺体组织脱落后，组织块刺激该部位蛋白分泌腺形成的蛋白块，包上壳膜和蛋壳而成的。它的出现经常伴随的是家禽生产性能的下降。

5. 薄壳蛋、软壳蛋及破裂蛋

软壳蛋外层只有柔软的壳膜，没有硬壳，薄壳蛋则是硬壳很薄。导致薄壳蛋及软壳蛋出现的因素很复杂。

(1)饲料与营养　饲料中钙、磷含量不足或两者比例不合适，维生素 D_3 缺乏，饲料突然变更。

(2)健康　许多疾病会影响蛋壳的形成过程，如传染性支气管炎、喉气管炎、非典型性新城疫、产蛋下降综合征、禽流感、各种因素引起的输卵管炎症。

(3)环境与设施　高温会使蛋壳变薄，破损增多，笼具设计不合理也会增加破蛋率。

(4)管理　每天拣蛋时间和次数、鸡是否有啄癖、饮水是否充足、家禽是否受到惊吓等。

五、就巢与换羽

(一)就巢(抱窝)

1. 就巢的现象

抱窝只发生在雌性家禽,有的品种抱窝性强、有的弱,有的没有抱窝习性。家鸭没有抱窝习性。白壳蛋鸡没有抱窝习性,但是能够人为诱发其抱窝;其他鸡有抱性,地方鸡种(选育程度低)的抱性强。在自然界,抱窝是禽类繁衍后代的一种繁殖行为;但是在现代家禽生产中,抱窝会严重影响家禽的产蛋性能。

就巢鸡的行为表现:采食饮水减少、活动减少、长时间伏卧在窝内(恋窝现象)。抱窝的家禽卵巢和输卵管萎缩,产蛋停止。

2. 就巢的生理机制

产生抱性的原因可能是孕酮促使脑下垂体前叶分泌促乳素,而鸟类的促乳素促使母禽产生抱性,同时并阻止 FSH 和 LH(或 OIH)的分泌。促乳素首先受遗传基因的控制,可以通过选择去掉抱性,同时也可以注射雌激素抑制促乳素的分泌,从而使鸡醒抱,以提高鸡的产蛋性能。

此外,遗传因素(基因调控),PRL 分泌量的变化、雌激素也可以通过诱导 PRL 分泌增多而引发抱窝,环境诱因(产蛋窝内有蛋的积存、气候温和)都可以引起就巢。

3. 就巢的调控

(1)利用激素处理。对就巢鸡使用类固醇激素,如三合素(每毫升含丙酸睾丸素 25 毫克、黄体酮 12.5 毫克、苯甲酸雌二醇 1.5 毫克)每只鸡每次肌肉注射0.3～0.5 毫升,使用 1～2 次就可以使其醒抱。

(2)使用促乳素或血管活性肠肽抗体处理。使用专门制备的促乳素或血管活性肠肽抗体注射给就巢鸡,一般 1～2 次就可以起到醒抱作用。

(3)利用神经递质处理。可以给就巢鸡喂服 5-羟色胺受体抑制剂(如氯丙嗪、赛更啶),或喂服多巴胺受体激动剂(如溴隐停),也可以使鸡醒抱。

(4)药物处理。有报道称,给就巢鸡喂服 1 片阿司匹林或盐酸麻黄碱,使用 2～3天,每天 1 次就能够使就巢鸡醒抱。

(5)改变环境条件。如经常性地浸湿就巢鸡的腹部羽毛,使其不愿俯卧在巢内,或对其进行强光照或用羽毛穿过鼻孔使其感到不舒服而无心俯卧巢内,这样也可以使其醒抱。

(6)选育。由于就巢现象受基因调控,因此通过选育可以降低鸡群中抱窝的发生率。当今一些选育比较严格而且持续时间较长久的品种或品系的就巢性已经显著减弱或消失。

从抱窝行为被终止到恢复产蛋，中间需要10～15天的时间。抱窝行为出现后处理的越早效果越好。

(二)换羽

换羽是旧的羽毛脱落，新的羽毛从毛囊中长出。

1. 雏鸡和青年鸡的换羽

雏鸡出壳后全身生长有保温性能很差的绒羽，大约从5日龄开始绒羽逐渐脱落，代之以保温性能较好的青年羽，这个更换过程在4～5周龄完成，从7周龄后开始青年羽逐渐脱落并长出成年羽，这个过程在16～17周龄完成。

2. 成年鸡的换羽

饲养在非环境控制鸡舍内的成年鸡群或室外放养的成年鸡群，一般于晚夏或秋季开始自然换羽，目的是为了适应即将到来的冬季需要新羽毛保温；饲养在环境控制鸡舍内的鸡群，一般于产蛋的后期开始自然换羽。成年鸡自然换羽一般要持续14～16周，或者更长一段时间，换羽期间家禽基本不产蛋。自然换羽开始的时间有早有晚、换羽持续时间有长有短，其后的产蛋也是有先有后，鸡群产蛋不整齐，蛋的大小也不一致。

环境条件对羽毛的脱换有较大的影响。适宜的饲养和环境条件能够抑制羽毛脱换。温度与光照、环境突然变化会引起换羽。所有能够引起产蛋鸡产蛋率明显下降的饲养管理因素都可能诱发换羽。

激素在换羽中的作用：甲状腺素能够促进换羽，雌激素则会抑制成年鸡的换羽。在生产中会常见到高产鸡群在50周龄后有一些个体颈部或背部的羽毛脱落或折断，但是新的羽毛并没有长出，这主要是这些鸡体内雌激素水平较高造成的。凡是产蛋后期颈部或背部新羽毛长出的鸡其产蛋性能都不好，体内雌激素的水平较低。

第二节　精子的形成过程

一、鸡的精子结构

鸡的精子与哺乳动物的精子相比有较大差别，其差别主要在头部的形状：前者头部为新月状，后者为圆匙状而且整体呈蝌蚪状。鸡的精子形态如图6-9所示。头部为弯曲的圆柱形，其前端有一个尖形的顶体，其后为一较短的颈，并连接一条较长的尾巴。头、颈和尾部的长度分别为1.75、1.25和8微米。

二、公鸡的生殖系统

公禽的生殖器官包括:性腺(即睾丸)、输精管道(即附睾和输精管)、外生殖器官(即交媾器)(图 6-10)。

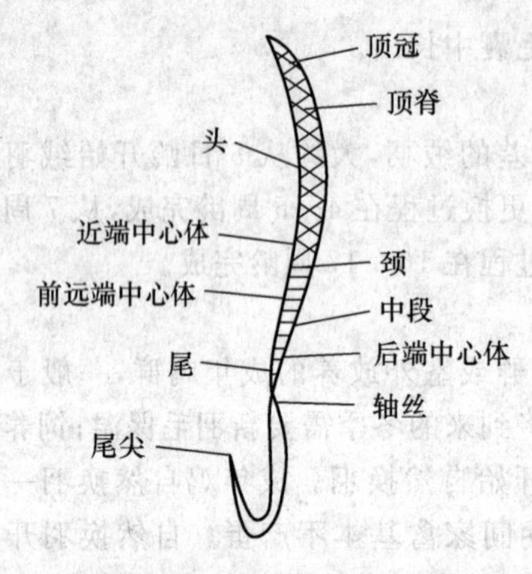

图 6-9 鸡精子结构示意图

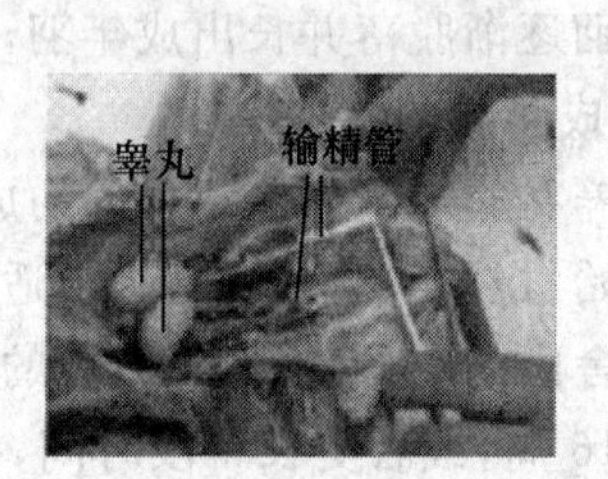

图 6-10 公禽的生殖器官

(一)睾丸

1. 解剖特点

睾丸左右对称,位于肾脏前叶的腹面、肺叶的后面,靠近腹部气囊,以短的系膜悬在腹腔顶壁正中两侧,其体表投影在最后两肋的背侧端。与哺乳动物的位置差别很大,哺乳动物的睾丸基本都是位于后腿之间的阴囊中,接近体表,容易散发热量。

睾丸的外面包以浆膜和白膜,白膜由致密的结缔组织构成,其深入睾丸实质的部分形成分布在精细管间的结缔组织,称为睾丸间质。睾丸的实质主要由大量长而蜷曲的网状的精细管构成,精细管的长度和直径与性成熟有关,性成熟后精细管的长度急剧变长和直径变大。精细管的内壁是生精上皮,它是精子生成的场所。

2. 外观特点

睾丸的大小和颜色随年龄和性活动时期的不同而有很大变化。幼龄时睾丸如大麦粒状,重量不足 1 克;进入育成期后,其直径增大呈枣核状,颜色为淡黄色或带有其他色斑,但是重量的增加还较慢,16 周龄公鸡单个睾丸的重量也只有 2~3 克;性成熟后睾丸体积增大,重量一般可达体重的 1%~2%,公鸡的睾丸大如鸽蛋、形如橄榄或蚕豆,重量 8~12 克,培育品种(蛋用鸡和快大型肉鸡)的睾丸呈白色,一些地方鸡种的睾丸颜色呈浅灰色,鸭、鹅睾丸的颜色为白色。

3. 生理作用

(1)产生精子　性成熟后的公禽其睾丸精细管内的生精上皮中精原细胞按一定的顺序进行细胞分裂、分化，不断形成精子。非繁殖期内睾丸的精子生成过程会减弱或暂时停止。

(2)产生性腺激素　睾丸中合成和分泌的激素大体可以分为两类：一是由睾丸间质细胞合成和分泌的雄激素(属于类固醇激素)；二是抑制素(蛋白质激素)。

(二)附睾

1. 结构

雄性哺乳动物的附睾大多数都比较大。禽类的附睾相对于家畜而言显得细小，呈纺锤状，紧附于睾丸的背侧凹陷处，由于被睾丸系膜所遮蔽，因而不明显。附睾由一部分睾丸网、睾丸输出管和附睾管所组成，其结构类似于树干和树枝。附睾管很短，由附睾后端走出，延续为输精管。在性活动旺盛时期附睾中充满精子，略显凸起。

2. 功能

附睾是精子输出睾丸的通道，也是精子临时贮存和成熟的重要场所。

(三)输精管

1. 外观与结构

(1)外观　输精管前与附睾相连、后与泄殖腔相通，位于左右两侧肾脏腹面的正中，与输尿管并行。前段在输尿管的内侧，在肾的尾端越过输尿管的腹侧面，并沿其外侧伸向尾端。幼龄公禽的输精管细、直、色浅，解剖后不容易直接观察到；性成熟后则显得较粗呈圆管状，有很多弯曲而似索状，白色(部分土种鸡为浅灰色)。输精管的后段在进入泄殖腔环时先变直，进入泄殖腔环后膨大呈囊状(称为贮精囊)，终端以乳头状突出于泄殖腔。

(2)结构　输精管具有发达的平滑肌纤维，管壁厚而口径小，管内的上皮细胞比附睾内的长。

2. 作用

输精管既是精子的输出通道和储存场所，也是精子成熟的地方。精子在通过输精管的过程中其内部成分会发生一定的变化，实现成熟过程。据实验报道，直接从睾丸中取出的精子无受精能力，取自附睾的精子的受精率仅有13%，而取自输精管下部的精子受精率可达73%。

(四)外生殖器

外生殖器即交配器官。鸡的交配器官不发达，由一对射精乳头、血管体、淋巴褶和阴茎乳头组成。血管体呈扁平的纺锤形,位于泄殖腔内肛道的腹外侧壁内,它由许多毛细血管丛构成,为红色。阴茎乳头位于肛道的腹侧正中,淋巴褶夹在阴茎乳头和射精乳头之间,性兴奋时这些淋巴褶可以勃起。交配时阴茎乳头因血管体中产生的淋巴液流入而增大,并伸入母鸡外翻的泄殖腔内,此时由射精管乳头射出的精液与由淋巴褶和血管体分泌的透明液一起沿其中的沟导入阴道。刚孵出的公雏鸡其阴茎乳头相对较大,可以鉴别公母,2 日龄后其阴茎乳头逐渐退化。

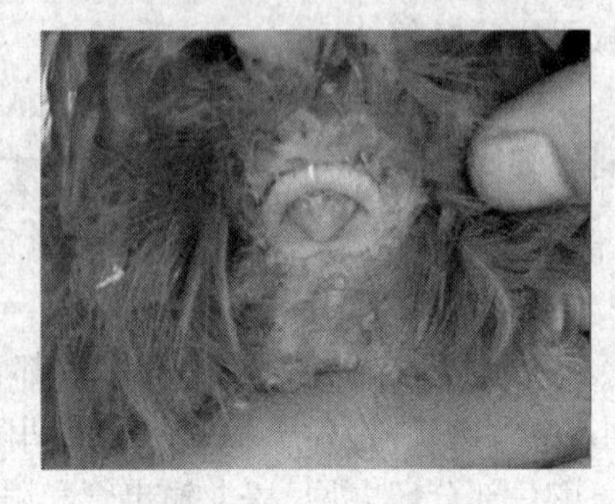

图 6-11　鸡的交媾器

公鸡虽无真正的阴茎,但有一套完整的交媾器(图 6-11),位于泄殖腔后端腹区,性静止期,它隐匿在泄殖腔内,由 4 部分组成:输精管乳头、脉管体、阴茎和淋巴褶。

三、精子的生成

(一)精子的生成过程

刚孵化出的公雏的睾丸中已存在精原细胞,大约在 5 周龄开始出现初级精母细胞,从 10 周龄开始产生次级精母细胞,大约在 12 周龄后生成精细胞,之后经过若干天的形态变化形成精子。在成年公鸡的睾丸内,一个精子从初级精母细胞开始发育到成熟的精子大约需要 1 周的时间。

精子在睾丸内形成的全过程称为精子发生。发生中的精细胞由精细管的基底膜向内腔逐渐移动,此期内精细胞一直与支持细胞接触,这可能与其营养供给有关。

公禽的附睾很小,当精子形成后就很快进入附睾并随之进入输精管,在其中贮存,并完成其成熟过程。未成熟的精子在其尾部的中段上端附着有细胞质小滴,在精子成熟过程中该细胞质小滴逐渐向后移动,最后与精子分离。此期间精子本身也发生功能性变化,包括多种细胞器的成熟。若在精子尾部尚有细胞质小滴残留则表明该精子尚未完全成熟。

家禽精子生成后主要在输精管内储存,输精管壶腹部(膨大部)是主要的储存场所。精子在这里基本上不活动,并能在较长时间内保持受精能力。但是,在此处储存过久则会出现精子变性或死亡、被吸收。

影响精子生成最直接的因素是机体生殖内分泌的状态,许多激素都会对精子生成产生直接或间接的影响。

促进精子生成的激素包括GRH、FSH、OIH、雄激素、甲状腺激素等，抑制精子生成的激素有抑制素、褪黑素、肾上腺皮质激素等。

凡是能影响上述激素合成和分泌的营养、环境、管理及健康因素都会影响精子的生成。

(二)提高种公鸡的精液质量

影响精液质量的因素有许多，主要有以下几种：

1. 饲料与营养方面的影响

许多种营养素直接参与精子的形成，有的与精子形成过程所需要的酶有关。

(1)维生素　任何一种维生素缺乏都有可能造成种蛋受精率下降。维生素A缺乏时生殖上皮萎缩，输精管上皮变性，睾丸重量下降，精子和精原细胞消失；维生素E不足会引起睾丸萎缩，前列腺素合成减少；维生素C缺乏则生殖机能紊乱，精液质量下降，据报道鸡精液中维生素C的浓度比血清中高10倍，它可以保护精子免受氧化的影响。

(2)蛋白质　在种公鸡饲料蛋白质含量方面的研究存在着相互矛盾的两个方面：有人认为饲料中蛋白质含量为14%左右即可获得高质量的精液，而16%的蛋白质含量效果不如14%的；但是，在生产实际中有人每天给公鸡补充鸡蛋也取得了使精液质量提高的效果。据分析，如果使用蛋白质含量较低的日粮则必须有一定量的鱼粉等优质蛋白质做保证。

(3)微量元素　适量的硒是保持家禽生殖能力的重要条件，它影响排卵诱导素(OIH或LH)的合成，而排卵诱导素可以影响生殖细胞的发育和成熟过程；锌在精子和精液中的含量都比较高，它对于保持精子内部结构的稳定具有重要作用，与雄激素的合成和分泌也有密切关系，锌不足会使雄激素的血液含量减少，这可能与睾丸间质细胞减少和精细管萎缩有关；碘参与甲状腺素的合成，缺碘时血液中甲状腺素含量减少，无法维持生殖机能的正常。

(4)饲料的质量　主要影响公鸡对营养素的摄入、吸收和利用。发霉变质的饲料不仅其适口性差，其中的营养素也会出现氧化分解或变质，甚至产生一些对鸡体有害的物质。配合饲料时使用了发霉的饲料原料、饲料原料的含水量偏高、饲料存放的条件不适当、饲料在料槽内时间过长等都是饲料发霉变质的影响因素。饲料存放不当，在温度高、湿度大的环境中存放饲料不仅容易使饲料发霉变质，而且其中的营养成分的破坏也比较严重，如脂肪的酸败、维生素的分解等。有的营养素对光线和空气中的氧气也不稳定，存放过程中饲料与氧气接触、暴露在光线下等都会加快其分解。

棉籽(仁)饼中的游离棉酚对公鸡的生殖系统有侵害作用，当饲料中棉酚含量过高或长期偏高的情况下公鸡会出现睾丸炎性浸润、曲细精管萎缩、间质增生等问题进而导致精液质量降低；菜籽饼粕中所含的硫葡萄糖甙类物质可进一步生成氰类和噁唑烷硫酮等，这些可以引起鸡的甲状腺肿大，甲状腺素分泌减少，影响精液产生；此外，饲料中残留的一些重金属和某些化学物质也会影响生精机能。

2. 健康的影响

健康是机体各种生理机能正常的标志，是鸡体发挥其生产潜力的基础。无论是传染病还是营养代谢病都会影响公鸡的生精机能，因为病鸡发病后其新陈代谢出现失常，组织器官发生病变，机体需要动用一切机能来抵抗这种异常变化，其做出的第一反应就是繁殖力下降。即便是有些个体感染后在临床症状上无明显表现也会影响精子的生成，如感染沙门氏菌的公鸡，解剖后可以发现其睾丸明显萎缩，输精管管腔增大并充满稠密的均质渗出物；感染内脏型马立克氏病的公鸡，如果病变发生在睾丸则会在睾丸形成肿瘤，正常的组织被破坏等。

3. 环境状况的影响

环境对鸡体的影响是多方面的，有些是直接的而有些是间接的。

(1)温度　高温会使公鸡的繁殖力下降，据报道公鸡的精液产量和密度以春季最高，夏季最低。另有报道认为，夏季当气温突然升高的最初几天公鸡的精液质量会明显下降，而经过1周之后则可以逐渐恢复。但是，夏季种蛋受精率低的实际似乎不能排除公鸡精子质量的影响，尤其是精子的活力和畸形率。冬季的低温会影响公鸡的生殖激素合成和分泌，也会影响到精液质量，但是没有高温的影响明显。

(2)光照　许多研究证明在光照长度递增期间对公鸡的精子生成有促进作用，光照长度递减则相反。有报道认为每天16小时的照明时间所获得的每次射精精子总数、活精子数均比每天光照12小时的多，而且畸形精子数量少，如果每天光照时间只有8小时则精液质量明显不如12小时者。从光线颜色看红光和橙光比绿光和黄光对睾丸的刺激作用更大。

(3)其他环境因素　通风不良所造成的鸡舍内氨气、硫化氢含量过高，如果公鸡长期处于这种环境中对其精液质量有消极影响。

4. 种公鸡的个体差异

即便是同一个品种、同一批次、在同样条件下饲养的公鸡，其每次的采精量、精子密度、活力、畸形率等指标也会有差别。因此，在种公鸡的选择时，尤其是在采精训练时需要对这些指标高度关注。同时，也应该在育种过程中重视这一指标。

5. 种公鸡的育成期培育效果

育成期的后备公鸡无论由何原因引起的发育不良都有可能会影响其生殖系统

的发育，或影响内分泌系统的机能，进而影响其繁殖能力。

6. 种公鸡的年龄

通常情况下 25～45 周龄是公鸡精液质量最好的时期，45 周龄以后就会有一部分公鸡的精液质量逐渐下降。这就要求生产者要考虑在本群种鸡达到性成熟的同时另外饲养部分同品种的小公鸡，以便于在繁殖后期替代精液质量差的个体。

7. 种公鸡的药物使用

生产中某些用于疾病防治的药物也会对精子的形成或存活产生有害影响，如给公鸡长时间喂服痢特灵就可能会因为阻止睾丸内草酸形成柠檬酸的过程，妨碍组织对氧的吸收而降低公鸡的繁殖机能；利血平也对精子生成过程有消极影响。

8. 种公鸡的饲养笼具

笼具设计是以满足公鸡的体形特点和生理需要为基础的。因此，其规格是有一定要求的。如果把公鸡关入母鸡笼内则会使公鸡感到压抑，尾巴的羽毛磨损严重，时间长对精液的质量会产生不良影响。生产上由于笼具变形、水槽安装不恰当等而使公鸡采食饮水受限制，导致公鸡营养缺乏而影响精液质量的情况是常见的。

每只都应单笼饲养。公鸡具有好争斗的习性，如果一个笼内放置多只公鸡则会由于相互之间的争斗而使部分公鸡处于劣势地位，它们的精液质量就会较差。即便是每个单笼内一只公鸡，如果笼的侧网破损，相邻的两只公鸡之间争斗也同样会影响精液生产。有的人把就巢的母鸡放入公鸡笼内以刺激其及早醒抱，这会使母鸡被踩伤，也会因为公鸡与其交配而在采精时精液量少。

9. 种公鸡的应激反应

因为应激反应发生的时候机体的肾上腺皮质激素分泌都会明显增加，而肾上腺皮质激素对生殖系统有抑制作用，因此出现应激就伴随着公鸡繁殖力的下降。

生产中应激的情况随时都会出现，如温度的骤变、缺水缺料、惊吓、光照时间的突然变化、免疫接种等都是引起应激的根源。

第三节　种鸡的人工授精技术

一、人工授精概述

(一)人工授精技术的发展与应用

鸡的人工授精是通过某些手段采集公鸡的精液，并进行一定的处理(如评定、稀释)，再把处理后的精液按一定要求输入母鸡生殖道内以代替自然交配的一种配种方法。

从20世纪60年代以来，由于现代化养禽业的迅速发展，种鸡也逐步采用笼养方式，家禽的育种工作也由培育标准品种转向育成专门化品系，为了适应这种新的饲养制度和育种要求，鸡的人工授精的迫切性和优越性又重新为人们所重视，从而加强了对鸡人工授精技术的研究和推广应用。

目前，在我国95%以上的蛋种鸡和90%以上的优质肉种鸡采用人工授精技术，在白羽快大型肉种鸡中也在开展人工授精技术的探索并在小范围内应用。而且，在正常情况下人工授精能够保证种鸡的种蛋受精率达到90%以上。

(二)人工授精的优越性

1. 减少公鸡饲养量

在自然交配情况下每只公鸡仅能够承担10～12只母鸡的配种任务，若采用人工授精技术则能够负担35只，相比之下公鸡的饲养量可以大幅度减少。如一个饲养1万只蛋种鸡的鸡群，如果采用自然交配方式则需要饲养种公鸡900只左右，而采用人工授精方式则只需要饲养300只种公鸡。按一个生产周期(500天)计，一只公鸡消耗的饲料约50千克，少养一只公鸡可节约饲料费约120元，这样一个种鸡群少养600只公鸡，就可以节约饲料费用7.2万元。另外也减少了在水电、房舍设备、人工等方面的浪费。

2. 提高优秀种公鸡的利用效率

由于人工授精所需要的公鸡数量少，这样就加大了选择强度，使公鸡中质量最好的得到充分利用，对提高后代的品质具有明显的作用。

3. 克服配种双方的某些障碍

一些无法进行自然交配或自然交配困难的问题，通过人工授精都可以解决。如在肉鸡育种中，母系趋于矮小型，公母鸡体格差异大，腿部受伤的公鸡在自然交配中都受到很大影响，要使受精率得到提高就要靠人工授精。

4. 提高育种工作效率及准确性

种鸡采用笼养可节约室内面积，不使用产蛋箱，采用个体记录，试验结果的准确性十分可靠，能很快通过后裔鉴定，选出最优秀的个体，加快育种速度。

5. 有利于防止疾病的相互传播

公鸡不再与母鸡直接接触，避免了一些疾病传播的可能，另外精液中添加抗生素等防病更为有效。

二、人工授精用品

(1)采精器械　小玻璃漏斗形采精杯或试管(图6-12)。

(2)贮精器械　可使用15～10毫升刻度试管。

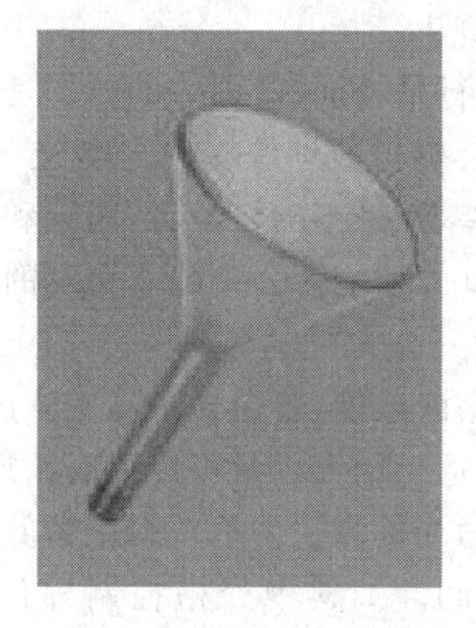

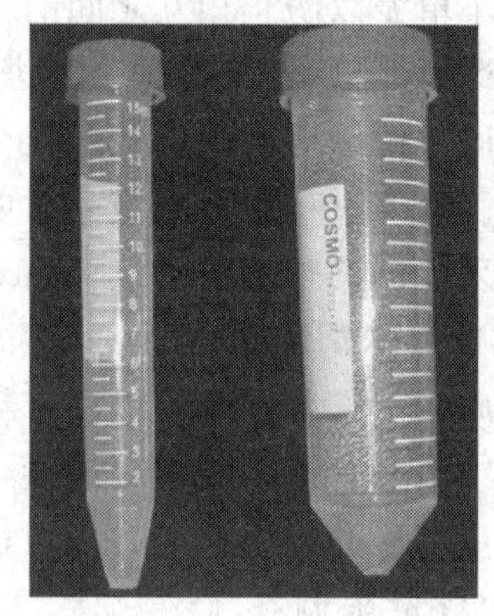

图 6-12　采精杯和试管

(3)保温用品　普通保温杯，以泡沫塑料作盖，上面 3 个孔，分别为集精杯、稀释液管和温度计插孔，内贮 30～35℃温水。

(4)输精器械　采用普通细头玻璃胶头滴管、输精枪、微量移液器(图 6-13)。

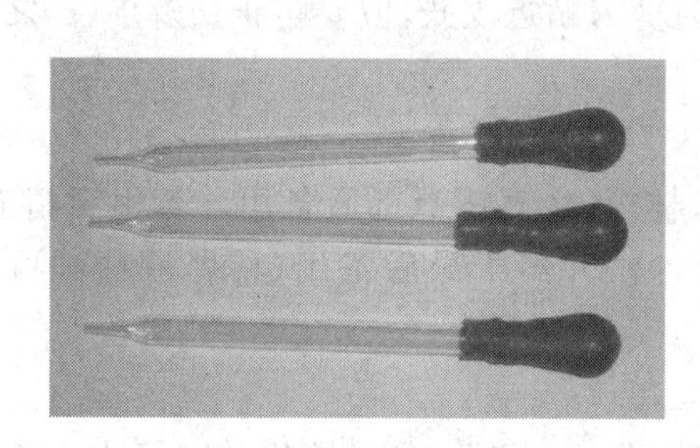

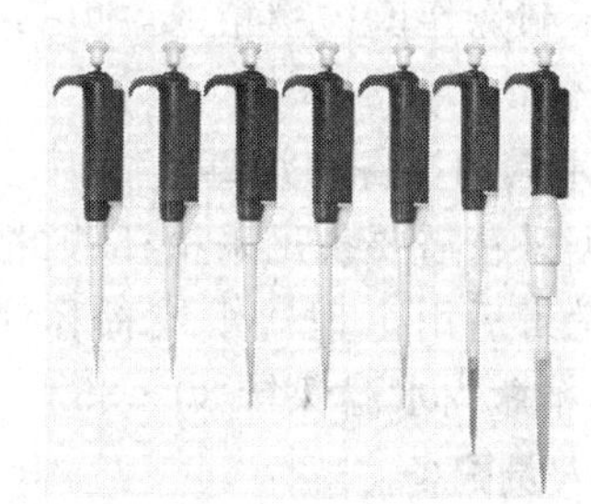

图 6-13　输精器械

(5)其他器械和用品　剪刀、显微镜、锅、棉球、卫生纸。

三、采精技术

目前，在种鸡生产中应用最多的采精技术是按摩采精法。

(一)采精前的准备

1. 种公鸡的选择

除按品种特征、健康状况外，还要选择适合人工授精的个体，即发育良好、有一定营养体况、第二性征明显、性欲旺盛的个体。

2. 隔离与训练

选留的种公鸡在人工授精前 5 周应隔离饲养，饲养在专用的种公鸡笼内，每只公鸡占用一个小单笼以防止相互之间的争斗。

在20周龄前后可以开始对种公鸡进行采精训练，训练的目的是让公鸡建立稳定的条件反射以方便以后的采精操作。公鸡每天训练1～2次，经3～5天后大部分可采出精液。训练过程中对精液品质差者、采不出精液者、精液和粪便一起排放者进行淘汰。采精训练过程要持续7～10天才能使公鸡建立稳定的条件反射。

3. 种公鸡的特殊饲养

饲料蛋白质在一定范围内可以决定精液浓度：蛋白含量高则浓度大，蛋白含量低则浓度小。维生素含量则影响精液量，适当增大用量可以提高精液量。因此，在种公鸡饲养中蛋白质和维生素的含量可适当提高。公鸡饲料中精氨酸的含量要求比母鸡高，钙的含量限制在1%～2%之间。饲料中严格控制棉仁粕、菜籽粕的用量。

种公鸡每天光照时间要求为14～15小时，温度在10～30℃。

4. 剪毛

在采精之前应将公鸡肛门周围的羽毛剪去，要求公鸡的肛门能够显露出来，以免妨碍采精操作或污染精液。剪毛时剪刀贴近皮肤，但要防止伤及皮肤，之后用蒸馏水擦洗，待微干后采精。

5. 用具的准备和消毒

根据采精需要备足采精杯、贮精杯等，经高压消毒后备用。若用酒精消毒，则必须在消毒后用生理盐水或稀释液冲洗并经干燥后备用（稀释液冲洗可不须干燥）。集精瓶内水温保持30～35℃。

6. 人员配备

人工授精人员要认真负责，并经过技术培训。在规模化种鸡场内人工授精一般是每组3人。

(二)采精操作

这里主要介绍双人按摩采精技术。

1. 鸡的保定

助手双手伸入笼内抱住鸡的双肩，头部向前将公鸡取出鸡笼，用食指和其他3个指头握住公鸡两侧大腿的基部，并用大拇指压住部分主翼羽以防翅膀扇动，使其双腿自然分开，尾部朝前、头部朝后，保持水平位置或尾部稍高，固定于右侧腰部旁边，高度以适合采精者操作为宜。

2. 采精操作

常见的为背腹结合式按摩法：采精者右手持采精杯（或试管），夹于中指与无名指或小拇指中间，站在助手的右侧，与保定人员的面向呈90度，采精杯的杯口向外，若朝内时需将杯口握在手心，以防污染采精杯。右手的拇指和食指横跨在泄殖腔下面腹部的柔软部两侧，虎口部紧贴鸡腹部。先用左手自背鞍部向尾部方向轻快地按摩3～5次，以降低公鸡的惊恐感，并引起性感，接着左手顺势将尾部翻向背部，拇指和食指跨捏在泄殖腔两侧，位置中间稍靠上。与此同时采精者在鸡腹部的柔软部施以迅速而敏感的抖动按摩，然后迅速的轻轻用力向上抵压泄殖腔，此时公鸡性感强烈，采精者右手拇指与食指感觉到公鸡尾部和泄殖腔有下压感觉，左手拇指和食指即可在泄殖腔上部两侧下压使公鸡翻出退化的交接器并排出精液，在左手施加压力的同时，右手迅速将采精杯的口置于交接器下方承接精液。

若用背式按摩采精法时，保定方法与上同，采精者右手持杯置于泄殖腔下部的腹部柔软处，用左手自公鸡翅膀基部向尾根方向按摩。按摩时手掌紧贴公鸡背部，稍施压力，近尾部时手指并拢紧贴尾根部向上滑过，施加压力可稍大，按摩3～5次，待公鸡泄殖腔外翻时左手放于尾根下，拇、食指在泄殖腔上两侧施加压力，右手将采精杯置于交接器下面承接。

鸡的单人按摩采精其操作方法是：采精者系上围裙，坐于凳子（高度约为35厘米）上，双腿伸直，左腿压在右腿上，用大腿夹住公鸡双腿，公鸡头部朝向左侧，操作要求同上面方法。

训练好的公鸡，在保定好后，采精者不必按摩，只要用左手把其尾巴压向背部，拇指、食指在其泄殖腔上部两侧稍施加压力即可采出精液。

保定和采精操作掌握的原则：不让公鸡感到不舒适，保定人员操作顺手，有利于提高采精效率，有利于精液卫生质量的保持。

（三）采精操作注意事项

（1）要保持采精场所的安静和清洁卫生。

（2）采精人员要固定，不能随便换人，因各人按摩的手势轻重不同；采精日程也要固定，以利于射精反射的建立。

（3）在采精过程中一定要保持公鸡舒适，捕捉、保定时动作不能过于粗暴，不惊吓公鸡或使公鸡受到强烈刺激，否则会采不出精液、精液量少或受污染。

（4）挤压公鸡泄殖腔要及时和用力适当。初学者往往挤压过早，即在交接器未翻出之前就急于挤压泄殖腔，导致采不下精液；有时在交接器翻出后未及时挤压泄殖腔，以致使交接器回缩。挤压泄殖腔用力要适当，过轻采不出精液，过重会造成损伤，尤其是在某些情况下鸡泄殖腔周围的皮肤发红。按摩时间过长会引起排粪尿和透明液过多及其他不良反射。按摩的力度适中，力度与人洗脸的力度相似。双手配合要协调。

（5）整个采精过程中应遵守卫生操作，每次工作前用具要严格消毒，工作结束后也必须及时清洗消毒。工作人员手要消毒、衣服定期消毒。

(6)采出的精液要立即用吸管移至贮精管内置于 30～35℃的保温杯内,以备使用。也可以把试管握在手中。

四、精液的稀释

1. 精液稀释的目的

精液经稀释后可使精子均匀分布,保证每个输精剂量都有足够而相近的精子数;适当扩大了输精量,便于输精操作(准确掌握剂量);稀释液可给精子提供能量,保障精子细胞的渗透压和离子平衡,提供缓冲剂,防止 pH 值变化,延长精子在体外的存活时间而有利于精液的保存。

2. 稀释液的配制

配制稀释液应严格按照操作程序进行,化学药剂应为化学纯或分析纯,pH 值为中性的蒸馏水或离子水;一切用具均应洗涤干净、消毒、烘干;准确称量各种药物,充分溶解后过滤、密封消毒;按要求调整 pH 值和渗透压,扩量用的稀释液 pH 值可在 6.8～7.4 之间;抗生素等生物制剂应在稀释液冷却后加入。

目前,市场上有粉状稀释剂产品,按照使用说明添加一定量的蒸馏水之后摇匀即可使用。

3. 稀释方法和稀释比例

采精后应尽快稀释。将精液和稀释液分别装于试管中,同时放入 30℃保温瓶或恒温箱内,使精液和稀释液的温度相等或相近,避免两者温差过大,造成突然降温,影响精子活力;稀释液应沿着装有精液的试管壁缓慢加入精液中(注意不能反过来操作),轻轻摇动,使稀释液和精液混合均匀;加入稀释液后不能急速晃动或用吸管、玻璃棒等搅动,以免使精子断裂,作高倍稀释时应分次进行,防止过激改变精子所处的环境而影响其活力;所有用品在使用之前都要严格消毒。

精液的稀释比例应依据精液品质及稀释液的质量而定。室温下保存不超过 1 小时,稀释比例以 1∶(0.5～1)为宜,即每毫升精液中加入 0.5～1 毫升稀释液;2～5℃保存 48 小时以内以 1∶(1.5～2)稀释为佳。

4. 精液的稀释要求

(1)用于稀释保存的精液应是无污染、透明液含量少,精子活力高、密度大的新鲜精液,一般要求精液采出后 10 分钟内要稀释。

(2)稀释要在等温条件下进行,稀释液以及与精液接触的器皿的温度要与当时精液的温度接近。稀释时应使稀释液与精液均放于 33℃的保温杯或保温箱内,以防两者之间的温差过大,使精液突然升温或降温。

(3)稀释时应将稀释液沿玻璃棒缓缓注入精液内，混合精液时不能用玻璃棒或硬物搅拌，因精子较脆弱，这样会人为地使畸形精子数增加。若进行高倍稀释则应先进行低倍稀释，之后再逐步加入稀释液，以免精子所处的环境改变幅度大而造成稀释打击。

(4)精液的稀释、混合和转移都应小心、缓慢地进行，不能剧烈震动。

(5)稀释过程中要避免强烈光线照射和接触有毒的、有刺激性气味的气体，包括消毒剂。

五、输精技术

将采出的新鲜精液(或经稀释处理)正确输入母鸡输卵管内的操作过程称为输精。

(一)输精方法

目前生产上采用的是泄殖腔外翻输精法，一般由 2～3 人配合操作，鸡群体大时以 3 人一组工作效率最高。输精时翻肛人员(助手)以左手抓住母鸡两腿，轻轻拖至笼门口，使鸡尾部稍向上抬，胸部靠在笼门处，右手拇指与其余四指呈虎口状自然分开，在母鸡腹部柔软处施以适当压力，泄殖腔即可翻开，其中位于左上侧的开口为输卵管开口(图 6-14)，输卵管口露出后，输精员将吸好精液的滴管(或其他输精器)插入输卵管内，挤出精液，拔出输精器，翻肛人员将鸡轻轻放回笼内即完成输精操作。

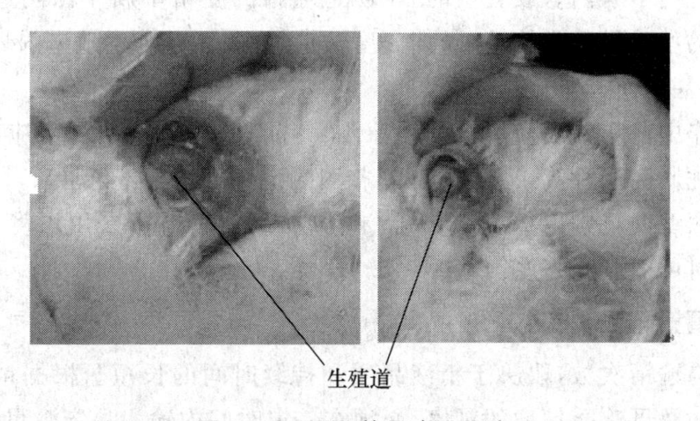

图 6-14　翻开的母鸡泄殖腔

(二)输精时的注意事项

(1)翻肛人员将母鸡拖至笼门口时要使母鸡身体稍往右侧倾斜，以防给母鸡腹部施压时排粪、尿污染输卵管开口。

(2)当给母鸡腹部施压时,一定要着力于左侧,因输卵管开口位于泄殖腔的左上方,右侧为直肠开口,若着力均匀或相反,易引起母鸡排粪,同时开产阶段(或产蛋率低时)造成部分母鸡输卵管翻不出而漏输。

(3)无论使用何种输精器,均需对准输卵管开口中央位置轻轻插入,切忌将输精器斜插入输卵管,否则不但不能将精液输入,而且容易损伤母鸡输卵管壁。

(4)助手与输精员要密切配合。当输精器插入一瞬间,助手应立即解除对母鸡腹部的压力,输精员便可有效地将精液全部输入,否则输精员不易将精液输入,甚至会使精液倒流至泄殖腔内而导致输精失败。

(5)不要输入空气或气泡。要求输精管精液前端不能留有空隙,由于助手与输精员配合不密切,输精时产生气泡时要重输。

(6)防止相互交叉感染。对有泄殖腔炎症或患病母鸡要调出隔离,不能进行输精;建议使用一次性输精器,切实做到一只母鸡换一套输精器;使用滴管类的输精器,必须每输1只母鸡用消毒脱脂棉擦拭输精器,每次用后,输精用具要及时清洗、消毒。

(三)输精部位和深度

不同部位或不同深度输精均对受精率有影响。输精部位不同,精子到达受精部位的数量与时间有差异。阴道部输精、输精器插入1～2厘米为浅阴道输精,4～5厘米为中阴道输精。有人曾用鸡作2厘米的浅输精和7厘米的深输精,种蛋受精率无差异。当子宫内有硬壳蛋时,中阴道输精的受精率高于深阴道输精。由于母鸡生殖道的特殊生物学构造,长期深度输精,将破坏母鸡生殖道内环境,受精率、孵化率下降,甚至使母鸡产蛋停止。

实际操作中输精深度应遵循如下原则:鸡品种不同,输精深度应有差异,轻型蛋鸡及小型优质肉用种鸡1.5～2.0厘米,中型蛋鸡2.0～2.5厘米,快大型优质肉用种鸡及快大型肉鸡则以2.5～3.5厘米为佳;高温季节可采用深度上限;每杯精液最后1/3时可适当深一些。

(四)输精量与输精次数

输精量与输精次数,取决于精液品质和持续时间的长短。根据精子在输卵管中的存活时间及母鸡受精率的观察,必须在一定时间内输入一定数量的优质精液,才能获得理想的受精率。蛋用型母鸡盛产期每次输入原精液0.025毫升,每5～6天输一次;产蛋后期或夏季每次输入原精液0.04毫升,每4天输一次;肉用型种母鸡(含快大型优质肉用种鸡)每次输入0.03毫升原精液,每4天输一次;产蛋后期及高温季节每次输入原精液0.045毫升,3～4天输一次。鲜精稀释后输精的,应根据稀释倍数调整输精量，如1∶1稀释，输精量应加大1倍，依此类推；冷冻精液解冻后或稀释精液经低温保存后，应先检查活力，再确定输精量。

由于品种、年龄、季节（气温）的差异，不能长期固定剂量、固定间隔时间输精，否则不能持续获得高受精率，主要应遵循如下原则。

(1)精液中的透明液的多少不仅影响精子密度，而且对精子还有一定的危害作用，肉用型鸡精液中透明液量多于蛋用型鸡，因此输精量应有所不同。

(2)随着母鸡年龄的增长，繁殖生理发生变化（如蛋重增加、蛋壳质量变差、输卵管润滑度及弹性降低等）使输卵管内环境改变，影响精子的存活。若以相同剂量的精液给青年母鸡和产蛋后期的老龄母鸡输精，受精率前者高于后者，同时持续受精的天数也长；因此，对老龄母鸡输入的精子数要比青年母鸡多，输精的间隔时间也要缩短。

(3)由于年龄及天气炎热等因素的影响，公鸡的繁殖力下降，表现为精子活力低，密度稀，畸形精子数增加，此时需要增加精子的绝对数量来补偿，同时输入精液时间间隔也要缩短。如鸡的精液在2～5℃保存6小时，每次需要输给2亿个精子，才能获得高受精率；0.1毫升解冻精液相当于0.03毫升鲜精的输精效果。

(4)输精量和输入的精子数也不是越多越好，因为贮精腺对精子的容量是有限的。输入过多的精子不能进入贮精腺内，而滞留在输卵管内，输卵管内环境对长时间滞留的精子是不利的（使精子变弱），当这些精子后补进入贮精腺而参与受精时，不仅受精率不高，而且早期死、弱胚增加。

(5)母鸡开产后首次输精，应输入2倍的输精量，或每只母鸡连续输2天，以便贮精腺充满，可维持较高受精率及较长的持续受精时间，在大规模的种鸡生产中每次给母鸡输入的优质精子数应不少于8 000万个。

（五）输精时间

一天之内用同样剂量精液在不同时间进行输精，种蛋受精率有明显差异，主要是子宫内是否有硬壳蛋存在，如果有硬壳蛋存在，会不利于精子在输卵管中的存活与运行，造成种蛋受精率偏低。在一天之中，母鸡于光照后4～5小时产蛋与排卵最为集中，此时输精受精率较低，而且容易引起母鸡卵黄性腹膜炎。下午当母鸡子宫中有软壳蛋时输精，受精率最高；母鸡子宫有硬壳蛋时输精，对受精率有较大影响，而且越接近于临产，受精率越低，母鸡输精后2小时内产蛋，其后1周内种蛋受精率仅为62%，输精6小时后产蛋，受精率可达92%。

生产中一般要求在95%～96%的母鸡产蛋后进行人工授精，根据光照制度的不同，此时间在每天下午2:30～5:30之间。

(六)种母鸡输精过程中的常见问题分析

影响种蛋受精率的因素很多,在生产实际当中,经常会遇到笼养种鸡种蛋受精率偏低的问题,而且在问题发生后如果不能及时找到问题的根源可能会在长时间内影响生产效益。种鸡人工授精技术是一项包含许多环节的系统性技术,任何一个环节出现问题都可能导致种蛋受精率的下降。因此,了解影响种蛋受精率的因素有助于及时、准确地查找问题。输精过程是一个容易出现问题的环节,在这个环节中常见的问题主要有以下几方面。

1. 抓错鸡

在目前普遍使用的 3 层全阶梯蛋种鸡笼设计中,每个小单笼内装 3 只母鸡。在同一个鸡舍内饲养的鸡群都是相同的品种、相同的日龄,外貌特征相同。在输精的时候如果抓鸡不注意观察同一个小单笼内个体之间的差异,当抓第 3 只鸡的时候就可能出错。一旦出现差错就会造成某只鸡没有输精,另 1 只鸡可能被重复输精。这样,在这个小单笼内的鸡所产蛋的受精率必然会降低。

2. 对腹部施加压力过大

翻肛过程中会遇到一些鸡的肛门比较紧,不容易翻开,这时有的翻肛人员会加大对母鸡后腹部施加的压力以促使泄殖腔外翻。正常情况下,只要翻肛人员手法正确、用力得当,凡是产蛋母鸡的泄殖腔基本上都是很容易翻开的。而翻不开泄殖腔的母鸡有些可能是没有开产的鸡,这些鸡正常情况下是无法翻开的,用力过大只会对母鸡造成损伤。还有的种鸡场为了提高种蛋受精率,在输精时遇到子宫部有蛋的存在时就用力将其挤出,这也很容易造成母鸡的卵黄性腹膜炎。

3. 对病鸡检查不仔细

患病的鸡暂时不适宜用作种鸡,不应该采精或输精,因为这些鸡的精液和蛋质量差,甚至包含有病原体。病鸡的精液所含的病原体通过输精过程可能会在母鸡群内扩散,成为重要的传染源。病鸡外观症状表现明显的时候容易被识别,如精神沉郁、鸡冠发紫或颜色变淡、羽毛散乱等,这些鸡在日常观察鸡群的时候就会被隔离出来。但是,还有一些鸡外观症状表现并不明显,或有症状但不太明显,当采精或输精的时候才会被发现。如感染输卵管炎症的母鸡,在翻肛的时候会发现其输卵管开口水肿、颜色暗红,有的还从输卵管开口处向外流黄白色分泌物;患大肠杆菌或沙门菌病的鸡,容易出现拉稀症状,肛门下面的皮肤和羽毛有稀粪黏附,翻开泄殖腔后会发现黏膜水肿。

发现病鸡必须及时隔离,将它们放在病鸡隔离笼内,停止对它们的采精和输精。

4. 翻开的泄殖腔有粪便时没有擦净

由于对种母鸡翻肛的时候会对其后腹部施加压力，一些母鸡受到压力刺激会出现排粪现象，这在种鸡人工授精过程中很常见。要求遇到这种情况的时候要用软纸或棉球将泄殖腔表面的粪便擦掉，或用手指将粪便刮掉，然后再进行输精。然而，在生产实践当中，有的输精人员遇到这种情况没有把粪便擦掉，直接把输精滴管插到母鸡的输卵管开口内进行输精。这样做会使输精滴管受到粪便污染，而且会把粪便带进输卵管开口内，容易造成母鸡的输卵管炎症。

5. 吸取精液量不合适

目前，种鸡的输精工具主要是胶头滴管，每次吸取的精液量决定于滴管前端直径的粗细和对胶头施加压力的大小。一些输精人员对输精滴管的使用不熟练，每次吸取的精液量存在误差，会影响种蛋受精率；有的输精人员在更换新的输精滴管后没有注意到滴管前端直径的变化，吸取精液的高度仍然按照前面使用的滴管吸取精液的高度进行判断而出现误差。正常情况下，每只鸡每次的输精剂量为0.025～0.030毫升，大约含有1亿个精子。如果输精量太大会造成精液浪费，如果输精量小则种蛋受精率可能也会下降。有些种鸡场对精液进行稀释处理，但是稀释后仍然按每只鸡每次的输精剂量为0.025～0.030毫升进行输精，结果会因为精子数量不够而造成受精率下降。

6. 输精滴管插入深度不合适

一般要求输精时将输精滴管插入到输卵管开口深处约2厘米。插入的浅容易造成精液回流到泄殖腔，插入的太深容易损伤输卵管黏膜。泄殖腔黏膜出现损伤后很容易被感染，这也是造成输卵管炎症的重要因素。

7. 挤压胶头用力过大

有些种鸡输精操作者在输精操作时挤压滴管胶头用力偏大，这样容易造成滴管内的空气被挤到输卵管内。一旦有空气和精液一起被挤到输卵管内，当输卵管收缩时空气就变成气泡冒出输卵管，同时会把精液带出来。

8. 放开胶头过早

输精操作时要求在把滴管内的精液挤到输卵管内后拔出滴管，然后才能放松对滴管施加的压力。但是，有的输精人员在输精操作时还没有等到把输精滴管从输卵管中拔出来就放松了胶头，这样就会把挤到输卵管中的精液吸回到滴管内，而且从外面还很难发现。

9. 输精滴管卫生状况不良

造成输精滴管卫生问题的因素包括输精时沾染有母鸡的粪便，如果母鸡有输卵管炎症时还会有输卵管内的分泌物等，要求每输1只鸡要用干净的棉球或软纸把滴管擦干净后再吸取精液。但是，如果棉球或软纸没有及时更换，其上面同样会沾染许多污物，有时颜色呈现为黄褐色，在这种情况下如果继续用于擦拭滴管反而会把滴管弄脏。

10. 输精持续时间过长

鸡的精液中果糖的含量很低，正常情况下如果没有使用含糖稀释液对鸡的精液进行稀释处理，大约经过 30 分钟，精子的活力就会显著降低，使用这样的精液输精有可能导致种蛋受精率偏低。一般要求如果不对精液进行稀释直接输精，应该在精液采出后 30 分钟内完成输精。但是，在实际生产中有时这个时间常常会超过 30 分钟，难免会影响种蛋受精率。目前，有些实验室研究开发有鸡专用精液稀释液，使用这种稀释液对精液进行 1∶1 的稀释后，经过 1 个小时精液仍然能够保持高的活力。这种方法的应用有助于减少传统的原精输精持续时间长所带来的受精率低的问题。

11. 对子宫部有蛋鸡的处理不当

当母鸡输卵管内有硬壳蛋存在的时候给鸡输精常常造成种蛋受精率偏低。生产中把输精时间安排在下午 2:00 以后进行的理由也在于下午 2:00 以后绝大部分的鸡已经在中午之前产过蛋，这个时候输卵管内没有硬壳蛋。但是，还会有个别的母鸡在下午产蛋(一般不超过 3%)，需要合理处理。一般的做法是在输精时遇到子宫部有硬壳蛋的母鸡，先把它放到当日最后输精的那条笼内，并从相应的笼内取出 1 只鸡输精后放在它的原位置(两者换笼位)。输精到最后的时候，这只鸡可能就把蛋产出来了。如果到输精最后这只鸡还没有把蛋产出，也可以把它放到次日输精的笼内并从相应的笼内取出 1 只鸡输精后放在它的原来笼内。

12. 输精间隔时间控制不当

当母鸡输卵管内没有硬壳蛋的时候输精能够获得理想的种蛋受精率，有硬壳蛋存在则会使受精率下降。按照鸡蛋的形成与产出规律，正常情况下种鸡的输精时间为下午 2:00～7:00 之间，在这个时间内绝大部分鸡的子宫部内没有硬壳蛋的存在。如果时间提前或推迟都会因为输卵管内硬壳蛋的形成和存在而影响受精率。

13. 精液温度

精液所处的环境温度会影响精子的活力，进而会对种蛋受精率产生影响。精液所处温度不适宜主要发生在夏季和冬季，夏季温度超过 33℃会使精子的运动加快、代谢加强、能量消耗增多，如果是没有经过含糖稀释液处理的精液，其中的精子容易老化而失去受精能力；冬季环境温度低于 5℃时进行采精，如果不做保温处理会使精液的温度快速下降，精子容易受低温打击而使其受精能力减弱。因此，夏季公鸡的精液采出后要尽快给母鸡输精，持续时间不要超过 20 分钟，如果使用含糖稀释液进行处理后时间可以适当延长；冬季要把贮精试管握在手心或放在装有 30℃温水的保温杯内，防止精液温度快速下降。

14. 标记

标记的目的是为了防止漏输。当 1 管精液输完后需要再次采精时要在已经输精的鸡笼处做标记，当采精后在此处继续开始输精。如果不做标记，当采精后回来输精时可能无法确认原来输精结束时的具体位置，就可以造成漏输或重复输精。

提高笼养种鸡的种蛋受精率是综合性技术，要真正达到这个目标就必须了解所有的相关因素，并对每个环节的基本要求都熟练了解和掌握。尽管生产中种蛋受精率低的问题常常存在，如果能够仔细分析相关技术环节的应用情况是能够比较容易找出问题的原因所在，就能够寻找出解决问题的良好途径。

第四节　种鸡的自然交配管理技术

一、概述

(一)性成熟与第二性征

(1)性成熟　当青年家禽发育到一定时期、体重达到一定重量、具备第二性征、有性行为表现并能够产生成熟的配子的时期称为性成熟期。

(2)体成熟　青年家禽体格发育达到成年体重的 80%以上的时期，此时机体各器官发育已经成熟，具备正常的生理功能。

(3)第二性征　代表特定性别的一些外貌特征。

①公鸡的第二性征：成年公鸡的个体大、外貌雄壮，鸡冠和肉髯比较大，颈部的蓑羽和腰部的鞍羽长且末端尖(母鸡的短且钝圆)，尾部大镰羽长而弯曲，有色羽品种公鸡的羽毛华丽；公鸡的距较长且尖。②母鸡的第二性征：成年母鸡鸡冠大而且红润，面部颜色鲜红(丝羽乌骨鸡为紫红色)，腹部膨大而且柔软，性情温顺。

(二)性行为

性行为是动物的一种特殊行为表现，是家禽交配过程中的行为表现。而一系列完整的性行为直接关系到配种的成败。

公鸡的性行为表现一般是定型的，而且按一定的程序表现出来，大体上要经过性激动，求偶，接受交配，勃起爬跨，交配射精，交配结束。

(三)配种适龄

家禽性成熟的主要标志是能够产生成熟的配子,然而性机能要在性成熟后几周才能稳定,若过早用于繁殖生产则种蛋合格率和受精率都低,种公鸡也易于过早衰退。母鸡一般在 20 周龄即达性成熟,但在其后几周内畸形蛋较多;公鸡约在 12 周龄开始生成精子,并可采得少量精液,然而精液质量还远达不到品质要求标准。

(四)种用年限

种鸡利用年限随家禽种类利用性质不同而异。一般种鸡的繁殖力以第一个产蛋年度为最高,其后每年降低 15%～20%。但是第二个产蛋年度蛋壳质量最好,蛋重均匀,且孵化出的雏鸡具有良好的抗病能力。

一般而言,种鸡大都是使用一个繁殖年度。在育种工作中,某些特别优秀的个体可以延长使用 1～2 个繁殖年度。

(五)种公鸡的选择

1. 严格参照各鸡种标准要求选择

种公鸡的体重应控制在标准要求的范围内,从鸡群整齐度来看,其变异系数不要超过 10%,在此基础上按照一定的比率选留。

2. 从外貌上选择

应是胸阔肩宽、鸡冠挺拔、色泽鲜红、精力旺盛、行动敏捷、眼睛明亮有神的雄性强的公鸡。淘汰那些诸如体型狭小、冠苍白、眼无神、羽毛蓬松、喙畸形、背短狭、驼背、龙骨短、腿关节变形、跛行或站立不稳等有腿脚部疾患的缺陷公鸡。

3. 按公鸡的性活动能力选择

一般可根据公鸡一天中与母鸡交配的次数分强、中、弱 3 种类型。达 9 次以上者为强,6～9 次者为中,6 次以下者为弱。选留的公鸡应为中等以上的。亦可观察公鸡放入母鸡群后的反应,如在 3 分钟内就表现有交配欲的为性能力强,5 分钟内有表现者为中,其余则应淘汰。

二、自然交配管理方式

(一)大群配种

在一个数量较大的母鸡群体内按性比例要求放入公鸡进行随机配种,每个群内母鸡的数量:白羽快大型肉鸡为 200～500 只,优质肉种鸡 300～500 只,放养柴鸡 500～1 000只。

这种方法的优点是所需公鸡数量较少,种蛋的受精率比较高,每只公禽都有与每只母禽交配的机会,即便是个别公鸡性机能较差也不会明显地影响到全群的配种质量。其缺点是公鸡之间可能会发生啄斗，且不能确定雏鸡的亲本。

这种配种方法只能用于种鸡的扩群繁殖和一般的生产性繁殖场。

(二)小群配种

小群配种又称小间配种，它是在一个隔离的小饲养间内根据家禽的种类、类型不同放入8～15只母鸡和1只公鸡，或20只左右母鸡配入2只公鸡。

这种方式在养鸡生产中很少使用。这种方法种蛋的平均受精率一般是偏低的，这与种公鸡的性机能和行为及喜偶性等因素有关，特别是当某只公鸡的精液品质不良时，该配种间的种蛋受精率更低。

三、公母配比

公母配比(或称配偶比例)是指一只公鸡能够负担配种的能力，即多少只母鸡应配备一只公鸡才能保证正常的种蛋受精率。在配种过程中需要根据鸡种类的不同分别制定配偶比例。白羽快大型肉鸡的公母配比为1∶(8～11)，优质肉种鸡1∶(10～12)，放养柴鸡1∶(11～14)。

自然交配的繁殖要求在种蛋收集的前1周将公鸡放入母鸡群内。

配偶比例适当，对提高繁殖效果有利，若公鸡少，则每只公鸡所负担的配种任务过大，就会影响精液品质，降低受精率；若是公鸡过多(群体大时)，由于"群体次序"的影响，一些体壮好斗的"进攻性"公鸡往往占有较多的母鸡，而一些胆怯的公鸡只能与少许母鸡交配，甚至不能交配，然而那些强壮好斗的鸡不一定其本身的种用价值(如遗传品质、精液质量等)就好，而且当其负担的母鸡过多，势必造成全群受精率的降低。

在生产实践中配偶比例的确定还应该考虑以下因素：①饲养方式。地面散养时每只公鸡所负担的母鸡数可以多于网上平养。②种公鸡年龄。第一个繁殖年度的种鸡的配种能力最强，可适当增大配偶比例，而年龄大的种鸡则应缩小配偶比例。肉用种公鸡在45周龄之前的配种能力强，45周龄后逐渐降低。③季节。在春秋季种鸡性欲旺盛，配偶比例可适当大于严寒、酷暑季节。此外在公母初混群时可增多公鸡数量，半个月后可将多余的公鸡取出。

四、如何提高平养种鸡的种蛋受精率和合格率

(一)提高平养种鸡的种蛋受精率

(1)培育和挑选优秀的种公鸡。种公鸡一天中可交配15次至数十次不等，射精量可从0.1毫升到1毫升，精子量从15亿个到80亿个，如此频繁的交配和大的

射精量必然要求公鸡有旺盛的生理机能和强壮的机体。

(2)公母鸡的比例要适当,严格按照不同品种类型种鸡的公母配比落实。

(3)经常检查公鸡,发现体况和活力不强的公鸡,立即挑出,补充新的公鸡。

(4)平面饲养时应让公母交配活动在平坦的地面或棚面进行。

(5)保证饲料中各种营养成分齐全、充足,尤其是维生素和矿物质。

(6)鸡舍的温度应保持在8～28℃范围,过高气温会使受精率下降;低温时鸡群的交配活动减少,同样使受精率下降。

(7)种蛋应减少鸡粪等污染,保持蛋壳清洁,种蛋受污染或抹洗后都会使受精率下降。

(8)要勤拣种蛋,特别是高气温条件下产出的种蛋,应尽快收集好,数小时内交蛋库收存。

(二)提高种蛋合格率的措施

影响种蛋合格率的因素有遗传、年龄、营养、环境和管理等,生产实际中,主要从后3个因素考虑而采取措施。

(1)按饲养标准制定日粮,尤其是日粮中钙、磷、锰和维生素 D_3 的含量与种蛋的蛋壳品质有密切关系。磷、钙和维生素 D_3 不足,会导致蛋壳变薄,强度降低,破损率增高,甚至产软壳蛋。如钙的含量过高,也会导致沙壳蛋、畸形蛋增加。

(2)夏季降温。在炎热季节应尽量降低鸡舍温度,温度超过31℃时,会使蛋壳厚度和强度下降,破损增加。同时,要增加日粮中的蛋白质和维生素浓度,使种鸡在高温、采食量下降时摄入的营养量不减少。

(3)防止鸡惊群。突发性的噪声、物体移动和老鼠、猫、非饲养人员、非技术人员进入鸡舍都可能使鸡惊群。惊群会使输卵管内的蛋破裂导致腹腔炎症,常可见到这种现象,种鸡惊群后第二天所产的双黄蛋明显增加。

(4)产蛋期间应尽可能避免接种疫苗和注射药物。

(5)在开产前接种“减蛋综合征”疫苗。“减蛋综合征”会导致种蛋品质严重下降。

(6)减少窝外蛋。在开产时应注意调教种鸡在窝内产蛋。产蛋箱的数量要充足,一般每4～5只母鸡设1个产蛋箱。棚养种鸡可在棚上铺一层塑料网,这样产在窝外的种蛋也可减少破损,易于拣拾。

(7)加强饲养员的责任心,勤拣蛋,一般每天不少于5次,当天产的种蛋,不能在箱内过夜,应当天拣完。

(8)尽量避免收拣和运输过程中的种蛋破损。

第七章　鸡的孵化技术

鸡是卵生动物，主要靠母鸡抱孵或人工孵化繁衍后代，随着养鸡业的蓬勃发展，抱孵已不能满足饲养需求，必须通过大规模的人工孵化才能满足。

鸡的人工孵化技术是根据仿生学原理，通过人工方法控制温度、湿度、通风、翻蛋、晾蛋，使其达到最佳孵化效果。其中，高质量的孵化设备是保障孵化达到最佳效果的必备条件。

第一节　孵化设备

孵化设备是保证正常出雏的硬件，它包括场房、孵化机、通风设备、保暖设备、供电系统、排水系统、清洗消毒设备、运输设备等。

一、孵化场场房

要求各功能单位有独立完备的房间，消毒更衣室、种蛋储藏室、种蛋消毒室、码蛋室、孵化室、出雏室、雏鸡鉴别及分级室、疫苗接种室、雏鸡临时存放室、清洗室、值班室甚至办公室、仓库、发电房、锅炉房、住室、餐厅、卫生间等一应俱全。

孵化场的工艺流程必须严格遵守净道、污道分开的原则，实行单流程作业，即由种蛋进贮藏消毒室开始，到雏鸡出场，一直是单向流程，不能逆转，始终要按照种蛋→种蛋处置室（分级、码盘）→种蛋消毒室→孵化室→照蛋室→移盘室→出雏室→雏鸡处理室（拣雏、鉴别、分级、接种疫苗等）→雏鸡存放室→雏鸡出场。

根据生产能力和生产方式确定与之配套的孵化车间，并留有发展空间。

孵化场主车间有单列与双列之分，按照单列或双列生产方式设计孵化室面积。现在通用的机型多为 192 型或 168 型，大体尺寸为长×宽×高＝3.360 米×2.385 米×2.635 米，多采用中间主走道对开门双列摆放，建房宽度应在 11 米左右，若单列 7.5～8 米宽足矣，长度按机器数量多少确定，一般连排摆放时每台之间很少留空间，只留 10～15 厘米间隙，相互两个门能开开即可，但机器两端要留 60～80 厘米人行道便于去机体后检查电机、电路、通风、上水等。若巷道式孵化机房间宽度应在 17～18 米之间。

孵化场的墙壁、地面、天花板应选择防火、防潮、保暖和便于冲洗、消毒的材料，用人字形屋顶或平顶，最好采用无柱结构，方便机器摆放和操作。地面到天花板净高应在3.4～3.6米之间，正门高度应为3米，宽1.5～2米，便于蛋架车或机器设备搬运。孵化室与出雏室之间应设缓冲间，便于落盘和卫生隔离，地面坚实、平整、光滑，中间开槽留下水道，明沟或用陶管铺设，间隔3～5米留一个沉淀池，上面加盖铸铁地漏，保证冲刷机器及地面污水能流进池内通过管道排出场外。屋顶吊石膏板等保温材料，尽量不用塑料布，以防出现凝水现象。前后墙靠吊顶下缘按自然房间或每台机器对应墙面开1.5米×0.75米扁窗一个，两山墙开1米×1米排风口各一个。

二、孵化机

包括孵化机和出雏机。随着科学技术的进步，其类型、容量和控制系统逐渐升级。类型已由过去的滚筒式、八角式发展为箱体式和巷道式，容蛋量也由过去几百枚、上千枚发展到现在的一万多枚或数万枚乃至数十万枚不等，控制系统已由过去的电器控制发展成集成电路、模糊电脑及全自动控制。根据目前市场要求，这里只介绍箱体式和巷道式两种孵化机。

(一)箱体式

常用的有168型和192型，箱体为主体型，前开门，4个蛋架车，长和宽基本一样，只是192型比168型略高一些。蛋架为16层，可装32盘，每盘150枚，即4 800枚，4个蛋车共计19 200枚，所以称192型。168型每个蛋架车比192型少两层，为14层，总容蛋量为16 800枚，所以称168型。其他供温、供湿、通风、翻蛋、报警等系统全部一样。

控制系统主要由控温、控湿、翻蛋、通风、报警等系统构成。

控温系统主要由加热、温度调节和报警装置组成。采用温水或电热管加热，通过温度调节机能调节温度恒定并装有报警系统。对低温或超温都会引起报警。低温时电源接通，继续供温；超温时自动切断电源，停止供温。若采用热水辅助加热时，主要通过电源阀控制进水量来调节温度，需专业人员安装。

控湿系统主要是在机内放置水盘和水盘上的叶片式供湿轮转动供湿。湿度低时供湿轮自动转动，带起水花，扩大散湿面积，使机内湿度提高；湿度高时供湿轮停止转动，减少供湿，使湿度恢复正常。

翻蛋系统是通过电机带动涡轮，在时间继电器的控制下左右转动，控动连杆使蛋盘架左倾或右倾45度角，达到翻蛋目的。

通风系统由风机、出风口、进风口和控制部分组成，当机内二氧化碳超标或温度偏高时，控制部分自动打开，风机和出风口、风门排出二氧化碳和多余的热量。

报警系统可提醒工作人员，机内有问题了，它包括超温、低温、低湿及电源缺相或风机停转等报警。出现报警后要及时检查原因，采取排除措施。

模糊电脑箱体式孵化机（表 7-1）的主要技术指标：控温精度，±0.1℃；温度显示分辨率，0.01℃；温度场均方差，0.1℃；加湿范围，40%～80%RH；湿度显示分辨率，1%RH；两套完全独立的控温系统；电源，AC380V±10%（三相）、AC220V±10%（单相）。

表 7-1　箱体式孵化机型号规格

型号	EIPDM-19200	EIFDM-16800
蛋车数（辆）	4	4
容蛋量（枚）	19 200	16 800
视在功率（千瓦）	5.84	5.84
外形尺寸（米×米×米）	3.360×2.385×2.635	3.360×2.385×2.465

（二）巷道式

巷道式孵化机是大型孵化设备，容蛋量是在 9 万枚以上，一台相当于 4～5 台 192 型箱体机。适应现代化养禽业的集约化、大型化发展的要求而产生的，同时以“节能”、“节省占地面积”、“节省劳动力”等“三节”备受大型养殖场家青睐。

巷道式孵化机的控制电路已由集成电器控制过渡到模糊电脑控制，实现了智能化、人性化，操作性强。具备以下特点：

（1）采用最新智能控制技术将温度、湿度及换气等孵化工艺参数关联起来统一控制，控温控湿稳定，换气充分合理。

（2）大屏幕液晶显示，直观明了；具有自动记忆、查询以往的历史温度和报警信息、自动计算孵化时间、密码保护、断相报警及停电报警等多种功能。

（3）自动定时翻蛋，准确可靠。

（4）除自动控制系统以外还设有漏电保护和应急控制系统，以确保孵化机孵化过程的安全。

三、通风设备

主要是孵化车间的室内通风设备，设备有以下两种。

（一）无动力涡轮通风器

无动力涡轮安装在屋顶，既不用电力又防雨防水，它是利用自然风力及室内外温度差造成的空气热对流，推动涡轮转动从而利用离心力和负压效应进行工作。

无动力涡轮风机坚固耐用,无需维修,质量轻灵敏度高,免电环保无噪声,安装简便,适用广泛,防止漏水耐腐蚀,增强光线,防止灰尘,自然美观,效果明显。

无动力通风器的驱动原理:一是由于室内热气上升,气流自叶片缝隙流出,驱动主机体运转;二是室内气流外排,形成室内外温度差及气压差,使气体流动造成动力;三是室外的微风或雨滴形成压力驱动,无需使用任何电力。

(二)壁式轴流风机

壁式轴流风机是最常用的墙体式通风设备,它采用宽叶片、空间扭曲、倾斜式叶形,可在低速时达到所需风量、风压,降低风机噪声。风机机壳外层方形,内层为多空消声板,夹层为消声棉,可进一步降低风机噪声。风机安装于墙体内,靠墙外侧装有铝合金防雨百叶,可以防止室外雨水和自然风向室内倒灌,有直径大小不等的多种规格,可根据房间大小选装。

四、供暖设备

供暖设备主要为孵化车间提供取暖需要,可用锅炉通暖气或水热锅炉通热水或热风炉通热风或用煤炉电炉等,根据车间大小选用。

五、供电系统

供电系统是孵化生产的关键系统,因孵化过程中不能停电,要求架双路电,还要配备足够功率的发电机。

电力供应为三相动力电,设有总控室,可直接分配到每台机器上,每台机器还要有分控器,可随意控制每台机器供电,要注意用电安全,线路负荷要足够大,室内用护导铜线,架在机器上方或前后墙上,并要配备相适应的发电机组,大小为各机器最大用电量的总和,并考虑有效功率,要有专人管理。

六、给排水系统

因孵化要求的湿度是通过在机器内加水蒸发来实现的,所以在安装机器后,位置确定后要铺设上水管网,保证每台机器都能用上水,并在每台机器后面安装电汽阀,调控进水量。

地面铺设下水管网,保证冲洗机器、出雏盘,地面污水能顺利排出场外。

七、清洗消毒设备

清洗消毒设备主要是对机器、出雏盘、注射器、人行通道等的清洗消毒,常用的有高压水枪、消毒机、大缸、水泥消毒池、高压灭菌锅、蒸锅、自动喷雾消毒系统、紫外线灯等。

第二节 种蛋的管理

种蛋的质量与孵化效果有密切关系。种蛋质量的好坏除与种鸡的健康状况有关外,还与种蛋的管理水平有直接关系。这里重点介绍种蛋的产后管理问题,包括种蛋的收集、选择、消毒、贮存、包装运输等环节。

一、种蛋的收集

种蛋收集过程主要是要保证定时收集、轻拿轻放、防止破损,装种蛋的托盘、蛋箱等用具及饲养员的手臂都要严格清洗消毒,防止病原微生物对种蛋造成二次污染。当微生物接触种蛋表面后,就会通过蛋壳微孔进入蛋内,并在蛋内生长繁殖,对胚胎发育造成严重影响,一定要引起高度重视。

二、种蛋的选择

(一)种蛋的质量标准

1. 种蛋的来源

种蛋应选用来自饲养管理良好、生产性能高而繁殖力强、健康无病的种鸡群,并要求符合品种特征,大小适中,受精率超过90%的种蛋。

2. 种蛋的新鲜程度

种蛋的新鲜程度与孵化率有直接关系,越是新鲜的种蛋孵化率、健雏越高,所以种蛋的保存时间不宜过长,一般在7天以内,3～5天最好,最长不超过15天,超过15天时种蛋孵化率明显降低,而且孵化期推迟。试验证明,保存期超过7天时,每多存放一天,孵化期延迟20～30分钟,孵化率下降4%,所以种蛋越新鲜越好。新鲜的种蛋表面覆盖有一层霜状物,表面新鲜,气孔小;陈蛋则光泽暗浊,气室大,轻轻晃动有振荡感。

3. 种蛋的形状、大小

种蛋的形状要求卵圆形,横径比纵径(蛋形指数)以0.74为宜,过长、过圆、腰鼓状、两头尖、沙壳、钢壳、皱纹蛋都不能作为种蛋用。

种蛋的大小可用重量来衡量,一般要求50～65克为宜(某些鸡种的蛋重较小,作为种蛋使用要求蛋重达到正常重量的70%以上即可使用),过大、过小都不适宜做种蛋。蛋重过小孵出的雏鸡体重小,而且出壳偏早,若没及时拣出容易发生脱水;蛋重过大则雏鸡出壳晚,腹部大,体重也大,雏鸡参差不齐,育雏整齐度低,孵化率也低。

4. 种蛋的颜色

种蛋的颜色代表了品种的特征，所以要符合本品种的要求，同一品种的蛋，蛋壳颜色应均匀一致，色泽光亮。若白壳蛋鸡所产颜色发灰的蛋，说明种鸡的选育程度不高或不纯；褐壳蛋鸡产出色泽不一的蛋常是鸡群健康不良或饲料质量不佳的表现；若是选育程度不高的地方品种或杂种的种蛋蛋壳颜色往往并不一致，所以对蛋壳颜色的要求可以放宽一些。

5. 蛋壳的结构

要求蛋壳致密均匀，厚度适宜，厚度在0.33～0.35毫米之间为宜，过厚则孵化时受热缓慢，水分不易蒸发，也难以进行气体交换，并且难以啄壳出雏；过薄时水分蒸发过快，不利于胚胎发育，并且孵化过程中容易碰破。另外厚薄不均、沙壳、钢壳、壳上有皱纹、沙粒等异常蛋也不能做种用。

6. 蛋壳的清洁度

蛋壳应洁净、无污损痕迹，不应有粪便、血渍、破蛋液等污染物，若使用不清洁的种蛋孵化会增加臭蛋，碰破后会污染正常蛋和孵化箱，增加死胚，降低孵化率，并增加了雏鸡感染疾病的机会，育雏期发病率和死亡率也高。

(二)种蛋的选择方法

1. 感官法

主要是通过眼睛、耳朵等感官看、听，选择合格种蛋。如蛋的形状、大小、颜色、清洁程度等用肉眼检查；对裂纹蛋或轻微破损蛋可采用每只手拿3个，在手中轻轻转动，相互碰击，通过听声音挑出裂纹蛋，一般正常蛋声音清脆完整，裂纹蛋有破裂声。

2. 透视法

即用照蛋器观察种蛋的蛋壳结构、气室大小、位置、裂纹、是否散黄及血斑、肉斑等情况，判断比较准确。

3. 抽验剖视法

即通过打开种蛋进行剖检，测定哈氏单位、蛋壳厚度及均匀度、蛋黄指数、蛋白高度、血斑、胚盘或胚珠来进一步判断种蛋的内部品质。

三、种蛋的消毒

种蛋产出后，壳表面上附有许多微生物，随着细菌的迅速繁殖，将会侵入蛋内，影响孵化率和雏鸡的健康，同时也污染孵化器和用具，传播疾病，所以要对种蛋进行消毒。种蛋的消毒时间，从理论上讲最好在蛋产出后立即消毒，但在生产实践中无法做到，比较切实可行的办法是每次拣蛋完毕，立即在鸡舍里的消毒室或送到孵化场消毒。如果需要储存，在入储存室之前也要进行消毒，种蛋的消毒方法有以下3种。

1. 熏蒸法

常用福尔马林熏蒸消毒，熏蒸前先计算好消毒空间的体积，福尔马林和高锰酸钾按2∶1的比例，第一次消毒每立方米体积用36毫升福尔马林，18克高锰酸钾，放一个比福尔马林容量大5倍的陶盆或瓷盆，可以先放高锰酸钾，再加入适量水，淹没高锰酸钾即可，最后加入福尔马林，关好门窗，在温度20～24℃，湿度75%～80%的环境下，密闭熏蒸消毒20分钟，再打开门窗通风换气；也可以先放入福尔马林，再加入高锰酸钾。熏蒸法可杀死蛋壳上95%～98.5%的病原体。为节省用药量，可在蛋盘上罩塑料薄膜，以缩小空间。此法消毒效果好，操作简便。

在孵化器里进行第二次消毒时，每立方米用福尔马林28毫升，高锰酸钾14克，熏蒸20分钟。但必须注意：①种蛋在孵化器里消毒时，应避开24～96小时胚龄的胚蛋；②福尔马林与高锰酸钾的化学反应剧烈且有很大的腐蚀性，要用容积较大的陶瓷盆，先加少量温水，再加高锰酸钾，最后加福尔马林，注意不要伤及人的眼睛和皮肤，还要注意盆子向里放一点，以防靠近门体，因在蒸发过程中溅出的福尔马林和高锰酸钾混合物有极高的温度，烧坏门壁，引起火灾；③种蛋从储存室取出或从禽舍送孵化场消毒室后，在蛋壳上会凝有水珠，应让水珠蒸发后再消毒，否则对胚胎不利；④福尔马林溶液挥发性很强，要随取随用，如果发现福尔马林与高锰酸钾混合后不产生烟雾或很少烟雾，说明福尔马林失效或加水过多。

也可用过氧乙酸熏蒸消毒，过氧乙酸是一种高效快速、广谱消毒剂。消毒种蛋时，每立方米体积用含16%的过氧乙酸溶液40～60毫升，加高锰酸钾4～6克，熏蒸15分钟。但必须注意过氧乙酸遇热不稳定，如40%以上的浓度加热至50℃就会引起爆炸，应在低温下保存。过氧乙酸是无色透明液体，腐蚀性很强，不要接触衣服和皮肤，消毒时用陶瓷盆或搪瓷盆，现配现用，稀释液保存不要超过3天。

2. 浸泡法

浸泡消毒是把种蛋放到事先配制好的消毒液中浸泡3～5分钟，再捞出沥干后保存或码盘，或将种蛋码盘后将种蛋连蛋盘一起放到消毒池中浸泡消毒，一些先进的孵化厂将码盘后的种蛋装上蛋车后用天车和吊钩将蛋车浸泡到消毒池内，5分钟后再吊出，控干水后直接推进孵化器。常用药物有高锰酸钾或双季铵盐类，前者易使蛋壳氧化褪色变暗，不易照蛋，所以生产中多用新洁尔灭或其他含季铵盐的消毒剂。

用新洁尔灭浸泡消毒方法是将含5%的新洁尔灭原液加50倍水，配成0.1%的新洁尔灭水溶液，水温调至40～50℃，将种蛋放入浸泡3分钟捞出。

用碘液浸泡消毒方法是将种蛋浸入0.1%碘溶液中(15克碘化钾加入15克水溶解后加入10克碘片，搅溶后再加入1 000毫升清水制成)1分钟，浸泡10次后溶液浓度下降，可延长消毒时间至两分钟或更换新碘液，水温40～50℃。

对准备保存的种蛋不宜用浸泡法消毒，因破坏胶质层，加快蛋内水分蒸发，细菌也容易进入蛋内，所以浸泡法只适用于入孵前消毒。

3. 喷雾法

对码好盘的种蛋可用含80毫克/千克的二氧化氯40℃温水对种蛋进行喷雾消毒。也可用10毫克/千克二氧化氯泡沫消毒种蛋5分钟，效果也不错，尤其可以提高脏蛋的孵化率，但必须强调用二氧化氯消毒种蛋时必须严格掌握好消毒时间，否则消毒时间过长会增加胚胎的死亡率。

也可用含有20毫克/千克的季铵盐类消毒药进行喷雾消毒，要求喷雾均匀一致，不留盲点，待晾干后装机入孵。

四、种蛋的包装及运输

若种鸡场距孵化场不远时，可把收集的种蛋直接送入孵化场储存，不需要包装和长途运输；若两场距离较远，或从外地引进新品种时，或种蛋销往外地时，都需要对种蛋进行包装，如果保护不当，种蛋破损量大或卵黄系带松动，气室破裂，既影响孵化成绩又造成经济损失。

对种蛋包装运输的要求有两点：一是使用专门的装放用具。运输种蛋首先碰到的问题就是装放用具，但目前比较普遍采用的是种蛋纸箱，纸箱可用硬板纸或瓦楞纸制成，箱内使用纸皮做成的方格，每格放一个蛋，蛋的上下左右都用纸皮隔开，可以避免蛋与蛋之间直接碰撞。箱内也可用塑料蛋托或压模纸盒代替，一般每层装30枚(或36枚)。如果没有这种专用纸箱，用木箱也可以，但要尽量避免蛋之间的直接接触，可将每枚种蛋用纸包裹起来，四周多垫些纸或其他柔软的物品，也可用稻壳、锯末或碎麦草作为垫料。二是防止暴晒受潮。不论用什么工具装蛋，都应尽量使蛋的大头朝上，或放平，并排列整齐。在运输过程中，不管用什么运输工具，都要注意：尽量避免阳光暴晒，因为阳光暴晒会使种蛋受热而促使胚胎发育(属不正常发育)而会影响孵化效果。同时防止雨淋受潮，种蛋被雨淋过之后，壳上膜受破坏，细菌就会侵入，还可能使霉菌繁殖，严重影响孵化效果。装运时，一定要做到轻放轻装，严防装蛋用具变形，特别是纸箱一旦变形，势必挤破种蛋。严防过分强烈震动等严重情况，如果道路高低不平，颠簸厉害，应在装蛋用具底下多铺些垫料，尽量减轻震动。

种蛋运到目的地后，应尽快开箱检查，除去破损的蛋，若发现有些蛋面破损而污染其他，应立即用干净软布擦干，将种蛋装进盘内，做好孵前的消毒工作后即入孵，不宜再保存。

五、种蛋的储存

1. 保存时间

一般不超过7天，保存温度适宜可存放9天。试验证明，种蛋贮存超过7天后每多放一天，孵化时间延长20～30分钟，孵化率下降2%～3%。

2. 保存温度

鸡胚发育的临界温度是23.9℃，蛋白的冰点是－0.5℃。若保存温度超过临界温度时，胚胎开始缓慢发育，入孵后早期死胚偏高，影响孵化率；低于冰点温度时，鸡胚易冻死。所以一般要求保存种蛋的最适宜温度为12～18℃。要求种蛋库必须安装冷暖空调，夏季制冷，冬季需供暖，其他季节室温即可。

3. 保存湿度

蛋库湿度应控制在70%～80%范围内，过低过高对种蛋的保存都有影响。过低种蛋水分蒸发过快，气室增大，失重快，影响孵化；过高，容易滋生细菌、霉菌，污染种蛋。

4. 生物防范

蛋库的环境保持清洁卫生，做到无鼠、无蚊和无蝇，尽量减少人员进出，并定期消毒。

5. 蛋库通风

蛋库要求空气新鲜，通风良好，无有害气体和有刺激性气味。

6. 种蛋的摆放

存放1周左右，可将种蛋大头朝上排放在蛋托上；若保存期较长应定时翻蛋，或最好锐端向上放置，避免胚胎与壳膜相连。

7. 防止种蛋冒汗

种蛋贮存过程中，蛋壳表面会因空气中水分的凝结而破坏胶护膜，并使灰尘、微生物等黏附其上，污染和损坏蛋的内容物。所以蛋库在保持温度适宜的同时，湿度应尽量稳定以防止种蛋冒汗。

第三节 鸡的胚胎发育

鸡是卵生动物，胚胎发育分为两个阶段，第一阶段是在体内发育，即在鸡蛋产出前，鸡胚就发育到囊胚期或原胚肠早期；第二阶段是体外发育，即产出体外的鸡蛋，由于温度影响，暂停发育，待有一个适宜的环境时，胚胎会继续发育成一个新的个体，破壳而出。

一、孵化期

孵化期是指种蛋在体外发育成雏鸡的全过程所需要的时间，正常情况下鸡的孵化期是 21 天。鸡的品种、孵化温度控制、种蛋的大小、保存时间的长短等因素对孵化期略有影响。蛋用型比肉用型和兼用型孵化期较短；控制温度偏高孵化期短，温度偏低孵化期延长；种蛋小的出雏早，种蛋大的出雏晚；保存时间长的出雏不整齐。尽管这些因素会对孵化期产生影响，但影响有限，无论是提前或推迟，一般都不会超过 36 小时。

二、体内的胚胎发育

种蛋的受精部位是在输卵管上 1/3 处，成熟的卵母细胞从卵巢上排出被输卵管伞部接纳，并在此处与精子相遇而受精，到峡部的时候完成受精过程并发生第一次胚胎细胞分裂。由于鸡体温达 40.5～41.7℃，使受精卵在体内开始发育，蛋在输卵管内形成过程需 20～24 小时，所以在体内受精卵大约经过多次细胞分裂，在蛋产出时，胚胎发育已达到囊胚期或原肠胚早期，产出后遇到低温环境胚胎发育暂时停止，应妥善保管种蛋，尽早进行孵化，使种蛋能在一个适宜的环境下孵化出一只健壮的雏鸡。

三、孵化期内的胚胎发育

孵化期内的胚胎发育是在一个适宜的环境下，由一个在体内已发育成囊胚期的早期胚胎继续发育成一个新个体的全过程。

（一）胚胎发育阶段

在孵化早期（第 1～4 天）为内部器官发育阶段。由内、中、外 3 胚层形成雏鸡的各个组织和器官。外胚层形成皮肤、羽毛、喙、趾、眼、耳、神经系统以及口腔和泄殖腔的上皮等；内胚层形成分化器官和呼吸器官的上皮及内分泌腺体等；中胚层形成肌肉、生殖系统、排泄器官、循环系统和结缔组织等。

孵化中期(第 5～14 天)是外部器官发育阶段,脖颈伸长、翼喙明显、四肢形成、腹部愈合、全身羽毛长齐、胫出现鳞片等。

孵化后期(第 15～19 天)为鸡胚生长阶段,胚胎逐渐长大,肺血管形成,卵黄囊吸入体腔内,开始利用肺呼吸,在壳内鸣叫、啄壳。第 21 天为出壳阶段,雏鸡生长发育完成,破壳而出。

鸡的胚胎见图 7-1。

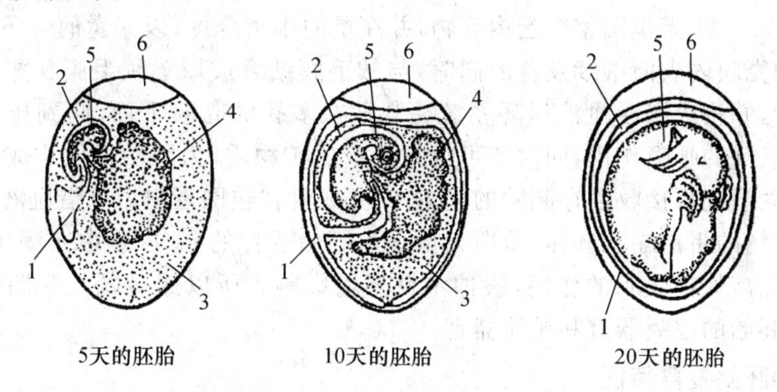

图 7-1　鸡的胚胎和胚膜的发育

1. 尿囊　2. 羊膜　3. 蛋白　4. 卵黄囊　5. 胚胎　6. 气室

(二)胚外膜的形成过程

在胚胎发育早期形成了 4 种胚外膜(图 7-1),即卵黄膜、羊膜、绒毛膜、尿囊,虽然它们都不形成胚胎的组织和器官,但是它们对胚胎为适应外界环境发育所需进行的生理活动、利用营养物质进行各项代谢活动是必不可少的。

1. 卵黄膜

卵黄膜是包围在卵黄表面的一层胚膜,从孵化的第 2 天开始出现,到第 9 天几乎覆盖整个卵黄表面。其上分布很多血管,能将消化的卵黄吸收输送到胚体内进入心脏,再输送到胚体的各个部位;卵黄囊内壁在孵化初期形成血管内皮层和原始血球;卵黄囊在早期靠近卵壳膜,可进行气体交换,可见卵黄囊是胚胎的营养器官、造血器官和呼吸器官。孵化第 19 天,卵黄囊及剩余蛋黄开始进入腹腔,第 20 天完全进入腹腔,雏鸡出壳时约剩 5 克蛋黄。一般在出壳后 5～6 天被雏鸡小肠吸收完毕,仅在肠壁外残留一个小突起,称卵黄蒂,一直到成鸡仍有,这也是空肠和回肠的分界线。

2. 羊膜和绒毛膜(浆膜)

包围在胚胎周围的两层胎膜,内层靠胚体称羊膜,外层称浆膜或绒毛膜。在孵化 30～33 小时开始形成,而 4～5 天逐渐形成头褶、侧褶、尾褶,在胚胎背上方相遇合并，称羊膜脊，形成了羊膜腔，包围胚胎。羊膜腔内充满液体（羊水），起着缓冲震动、平衡压力、保护胚胎免受震伤的作用，也保持早期胚胎的湿度。羊膜上没有血管，但有平滑肌纤维，有规律地收缩，波动羊水，使胚胎不致因粘连而畸形。另外浆膜有与肺泡类似的呼吸上皮，故有气体交换的功能。

3. 尿囊

尿囊在入孵后第 2 天末第 3 天初开始形成，其后迅速生长，第 6 天到达壳膜内表面，第 10～11 天包围整个蛋内容物，并在蛋的小头合拢，以尿囊柄与肠连接。尿囊在接触壳膜内表面继续发育的同时，与绒毛膜结合成尿囊绒毛膜。尿囊出现后就有血管，并构成尿囊血液循环系统。紧贴在多孔的壳膜下面，起到排出二氧化碳、吸入氧气的呼吸作用，同时还可吸收壳壁的矿物质，为胚胎提供构成骨骼的重要原料；尿囊还可接收贮存胚胎的代谢产物；尿囊在包围蛋白后可借血液循环将一部分已水解的蛋白输入胚体（蛋白大量是由胚胎吞食的）。尿囊中充满尿囊液，起到润滑、隔离保护胚胎的作用，缓冲不良环境影响。所以尿囊既是胚胎的营养器官，又是胚胎的呼吸器官和排泄器官。

（三）胚胎发育特征

1. 胚体特征（表 7 - 2，图 7 - 2）

表 7 - 2 鸡胚胎发育不同日龄的外部特征

特征	胚龄（天）	特征	胚龄（天）
卵黄囊出现血管	2	羊膜覆盖头部	2
开始眼的色素沉着	3	出现四肢原基	3
肉眼可明显看出尿囊	4	出现口腔	7
背出现绒毛	9	喙形成	10
尿囊在蛋的小头合拢	10～11	眼睑达瞳孔	13
头覆盖绒毛	13	胚胎全身覆盖绒毛	14
眼睑合闭	15	蛋白基本用完	16～18
蛋黄开始吸入、开始睁眼	19	颈部凸进气室	19
开始啄壳	19.5	蛋黄吸入，大批啄壳	19.8
眼睁开	20	开始出雏	20.2
大批出雏	20.5	出雏完毕	21

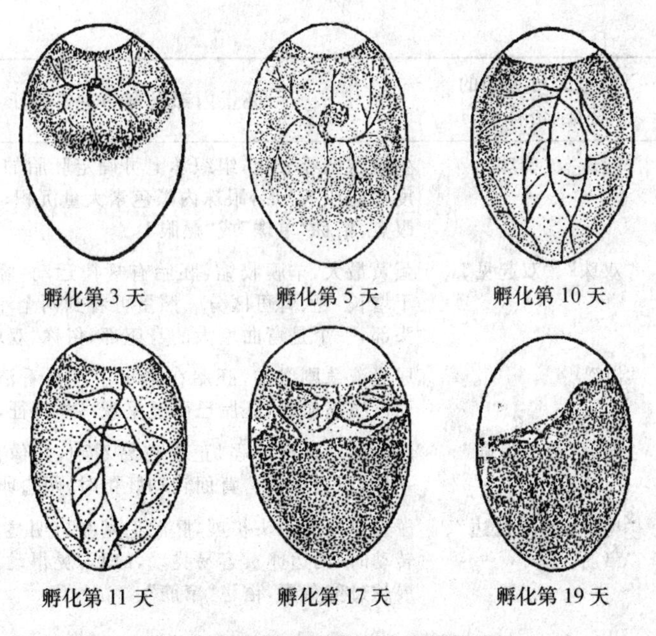

图7-2　鸡胚胎不同日龄的照蛋特征

2. 鸡蛋孵化全程胚胎的主要特征(表7-3,图7-2)

表7-3　孵化每一天的主要特征

胚龄(天)	照蛋时可见到的特征(俗称语)	胚蛋内部发育的主要特征
1	“鱼珠眼”或“白光珠”	胚盘开始重新发育,器官原基出现,蛋黄表面有一颗稍透明的圆点,在胚盘的边缘出现许多红点,称“血岛”
2	“樱桃珠”	卵黄膜、羊膜、绒毛膜开始形成,血岛合并成血管,血液循环开始,心脏开始跳动,卵黄囊血管区已能见到,形似樱桃,称“樱桃珠”
3	“蚊虫珠”	胚胎头尾分明,尿囊开始长出,内脏器官形成,眼的色素开始沉着,卵黄增大,胚胎和伸展的卵黄囊血管形似蚊子,称“蚊虫珠”
4	“钉壳”、“扎眼”、“小蜘蛛”	卵黄囊血管紧贴蛋壳,羊膜腔形成,胚胎头部明显增大且与卵黄分离。尿囊以脐带向外突出,形成一个有柄的囊状。照蛋时蛋黄不随着转动,胚胎和卵黄囊血管形状像一只小蜘蛛

续表 7-3

胚龄(天)	照蛋时可见到的特征(俗称语)	胚蛋内部发育的主要特征
5	“起珠”、“单珠”	生殖腺已经分化,组织学上可确定胚胎的公母。胚胎极度弯曲成“C”形,眼珠内黑色素大量沉积,能明显看到黑眼点,俗称“单珠”或“黑眼”
6	“双珠”、“双起见”	蛋黄最大,羊膜收缩,胚胎有规律运动,喙原基出现,躯干增长,翅、脚可区分。照蛋可看到两个小圆点,一个是头部,一个是弯曲增大的身躯部,俗称“双珠”
7	“沉”	尿囊液急剧增加,胚胎在羊水中不易看清,半个蛋的表面已布满血管,胚胎已明显呈现鸟类特征,自身有体温
8	“浮”、“边口发硬”	胚胎活动逐渐加强,正面较易看到,好像在羊水中浮游一样,四肢形成。背面转动胚蛋时,两边卵黄不易晃动
9	“晃得动”、“发边”、“窜筋”	尿囊迅速向小头扩展,胚胎毛基突出明显,腹腔愈合,蛋转动时,两边卵黄容易晃动,故称“晃得动”,尿囊血管伸展越过卵黄囊,俗称“窜筋”
10	“合拢”、“卡足”	尿囊血管迅速扩展,在蛋的小头合拢,除气室外,整个蛋布满血管
11	血管开始加粗颜色开始加深	尿囊液达到最大量,各器官进一步发育
12	血管渐加粗颜色渐加深	卵黄成扁圆形,故照蛋时看到左右两边的卵黄连接,小头蛋白由浆羊膜道输入羊膜囊中,胚胎开始吞食蛋白
13～16	小头发亮部分随胚龄增长而逐渐缩小	胚胎通过血液循环系统和消化系统大量吸收蛋白,故生长迅速,骨化作用加强,绒毛覆盖全身,水分蒸发加快,气室逐渐扩大,小头亮区逐渐变小
17	“封门”、“关门”	羊水、尿水开始减少,胚体增大,蛋白全部输入羊膜腔,照蛋时蛋小头看不到发亮的部分
18	“斜口”、“转身”	胚胎转身,喙开始转向气室,致使气室向一方倾斜,故称“斜口”、“转身”,胚胎吸收蛋白已结束,并开始吸收蛋黄
19	“闪毛”	胚胎大转身,颈部和翅突入气室内,并不断闪动故称“闪毛”,尿囊血管逐渐萎缩,卵黄吸入腹腔中,喙进气室开始呼吸,并开始啄壳,能听到叫声
20	“起嘴”、“见嘌”、“啄壳”	尿囊完全枯萎,血流循环停止,剩余卵黄与卵黄囊全部进入腹腔,已有大量啄壳和少量出壳
21	“出壳”	出壳高峰,幼雏腹腔残留 5 克左右的卵黄,作为出壳后的营养源,一般 5 日龄以后即可全部吸收完毕

3. 胚胎发育特征歌诀

为了便于记忆，现将鸡胚胎发育每天照蛋的主要特征编成口诀，供参考。一点、二线、三蚊、四珠；五单、六双、七沉、八浮；九到边，十合拢；十一到十六血管渐加粗，颜色渐加深，大头黑影扩大，小头亮区减少；十七封门，十八斜口；十九闪毛，二十破壳；二十一出雏，二十二扫盘。

第四节　孵化条件

鸡的孵化技术是利用仿生学原理，模仿鸡抱孵时的环境条件而设置的孵化条件，主要有温度、湿度、通风、翻蛋、晾蛋等。

一、温度

温度是最为关键的孵化条件，只有在一定的温度范围内，鸡胚才能正常发育，在生产实践中，37～39℃之间鸡胚都能生长发育，但最适宜的温度是37.8℃。过高过低都会影响胚胎发育。温度过高，胚胎发育加快，出壳早，毛短，体小而弱，成活率低；温度过低，胚胎发育缓慢，出壳晚而不整齐，残弱雏增多。

温度控制有两种模式，一是恒温，即孵化1～19天，一直保持一个恒定温度，实验证明38℃最为适宜，落盘出雏阶段调为37.2℃，这种模式适合分批多次入孵；二是变温，即在胚胎发育的不同阶段，给予不同的温度，更有利于胚胎的发育，生产中变温孵化时，温度控制范围一般是1～7天为38.4℃，7～14天为37.8℃，14～21天为37.2℃。若孵化和出雏分开时，出雏器内的温度控制37.2℃孵化率最好。这种模式适用于整机、整批入孵。

另外在生产中，多采用"看胎施温"的方法控制温度，即根据胚胎发育与胚龄特征的吻合程度，适当调整温度高低，更有利于提高孵化率和整齐度。

二、相对湿度

湿度也是孵化的一个重要条件，在孵化期内控制好湿度，更有利于出雏。湿度的作用一般有3点：一是与蛋内的水分蒸发和物质代谢有密切关系。湿度过小，蛋内水分蒸发过快，且失重过多，出壳的雏鸡轻小，绒毛短，体质差；湿度过大，蛋内水分蒸发缓慢，妨碍正常的气体交换，易引起胚胎中毒，且出壳的雏鸡腹部过大，卵黄吸收不良，弱雏多，成活率低。二是湿度具有导热作用，利于早期均温和后期散热。三是湿度与雏鸡的出壳情况有关，出雏时因湿的空气中的二氧化碳作用于蛋壳的碳酸钙，使其变成碳酸氢钙，蛋壳会变脆，有利于啄壳和出雏，所以在出雏时提高湿度非常重要。

鸡胚对湿度的适应范围较宽，一般前期湿度控制在50%～55%为宜，后期可达65%～70%。

湿度的提供主要靠水盘的蒸发，或直接向机内喷洒温水来实现。

三、翻蛋

在孵化过程中人工或自动地定时将胚蛋转动一定的角度的过程称为翻蛋。翻蛋的作用在于避免使胚胎与壳内膜粘连而造成死亡，还能使胚胎各部位受热均匀，有利于胚胎运动和保持正常胎位。

有人观察，母鸡抱孵时，一天24小时翻蛋的次数多达数十次，这是一种生物本能。但是我们用机器孵化，设定的是每两小时翻蛋一次，一昼夜12次，即可保证正常出雏，最少不能低于6次。翻蛋角度从水平位置算不少于45°，从左右定位算不少于90°。前期翻蛋更为重要，据实验14天后翻蛋与不翻蛋，其孵化率无差别，可见把落盘时间提前到16～18天，对出雏率无影响，可以提早入孵，增加入孵次数，提高经济效益。

四、通风

通风就是利用自然环境和人为因素使孵化室和孵化机内的小环境达到空气新鲜，有利于胚胎发育。在整个孵化过程中，尤其是中后期，胚蛋不断地进行气体交换，吸入氧气，排出二氧化碳和余热，若胚蛋周围供氧不足，就会影响胚胎发育，使胚胎发育迟缓，畸形率增高，影响孵化成绩，若余热不能及时排出，还会出现“闷死”或“烧死”胚胎的现象。所以及时的通风换气是提高孵化成绩的必要条件，但是通风与温度、湿度之间存在着矛盾，通风过量，湿度、温度会降低，所以在孵化过程中要适度控制通风量，或提高室温，使三者协调一致才能正常出雏。

孵化机的通风有自动控制装置，根据胚龄的大小和室内的空气情况，及时调整进、排气量。排出的气体最好通过排气管道送至室外，以免造成废气在室内循环降低氧含量。

五、晾蛋

晾蛋是指孵化到一定时间，打开机门，切断供热系统，只开风机，使机内蛋温降到一定程度再关好机门继续升温的过程。这样的目的有两点：一是及时排出胚蛋在孵化过程中所产出的多余热量；二是给予胚胎一个适当的冷刺激，更有利于胚胎的发育。

晾蛋不是必须要办的孵化条件，若孵化器的通风换气系统设计合理，一般不需要晾蛋。但在夏季高温情况下，特别是到孵化中后期或室温过高时，必须晾蛋。

晾蛋的方法有两种：一是机内晾蛋，即把机门打开，关闭供热系统，只打开风机，维持10～20分钟，待蛋温降至30℃左右时，眼皮感温，微凉为度，再关上机门，打开供热系统，继续供温；二是机外晾蛋，即把蛋盘或整个蛋架车拉出机外，在室内晾蛋，最好把蛋盘交错抽出一部分，放到电扇下方，晾蛋更快。如果是夏季室温过高时，即使晾蛋热量也不宜散出，最好在蛋表面喷洒温水，更有助于热量散出，特别是孵化后期的胚蛋。

第五节　现代孵化管理

出壳雏鸡质量的好坏，除了与种鸡的质量、种蛋的遗传因素及种蛋的保存时间、方法有关外，与孵化室的管理技术也有直接的关系。管理不善往往对雏鸡质量产生很大的影响，造成不可低估的经济损失。因此要想孵化出优质健康的雏鸡，加强对孵化室的规范管理是非常必要的。

一、完善硬件设施

根据孵化规模，设计出配套的孵化室，功能要齐全，净道、污道界限明显，种蛋消毒及储藏室、上蛋室、孵化室、照蛋室、出雏室、免疫接种室、分级室、发鸡室、清洗室、沐浴更衣室、消毒室、上下水、发电机房、锅炉房、杂品仓库等既要配套，又要有一定的工作空间，布局合理。

二、购置合适的孵化设备

孵化设备通常有168型、192型或巷道式，购置数量应与孵化场规模、孵化室面积和销售能力相配套，以防造成设备闲置或生产能力不足。另外还应配备发电机组、清洗机、运输车、水塔、锅炉等配套设备。

三、孵化前的准备工作

1. 制订孵化计划

在孵化前，要根据孵化与出雏能力、种蛋数量以及雏鸡销售合同等具体情况订出孵化计划。一般由负责销售雏鸡的经理制订，交由孵化车间主任执行。车间主任根据计划制定一个孵化日程安排表，以便于组织生产。一旦计划制订好后，非特殊情况不能随便更改，以免影响整体计划和生产安排。

一般情况下每周入孵2批或每3天入孵1批工作效率较高。如果孵化车间就一班人，不分组时，应把费力、费时的工作（如上蛋、照蛋、落盘、出雏等）安排开，每天都有活干，不能旱涝不均，手忙脚乱。若孵化任务大时，可安排在16～18天落盘，每月可多入孵1～2批。

2. 准备好所有用品

入孵前一周应把一切用品准备好，包括照蛋灯、干湿温度计、消毒药品、马立克疫苗、装雏箱、注射器、清洗机、易损电器元件、电动机、皮带、各种记录表格、保暖和降温设备等。

3. 温度校正与试机

新孵化机安装后，或旧孵化机停用一段时间，再重新启动，都要认真校正检验各机件的性能，尽量将隐患消灭在入孵前。

孵化用的温度计和水银导电温度计要用标准温度计校正，方法是将上述温度计及标准温度计插入38℃温水中观察温差，并贴上温差标记。若孵化用温度计比标准温度计低0.5℃，则贴上“+0.5℃”，记录孵化温度时，将所观察到的温度加上0.5℃。或者换一支没有误差或误差最小的温度计会更好。

在孵化上蛋前对孵化机进行试运行一段时间，看看各部位是否正常。若有问题，及时维护或更换，在保证无误时再上蛋入孵。

四、孵化室工艺流程

种蛋→消毒室（消毒、暂存）→种蛋处理室（分级、码盘）→入孵化机（预热、消毒）→升温孵化→记录（入孵时间、品种、数量、升到设定温度时间、计算出雏时间）→照蛋→晾蛋→落盘→出雏→拣雏→分级→防疫→装箱→出售→统计孵化成绩→清洗消毒→进入下一循环。

1. 种蛋消毒

从种鸡场运来的种蛋放入种蛋消毒室，用甲醛和高锰酸钾熏蒸消毒一次。每立方米用42毫升甲醛、21克高锰酸钾，关好门窗熏蒸20分钟后，打开门窗通风，把种蛋转入种蛋处理室。

2. 码盘

把合格种蛋大头朝上、小头朝下依次摆放到孵化盘上，装入蛋架车称为码盘或上蛋。在这个过程中要把破蛋、裂纹蛋和不合格蛋（大蛋、小蛋、沙皮蛋、钢壳蛋、浅色蛋、薄皮蛋等）剔除。

3. 入机消毒

把码好盘的蛋架车推入孵化机内，升温至27～28℃，湿度达到70%～75%时再用甲醛和高锰酸钾熏蒸消毒一次，用量为每立方米空间用甲醛28毫升、高锰酸钾14克，关好风门、风机和大门，熏蒸20分钟，开排风机排净气味，关门继续升温。

4. 做好各种记录

孵化机继续升温后，按孵化要求设置温度（整机入孵变温孵化第1～3天38.2℃、4～9天38℃、10～19天37.7℃、20～21天37.2℃）、湿度（孵化机内50%～60%、出雏机内65%～75%）、通风量（第1～6天小风量、7～12天中风量、13～19天大风量）、翻蛋时间（每两个小时1次）等指标。认真观察机器的工作情况，若达到要求标准能自动切换，说明机器正常，否则应立即检修。待温度升到要求温度后开始记录准确时间，推算到第21天，就是出雏的时间。

每台机器上都要有记录表，值班人员每隔两小时要记录一次，内容包括温度、湿度、翻蛋、晾蛋、通风等（表7-4）。不能缺项，以备工作人员检查。

表7-4　孵化管理记录表

机号：______　　　　______年____月____日

时间	机内温度	机内湿度	翻蛋	风门	室内温度	其他工作	值班者签字
00:00							
02:00							
04:00							
06:00							
08:00							
10:00							
12:00							
14:00							
16:00							
18:00							
20:00							
22:00							

5. 照蛋

孵化期间按要求在第7～9天和18～19天照蛋2次，第一次照蛋时间如果是白壳蛋可以提前到5～6天，第二次照蛋的时间与落盘时间是一致的。照蛋的目的是拣出无精蛋、死精蛋和弱胚蛋。照蛋要尽快进行，注意保温，室温要提高到21～

22℃。照蛋后要及时统计受精率、死精率，分析种蛋质量，预算出雏率，安排供应计划，通知用户接雏时间使其及早做好育雏准备工作。

照蛋时各种类型胚蛋的特征（图 7-3）如下：

（1）受精蛋　即发育正常的胚胎，可明显看到鲜红的血管网，扩散面较宽，血管网中心的胚胎隐约可见，转动胚蛋时胚胎也随之转动。

（2）弱精蛋　验蛋时可看到血管和眼珠，血管纤细，血管网分布面积较小，颜色浅淡，胚胎较小。

（3）无精蛋　蛋内透明，没有血管分布，转动时可见卵黄阴影浮动，保存时间过长的种蛋，则看不到卵黄阴影，只能看到一大团颜色较深的阴影。

（4）死精蛋　早期死亡的胚胎，照蛋时可看到蛋内昏暗浑浊，出现血块、血环、血点或黏附在壳膜上的断裂血管残痕，有时可见死亡胚胎的浮动。

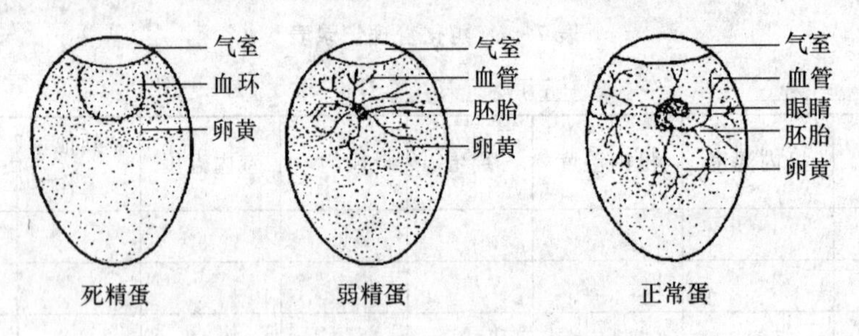

图 7-3　5 胚龄鸡胚各类型胚蛋示意图

6. 停电时的措施

大型的孵化场应自备发电机，功率应与孵化场总功率配套，以备外源供电线路停电时使用。若无发电机，应与供电部门建立联系，以便及早做好停电准备工作。孵化室在设计时就要考虑保暖系统，可用暖气片、热风炉、火道、火墙或火炉，在停电前几个小时开始加热提高室温，使室温保持在 31～34℃，将机门全部打开，每半小时人工翻蛋一次。保持机内上下部的蛋温均匀，同时在室内地面上喷洒热水，调节温度。停电时且不可立即关闭通气孔，以免机内上部蛋温过热而伤害胚胎，造成损失。

7. 晾蛋

晾蛋是指种蛋孵化到一定时间，打开机门，停止供温，让胚蛋温度下降到 32～35℃。晾蛋日期为第 13～19 天，每天晾蛋两次，每次约 30 分钟。夏季要将蛋架车拉出孵化器，在电扇下晾或在胚蛋上喷洒温水快速晾蛋。晾后关机门继续升温孵化。

8. 落盘

在孵化机内孵化到第18～19日龄，要把胚蛋转入出雏器内，再孵两天即可出雏，这一过程称落盘。落盘时要抽检一下胚胎发育情况，可估测出雏情况。落盘时要小心，轻拿轻放，避免人为地打破胚蛋，盘内只放一层，不能叠放，以防影响出雏。落盘前，出雏盘、推车等设备要全面清洗消毒。胚蛋移入出雏器后，温度控制在37.2℃，加大湿度到65%～75%，并加大通风量，保持室内空气对流、新鲜。勤于观察，防止超温。

9. 拣雏

正常孵化至第20.5～21天时，出雏率可达90%以上。在拣雏前，每立方米用甲醛14毫升、高锰酸钾7克消毒15分钟，然后开机门通风。这对脐炎、沙门氏杆菌、大肠杆菌等细菌性疾病有一定的预防作用。特别是白羽肉鸡苗，经消毒后羽毛蓬松，颜色光亮一致，商品化程度高。待所有雏鸡绒毛干后即可拣雏，可分批拣雏也可一次性拣雏，经验表明一次性拣雏比较好。对用羽毛颜色自别雌雄的品种，直接把公母雏分开放置，拣出毛蛋、蛋壳，清点公母鸡数（其中健雏、弱雏、死雏分开计）、毛蛋数，统计出雏率、健雏率，清理机器，打扫卫生，处理公雏、毛蛋等副产品。

10. 接种马立克氏病疫苗

1日龄的雏鸡要注射马立克氏病疫苗，注射越早防疫效果越好。在现有的马力克疫苗中，液氮苗（组织苗）的保护率最高，可达95%以上，但价格昂贵。但为了提高保护率，减少经济纠纷，一般孵化场都用液氮苗。因液氮苗保存在－196℃的液氮中，使用时有严格的解冻程序，必须由专人负责管理，以防操作不当，降低效果。

液氮苗的解冻与稀释程序：①穿戴防护服、防护手套和护目镜；②只取出装有需要立即使用的疫苗安瓿架；③每次只取出一安瓿，将余下的立即放入液氮中；④将安瓿瓶放到27℃水浴中，并轻轻摇动60秒，使之完全融化；⑤用洁净布把安瓿瓶擦干，小心折断瓶颈启封，确保里面的液体不会溅出；⑥用装有18号或以上针头的注射器将安瓿瓶中疫苗完全吸入；⑦将针头插入疫苗稀释液中，轻轻吸进一些稀释液，使疫苗与稀释液充分混合；⑧将注射器内的所有液体轻轻注入疫苗稀释液中，再吸出2毫升稀释液冲洗安瓿瓶和瓶尖，重复冲洗两次；⑨轻轻转动装有稀释液的瓶小心混匀，在瓶上准确记录稀释疫苗时的时间。

液氮的处理：接触液氮可导致严重的组织损伤，破裂的液氮罐应该废弃，液氮罐应储存在通风良好的房间内。

液氮的储存：液氮罐设计用于－196℃保存，液氮罐应双壁真空，经常检查罐是否破裂，尤其注意罐口周围，紧邻疫苗稀释间存放，定期检查液氮，保持液氮面始终在疫苗安瓿瓶以上,液氮在室温下会挥发,虽无毒但可降低空气中氧气的含量,可能导致窒息。

所用注射器必须严格消毒,最好高压灭菌或蒸煮。调节好注射剂量,每只雏鸡颈部皮下注射 0.2 毫升,防止打空针或漏防。注射速度要快,一瓶疫苗最好在稀释后 30 分钟内注射完。用后的空瓶消毒后深埋,防止污染环境。若种鸡场、孵化场受病原体污染严重,可在注射马立克疫苗 2 个小时后再注射一次抗生素(庆大霉素、卡那霉素、恩诺沙星均可),基本可保证一周内的雏鸡不出现细菌性疾病。

11. 装箱发售

接种过疫苗,挑选健雏装入雏鸡专用箱,每箱分 4 格,每格装 25 只,共 100 只,额外加两只弥补运输途中的损失。先把车厢熏蒸消毒或喷雾消毒,并充分通风,装车时箱与箱之间要留有空隙,保证通风,层数不超过 6 层,以防止下层被压塌。夏季开窗通风,停车时要打开车门通风,行走 50～100 千米要停车检查一次,查看雏鸡是否正常。冬季天气虽冷,车门窗也不要全部关严,要留进出风口通风换气,防止闷死雏鸡。汽车要匀速行驶,防止急刹车,特别是在乡村土路更应慢行,防止颠簸造成挤压。

12. 清洗消毒进入下一循环

落盘后孵化机要全面清洗消毒,冲刷时要保护好电器部分,清洗消毒后制订下一批孵化计划。出雏器在雏鸡处理完后应立即清扫,加湿器、水槽、机器内外壁、顶壁、地板等要全部清洗干净。出雏盘、蛋车要用高压水枪冲洗干净,摞好推入出雏器中,再熏蒸消毒一次。整个出雏室、接鸡室、地面冲洗干净,不留死角,再喷雾消毒一次。

五、人员管理

1. 人员安排

孵化场设主任 1 人,全面负责生产与人员管理;技术员 1 人,负责孵化技术;保管兼统计员 1 人,管理种蛋、雏鸡,统计孵化成绩;工人按每 3 台孵化机配 1 人的标准配备,性别不限。

2. 工作安排

主要分两大项,一项是值班看管机器并做记录,另一项是处理日常工作(上蛋、照蛋、落盘、拣鸡、防疫、发鸡、打扫卫生等)。看机器可分为三班,早班 8:00～16:00,中班 16:00～24:00,晚班 24:00～8:00,根据机器多少,每班可安排1～2人。日常工作实行弹性工作制,有工作就做,没有就休息。管理人员晚上要留人值班,防止突发事件。

3. 值班人员交接班制度

值班人员上下班必须履行交接班手续，划分责任界限，奖罚分明。每台机器上的记录表，值班人员要如实登记，接班人员检查，确保无误时双方在记录本上签字；值班人员应把当班时每台机器的工作状况如实告知接班人员，必要时写在记录表的备注栏内，双方都要认可；值班人员要妥善保管好车间里存放的无精蛋、破蛋、毛蛋及工具、用具等，若需出库必须由保管员出具出库凭证，与接班人员交接查验物品，无误时双方签字；值班人员负责车间卫生，下班前必须把车间整理打扫干净，接班人员认可后方可下班；凡是上级领导下达的指示或任务，值班人员应积极完成，若下班时仍无法完成，可转交给接班人员继续工作。

4. 值班人员岗位责任

值班人员要认真负责、坚守岗位，详细观察、认真记录，发现问题及时上报。若有擅自离岗、值夜班睡觉、在车间吸烟、记录不详细不准确、晾蛋不及时、出现问题不上报等行为，要根据情节严重及危害程度给予不同程度的惩罚。

5. 工作人员出入车间管理

所有工作人员必须在消毒间更换工作服和胶鞋，紫外线消毒15分钟后方可经消毒池进入车间。出车间时在消毒室换上自己的衣服、鞋后方可出门。不准穿工作服和胶鞋出车间；非工作人员未经允许不准进入车间，外来参观人员需经领导同意，换衣服消毒后方可进入；不得从消毒室以外的其他任何门和窗进入车间。

第六节 雏鸡处理技术

一、雏鸡的分拣与暂存

拣雏有分批拣和一次性拣。分批拣是在出雏过程中分两批或三批从出雏器中把毛干的雏鸡拣出，毛不干的和未出壳的继续加温孵化，直到全部出齐毛干后一次拣出。分批拣的好处是防止毛干的雏鸡长时间在高温下造成脱水，另外也可防止拥挤压伤刚出壳的或啄壳的。一次性拣雏是等雏鸡全部出齐毛干后一次拣出，不再继续孵化。一次性拣雏的好处是减小劳动强度，并能保持一定温度出雏整齐一致。两种方法各有优缺点，可选择使用。但一般在生产中都是一次性拣雏。

拣雏时关闭电源，打开机门，把出雏盘全部拉出机外，准备好空盘，把雏鸡和毛蛋分开拣出，若雏鸡为羽色自别雌雄，可直接把公母雏分开放盘，注意轻拿轻放，防止用力过猛或向盘内猛扔，造成捏伤或摔破蛋黄，以后不好饲养。

清盘后要及时清点数量，把公雏、母雏、死弱雏、毛蛋分别计数统计，计算孵化成绩。

拣出后，对公、母雏分别放置，商品代公雏一般为副产品，不需要做其他特殊处理，就直接放在出雏室大厅内，或及早通知用户拉走。如果暂时拉不走则将雏鸡放在出雏盘内，一盘最多不超过150只，摞好放置在有保温设施的暂存室内，或放到腾空的出雏器中把温度降到35℃左右，关门开机保温。

对于不能通过羽色鉴别公母的品种，要把全部雏鸡都放置在有保温设施的地方，由专业人员抓紧进行鉴别。

二、雏鸡的马立克氏病疫苗注射

鸡马立克氏病是鸡的一种病毒性传染病，潜伏期很长，雏鸡感染长大后发病死亡且无法治疗，对养殖户造成很大损失，只能用疫苗预防，而且疫苗必须在出壳后24小时之内注射才能收到好的预防效果，所以注射马立克氏病疫苗这一工作只有在孵化场内进行。马立克氏病疫苗根据其毒性和血清型不同，可以分成较多类型。从其保存方法上又可分为冻干苗和液氮苗两种。冻干苗HVT-988以前是世界上使用最广的疫苗，大多数情况下可以提供良好的保护力，但是随着家禽业的发展，各种马立克变种病毒不断出现，其毒力越来越强，冻干苗的保护效果越来越差，生产中不时有马立克氏病的发生，因此冻干苗不能适应变种病毒的防控，取而代之的是液氮苗。液氮苗是一个活的细胞组织苗，必须在超低温环境下保存，液氮的温度是－196℃，该疫苗就保存在液氮中，所以称液氮苗。液氮苗的产生和在生产中的应用，解决了生产中遇到的马立克氏强毒株出现的问题，控制了马立克氏病的发生，一日龄小鸡注射马立克氏液氮苗后，抗体产生时间为5天（即5天之后就具有抗病能力），比冻干苗提早8天。对强毒和超强毒马立克病毒，液氮苗可达到95％以上的保护率，比冻干苗提高了55％～65％。目前生产中基本上普及了液氮苗，虽然比冻干苗使用成本高了一些，但保护率高，大家都愿意接受使用液氮苗。

液氮苗有国产和进口两种，价格略有出入，孵化厂家可自己选定。液氮苗的使用有一个严格的解冻稀释程序，请按疫苗厂家提供的解冻方法严格执行，以免影响免疫效果。前面已经给了一个解冻程序，这里不再赘述。

疫苗稀释后要争取在15分钟内注射完，使用连续注射器每只鸡颈部皮下注射0.2毫升，防止打空针，疫苗瓶不要放在离热源较近的地方或放在雏鸡盘中，否则温度上升较快，容易失效。注射器要彻底消毒，注射针头每打300～500只更换一个消过毒的，防止注射污染病菌。注射后的雏鸡单独存放，不要与未注射的雏鸡混放，以防重复注射或漏防，影响免疫效果。

三、雏鸡的剪冠处理

对于种用公鸡，在1～2日龄时要对其进行特殊处理，即剪冠，防止成年后互相啄斗、损伤鸡冠。这一工作基本上要在孵化场进行。

准备好2.5%的碘酒棉球或碘酒棉签、镊子、弯头剪刀等用具。

操作者右手持剪刀，左手抓小鸡，食指和拇指轻捏小鸡头部两侧给以固定，其余手指握住小鸡，从喙部开始紧贴皮肤向上轻轻把刚露头的鸡冠剪掉。然后右手放下剪刀，拿起镊子夹取一小块碘酒棉球或用棉签蘸取碘酒在剪过的鸡冠痕迹上涂抹消毒，防止感染。

注意剪冠时不能过轻或过重，过轻以后还会长大，过重容易损伤皮肤，无法愈合留下大疤痕。

四、弱、死雏鸡的处理

按技术要求，残弱鸡不能出厂，死鸡更不能出厂，为防止乱扔乱放污染环境，清点数量后装入封闭的塑料袋内挖坑深埋，或用焚尸炉烧毁，或者经高温处理，烘干粉碎用作饲料或微肥。

五、蛋鸡商品代公雏的处理

蛋鸡商品代公雏是孵化场的副产品，价格非常低廉，一般由小贩拉走出售给专门养公鸡的用户，也可售给饲养食肉动物的单位和个人（如貂厂、甲鱼厂、鲶鱼厂、狗厂等），蒸煮后饲喂，也可自行高温处理，烘干粉碎作饲料用。

六、父母代种鸡副产品的处理

父母代种鸡用的是AB系的公鸡（红色）和CD系的母鸡（白色）杂交，产生商品代ABCD（红色为母鸡，白色为公鸡），可是AB系的母鸡（红色）和CD系的公鸡（白色）为父母代的副产品，不能做种用，只有淘汰，就算是副产品，处理时也要慎重，不能将AB系的母雏和CD系的公雏出售给一家，防止养成后留种（反杂交）或AB系公母鸡一起饲养，万一做种用，商品代会出现红公鸡或者白母鸡，影响孵化厂家信誉，甚至会引起经济纠纷。为减少麻烦，最好把副产品经过高温处理烘干粉碎作饲料用。

第七节　雏鸡雌雄鉴别技术

对商品蛋鸡场来说只养母雏，既能节约饲料，又能节省鸡舍、劳动力和减少各种饲养费用。但是初生雏鸡不像其他刚出生的哺乳动物那样，根据外生殖器官即可辨认公母，而一般要到5周龄以后才能根据外貌特征确定公母，这与生产需要产生了很大的矛盾。所以为了与生产接轨，减少浪费，提高饲料利用率，人们研究了许多方法，在雏鸡刚一出壳就可准确地辨认公母，常用的方法有以下几种。

一、利用伴性性状鉴别

这种方法是根据性染色体上的伴性基因的相对性状，通过合理杂交方式，在杂交后代刚出壳时即可通过某些明显的表现性状把公母雏区分开，称为自别雌雄。在当前饲养的商品杂交鸡中，许多都具备这种特点，使用这种方法需要有严格的配种制度，否则不能通过羽毛情况有规律地辨认。目前在生产中常用的规律性遗传性状有以下3种。

1. 快生羽和慢生羽

慢生羽（慢羽）是指刚出壳雏鸡的主翼羽与覆主翼羽等长，或覆主翼羽长于主翼羽。快生羽（快羽）是指主翼长于覆主翼羽。鸡生羽早晚或快慢受性染色体上一对等位基因所控制，慢羽为显性（K），快羽为隐性（k）。故可用伴性遗传原理，按一定的交配方式，生产可以根据羽速自别雌雄的商品代鸡，即用带有显性慢羽基因（K）的品系做母本（K^-），用带有隐性快羽基因的品系做父本（kk），杂交后 F_1 代公鸡为慢羽（Kk），母鸡为快羽（k^-），雏鸡出壳时即可根据羽型分辨雌雄，如图7-4所示。

亲本　　♂（快羽 Z^kZ^k）× ♀（慢羽 Z^KW）

↓

杂交后代　　♂（慢羽 Z^KZ^k）　♀（快羽 Z^kW）

图7-4　快生羽和慢生羽交叉遗传示意图

2. 银色羽和金色羽

银色羽（白色）和金色羽（黄褐色）基因都位于性染色体上，且银色羽（S）对金色羽（s）为显性，即利用伴性遗传原理，母本选带有显性银白色基因（S）的品系，父本选带有隐性金色基因（s）的品系，两者杂交后 F_1 代公雏为银色，母雏为金色，雏鸡一出壳即可以羽毛颜色鉴别出公母，一目了然，比用快慢羽鉴别公母更为方便。但是由于金银色羽毛和伴性遗传存在其他羽色基因的作用，故 F_1 代雏鸡羽毛颜色出现中间类型，这给鉴别增加了难度。每一育种场都随种鸡附有鉴别图谱，可按厂家规定进行。其基因型如图 7－5 所示。

亲本　♂（金色 Z^sZ^s）× 亲本 ♀（银色 Z^SW）

↓

杂交后代　♂（银色 Z^SZ^s）♀（金色 Z^sW）

图 7－5　银色羽和金色羽交叉遗传示意图

3. 芦花羽和非芦花羽

利用非芦花羽(一般为有色羽)公鸡与芦花羽母鸡交配，杂交后代公雏为芦花羽，即为黑色绒毛，头顶上有不规则的白色斑点，母雏全身绒毛棕色或背部有条斑。

二、翻肛法鉴别

此种方法主要是根据初生雏有无生殖隆起以及生殖隆起在组织形态上的差异，通过翻肛以肉眼来分辨公母的一种鉴别方法。一般来讲，鉴别准确率达到80％～85％并不难，经过几天的训练就可以做到，但要达到 95％以上的准确率及相当快的速度则需要较长时间实践。这是因为出雏后仍有部分母雏生殖隆起有残留，容易与公雏生殖隆起某些类型相混淆。一般容易误判的是：母雏的小突起型误判为公雏的小突起型，母雏的大突起型误判为公雏的正常型，公雏的肥厚型误判为母雏的正常型，公雏的小突起型误判为母雏的正常型。

翻肛鉴别的基本顺序为抓握雏，排粪、翻肛，鉴别和放雏。

1. 抓握雏

左手抓住雏鸡后移交右手固定，即雏鸡背向手心，尾部朝上，头朝下，雏颈轻夹于右手小指和无名指中间，四指轻握，拇指置于肛门右侧，熟练者可双手同时抓握。

2. 排粪、翻肛

鉴别前必须将粪便排出，其方法是用抓握雏鸡的手的拇指轻压腹部左侧髋骨下缘，借助雏鸡呼吸，与雏鸡的呼吸运动相协调，将雏鸡粪便排入排粪缸中。排粪后将右手拇指移到肛门右侧，同时左手的大拇指放于肛门下面和左侧，3 个手指在肛门周围拼成三角形，左食指向上推，拇指由肛门下往上顶，肛门即可翻开，借助光源就可观察生殖突起的情况，如图 7－6 所示。

3. 鉴别

肛门翻开后，根据生殖突起的有无、形态、组织上的差异及八字皱襞的情况进行综合判断。

若在观察时有粪便排出，则用左手食指抹去后再观察。

公雏的生殖突起有以下6种类型：

(1)正常型　生殖突起直径在0.5毫米以上，充实而有弹性，外观有光泽，轮廓明显，大部分为圆形，也有椭圆形或纺锤形，位置端正，一般在肛门浅处，生殖突起两侧的八字皱襞很发达，但少有对称。此型约占78.3%。

(2)小突起型　形态与正常型相同，仅突起较小而已，直径在0.5毫米以下，八字皱襞不明显，且稍不规则。此型约占4.4%。

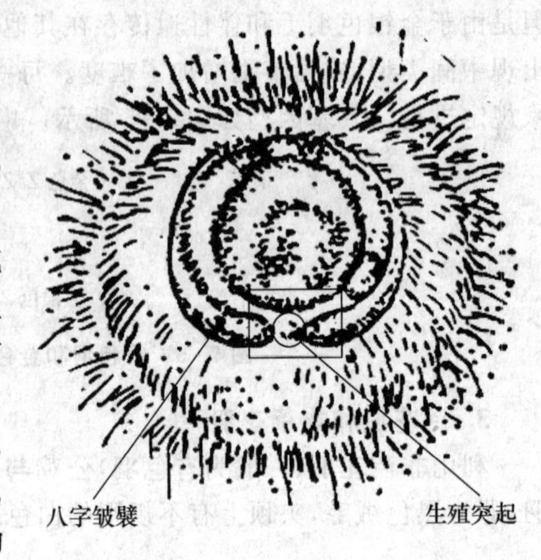

图7-6　翻肛鉴别生殖隆起模式图

(3)扁平型　生殖突起为扁平横生，似舌状，八字皱襞形状不规则，但很发达。此型约占5.4%。

(4)肥厚型　生殖突起最为发达，往往与八字皱襞连接起来为一体。此型约占6.2%。

(5)纵型　生殖突起为纺锤形，纵长，八字皱襞不规则，也不发达。此型约占5.5%。

(6)分裂型　生殖突起中间有纵沟将突起分为两半，也有完全分离为两个生殖突起的。此型极少，仅占0.2%左右。

母雏的生殖突起特点及类型：

(1)正常型　母雏在正常情况下，出壳后生殖突起几乎完全退化，原来位置只有皱襞残余，八字皱襞之间多凹陷。此型约为59.8%。

(2)小突起型(异常型)　生殖突起直径在0.5毫米以下，似球形，八字皱襞明显退化。此型约占36.7%。

(3)大突起型(异常型)　生殖突起较发达，直径在0.5毫米以上，八字皱襞也很发达，与公雏的正常型相似。此型约占3.5%。

仅仅根据生殖突起的形态差异还不能完全准确的辨别雏鸡的性别，还应根据生殖突起的组织上差异加以辅助鉴别。方法是：①母雏生殖突起轮廓不明显、萎缩，周围组织衬托无力。公雏生殖突起轮廓明显、充实，基础较为稳定。②母雏肛门松弛，易翻开，生殖突起缺乏弹性，手指压迫和左右伸展时很容易变形；公雏肛门较紧，生殖突起富有弹性，压迫伸展时不易变形。③母雏生殖突起的血管不发达，经翻肛刺激不易充血；公雏生殖突起的血管比较发达，翻肛时突然受到刺激容易充血。

4. 放雏

鉴别员面前放有3只箱子，中间放混合雏，左边一只放母雏，右边一只放公雏，要求位置固定，不要随意更换，以免发生差错。也可根据鉴别人员的固定习惯放雏。

雏鸡出壳后应在24小时内鉴别完，若时间过长，则翻肛不容易，生殖突起退化并缩入肛门深处，不易鉴别。

第八章 集约化蛋鸡生产技术

第一节 雏鸡的培育

雏鸡是指 0～6(也有指 0～8)周龄阶段的小鸡。这是蛋鸡生产过程中疫病防治的关键时期,对房舍设计要求保暖性能良好,要有加温设施,饲料要求营养浓度较高,防疫次数多。

一、雏鸡的培育目标

在蛋鸡的育雏期,要围绕以下 3 个目标开展饲养管理和卫生防疫工作,只有实现这 3 个目标才能算是获得良好的育雏效果。

1. 高成活率

由于雏鸡阶段的适应性差、抗病力低,易感疾病多,提高成活率就成为雏鸡培育的主要目标。目前,在良好的生产条件下,6 周龄雏鸡的成活率一般不低于 97%。

2. 较快的早期增重

国内外大量的生产实践证明,蛋用雏鸡 5 周龄体重对以后的生产性能有很大的影响:与体重偏低的群体相比,5 周龄体重较大的群体以后的成活率、高峰期产蛋率、平均蛋重、饲料效率都表现得更好。

究其原因,前期增重快的雏鸡其获得的营养更多,消化系统和呼吸系统发育更快更完善,生命力更强。

3. 良好的免疫接种效果

雏鸡阶段接种疫苗的次数多、类型多,这些疫苗的接种有的是为了预防雏鸡阶段发生相应的传染病,有的则是对以后的育成期和产蛋期鸡群的健康同样有直接或间接的影响。因此,雏鸡阶段疫苗接种的效果对鸡的整个生产周期的健康都有不可忽视的作用。

二、雏鸡的生理特点与环境控制标准

(一)雏鸡的生理特点

育雏期是蛋鸡生产中比较难养的阶段,了解和掌握雏鸡的生理特点,对于采用

科学的育雏方法、提高育雏效果极其重要。雏鸡的生理特点主要表现如下：

1. 体温调节能力差

雏鸡个体小，自身产热少，绒毛短，保温性能差；由于神经和内分泌系统发育尚不健全，对体热平衡的调节能力低。刚出壳的雏鸡体温比成鸡低 2～3℃，直到 10 日龄时才接近成鸡体温。体温调节能力到 3 周龄末才趋于完善。因此，育雏期要有加温设施，保证雏鸡正常生长发育所需的温度。

2. 代谢旺盛，生长迅速

雏鸡代谢旺盛，心跳和呼吸频率很快，需要鸡舍通风良好，保证新鲜空气的供应。雏鸡生长迅速，正常条件下 2 周龄、4 周龄和 6 周龄体重为初生重的 4 倍、8.3 倍和 15 倍。这就要求必须供给营养完善的配合饲料，创造有利的采食条件，适当增加喂食次数和采食时间。由于生长快，对多种营养成分的需求量大，易造成某些营养素的缺乏，主要有维生素（如维生素 B_1、维生素 B_2、烟酸、叶酸等）和氨基酸（赖氨酸和蛋氨酸），长期缺乏会引起病症，要注意足量添加。

3. 消化能力弱

雏鸡消化道细短，容积小，每次的采食量少，食物通过消化道快；肌胃的研磨能力差；消化腺发育不完善，消化酶的分泌量少、活性低。因此，雏鸡饲喂要少吃多餐，增加饲喂次数。雏鸡饲粮的营养浓度应较高，粗纤维含量不能超过 5%，饲料的颗粒要适宜，必要时在饲料中添加消化酶制剂。

4. 胆小、易惊、抗病力差

雏鸡胆小，异常的响动、陌生人进入鸡舍、光线的突然改变都会造成惊群，出现应激反应。生产中应创造安静的育雏环境，饲养人员不能随意更换。雏鸡免疫系统机能低下，对各种传染病的易感性较强，生产中要严格执行免疫接种程序和预防性投药，增强雏鸡的抗病力，防患于未然。

5. 印记性

雏鸡对初次接触的环境和人具有良好的印记性，能够在较短的时间内熟悉所处环境、周围个体和接触到的饲养人员。如果更换饲养环境或饲养人员则会造成雏鸡重新的适应过程，而这个过程会对雏鸡的生长和健康产生不利影响。

6. 群居性强

雏鸡模仿性强，喜欢大群生活，一块儿进行采食、饮水、活动和休息。因此，雏鸡适合大群高密度饲养，有利于保温。

7. 模仿性强

雏鸡具有良好的模仿性，如刚接入育雏室的雏鸡，只要有个别的个体会饮水或采食，在较短的时间内就会有绝大多数的个体模仿，不需要逐只训练。但是，雏鸡对啄斗也具有模仿性，密度不能太大，防止啄癖的发生。

8. 自我保护能力差

雏鸡缺乏自我保护能力，老鼠、蛇、猫、犬、鹰都会对雏鸡造成伤害。雏鸡的躲避意识低，饲养管理过程中会出现踩死、踩伤、压死、砸伤、夹挂等意外的伤亡情况。

(二)育雏的环境条件要求

雏鸡生长发育快，但身体弱小娇嫩，对外界环境条件变化的适应能力差，若环境条件稍有不适，就会发病死亡。因此，育雏的关键就是为雏鸡创造良好的环境条件以及给予丰富的营养和精心的管理。在育雏阶段的环境条件中，需要满足雏鸡对温度、湿度、通风换气、光照强度和饲养密度等条件的需要。

1. 温度控制标准

温度直接关系到雏鸡体温调节、运动、采食和饲料的消化吸收等。雏鸡体温调节能力差，温度低，很容易引起挤堆而造成伤亡。1 周龄以内育雏温度掌握在 33～35℃，以后每周下降 2℃左右，6 周龄降至 20～25℃。温度计水银球以悬挂在雏鸡背部的高度为宜，平养距垫料 5 厘米，笼养距底网 5 厘米。

温度计的读数只是一个参考值，实际生产中要看雏鸡的采食、饮水行为是否正常(图 8-1)，即看雏施温技术：如果雏鸡伸腿伸翅伸头，奔跑、跳跃、打斗，卧地舒展全身休息，呼吸均匀，羽毛丰满干净有光泽，证明温度适宜；雏鸡挤堆，发出轻声鸣叫，呆立不动，缩头，采食饮水减少，羽毛湿，站立不稳，说明温度偏低，温度过低会引起瘫痪或神经症状；雏鸡伸翅，张口喘气，饮水量增加，寻找低温处休息，往笼边缘跑，说明温度偏高，应立即进行降温，降温时注意温度下降幅度不宜太大。如果雏鸡往一侧拥挤，说明的有贼风袭击，应立即检查通风口处的挡风板是否错位，检查门窗是否未关闭或被风刮开，并采取相应措施保持舍内温度均衡。如果雏鸡的羽毛被水淋湿，有条件的场应立即送回出雏器以 36℃温度烘干，可减少死亡。

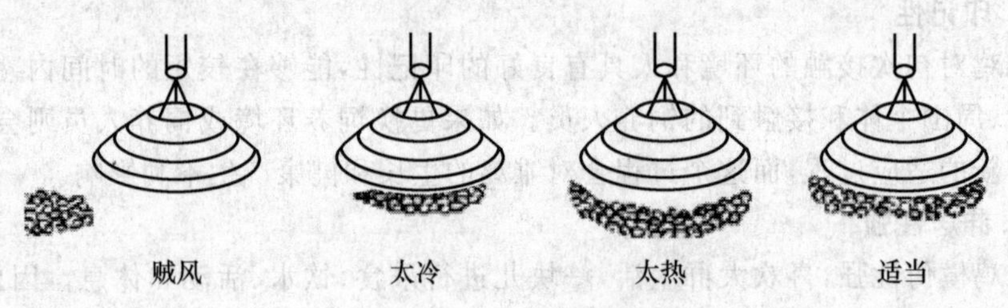

图 8-1　雏鸡对不同温度的反应

育雏温度对 1～21 日龄的雏鸡至关重要，温度偏低会严重影响雏鸡的生长发育和健康，甚至导致死亡。防止温度偏低固然很重要，但是也应防止温度偏高，随日龄增大温度应逐渐下降，详见表8-1。

表8-1　雏鸡的供温参考标准　℃

日　龄	0～3	4～7	8～14	15～21	22～28	29～42
鸡体周围温度	35～33	33～31	31～29	29～27	不低于25	不低于20
育雏室温度	30～28	29～27	27～25	不低于23	不低于20	不低于20

育雏室内温度应保持相对稳定，如果出现忽高忽低的情况则容易造成雏鸡感冒，抵抗力下降，导致其他疾病的继发。育雏温度随季节、鸡种、饲养方式不同有所差异。高温育雏能较好地控制鸡白痢的发生，冬季能防止呼吸道疾病的发生。

2. 湿度控制标准

雏鸡从高湿度的出雏器转到育雏舍，要求有一个过渡期。第1周要求湿度为70%，第2周为65%，以后保持在60%即可。育雏期间，第1周有可能出现室内湿度偏低的现象，以后常见的是湿度偏高问题。

育雏前期较高湿度有助于剩余卵黄的吸收，维持正常的羽毛生长和脱换。必要时需要在育雏室内喷洒消毒液，既能够对环境消毒，又可以适当提高湿度。环境干燥易造成雏鸡脱水，饮水量增加而引起的消化不良；干燥的环境中尘埃飞扬，可诱发呼吸道疾病。育雏后期需要采取防潮措施，如适当增加通风量、及时清理粪便、及时更换潮湿垫料、防止供水系统漏水等。

3. 通风控制标准

通风的目的主要是排出舍内污浊的空气，换进新鲜空气，另外通过通风可有效降低舍内湿度。

雏鸡体温高，呼吸快，代谢机能旺盛，每千克体重每小时的耗氧量与二氧化碳的排放量约为家畜的2倍。此外，鸡排出的粪便还有20%～25%尚未被利用的有机物质，其中包括蛋白质，会分解产生大量的有害气体（氨和硫化氢）。若雏鸡长时间生活在有害气体含量高的环境中，会抑制雏鸡的生长发育，造成衰弱多病，以至死亡。

育雏前期，应选择晴朗无风的中午进行开窗换气。第2周以后靠机械通风和自然通风相结合来实现空气交换，但应避免冷空气直接吹到雏鸡身上，若气流的流向正对着鸡群则应该设置挡板，使其改变风向，以避免鸡群直接受凉风袭击。

室内气流速度的大小取决于雏鸡的日龄和外界温度。育雏前期注意室内气流速度要慢，后期可以适当提高气流速度；外界温度高可增大气流速度，外界温度低则应降低气流速度。育雏室内有害气体的控制标准为氨气不超过20毫克/千克，硫化氢不超过10毫克/千克。实际工作中通风控制是否合适应该以工作人员进入育雏室后不感觉刺鼻、刺眼为度。

育雏期间通风和保温是常见的一对矛盾，保温效果好的时候常常是忽视通风，而通风的时候常见的是育雏室内温度的下降。尤其是在低温季节育雏这对矛盾更加突出。在规模化养鸡场解决这对矛盾的根本方法是采用热风炉加热系统，吹向雏鸡笼的是热风。

图8-2 育雏室内热风炉加热系统

4. 光照

光照对雏鸡的生长发育是十分重要的，它关系到雏鸡的采食、饮水、运动、休息，也关系到工作人员的管理操作和减少老鼠的活动。

(1)光照时间控制　育雏期前3天，采用24小时光照制度，白天利用自然光、夜间用灯泡照明。4～7日龄，每天光照22小时，8～21日龄为18小时，22日龄后每天光照14小时。育雏前期较长的日照时间有助于增加雏鸡的采食时间。但是，在采用密闭式鸡舍的养鸡场内，有的把育雏期光照时间从第3周开始就限定为8或10小时。

(2)光照强度控制　第1周光照强度要稍高，夜间补充光照的强度约为50勒克斯，相当于每平方米5～8瓦白炽灯光线，便于雏鸡熟悉环境，找到采食、饮水位置，也有利于保温。第2周之后光照强度也要逐渐减弱。

(3)光线分布　育雏室内的光线分布要均匀，尤其是采用育雏笼的情况下，需要在四周墙壁靠1米高度的位置安装适量的灯泡，以保证下面2层笼内雏鸡能够接受合适的光照。

光的颜色以红色或弱的白炽光照为好，能有效防止啄癖发生。

5. 饲养密度

饲养密度的单位常用每平方米饲养雏鸡数来表示。饲养密度对于雏鸡的正常生长和发育有很大的影响。在合理的饲养密度下，雏鸡采食正常，生长均匀一致。密度过大，生长发育不整齐，易感染疫病和发生啄癖，死亡率较高，对羽毛的生长也有不良影响。饲养密度大小与育雏方式有关，因此要根据鸡舍的构造、通风条件、饲养方式等具体情况灵活掌握。育雏期不同育雏方式雏鸡饲养密度可参照表8-2。

表 8-2　不同育雏方式雏鸡饲养密度　只/米²

地面平养		立体笼养		网上平养	
周龄	密度	周龄	密度	周龄	密度
0～2	30～35	0～1	60	0～2	40～50
2～4	20～25	1～2	40	2～4	30～35
4～6	15～20	3～6	30	4～6	20～24
6～2	5～10	6～11	20	6～8	14～20
12～20	5	11～20	14		

三、育雏方式

(一)常用饲养方式

1. 笼养

笼养是目前采用最普遍的育雏方式。育雏笼为叠层式，多为 4 层，每层高度 33～40 厘米。两层笼间设置承粪板，间隙约 10 厘米。也有采用阶梯式育雏笼的，一般为 3～4 层，底网是平的，上面通常铺一层塑料网以防止雏鸡脚爪踩空；前网为双层，外面的一层可以左右拉动以调节前网栅格的宽窄。

叠层式或阶梯式育雏笼可以让雏鸡在其中饲养至 12 周龄。

笼养投资较大，但是饲养密度增大，便于管理，育雏效率高。笼养有专用电热育雏笼，也可以火炉供温。大型养鸡场可用热风炉供温，其效果最好。

2. 网上平养

网上平养适于温暖而潮湿的地区采用，采食、饮水均在网上完成。在舍内高出地面 60～70 厘米的地方装置金属网，也可用木板条或竹板条做成栅状高床代替金属网。注意舍内要留有走道，便于饲养人员操作。网上平养的供温设施有火炉、育雏伞和红外线灯。这种方式是家禽较理想的育雏方式。粪便落于网下，不与雏鸡接触，减少疫病发生率，成活率高。金属网孔直径为 20 毫米×80 毫米，在网面上需要加铺一层菱形孔塑料网片，防止雏鸡落入网下。

3. 垫料地面散养

在育雏室地面铺设 5～10 厘米厚垫料，整个育雏期雏鸡都生活在垫料上，育雏期结束后更换垫料。这种饲养方式目前在蛋鸡育雏中使用很少。

这种饲养方式的优点是：平时不清除粪便，不更换垫料，省工省时；冬季可以利用垫料发酵产热而提高舍温；雏鸡在垫料上活动量增加，啄癖发生率降低。

缺点是：雏鸡与粪便直接接触，球虫病发病率提高，其他传染病易流行。垫料地面散养的供温设施主要为育雏伞和烟道,也可结合火炉供温。地面散养的关键在于垫料的管理,垫料应选择吸水性良好的原料,如锯木屑、稻壳、玉米芯、秸秆和泥炭等。平时要防止饮水器漏水、洒水而造成垫料潮湿、发霉。

(二)供温方法

育雏期间保持室内适宜的温度是环境管理的关键内容,供温方法主要有如下5种。

1. 热风炉

热风炉设在房舍一端,经过加热的空气通过管道上的小孔散发进入舍内,空气温度可以自动调节。另外一种是利用小锅炉加热,使热水进入育雏室内的循环管道中,每间隔2米安装一个散热片,散热片的后方安装一个小风扇,风扇运转的时候将热空气吹向鸡笼。热风炉一般只在规模较大的养鸡场中使用,可以用于各种饲养方式。

2. 地下火道

在育雏室的一端设火炉,另一端设烟囱,室内地下有数条火道将两者连接。烧火后热空气经过地下火道从烟囱排出,从而使室内地面及靠近地面上的空气温度升高。这种供温方法适于各种育雏方式。

3. 火炉

可用铸铁或铁皮火炉,用管道将煤烟排出室外,以免室内有害气体积聚。火炉供温可适于各种育雏方式。其缺点是室内较脏,空气质量不佳;优点是安装和使用方便。

4. 红外线灯

利用红外线灯发射的红外线使其周围环境温度升高。一个功率为250瓦的灯泡,可供100~250只雏鸡的供温用。灯泡距地面的高度可用吊绳调节,冬季为35厘米左右,夏季为45厘米左右。缺点是灯泡易损。也可选用红外板或棒作取暖用。

用红外线灯供温需与火炉或地下火道供温方法结合使用,在温室较高时其效果才会更好。

5. 保温伞

也称保姆伞。是在伞形罩的下面装有电热板(或丝),并装有控温器用于调节伞下温度。保温伞可以悬吊在房梁上,以便调节其离地面的高度。有的保温伞可以折叠,便于非育雏期存放。使用保温伞要将伞周围用苇席或三合板围起来,让雏鸡在伞周围活动,一般伞下温度高,伞周围温度略低,离伞越远则温度越低。雏鸡可以根据需要自主选择合适的温区。

保温伞适于垫料地面散养和网上平养育雏方式，也可与地下火道或火炉供温结合应用。

四、育雏前的准备

(一)确定育雏时间

育雏时间决定了本批鸡的性成熟期和产蛋高峰期所处的时间。有以下3个方面的因素会影响育雏时间的确定。

1. 鸡群周转计划

对一个规模化鸡场而言，由于鸡场内的鸡舍数量多，一年各季都要更新鸡群以保持生产的平稳。对于将要更新的鸡群应在鸡群淘汰前10～12周开始育雏，这样在鸡群淘汰，房舍清理、消毒，设备维护后本批雏鸡已达17周龄前后，即可进行转群。

2. 市场蛋价变化规律

市场鸡蛋价格是决定养鸡效益的关键因素之一。例如某年3月份的鸡蛋批发价格为每千克5元，而10月份就可能上涨到每千克7元，如果每千克鸡蛋的生产成本为5元的话，不同时期的效益就有巨大的差异。正是一年中不同季节蛋价变化较大，将鸡群产蛋高峰期安排在蛋价高的季节会明显提高本批鸡的生产效益。根据产蛋规律在26～45周龄期间鸡群产蛋量最高。根据对市场变化的分析，应在蛋价上涨之前25周或26周开始育雏。

3. 成年鸡舍的环境状况

我国多数省、区的普通产蛋鸡舍冬季保温和夏季防暑性能不佳，尤以夏季高温的不良影响更为明显。开产期和产蛋高峰期不宜安排在一年中最热的月份，但对于保温和防暑效果良好的鸡舍则无妨。

(二)确定育雏数量和选择品种

1. 育雏数量的确定

育雏数量要根据成年鸡房舍面积而定，考虑育雏、育成成活率和合格率，雏鸡要比产蛋鸡笼位多养15%左右。避免盲目进雏，否则数量多密度大，设备不足，饲养管理不善将影响鸡群的发育，增加死亡率；数量太少会造成房舍、设备、人员的浪费，增加成本，经济效益低。

2. 品种的选择

品种选择要根据市场需要来定，主要考虑蛋壳颜色、蛋重、适应性和种鸡场的管理水平。

(三)育雏室的准备

每批雏鸡转出后，首先清除舍内的灰尘、粪渣、羽毛、垫料等杂物。然后关闭育雏室的总电源，用高压水龙头或清洗机冲洗育雏室和室内设备。冲洗的先后顺序是：舍顶→墙壁(包括窗户)→设备→地面→下水道。清扫干净后，对排风口、进风口、门窗进行维修，以防止老鼠及其他动物进入鸡舍带入传染病。承粪板清洗干净后要浸泡消毒。垫布也应清洗、浸泡、暴晒消毒后备用。墙壁和地面可以用2%的火碱水溶液刷洗消毒，也可以用火焰消毒法杀死原虫和其他寄生虫。这些工作完成后对育雏室进行熏蒸消毒，每立方米空间用福尔马林42毫升，高锰酸钾21克，放入陶瓷盆中，密闭鸡舍48小时。在接入下批雏鸡之前，育雏室至少要空闲5周的时间。

在开始接雏前2周对育雏笼进行清洗和维修。将笼具、料盘、料桶、料槽、饮水器、水槽及其他饲养用具检查维修后进行冲洗。如果采用地面平养方式则要待舍内地面及设备晾干后在舍内铺入垫料。之后检查电路、通风系统和供温系统。打开电灯、电热装置和风机等，检查运转是否良好，如果发现异常情况则应认真检查维修，防止雏鸡进舍后发生意外。检查进风口处的挡风板和排风口处的百叶窗帘，清理灰尘和绒毛等杂物，保证通风设施的正常运转。认真检查供电线路的接头，防止接头漏电和电线缠绕交叉发生短路引起火灾。

接雏前4天对鸡舍进行喷雾消毒，接雏前3天对鸡舍设备进行熏蒸消毒。按照每立方米空间用福尔马林42毫升，高锰酸钾21克，放入陶瓷盆中，密闭鸡舍48小时。

(四)育雏用品的准备

1. 饲料和垫料

准备雏鸡用全价配合饲料，雏鸡0～6周龄累积饲料消耗为每只900克左右。自己配合饲料要注意原料无污染，不霉变。如果购买饲料则先购买前3周所用饲料，保证饲料新鲜。饲料形状以小颗粒破碎料(鸡花料)最好。注意要在进雏前3～5天把饲料进好。

垫料是指育雏舍内各种地面铺垫物的总称，用于地面平养的雏鸡。垫料要求干燥、清洁、柔软、吸水性强、灰尘少、无异味，切忌霉烂。可选的垫料有稻草、麦秸、碎玉米芯、锯木屑等。优质垫料对雏鸡腹部有保温作用。

2. 药品及添加剂

需要准备的药品有常用的消毒药(百毒杀、威力碘、次氯酸钠等)、抗菌药物(预防白痢、大肠杆菌、抗病毒中草药、免疫增强剂等药物)、抗球虫药。用于补充营养、缓解应激和增强体质的添加剂有速溶多维、电解多维、口服补液盐、维生素 C、葡萄糖、益生素等。

3. 疫苗

在育雏期间需要准备的疫苗主要有鸡新城疫疫苗、鸡传染性法氏囊炎疫苗、禽流感疫苗、鸡传染性支气管炎疫苗、鸡痘疫苗等。

4. 其他用品

包括各种记录表格、干湿温度计、手电筒、连续注射器、滴管、刺种针、台秤、喷雾器、小块塑料布(用于开食)等。

(五)育维舍的试温和预热

1. 试温

试温是育雏前准备工作的关键之一。至少提前 2～3 天检查维修加热设备后燃火升温,使舍内的最高温度升至 35℃。升温过程检查火道是否漏气、加热设备有无问题、熟悉加热设备的温度控制。试温期间关键在于及时发现加热系统的问题,以便于及时解决。

试温时温度计放置的位置:育雏笼应放在中间层;平面育雏应放置与距雏鸡背部相平的位置;带保温箱的育雏笼在保温箱内和运动区上都应放置温度计测试。

2. 预热

试温的同时也是预热过程,在预热期间加热设备散发的热量不仅使育雏室内的空气温度升高,还使育雏室的地面、墙壁、设备等温度也升高,而且也只有后者的温度升高后对缓解育雏室温度的波动才会有良好效果。

预热中后期要把育雏室的门窗或风机打开进行通风(可以与熏蒸消毒 24 小时后的通风相结合),排出室内的湿气以保持室内干燥。

五、雏鸡的选择和运输

(一)雏鸡的选择

选择健康的雏鸡是育雏成功的基础。由于种鸡的健康、营养和遗传等先天因素的影响及孵化、出雏后管理等后天因素的影响,初生雏中常出现有弱雏、畸形雏和残雏等需要淘汰,因此选择健康雏鸡是育雏成功的首要工作。

1. 外观表现

健雏表现活泼好动,无畸形和伤残,反应灵敏,叫声响亮。用手轻拍运雏盒,雏鸡眼睛圆睁、站立或走动者为健雏。伏地不动或低头缩颈,没有反应为弱雏。外貌特征方面没有畸形如交叉喙、眼部问题、踝关节肿大或站立困难、跛行等。

2. 绒毛

健雏的绒毛丰满有光泽，干净无污染；弱雏的表现有绒毛黏有碎蛋壳或壳膜，绒毛黏着有黏液而呈束状等。

3. 手握感觉

健雏手握时，绒毛松软饱满，挣扎有力，触摸腹部大小适中，柔软有弹性；弱雏有腹部膨大松软或小而坚硬的表现。

4. 脐部愈合情况

健雏卵黄吸收良好，脐部愈合良好，表面干燥干净，绒毛完全覆盖无毛区；弱雏表现脐孔大，有脐钉，卵黄囊外露，绒毛覆盖不全，腹部过大过小或过软过硬，脐部有血痂、黏液或有干缩的血管。

5. 体重

同一品种和批次的雏鸡大小均匀一致。体重一般为蛋重的65%左右。体重过大和过小者应剔除。

(二)雏鸡的运输

雏鸡的运输即将初生雏从孵化场运输到育雏场所，这是一项重要的技术工作，稍有疏忽，就会造成很大的损失。因此，对初生雏的运输要特别注意迅速及时、舒适安全、清洁卫生这些基本原则。

1. 把握好运输时间

从保证雏鸡的健康和正常生长发育考虑，适宜的运输时间应在雏鸡羽毛干燥后运输，通常在出壳后24小时内，不迟于出壳36小时。要求雏鸡在出壳后36小时内运到育雏室。如果启运过早，雏鸡表现软弱、对运输产生的应激大；如果启运过晚，雏鸡饮水和开食都会受影响，进而影响到雏鸡的健康和生长发育，而且运输所造成的应激也比较大。

2. 准备好运雏用具

运雏工具包括交通工具、运雏箱及防雨、保温等用具。雏鸡的运输方式依季节和路程远近而定。汽车运输时间安排比较自由，又可直接送达养鸡场，中途不必倒车，是最方便的运输方式。火车、飞机也是常用的运输方式，适合于长距离运输和夏冬季运输，安全快速，但不能直接到达目的地。

3. 携带证件

雏鸡运输的押运人员应携带检疫证、身份证和种畜禽生产经营许可证、路单以及有关的行车手续，以免在路途中被检查时由于缺少相关手续而被扣押造成损失。

4. 运输要点

雏鸡的运输应防寒、防热、防闷、防压、防雨淋和防震荡。运输雏鸡的人员在出发前应准备好食品和饮用水，中途不能停留。远距离运输应有两个司机轮换开车。押运雏鸡的技术人员在汽车启动后 1 小时左右检查车厢中心位置的雏鸡活动状态。如果雏鸡的精神状态良好，每隔 1～2 小时检查 1 次。检查间隔时间的长短应视实际情况而定。

此外，还应根据季节确定启运的时间。一般情况下，冬季和早春运雏应选择在中午前后气温相对较高的时间启运，要有保温设施如棉被、毛毯等。夏季要带遮阳防雨用具，并在早晨气温较低的时候运输。

所有运雏用具或物品在运雏鸡前均要进行严格消毒。

为了保证运输过程中雏鸡少受应激，可以在启运前向雏鸡盒内喷洒一些专用的添加剂。

六、接雏

雏鸡运送到育雏室前要做好各项准备工作。做好每个育雏笼的使用计划，确定每个单笼内放置雏鸡的数量。雏鸡接入育雏室前把饮水器装水后放好，笼门调好，笼底铺上开食用的塑料布。

雏鸡到来时应将舍内的灯全部打开，用 60 瓦的灯泡。再按照每个笼内计划放置的雏鸡数量将雏鸡放入。如果饲养种鸡则应把公鸡和母鸡分开放置，对于白壳蛋鸡则需要先将母雏放进笼内，然后把公雏剪冠后放入另外的笼内，以免混淆。接雏后认真巡视鸡舍，观察每只雏鸡的精神状况，确定开水、喂料时间。如果是多层笼养，先放置在中间两层，最上边和最下边一层暂时空闲。随着日龄的增加，减少饲养密度时再分散到下面一层或上面一层内。

雏鸡接入后要清点数量，把弱雏单独放置在一个单笼内以加强护理。

七、雏鸡的饲养技术

（一）雏鸡的初饮与饮水管理

1. 初饮要求

初生雏鸡接入育雏室后，第一次饮水称为初饮。雏鸡在高温的育雏条件下，很容易造成脱水，因此初饮应在雏鸡接入育雏室后尽早进行。

初饮应安排在开食之前进行，对于无饮水行为的雏鸡应将其喙部浸入饮水器内以诱导其饮水。

初饮用水最好用凉开水，为了刺激饮欲，可在水中加入葡萄糖或蔗糖（浓度为

7%～8%)。对于长途运输后的雏鸡,在饮水中要加入口服补液盐,有助于调节体液平衡。在饮水中加入速溶多维、电解多维、维生素C可以减轻应激反应,提高成活率。

2. 饮水管理

饮水是保证雏鸡正常生理状态的前提,合理的饮水管理有助于促进剩余卵黄的吸收、胎粪的排出,有利于增进食欲和促进对饲料的消化吸收。

(1)饮水质量　饮水的卫生质量直接关系雏鸡的健康。饮水要干净,要符合饮用水卫生标准,10日龄前最好饮用凉开水,以后可换用深井水或自来水。最初几天的饮水中,通常加入适量的高锰酸钾或百毒杀、次氯酸钠等消毒剂,以消毒饮水和清洗胃肠、促进雏鸡胎粪排出的作用。

为了保证饮水质量,要求定期检测水质,检查水中细菌总数和大肠杆菌数量、硬度、酸碱度、氮含量等指标。要在育雏室内的水管上安装过滤器,滤除水中的各种杂质。

饮水器要定时清洗和消毒,因为在育雏室内温度高、湿度大,水中的微生物繁殖比较快,水质容易受污染。

(2)保证充足的饮水供应　为了保证每只雏鸡随时都能够喝到水,饮水器的数量要足够(表8-3),在每日有光照的时间内尽可能保证饮水器具中有水。一般情况下,雏鸡的饮水量是其采食量的1～2倍。需要密切注意的是:雏鸡饮水量的突然改变,往往是鸡群出现问题的征兆。若鸡群的饮水量突然增加,而且采食量减少,则可能是有球虫、传染性法氏囊等病发生,或饲料中盐分含量过高等。雏鸡在各周龄日饮水量见表8-4。

表8-3　雏鸡的采食、饮水位置要求

雏鸡周龄	采食位置		饮水位置		
	料槽(厘米/只)	料桶(只/个)	水槽(厘米/只)	饮水器(只/个)	乳头饮水器(只/个)
0～2	3.5～5	45	1.2～1.5	60	10
3～4	5～6	40	1.5～1.7	50	10
5～6	6.5～7.5	30	1.8～2.2	40	7

注:料槽食盘直径为40厘米,饮水器水盘直径为35厘米。

表8-4　雏鸡的饮水量参考标准　毫升/(只·日)

周龄	1	2	3	4	5	6
饮水量	12～25	25～40	40～50	45～60	55～70	65～80

饮水器的高度会影响雏鸡的饮水，如果使用乳头式饮水器必须及时调整饮水乳头的高度，方便雏鸡的饮水。定期检查饮水乳头的出水情况。

如果饮水不足或缺水会影响雏鸡的采食，进而影响其生长发育和健康。如果较长时间雏鸡处于干渴状态，一旦供水后会造成雏鸡的暴饮，一次饮水过多会影响消化机能，甚至出现水中毒；而且在恢复供水之处，雏鸡争相饮水会把前面的雏鸡压到饮水器水盘中，造成绒毛湿水甚至溺水。

(3)饮水温度　要求饮水温度控制在 20～25℃水温低会刺激消化道而影响消化机能，水温高则雏鸡不愿饮水。

(二)雏鸡的饲料与饲喂

1. 雏鸡的饲料

根据雏鸡的消化吸收特点，雏鸡饲料应符合以下 5 点要求。

(1)营养浓度要高　因为雏鸡的消化道短、容积小，每天采食的饲料量有限，如果提高饲料的营养浓度则有助于增加雏鸡每天的营养摄入量。

(2)颗粒大小要适中　雏鸡的胃对饲料的研磨能力差，一些饲料颗粒还没有被消化就被排出体外。因此，使用较小颗粒的饲料有利于消化。但是，饲料颗粒过小如粉状则不利于采食。

(3)减少消化率低的饲料原料用量　如菜籽粕、棉仁粕中蛋白质的含量和消化率都比豆粕低，羽毛粉和血粉中蛋白质的质量及消化率也显著低于鱼粉和肉粉。

(4)饲料要新鲜　雏鸡的饲料要新鲜，加工后的产品存放时间不宜超过 1 个月。不能使用发霉变质的饲料和饲料原料。

(5)添加剂的使用　雏鸡饲料中可以使用一些酶制剂和微生态制剂以提高饲料的消化率和维持肠道菌群的平衡。

2. 雏鸡的开食

雏鸡第一次喂食称为开食。开食时间一般掌握在出壳后 24～36 小时之间，最好在初饮后 1～1.5 小时内进行。开食不是越早越好，过早开食胃肠软弱，有损于消化器官，而且大多数雏鸡还没有觅食行为。但是，开食过晚会造成雏鸡体内营养消耗过多，影响正常生长发育。一般考虑当鸡群内有 60%～70%雏鸡随意走动，有啄食行为时开食效果较好。

开食使用粉状全价配合饲料，或用 30%的肉鸡花料与 70%的雏鸡料混合后喂饲。直接把饲料撒在料盘或塑料布上，用手轻轻敲击发出声响，引诱雏鸡啄食。也可以用水将饲料拌湿后撒在开食料盘或塑料布上。雏鸡采食有模仿性，一旦有几只学会采食，很短时间全群都会采食。开食用专用开食盘或将料撒在纸张、蛋托上，3 天以后改用料盘或料槽。

3. 雏鸡的饲喂

(1)饲喂用具　平养主要使用料桶,笼养初期使用料桶或料盘,10日龄后使用料槽。开始几天可以把饲料放在料盘内让雏鸡采食。4天后的雏鸡要逐步引导使用料桶或料槽,10天后完全更换为料桶或料槽。每天至少要清洗1次喂料用具,必要时要进行消毒处理。尽量减少雏鸡踩进盘内并在盘内排粪,以减少饲料的污染。

(2)饲喂次数与喂料量　由于饲料在消化道内停留时间短,雏鸡容易饥饿(尤其是10日龄内的雏鸡),在喂饲时要注意少给勤添。每次喂料量以雏鸡在30分钟左右吃完为度,每次喂饲的间隔时间随雏鸡日龄而调整。前3天,每天喂饲7次,4～7天每天喂饲6次,8～12天每天喂饲5次,13天以后每天喂饲4次。

为了促进采食和饮水,育雏前3天,全天连续光照,这样有利于雏鸡对环境适应,找到采食和饮水的位置。

4. 注意饲料卫生

饲料的卫生对雏鸡的健康影响很大,这方面的常见问题有:使用被细菌或寄生虫卵囊污染的饲料或饲料原料,会造成雏鸡发生细菌性疾病如大肠杆菌病、沙门菌病、球虫病等,还有可能出现细菌毒素中毒问题;使用发霉变质的饲料原料如花生饼、麸皮、玉米等造成霉菌毒素中毒;饲料或原料被杀虫剂或灭鼠药污染而直接毒害雏鸡等。

注意饲喂用具的卫生也很重要,饲喂过程中雏鸡粪便对饲料的污染也不可忽视。

(三)生长鸡的体重与饲料消耗

在《鸡饲养标准》(NY/T 33—2004)中对于20周龄前生长期的蛋用鸡体重发育和饲料消耗提出了标准,见表8-5。在饲养实践中需要经常抽测生长蛋鸡的体重,了解其发育情况并合理调整每周的饲料供给量。

(四)促进雏鸡的早期增重

生产实践表明,5周龄时雏鸡的体重对以后的生产性能有很大影响,体重相对较大的雏鸡在性成熟后的产蛋性能、成活率和饲料效率都优于体重偏小的雏鸡。

促进雏鸡早期增重可以通过提高饲料营养水平、增加喂饲次数、促进采食、保持适宜的饲养密度、适当的运动、舒适的环境条件、严格的卫生防疫管理等措施来实现。

表 8-5　生长蛋鸡体重与耗料量

周龄	周末体重(克/只)	耗料量(克/(只·周))	累计耗料量(克/只)
1	70	84	84
2	130	119	203
3	200	154	357
4	275	189	546
5	360	224	770
6	445	259	1 029
7	530	294	1 323
8	615	329	1 652
9	700	357	2 009
10	785	385	2 394
11	875	413	2 807
12	965	441	3 248
13	1 055	469	3 717
14	1 145	497	4 214
15	1 235	525	4 739
16	1 325	546	5 285
17	1 415	567	5 852
18	1 505	588	6 440
19	1 595	609	7 049
20	1 670	630	7 679

八、雏鸡的断喙与剪冠

(一)断喙

蛋鸡的饲养期长,在笼养条件下很易发生啄癖(啄羽、啄肛、啄趾等),尤其在育成期和产蛋期,啄斗会造成鸡只的严重伤亡。另外,鸡采食时常常用喙将饲料勾出食槽,造成饲料浪费。引起鸡发生啄癖的因素很多,而且在啄癖发生后很难纠正,使用相关药物或添加剂的效果不佳,而断喙是解决上述问题的有效途径。

1. 断喙时间

断喙时间一般在 7～18 日龄期间进行。断喙时间早雏鸡太小、喙太软,易再生,对鸡的损伤大,而且不易操作,切得短容易再生,切得长则喙部过短而影响采食。断喙时间太晚则雏鸡的喙比较坚硬、切喙速度慢,出血较多,不利于止血,对雏鸡造成的应激大。

2. 断喙方法

断喙要用专门的断喙器来完成，刀片温度在800℃左右（颜色暗红色）。断喙长度上喙切去1/2（喙端至鼻孔），下喙切去1/3，断喙后雏鸡下喙略长于上喙。在实际操作时上喙的切断部位在前端颜色发白处与中段颜色暗红色交界处，这个部位是喙部的生长点，从此处切断并烧烙能够使生长点的组织坏死，有效防止喙部再长尖。

3. 断喙操作要点

单手握雏，拇指压住鸡头顶，食指放在咽下并稍微用力，使雏鸡缩舌防止断掉舌尖。将头向下，后躯上抬，上喙断掉较下喙多。在切掉喙尖后，在刀片上灼烫1.5～2秒，有利止血。

4. 断喙注意事项

(1)断喙器刀片应有足够的热度，切除部位掌握准确，确保一次完成。

(2)断喙前后2天应在雏鸡饲粮或饮水中添加维生素K(2毫克/千克)或复合维生素，有利于止血和减轻应激反应。

(3)断喙后立即供饮清水，3天内饲槽中饲料应有足够深度，避免采食时喙部触及料槽底部而使喙部断面感到疼痛。

(4)鸡群在非正常情况下（如疫苗接种、患病）不进行断喙。

(5)断喙时应注意观察鸡群，发现个别喙部出血的雏鸡要及时烧烫止血。

（二）剪冠

饲养蛋种鸡的时候，需要对父本雏鸡进行剪冠处理。剪冠的目的在于切除鸡冠后成年公鸡的鸡冠残留比较小，在采食和饮水的过程中头部更容易伸出笼外；冬季能够防止鸡冠被冻伤；对于父本和母本羽毛颜色一致的品种，通过剪冠还能够很容易地发现雌雄鉴别错误的个体。

剪冠通常在1日龄进行，在雏鸡接入育雏室后可立即进行，日龄大则容易出血。操作时用左手握雏鸡，拇指和食指固定雏鸡头部，右手持手术剪，在贴近头皮处将鸡冠剪掉，用消毒药水消毒即可。只要不伤及皮肤一般不会有较多出血。

九、雏鸡的日常管理要点

1. 检查各项环境条件控制是否得当

如查看温度计并根据雏鸡的行为表现了解温度是否适宜；根据干湿温度计读数确定湿度是否合适；根据饲养人员的鼻眼感觉了解室内空气质量是否合适；通过

观察室内各处的饲料、粪便、饮水、垫草等了解光照强度和分布是否合理。如果发现问题应及时解决。保证各项环境条件的适宜是提高育雏效果的前提,检查过程中发现的问题要及时解决。

2. 弱雏复壮

在集约化、高密度饲养条件下,尽管饲养管理条件完全一样,难免会造成个体间生长发育的不平衡而出现弱雏。适时进行强弱分群,可以保证雏鸡均匀发育,提高鸡群成活率。

(1)及时发现和隔离弱雏。饲养人员每天定时巡查育雏室,发现弱雏及时挑拣出来放置到专门的弱雏笼(或圈)内。因为弱雏在大群内容易被踩踏、挤压,采食和饮水也受影响。如果不及时拣出很容易死亡。

(2)注意保温。弱雏笼(或圈)内的温度要比正常温度标准高出 1～2℃,这样有助于减少雏鸡的体温散失,促进康复。

(3)加强营养。对于挑拣出的弱雏不仅要供给足够的饲料,必要时还应该在饮水中添加适量的葡萄糖、复合维生素、口服补液盐等,增加营养的摄入。

(4)对症治疗。对于弱雏有必要通过合适途径给予抗生素进行预防和治疗疾病,以促进康复。对于有外伤的个体还应对伤口进行消毒。

3. 观察雏鸡表现

主要观察雏鸡的采食积极性、采食量,精神状态,行为表现,呼吸声音、鸣叫声音等,以便于及时发现问题和解决问题。

4. 疫病预防

严格执行免疫接种程序,预防传染病的发生。每天早上要通过观察粪便了解雏鸡健康状况,主要看粪便的稀稠、形状、颜色等。每天及时清理粪便、刷洗饮水设备和消毒。按照种鸡场提供的免疫程序及时接种疫苗。对于一些肠道细菌性感染(如鸡白痢、大肠杆菌病、禽霍乱等)要定期进行药物预防。20 日龄前后要预防球虫病的发生,尤其是地面垫料散养。

通常情况下,育雏室与周围要严格隔离,杜绝无关人员的靠近,尽可能减少育雏人员的外出。

5. 减少意外伤亡

(1)防止野生动物伤害。雏鸡缺乏自卫能力,老鼠、鼬、鹰都会对它们造成伤害。因此,育雏室的密闭效果要好,任何缝隙和孔洞都要提前堵塞严实。当雏鸡在运动场过程中要有人照料雏鸡群。猫、狗也不能接近雏鸡群。

(2)减少挤压造成的死伤。室温过低、受到惊吓都会引起雏鸡挤堆,造成下面的雏鸡死伤。

(3)防止踩、压造成的伤亡。当饲养员进入雏鸡舍的时候,抬腿落脚要小心以免踩住雏鸡,放料盆或料桶时避免压住雏鸡;工具放置要稳当、操作要小心,以免碰倒工具砸死雏鸡。

(4)其他。笼养时防止雏鸡的腿脚被底网孔夹住、头颈被网片连接缝挂住等。

6. 加强夜间值班管理

在育雏期间有很多问题发生在夜间。因为夜间值班人员容易打瞌睡,常出现加热设备的控制不当而造成育雏室温度不适宜;雏鸡在夜间休闲、活动少,如果温度偏低则常常拥挤在一起取暖而造成有的雏鸡出现伤亡;夜间是老鼠活动频繁的时候,2 周龄内的雏鸡很容易成为受害对象;夜间育雏室门窗关闭严,也是煤气中毒发生较多的时候。

7. 做好记录

记录内容有每日雏鸡死淘数、耗料量、温度、防疫情况、饲养管理措施、用药情况等,便于对育雏效果进行总结和分析。

第二节 育成鸡的培育

一、育成鸡的培育目标

1. 较高的群体发育整齐度

对于育成鸡群来说,发育的整齐度高就意味着鸡群中绝大部分的个体能够在达到性成熟日龄的时候生殖系统发育成熟,在较短的时间段内集中开产。有大量的研究和生产实践证明,发育整齐度高的鸡群在性成熟后产蛋率上升快、产蛋高峰维持时间长、每只鸡的总产蛋量高、饲料效率高、鸡只死淘率低。

发育整齐度差的群体往往表现为:初产阶段产蛋率上升速度慢、产蛋高峰维持时间短、产蛋中后期鸡只的死淘率高等。

要求在 16 周龄的时候鸡群中有 80%以上的个体体重在标准体重±10%的范围内。

2. 体重发育适当

合适的体重是衡量青年鸡良好发育状况的重要指标。对于每个蛋用型鸡品种或配套系来说,都有自己的体重发育标准,这个标准是育种公司经过大量实验研究得出的结果,当鸡群的体重与标准体重相符合的时候才能获得最佳的生产成绩。

体重过大往往是鸡过肥的表现,过于肥胖的鸡由于腹腔中脂肪沉积过多而影响以后的产蛋;体重过小说明鸡的发育不良,将来也不可能高产。

在育成前期鸡的体重可以适当高于推荐标准,育成后期则控制在标准体重范围的中上限之间。体重小会明显影响鸡群的产蛋性能。有人通过统计发现,蛋鸡育成结束时的体重每小于标准体重 50 克,全期产蛋量少 6 个左右。

3. 性成熟期控制合理

青年鸡发育到一定时期,体重达到规定标准,生殖系统发育基本完成的时期就是性成熟期。目前,在蛋鸡生产实践中合适的性成熟期在 18～20 周龄之间。

如果青年鸡的性成熟期提早则鸡的各系统发育不成熟,无法维持开产后长期高产的需要而出现产蛋高峰持续期短、死淘率高、初产蛋重小等问题。如果性成熟期推迟则说明鸡的前期发育受到障碍,某些器官的发育可能会出现机能障碍,同样影响以后的产蛋;即便是通过饲养管理措施而推迟性成熟期也会使鸡群的产蛋利用期缩短,增加青年鸡的培育成本。

4. 健壮的体质

青年鸡阶段要通过各种措施保证其有健壮的体质,因为进入产蛋期以后许多药物和疫苗不能使用,而且高的产蛋率会消耗很多的体能。如果青年鸡的体质不好,就无法承受高产蛋率的消耗,势必造成较高的死淘率。

二、育成期生长发育特点与饲养方式

7 周龄至开产期间(生产中也有指 8～20 周龄)的鸡称为育成鸡,也称为青年鸡。一般把 7(或 9)～13 周龄阶段作为育成前期,14 周龄以后作为育成后期。

(一)育成期蛋鸡的生长发育特点

1. 消化系统发育健全,生长速度快

进入 6 周龄后,鸡的消化系统机能发育已经完善,采食量大,对饲料的消化能力提高。这一时期生长发育迅速,体重增加较快。尤其是在 14 周龄以前,是体重和骨架发育的最快时期。

2. 生理机能发育健全,适应性增强

进入育成期后,鸡的各项生理机能发育趋于完善,自身调节能力大大提高,能够很好地适应环境条件的变化,因此在这个时期对环境条件的要求不像雏鸡阶段那样十分严格。而且,青年鸡消化机能发育良好,可以较多使用价格低廉的饲料原料。

3. 羽毛脱换,成年羽长成

雏鸡在 5 周龄前后完成第 1 次换羽,从 7 周龄开始进入第 2 次换羽,大约在 17 周龄完成换羽过程,长齐成年羽。

4. 生殖系统发育

育成前期鸡的生殖系统处于缓慢发育过程，而体重的增长速度相对更快。育成后期尽管体重仍在持续增长，但生殖器官（卵巢、输卵管）进入快速发育时期，生殖器官的发育对饲养管理条件的变化反应逐渐敏感，尤其是光照时间和饲料营养浓度。因此育成后期光照控制很关键，同时要限制饲养，防止体重超标和性成熟提前。

（二）育成鸡的饲养方式

1. 笼养

笼具有育雏育成一体笼、育成专用笼两种。育雏育成一体笼是改造后的育雏笼（高度增大、前网栅格可调），青年鸡在其中可以饲养至13周龄，之后要转入产蛋鸡笼；育成笼为3层或4层阶梯式，每个小单笼饲养5～6只，每组饲养120～150只。

笼养优点是：相同面积的房舍能饲养数量更多的青年鸡；饲养管理方便；鸡体与粪便隔离，有利于疫病预防；免疫接种时抓鸡方便，不易惊群。缺点是笼养投资相对较大，每只鸡多投入2元左右。

目前，在国内规模化蛋鸡生产中有90%以上的青年鸡采用这种饲养方式。

2. 网上平养

在离地面60～80厘米高度设置平网。网上平养鸡体与粪便彻底隔离，育成率提高。平网所用材料有钢丝网、木板条和竹板条等，各地尽量选择当地便宜的材料，降低成本。网上平养适合中等数量养殖户采用，在舍内设网时要注意留有走道，便于饲喂和管理操作。饲养密度12～16只/米^2，平均需饲槽长度5～7厘米/只。

三、育成期环境条件的控制

（一）光照控制

光照是影响青年鸡发育的最重要的环境条件，它不仅影响到鸡群的采食、饮水、运动和休息，也直接影响到鸡生殖系统的发育。光照控制方法受鸡舍类型的影响，在密闭式鸡舍和有窗鸡舍中光照的管理措施存在差异。

1. 光照时间控制

光照时间对青年鸡生殖系统发育的影响主要在育成后期，12周龄前光照时间的长短对生殖器官发育的影响不大。因此，在青年鸡光照管理方面重点在于控制育成后期的光照时间。

（1）密闭鸡舍光照控制方案　由于密闭式鸡舍内的光线不受外界自然光照的

影响，完全靠人工照明。因此，可以人为确定鸡群在不同时期的光照时间。常用的方法是在 8～18 周龄期间将每天的光照时间控制为 8 小时，或在育成前期(7～12 周龄)把每天光照时间控制为 10 小时，育成后期(3～18 周龄)控制为 8 小时。

(2)有窗鸡舍光照控制方案　要根据育成后期所处的季节进行调整。如果 13～18 周龄处于 4～8 月份，这个阶段自然光照时间逐渐延长或处于长光照时期(尤其在 6～8 月份自然光照时间超过 12 小时)。在这种情况下，可以把 12 周龄前的光照时间控制为每天 14 小时，从 13 周龄开始逐渐将光照时间缩减至 18 周龄时的每天 12 小时，必要的时候在早晚要对窗户进行遮光处理。

如果 13～18 周龄处于 9～12 月份，则自然光照时间呈现逐渐缩短的变化趋势，育成后期可以采用自然光照而不用补充人工照明；如果 13～18 周龄处于 1～4 月份，虽然自然光照时间呈现逐渐延长的变化趋势，但是每天自然光照时间一般不超过 12 小时，只要把 12 周龄前的光照时间(自然光照加人工照明)控制为 13 小时，以后每周把早晨开灯时间推迟 10 分钟或晚上关灯时间提前 10 分钟即可。

2. 光照强度控制

育成期光照强度高会对生殖系统产生比较强的刺激作用，也容易引起啄癖。一般要求在育成期内使用人工光照的光照强度不超过 30 勒克司。如果使用自然光照，由于光线较强，常常需要在鸡舍南侧的窗户上设置遮光设施以降低舍内光照强度。

3. 育成后期加光时间的掌握

育成后期需要逐周递增光照时间以刺激鸡群生殖系统的发育，为产蛋做准备。加光时间需要考虑鸡群的周龄和发育情况。发育正常的鸡群可以在 18 周龄开始加光，如果鸡体重偏低则应推迟 1～2 周加光。加光时间不能早于 17 周龄，即便是鸡的发育偏快。

加光的措施，第 1 周在原来基础上增加 1 小时，第 2 周递增 40 分钟，以后逐周递增 20～30 分钟，在 26 周龄每天光照时间达到 16 小时，以后保持稳定。

(二)温度控制

尽管育成鸡对环境温度的适应性比较强，但是不合适的温度同样会对鸡群的健康和发育造成不良影响。

1. 适宜温度

15～28℃的温度对于育成鸡是非常适宜的，这个温度范围有利于鸡的健康和生长发育，也有利于提高饲料效率。需要注意的是，在低温季节尽量使舍温不低于 10℃，尤其是 9 周龄之前的育成鸡；高温季节鸡舍内的温度尽量不超过 30℃，否则鸡群会表现出明显的热应激。

鸡舍内的温度控制要注意保持相对的恒定，不能忽高忽低，尤其是冬季和早春要注意莫让鸡舍内温度突然下降，否则有可能导致鸡群出现呼吸系统疾病。要关注天气变化，如果有突然降温的气候情况则需要提早做好鸡舍的防寒保暖措施。

2. 育成初期的脱温

如果鸡群6周龄育雏结束时处于冬季的低温季节，需要认真做好脱温工作。至少在10周龄前，舍内温度不能低于15℃。

如果外界气温低于10℃，则需要在鸡舍内继续使用加热设备，只是比育雏期使用的加热设备数量适当减少些；如果外界气温不低于10℃，那么白天鸡舍内的温度能够保持在15℃以上，只要在夜间适当加热就可以；如果当天最低气温不低于15℃，鸡舍内的温度就能够满足鸡群需要，可以不使用加热设备。

(三)通风控制

通风的目的是促进舍内外空气的交换，保持舍内良好的空气质量。由于鸡群生活过程中不断消耗氧气和排出二氧化碳，鸡粪被微生物分解后产生氨气和硫化氢气体，脱落的毛屑和空气中的粉尘都会在舍内积聚，不注意通风就会导致空气质量恶化而影响鸡的健康。

无论采用任何通风方式，每天都有必要定时开启通风系统进行通风换气。要求在人员进入鸡舍后没有明显的刺鼻、刺眼等不舒适感。仲春之后、夏季和秋季外界温度较高，白天可以打开门窗和风扇进行充分的通风换气，夜间也需要保留几个通风窗。

育成鸡环境管理方面通风管理的最大问题在低温季节。在天气晴好的日子里中午前后要多打开一些门窗通风，早晨和傍晚可以少开几个门窗；如果是在十分寒冷或风雪天气则主要在中午前后适当通风。冬季由于气温低，通风时需要注意在进风口设置挡板，避免冷风直接吹到鸡身上。

(四)湿度控制

在蛋鸡育成期很少会出现舍内湿度偏低的问题，常见问题是湿度偏高。因此，需要通过合理通风、减少供水系统漏水等措施降低湿度。

四、育成鸡的饲养技术

(一)育成鸡的饲料

1. 两阶段饲料的配制

在蛋鸡的育成期根据前期和后期鸡不同的生理特点和培育目标，所使用的饲料也有差异。一般前期饲料中粗饲料的使用量相对较少，饲料中的蛋白质、钙等营养素的浓度较高，分别达到16%和1.2%。而后期饲料中粗饲料的使用较多，蛋白和钙含量较低，分别为14.5%和0.9%。如果后期饲料中蛋白质含量高则容易造成生殖器官发育较快,性成熟期提前;如果钙含量过高则易诱发肾脏尿酸盐的沉积,并易出现稀便。

目前,大多数饲料生产企业为了蛋鸡养殖户的使用方便,在育成期采用一段式饲料配制方法,其营养水平介于上述两阶段之间。

2. 青绿饲料的使用

平养的育成鸡每天可以使用适量的青绿饲料,一般在非喂料时间撒在运动场地面或网床上让鸡啄食。青绿饲料的用量可占配合饲料用量的30%。

使用青绿饲料最好是多种搭配。合理使用能够促进羽毛生长、减少啄癖。

3. 饲料配方示例

(1)玉米61.4%,麦麸14%,豆粕21%,磷酸氢钙1.2%,石粉1.1%,食盐0.3%,添加剂1%。

(2)玉米60.4%,麦麸14%,豆粕17%,鱼粉1%,菜粕4%,磷酸氢钙1.2%,石粉1.1%,食盐0.3%,添加剂1%。

(3)玉米61.9%,麦麸12%,豆粕15.5%,鱼粉1%,菜粕4%,棉粕2%,磷酸氢钙1.2%,石粉1.1%,食盐0.3%,添加剂1%。

(二)标准化喂饲管理

1. 喂饲次数

育成前期为了促进鸡的生长,每天喂饲2～3次;育成后期每天喂饲1～2次。一般是随周龄增大,喂饲次数减少。需要注意的是喂饲次数要根据鸡的发育情况和喂饲量及喂饲方式而定。体重和体格发育落后时可增加喂饲量和次数,体重发育偏快则减少喂饲量和次数。

使用笼养方式,由于料槽容量小,每天可喂饲2～3次,采用平养方式使用料桶喂饲则每天可以喂饲1次。

由于青年鸡在后期(14周龄以后)需要适当限制喂饲,鸡只每天都吃不饱,饲料添加之后容易出现抢食现象,因此为了保证鸡只能够均有进食,最好是每天喂饲1或2次,每次的喂料量可以相对较多,让所有的鸡都能够充分采食。

2. 饲料的过渡

无论是育雏结束时从雏鸡饲料向育成鸡前期饲料过渡或13周龄前后由育成前期饲料向育成后期饲料过渡,都要有一个过渡过程,一般要求过渡期为5～7天。如由雏鸡料向育成前期饲料过渡,第1天雏鸡料占85%,育成前期料占15%;第2天雏鸡料占75%,育成前期料占25%;第3天雏鸡料占60%,育成前期料占40%;第4天雏鸡料占45%,育成前期料占55%;第5天雏鸡料占30%,育成前期料占70%;第6天雏鸡料占15%,育成前期料占85%;第7天完全使用育成前期料。

饲料的突然变化会造成鸡群的应激，常出现采食量下降、生长发育减慢的问题。

3. 喂饲量控制标准

喂饲量的控制目的是控制鸡的体重增长，可以参考有关的喂料量标准执行。但是，在实际生产中通常要根据育种公司提供的鸡体重发育和饲料喂饲量标准安排喂饲量。下面介绍罗曼褐商品代和伊萨新红褐商品代蛋鸡育雏育成期体重与喂饲量标准（表 8-6 和表 8-7），供参考。

表 8-6　罗曼褐商品代蛋鸡育雏育成期体重与喂饲量标准

周龄	体重（克）	喂饲量（克/（日・只））	累计喂饲量（克/只）
1	72～78(75)	10	70
2	122～132(127)	17	189
3	182～198(190)	23	350
4	260～282(271)	29	553
5	341～370(356)	35	798
6	434～471(453)	39	1 071
7	536～580(558)	43	1 372
8	632～685(658)	47	1 701
9	728～789(759)	51	2 058
10	819～888(853)	55	2 443
11	898～973(936)	59	2 856
12	969～1 050(1 010)	62	3 290
13	1 030～1 116(1 073)	65	3 745
14	1 086～1 176(1 131)	68	4 221
15	1 136～1 231(1 184)	71	4 718
16	1 182～1 280(1 231)	74	5 236
17	1 230～1 332(1 281)	77	5 775
18	1 280～1 387(1 334)	80	6 335
19	1 339～1 450(1 395)	84	6 923
20	1 402～1 518(1 460)	88	7 539

注：体重一列括号内为平均体重。

表 8-7　伊萨新红褐商品代蛋鸡育雏育成期体重与喂饲量标准

周龄	体重（克）	喂饲量（克/（日・只））	累计喂饲量（克/只）
1	65	11	77
2	120	19	210
3	200	25	385
4	290	31	602

续表 8-7

周龄	体重(克)	喂饲量(克/(日·只))	累计喂饲量(克/只)
5	380	37	861
6	475	43	1 162
7	570	49	1 505
8	665	53	1 876
9	760	57	2 275
10	850	61	2 702
11	940	65	3 157
12	1 050	69	3 640
13	1 200	73	4 151
14	1 250	76	4 683
15	1 380	79	5 236
16	1 590	82	5 810
17	1 680	85	6 405
18	1 750	88	7 021

4. 抽测体重以调整喂饲量

育成鸡每日喂料量的多少要根据鸡体重发育情况而定，每周或间隔 1 周称重一次(抽样比例为 10%)，计算平均体重，与标准体重对比，确定下周的饲喂量。如果实际体重与标准体重相差幅度在 5%以内可以按照推荐喂饲量标准喂饲，如果低于或高于标准体重 5%则下周喂饲量在标准喂饲量的基础上适当增减。

在实际生产中，一般在 14 周龄前让鸡只的实际体重比标准高 5%左右，在育成后期比标准高 1%～2%。尽量不要让实际体重低于标准体重。海兰蛋鸡体重参照表 8-8，罗曼褐蛋鸡体重参照图 8-3。

表 8-8　海兰蛋鸡体重发育标准　　克

周龄	褐壳蛋鸡体重	白壳蛋鸡体重	周龄	褐壳蛋鸡体重	白壳蛋鸡体重
1	70	65	11	990	940
2	115	110	12	1 080	1 020
3	190	180	13	1 160	1 100
4	290	270	14	1 250	1 170
5	380	360	15	1 340	1 240
6	480	450	16	1 410	1 310
7	590	550	17	1 480	1 370
8	690	660	18	1 550	1 420
9	790	760	19	1 610	1 510
10	890	850	20	1 660	1 560

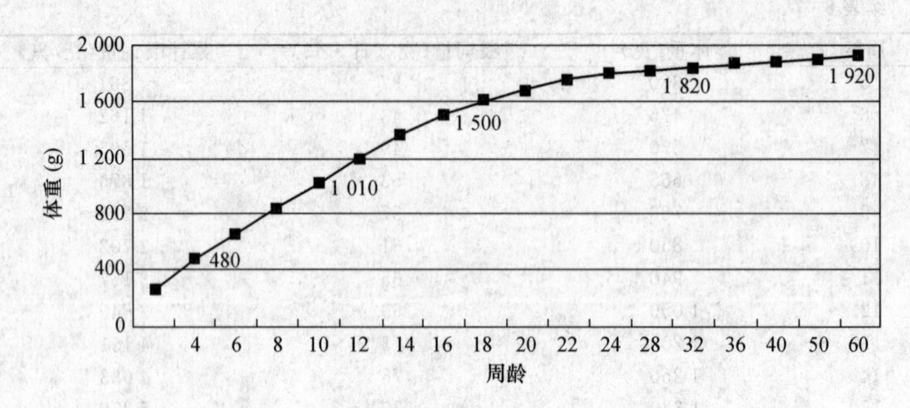

图8-3 罗曼褐蛋鸡不同周龄的体重变化曲线

5. 体格发育测定

体格发育测定主要通过测定胫长指标进行判断。胫长能够反映出骨骼的发育情况。表8-9是海兰蛋鸡育成期胫长的发育标准。

表8-9 海兰蛋鸡胫长发育标准 厘米

周龄	褐壳蛋鸡体重	白壳蛋鸡体重	周龄	褐壳蛋鸡体重	白壳蛋鸡体重
7	77	85	14	103	103
8	83	89	15	104	104
9	88	93	16	105	104
10	92	96	17	105	104
11	96	99	18	105	104
12	99	101	19	105	104
13	101	102	20	105	104

(三)饮水管理

饮水供应要充足,保证饮水设备内有足够的水,需要注意的是,应该经常检查饮水设备内的水分布情况,防止缺水和漏水。

饮水质量要好,必须符合饮用水卫生标准。使用水槽和钟形饮水器时每天要刷洗,定期进行消毒处理。

五、提高育成鸡的发育均匀度

由于育成鸡的均匀度直接影响以后的产蛋性能,因此提高均匀度就是育成鸡管理的关键环节。

1. 合理分群和调群

在育成鸡的饲养管理过程中，要根据体重进行合理分群，把体重过大和过小的分别集中放置在若干笼内或圈内，使不同区域内的鸡笼或小圈内鸡的体重相似。以后各周需要通过检查体重，及时调整。

2. 根据体重调整喂饲量

体重适中的鸡群按照标准喂饲量提供饲料。体重过大的鸡群则应该适当降低喂饲量标准，体重过小的则适当提高喂饲量标准。这样使大体重的鸡群生长速度减慢、小体重的鸡群体重生长加快，最终都与中等体重的鸡群相接近。

3. 保证均匀采食

只有保证所有鸡均匀采食，每天摄入的营养相近才能达到均匀度高的育成目标。由于在育成阶段一般都是采用限制饲喂的方法，绝大多数鸡每天都吃不饱，这就要求有足够的采食位置，而且投料时速度要快。这样才能使全群同时吃到饲料，平养时更应如此。

六、育成鸡的管理技术

(一)补充断喙

在7～10周龄期间对第一次断喙效果不佳的个体进行补充断喙。用断喙器进行操作，要注意断喙长度合适，避免引起出血。补充断喙的时间不能晚于12周龄，否则会影响鸡的初产日龄和早期产蛋性能。注意事项与雏鸡阶段相同。

(二)转群

三段制饲养方式，在一生中要进行两次转群。第1次转群在6～7周龄时进行，由育雏舍转入育成舍；第2次转群在18～19周龄时进行，由育成鸡舍转入产蛋鸡舍。经过转群后，鸡群进入一个洁净、无污染的新环境，对于预防传染病的发生具有重要意义。

1. 转群前的准备

转群前应对新鸡舍进行彻底的清扫消毒，准备转群后所需笼具等饲养设备并调试。做好人员的安排，使转群在短时间内顺利完成。另外，还要准备转群所需的抓鸡、装鸡、运鸡用具，并经严格消毒处理。

2. 转群时间安排

为了减少对鸡群的惊扰，转群要求在光线较暗的时候进行。傍晚天空具有微光，这时转群鸡较安群，而且便于操作。夜里转群，舍内应有小功率灯泡照明，抓鸡时能看清舍内情况。

3. 转群注意事项

(1)减少鸡只伤残。抓鸡时应抓鸡的双腿,不要只抓单腿或鸡脖、单侧翅膀。每次抓鸡不宜过多,每只手1～2只。从笼中抓出或放入笼中时,动作要轻,最好两人配合,防止挂伤鸡皮肤。装笼运输时,不能过分拥挤。

(2)笼养育成鸡转入产蛋鸡舍时,应注意来自同层的鸡最好转入相同的笼层,避免造成大的应激。

(3)转群时将发育良好、中等和迟缓的鸡分栏或分笼饲养。对发育迟缓的鸡应放置在环境条件较好的位置(如上层笼),加强饲养管理,促进其发育。

(4)结合转群可将部分发育不良、畸形个体淘汰,降低饲养成本。

(5)转群前在饲料或饮水中加入镇静剂(如安定、氯丙嗪),可使鸡群安静。另外结合转群进行疫苗接种,以免增加应激次数。

(三)鸡的选留

在育成后期,要根据鸡的体格和体质发育情况进行选留。淘汰那些有畸形、过肥、过于瘦小、体质太弱的个体,因为这样的鸡在将来也不会有好的产蛋效果。一般淘汰率为5%左右。许多农户在养殖过程中舍不得淘汰这样的个体,往往会影响以后鸡群的产蛋性能。

(四)生产记录

做好生产记录是建立生产档案、总结生产经验教训、改进饲养管理效果的基础。每天要记录鸡群的数量变动情况(死亡数、淘汰数、出售数、转出数等)、饲料情况(饲料类型、变更情况、每天总耗料量、平均耗料量)、卫生防疫情况(药物和疫苗名称、使用时间、剂量、生产单位、使用方法、抗体监测结果)和其他情况(体重抽测结果、调群、环境条件变化、人员调整等)。

(五)卫生防疫

1. 隔离与消毒

减少无关人员进入鸡舍,工作人员进入鸡舍必须经过更衣消毒。定期对鸡舍内外消毒,饮水消毒。每天清扫鸡舍内环境。

2. 疫苗接种和驱虫

育成期防疫的传染病主要有新城疫、鸡痘、传染性支气管炎等。具体时间和方法见鸡病防治部分。地面平养的鸡群要定期驱虫,驱虫药有左旋咪唑、丙硫咪唑等。

3. 病死鸡和粪水的合理处理

生产过程中出现的病死鸡要定点放置,由兽医在指定的地点进行诊断。病死鸡必须经过消毒后深埋，不能出售和食用。

鸡粪要定点堆放，最好进行堆积发酵处理。污水集中排放，不能到处流淌。

七、预产期的饲养管理

预产阶段是指18～22周龄的时期，包含了育成末期和产蛋初期。在生产上这个时期是鸡生殖器官快速发育的阶段，也是病死率比较高的时期，这个阶段的饲养管理方法对后期产蛋性能影响比较大。

(一)预产阶段鸡的生理特点

1. 生殖器官快速发育

进入14周龄后卵巢和输卵管的体积、重量开始出现较快的增加，17周龄后其增长速度更快，19周龄时大部分鸡的生殖系统发育接近成熟。发育正常的母鸡14周龄时的卵巢重量约4克，18周龄时达到20克以上，22周龄能够达到50多克。

2. 骨钙沉积加快

在18～20周龄期间骨的重量增加15～20克，其中有4～5克为髓质钙。髓质钙是接近性成熟的雌性家禽所特有的，存在于长骨的骨腔内，在蛋壳形成的过程中，可分解将钙离子释放入血用于形成蛋壳，白天在非蛋壳形成期采食饲料后又可合成。髓骨钙沉积不足，则产蛋高峰期常诱发笼养鸡产蛋疲劳综合征等问题。

3. 体重快速增加

在18～22周龄期间，平均每只鸡体重增加350克左右，这一时期体重的增加对以后产蛋高峰持续期的维持是十分关键的。体重增加少会表现为高峰持续期短，高峰后死淘率上升。体重增加过多则可能造成腹腔脂肪沉积偏多，也不利于高产。

4. 采食量增加

在这个时期由于鸡生殖器官快速发育和体重的增加，尤其是当鸡群开始产蛋之后，随着产蛋率的上升鸡群的采食量也不断增加。如17周龄末鸡群的平均日采食量为80克，之后每只鸡每天的采食量逐周递增3～5克。因此，在这个时期不能再限制喂料量，让鸡群开始自由采食。但是，技术人员要及时检查采食量的增长情况，以了解鸡群的变化。

5. 自身生理应激出现的变化

(1)内分泌机能的变化　18周龄前后鸡体内的促卵泡素(FSH)、促黄体素(LH)开始大量分泌，刺激卵泡生长，使卵巢的重量和体积迅速增大。同时大、中卵泡中又分泌大量的雌激素、孕激素，刺激输卵管的生长。耻骨间距的扩大、肛门的松弛等，为产蛋做准备。

(2)内脏器官的变化　除生殖器官快速发育外，心脏、肝脏的重量也明显增加，消化器官的体积和重量增加的比较缓慢。

(3)法氏囊的变化　法氏囊是鸡重要的免疫器官，在育雏、育成阶段对抗病能力起很大作用。但是，在接近性成熟时由于雌激素的影响而逐渐萎缩，开产后消失，其免疫作用也消失。

(二)预产期环境条件控制

(1)温度　鸡群最适应的温度是13～28℃，应尽量把温度保持在这个范围内。

(2)湿度　保持在60%左右即可。

(3)通风　保持良好的空气质量，以人进去鸡舍后无不良感觉为准。

(4)光照　参考育成期光照管理要求，逐周递增光照时间。光照的增加幅度不宜太大，否则会诱发鸡群在初产时脱肛。

(三)饲养管理要求

1. 转群上笼

(1)入笼日龄　在蛋鸡见蛋前10天左右上笼，让新母鸡在开产前有一段时间熟悉和适应环境，形成和睦的群序，并有充足时间进行免疫接种和其他工作。如果采用三段式饲养方式，一般在17周龄转群；如果采用两段式饲养方式则在13周龄前后转群。对于三段式饲养方式如上笼过晚，会推迟开产时间，影响产蛋率上升；已开产的母鸡由于受到转群等强烈应激也可能停产，甚至有的鸡会造成卵黄性腹膜炎，增加死淘率。

(2)选择淘汰　入笼时要按品种要求剔除体型过小、瘦弱鸡和无饲养价值的残鸡，选留精神活泼、体质健壮、体重适宜的优质鸡。

(3)分类入笼　分类入笼时把较小的和较大的鸡留下来，分别装在不同的笼内，采取特殊措施加强管理，促使其体重和体格趋于均匀整齐。如小鸡装在温度较高阳光充足的南侧中层笼内，适当增加营养，促进其生长发育；过大鸡则应适当限饲。

(4)保证采食量　开产前，恢复鸡群的自由采食，保证营养均衡，促进产蛋率上升。

(5)保证饮水量　开产时，鸡体代谢旺盛，需水量大，要保证充足的饮水。饮水不足，会影响产蛋率上升，并会出现较多的脱肛。

(6)缓解应激　可以在水和饲料中加入抗应激药物，如维生素C、复合维生素、应激安等。

2. 采用预产期饲料

为了适应鸡只体重、生殖器官的生长和髓骨钙的沉积需要，在18周龄就应使用预产期饲料。预产期饲料中粗蛋白质的含量为 15.5%～16.5%、钙含量为 2.2%，复合维生素的添加量应与产蛋鸡饲料相同或略高。饲料能量水平为 11.6 兆焦/千克左右。当产蛋率达 20%时完全换用产蛋期饲料。

3. 喂饲要求

预产阶段鸡的采食量明显增大，而且要逐渐适应产蛋期的喂饲要求，日喂饲次数可确定为 2 次或 3 次。日喂饲 3 次时，第一次喂料应在早上光照开始后 2 小时进行，最后一次在晚上光照停止前 3 小时进行，中间加 1 次。喂料量以早、晚两次为主。此阶段饲料的喂饲量应适当控制，防止营养过多而导致脱肛鸡的出现。饮水要求充足、洁净。

4. 加强疫病防疫工作

(1)免疫接种　根据免疫计划在 17～19 周龄期间，需要接种新城疫＋传染性支气管炎二联疫苗或新城疫＋传染性支气管炎＋减蛋综合征三联疫苗、传染性喉气管炎＋禽痘二联疫苗、禽流感疫苗。本阶段免疫接种效果对产蛋期间鸡群的健康影响很大。

(2)合理使用抗菌药物　定期通过饮水或饲料添加适量的抗生素以提高抗病能力，如氟哌酸、环丙沙星、庆大霉素等，17 和 19 周龄各用药 3 天，以预防大肠杆菌病、沙门氏菌病、肠炎等。

(3)消毒　坚持严格的消毒，保持良好的环境卫生。按照要求定期进行带鸡消毒和舍外环境消毒，生产工具也应定期消毒。舍内走道、鸡舍门口，要每天清扫，窗户、灯泡应根据情况及时擦拭。粪便、垃圾按要求清运、堆放。

第三节　产蛋期的饲养管理

一、产蛋鸡的饲养目标和生产标准

(一)产蛋鸡的饲养目标

产蛋期是蛋鸡生产中获得回报的关键时期，这个阶段鸡群的健康和生产性能表现直接关系到蛋鸡的养殖效益。

1. 提高蛋鸡的产蛋率

产蛋率的高低是影响鸡群在产蛋期内总产蛋重量的关键指标。在 21～72 周龄期间鸡群的平均产蛋率不应低于 75%，或每只鸡在这期间的产蛋数不少于 285 个，产蛋总重量不少于 17.5 千克。

目前，我国大多数中小规模的蛋鸡场鸡群的产蛋率还偏低，21～72 周龄期间鸡群的平均产蛋率常常不足70%，或每只鸡在这期间的产蛋数少于250个，产蛋总重量不足15.5千克。因此，在国内大多数蛋鸡场，提高蛋鸡的产蛋量还有很大的潜力。

2. 提高饲料效率

饲料效率反映的是鸡蛋的生产成本，据推测鸡蛋生产成本中饲料成本占65%左右。目前，先进生产水平的鸡群在21～72周龄期间每生产1千克鸡蛋消耗饲料约2.2千克，但是在国内大多数蛋鸡场每生产1千克鸡蛋消耗饲料约2.4千克。对于一些鸡群健康发生问题的鸡场饲料效率更低。

3. 提高鸡群存活率

目前，先进生产水平的蛋鸡场在21～72周龄期间鸡群的月死淘率不超过0.6%或全程的死淘率不超过7%。高的成活率说明鸡群是健康的，也只有健康的鸡群才能成为高产的鸡群。

国内大多数中小规模的蛋鸡场鸡群在21～72周龄期间月死淘率往往超过1%，全程的死淘率达到15%左右。这在提高蛋鸡生产水平方面是非常需要重视的。

4. 降低蛋的破损率

蛋的破损主要表现为蛋壳表面有破孔或裂纹，甚至有的蛋清外流而失去收拣、运送和存放价值。破蛋的商品价值很低甚至没有商品价值。

一般生产中蛋的破损率不超过1.5%。但是，在有的鸡场内可能会超过2%，甚至更高。

(二)产蛋鸡的生产标准

1. 产蛋率

产蛋率反映的是在某天或某个阶段，一个鸡群的产蛋性能表现。有两种表现方式：

入舍母鸡产蛋率＝某时期内产蛋总数/入舍鸡数×该时期天数×100%

饲养只日产蛋率＝某时期内产蛋总数/该时期饲养只日×100%

2. 平均蛋重

40周龄期间，连续测定3天蛋重的平均值。

3. 总蛋重

某天或某个阶段鸡群产蛋的总重量或平均每只鸡产蛋的总重量。

4. 饲料效率

(1)料蛋比　每生产1千克鸡蛋所消耗的饲料量(千克)。

(2)蛋料比　每消耗1千克饲料所生产的鸡蛋重量(千克)。

在实际生产中使用料蛋比的概念比较多。

5. 部分蛋鸡配套系商品代产蛋性能推荐标准

这里介绍的是目前国内饲养较多的商品蛋鸡配套系的生产性能指标(表8-10和表8-11),这些标准是育种公司在特定条件下经过测定取得的结果,由于受各种条件的影响,在实际生产中鸡群的生产水平与本标准可能存在一定差距,包括超出和偏低。如果低于标准较多则说明生产中存在比较明显的问题,需要及时检查和纠正。

表8-10　罗曼褐商品代蛋鸡产蛋性能

周龄	存栏鸡产蛋率(%)	入舍鸡累计产蛋数(个)	平均蛋重(克)	入舍鸡累计产蛋重(千克)
19	10.0	0.7	44.3	0.03
20	26.0	2.5	46.8	0.12
21	44.0	5.6	49.3	0.27
22	59.1	9.7	51.7	0.48
23	72.1	14.8	53.9	0.75
24	85.2	20.7	55.7	1.08
25	90.3	27.0	57.0	1.44
26	91.8	33.4	58.0	1.82
27	92.4	39.9	58.8	2.19
28	92.9	46.3	59.5	2.58
29	93.5	52.9	60.1	2.97
30	93.5	59.4	60.5	3.36
31	93.5	65.8	60.8	3.76
32	93.4	72.3	61.1	4.15
33	93.3	78.8	61.4	4.55
34	93.2	85.3	61.7	4.95
35	93.1	91.7	62.0	5.35
36	93.0	98.2	62.3	5.75
37	92.8	104.6	62.3	6.15
38	92.6	111.0	62.6	6.55
39	92.4	117.3	62.8	6.95
40	92.2	123.7	63.0	7.35
41	92.0	130.0	63.2	7.55
42	91.6	136.3	63.4	8.15
43	91.3	142.6	63.6	8.55
44	90.9	148.8	63.8	8.95
45	90.5	155.0	64.0	9.35
46	90.1	161.2	64.2	9.74
47	89.6	167.3	64.4	10.14

续表 8-10

周龄	存栏鸡产蛋率(%)	入舍鸡累计产蛋数(个)	平均蛋重(克)	入舍鸡累计产蛋重(千克)
48	89.0	173.4	64.6	10.53
49	88.5	179.4	64.8	10.92
50	88.0	185.4	64.9	11.31
51	87.6	191.4	65.0	11.70
52	87.0	197.3	65.1	12.08
53	86.4	203.2	65.2	12.46
54	85.8	209.0	65.3	12.84
55	85.2	214.7	65.4	13.22
56	84.6	220.4	65.5	13.59
57	84.0	226.1	65.6	13.97
58	83.4	231.7	65.7	14.33
59	82.8	237.3	65.8	14.70
60	82.2	242.8	65.9	15.06
61	81.5	248.3	66.0	15.42
62	80.8	253.7	66.1	15.78
63	80.1	259.0	66.2	16.14
64	79.4	264.3	66.3	16.49
65	78.7	269.5	66.4	16.83
66	77.9	274.7	66.5	17.18
67	77.2	279.8	66.6	17.52
68	76.5	284.9	66.7	17.86
69	75.7	289.9	66.8	18.19
70	74.8	294.9	66.9	18.52

表 8-11　伊萨巴布考克 B-380 商品代产蛋性能标准

周龄	存活率(%)	存栏鸡产蛋率(%)	入舍鸡平均产蛋数(个)		蛋重(克)	累计蛋总重(千克)
			每周	累计		
19	100	10.0	0.70	0.7	46	0.032
20	99.9	40.0	2.80	3.5	48	0.166
21	99.8	75.0	5.24	8.7	50	0.428
22	99.7	88.0	6.14	14.9	52	0.748
23	99.6	91.0	6.34	21.2	54	1.090
24	99.5	92.0	6.41	27.6	55.5	1.446
25	99.4	93.0	6.47	34.1	57	1.815

续表 8-11

周龄	存活率(%)	存栏鸡产蛋率(%)	入舍鸡平均产蛋数(个)		蛋重(克)	累计蛋总重(千克)
			每周	累计		
26	99.3	93.0	6.46	40.6	58	2.190
27	99.2	93.0	6.46	47.0	59	2.571
28	99.1	93.0	6.45	53.5	59.5	2.955
29	99.0	93.0	6.44	59.9	59.9	3.341
30	98.9	93.0	6.44	66.4	60.0	3.730
31	98.8	92.9	6.42	72.8	60.6	4.130
32	98.7	92.8	6.41	79.2	61.0	4.510
33	98.5	92.7	6.39	85.6	61.3	4.902
34	98.4	92.6	6.38	92.0	61.5	5.295
35	98.3	92.4	6.36	98.3	61.7	5.687
36	98.2	92.2	6.34	104.7	61.9	6.080
37	98.1	92.0	6.32	111.0	62.1	6.437
38	98.0	91.8	6.30	117.3	62.3	6.865
39	97.8	91.5	6.26	123.5	62.5	7.257
40	97.7	91.0	6.22	129.8	62.7	7.647
41	97.6	80.5	6.18	135.9	62.9	8.037
42	97.4	90.0	6.14	142.1	63.1	8.424
43	97.3	89.5	6.10	148.2	63.2	8.810
44	97.2	89.0	6.06	154.2	63.3	9.183
45	97.0	88.5	6.01	160.2	63.4	9.575
46	96.9	88.0	5.97	166.2	63.5	9.954
47	96.8	87.5	5.93	172.1	63.6	10.332
48	96.7	87.0	5.89	178.0	63.7	10.707
49	96.5	86.5	5.84	183.9	63.8	11.080
50	96.4	86.0	5.80	189.7	63.9	11.451
51	96.3	85.5	5.76	195.4	64.0	11.821
52	96.1	85.0	5.72	201.2	64.1	12.188
53	96.0	84.5	5.68	206.8	64.2	12.553
54	95.9	84.0	5.68	212.4	64.2	12.916
55	95.7	83.5	5.59	218.1	64.4	13.276

续表 8-11

周龄	存活率(%)	存栏鸡产蛋率(%)	入舍鸡平均产蛋数(个)		蛋重(克)	累计蛋总重(千克)
			每周	累计		
56	95.6	83.0	5.55	223.6	64.5	13.635
57	95.5	82.5	5.52	229.1	64.6	13.992
58	95.3	82.0	5.47	234.6	64.7	14.346
59	95.2	81.5	5.43	240.0	64.8	14.699
60	95.0	81.0	5.39	245.4	64.9	15.049
61	94.9	80.5	5.35	250.8	64.9	15.397
62	94.8	80.0	5.31	256.1	65.0	15.742
63	94.7	79.5	5.27	261.4	65.0	16.085
64	94.5	79.0	5.23	266.6	65.1	16.426
65	94.4	78.5	5.19	271.8	65.1	16.764
66	94.3	78.0	5.15	276.9	65.2	17.101
67	94.2	77.5	5.11	282.0	65.2	17.434
68	94.0	77.0	5.07	287.1	65.3	17.766
69	93.9	76.5	5.03	292.1	65.3	18.095
70	93.8	76	4.99	297.1	65.4	18.422

二、蛋鸡的饲料与喂饲

笼养是目前蛋鸡饲养的主要方式。采用这种方式饲养的蛋鸡,整个饲养过程都在鸡舍内,受外界环境条件变化的影响比较小。但是,由于鸡不接触地面,运动量小,对饲料和饲养技术的要求也更高。

(一)蛋鸡饲料

鸡的产蛋是有规律性的,在产蛋的不同时期鸡群的产蛋率、平均蛋重有很大差别,无论如何配制饲料都应该满足各个时期鸡产蛋对各种营养素的需要,这才能使鸡群保持健康和高产。同时,环境温度对鸡群的产蛋性能和营养需要也有很大影响,在生产中要根据蛋鸡的产蛋规律、生产季节和各个时期鸡的生理特点,适当调整鸡的饲料营养水平,以保证最佳的产蛋性能。

生产上一般按两阶段配合饲料,通常是以 45 周龄为分界线,之前为产蛋前期、之后为产蛋后期。前期饲料的营养浓度比较高、后期略低,如前期饲料的蛋白质含量要求达到 17%~17.5%,而后期饲料中为 16%~16.5%。

饲料营养水平参考前面相关内容。但是必须保证每天蛋鸡的营养素摄入量(表8-12)。

表8-12　伊萨巴布考克B-380商品蛋鸡每日主要营养素摄入量标准

营养素(每天每只)	开产至45周龄前	45周龄以后
粗蛋白质(克)	21.0	20.0
赖氨酸(毫克)	930	900
蛋氨酸(毫克)	450	400
蛋氨酸和胱氨酸(毫克)	790	700
色氨酸(毫克)	200	190
异亮氨酸(毫克)	730	695
苏氨酸(毫克)	620	590
亚油酸(克)	1.6(最少)	1.8(最大)
有效磷(克)	0.42	0.38
钙(克)	3.8～4.2	4.2～4.6
钠(最少)(毫克)	180	180
氯(最少/最多)(毫克)	170/200	170/200

(二)保证良好而稳定的饲料质量

产蛋期鸡的饲料营养水平要符合相应育种公司提供的饲养标准,保证鸡每天采食足够的营养。不能使用发霉变质的饲料原料,含有抗营养因子或毒素的饲料原料要控制其使用量(如棉仁粕、菜籽粕、花生粕等)。

饲料要相对稳定(包括其中主要的饲料原料、饲料形状、颜色等),如果随意变换饲料则可能会影响产蛋性能。饲料的变换要有一个过渡期,通常不少于5天,以便让鸡能够逐渐适应。

饲料质量要有保证,购买的浓缩饲料的保存期一般不要超过2个月。发霉结块的饲料坚决不要使用。

(三)喂饲要求

1. 喂饲原则

产蛋前期(性成熟后至产蛋高峰结束)要促进采食,使鸡只每天能够摄入足够的营养,保证高产需要。产蛋后期适当控制喂饲,根据产蛋率变化情况将采食量控制为自由采食的95%～90%,以免造成母鸡过肥和饲料浪费。

2. 喂饲次数

产蛋期一般每天喂饲3次，这样既能够刺激鸡的食欲，又能够使每次添加的饲料量不超过料槽深度的1/3，有助于减少饲料浪费。第一次喂饲在早晨开灯后1小时内，最后一次在晚上关灯前3.5～4小时，中午喂饲1次。

3. 匀料

每次添加饲料时要尽量添加均匀，当鸡群采食20分钟后用小木片将料槽内的饲料拨匀。对于饲料堆积的地方要注意观察，常见的原因可能为：加料时没控制好加料量；该笼内鸡数量少；该笼内鸡的健康状况有问题；笼具变形影响鸡的采食；该笼的乳头式饮水器堵塞。

4. 净槽管理

每天让鸡群把料槽内的饲料吃干净1次，这样能够保证鸡群摄入体内的饲料营养是全价的、完善的；也能够减少饲料在料槽中放置时间过长而造成的营养损失和发霉变质。

鸡有挑食的习惯，在产蛋鸡饲养中一般都是使用干粉状饲料，不同的饲料原料颗粒大小不一致，如碎玉米和豆粕的颗粒要大于石粉、维生素和矿物质添加剂等。鸡总是先挑食颗粒较大的食物，而留在料槽底部的饲料都是那些细粉状原料。如果不让鸡把当天的饲料吃净，那么细粉状原料所包含的各种营养成分就不能进入鸡体内，这部分营养就会缺乏。

鸡舍内的温度较高、湿度较大，空气中微生物的数量多，如果饲料在料槽内存放时间长，就会被氧化甚至发霉。

(四)饮水要求

1. 饮水供应方式

目前，在笼养蛋鸡生产中采用最多的供水方式是乳头式饮水器。乳头式饮水器的使用效果比较好，能够节约用水、减少水的污染、降低粪便中的水含量和鸡舍内的湿度。

乳头式饮水器的水管一般安装在鸡笼的顶网上，位于顶网的前半部分。饮水器乳头为每个单笼1个，多数位于单笼的中间，使单笼内的3只蛋鸡都能够方便饮水。也有的鸡笼在相邻两个单笼的隔网上留有一个饮水乳头安装孔，安装在这里的饮水乳头能够让两个单笼的鸡只共同使用。

2. 饮水量

一般情况下鸡的饮水量是采食量的2～3倍(表8-13)，由于鸡的唾液腺不发达，采食时唾液分泌少，因此每啄食几口饲料就需要饮1次水。因此，饮水供应不足会影响采食量。要求在有光照的时间内，供水系统内必须有足够的水。如果需要停止供水，则不能超过 2 小时。

表 8-13 产蛋鸡每天耗水量

室温(℃)	15～21	21～27	27～33
耗水量(毫升/(只·日))	225～245	245～345	345～600

饮水量发生变化时需要及时给予关注和分析。影响饮水量的因素有多种：一是环境温度，温度高则饮水量增加，温度低则饮水较少；二是饲料中食盐含量，正常情况下饮水量稳定，如果食盐含量高则会使饮水量增加；三是饮水质量，如果饮水受污染会使饮水量减少；四是鸡群的健康状况，健康不良时常常表现饮水量大增或剧减；五是其他因素，如由于供水系统损坏的影响、饮水方式不同的影响等。

3. 饮水质量

饮水质量要符合饮用水的卫生标准。供水系统必须定期清洗消毒，防止藻类滋生。饮水也需要定期进行消毒处理。由于饮水中矿物含量高而影响鸡的产蛋量、蛋壳质量和健康的情况在生产中经常发生。

4. 供水管理

无论采用哪种供水方式，都要保证方便于鸡群的饮水，各处水的供应均衡，能够减少水的抛洒和泄露，供水设备的安装位置不影响笼门的打开和关闭。夏季要防止水箱水管被暴晒、冬季要防止水管结冰等。

三、产蛋各阶段的饲养管理

(一)产蛋前期的饲养管理

这个时期是指从鸡群见蛋开始(约为 18 周龄)到产蛋率上升到高峰(25 周龄前后)这个时期。这个阶段是鸡群采食量、产蛋率、平均蛋重均处于上涨的一个阶段，尤其是产蛋率的上升幅度是衡量鸡群饲养管理效果的主要指标。一般要求这个阶段每周产蛋率的上升幅度不低于 10%，否则在 26 周龄鸡群的产蛋率就不能达到产蛋高峰(产蛋率超过 90%)。

1. 适时转群

根据育成鸡的体重发育情况，在 18～19 周龄由育成鸡舍转入种鸡舍。转群前，要对种鸡舍进行彻底的清扫消毒，准备好饲养、产蛋设备。结合转群进行开产前先后多次疫苗接种，包括鸡新城疫Ⅰ系疫苗 2 倍量肌肉注射，同时肌注新城疫、传染性支气管炎、减蛋综合征三联油苗；传染性喉气管炎和禽痘二联苗；必要的时候还要接种禽流感疫苗。

2. 更换饲料

转入产蛋鸡舍后，当产蛋率达到5%时，要及时将预产阶段饲料更换产蛋初期饲料，提高饲料的营养浓度(粗蛋白含量要求为16.5%)，增加饲料中钙的含量，达到3.0%～3.5%。这样既可以满足产蛋的需求，同时满足体重增加的营养需要。

3. 监测体重增长

开产后体重的变化要符合要求，否则全期的产蛋会受到影响。在产蛋率达到5%以后，至少每2周称重1次，体重过重或过轻都要设法弥补。

4. 产蛋前期产蛋率上升慢的原因分析

可能的原因有以下几方面：喂料量增加不够、换料不及时、加光不合理、肌肉注射接种疫苗、转群时间过晚、饲料质量差、严重应激问题的发生、青年鸡群体均匀度差、青年鸡发育不良或有健康问题等。

曾经有的养鸡场出现28周龄产蛋率不足90%的现象，经过检查分析，青年鸡阶段饲养密度高、鸡群发育差、均匀度低是其中的关键。

(二)产蛋高峰期的饲养管理

1. 维持相对稳定的饲养环境

蛋鸡产蛋最适宜的环境温度为13～25℃，低于10℃或高于30℃，会引起产蛋率的下降。鸡舍的相对湿度控制在65%左右，主要是防止舍内潮湿。鸡舍要注意做好通风换气工作，保证氧气的供应，排除有害气体。产蛋期光照要维持16小时的恒定光照，不能随意增减光照时间，尤其是减少光照，每天要定时开灯、关灯，保证电力供应。

2. 更换饲料

当产蛋率上升到30%以后，要更换产蛋高峰期饲料，粗蛋白质浓度达到17.5%～18%。选择使用优质的饲料原料，如鱼粉、豆粕，减少菜粕、棉粕等杂粕的用量，增加多种维生素的添加量。

3. 减少应激

进入产蛋高峰期，一旦受到外界的不良刺激(如异常的响动、饲养人员的更换、饲料的突然改变、断水断料、停电、疫苗接种)，就会出现惊群，发生应激反应。后果是采食量下降，产蛋率同时下降。在日常管理中，要坚持固定的工作程序，各种操作动作要轻，产蛋高峰期要尽量减少进出鸡舍的次数。开产前要做好疫苗接种和驱虫工作，高峰期不能进行这些工作。

4. 商品蛋的收集

一般每天收集3次，上午11时，下午2时、6时。减少蛋在鸡舍内的停留时间是保持鸡蛋质量的重要措施。

(三)产蛋后期的饲养管理

1. 更换饲料

随着日龄的增加,产蛋率出现明显的下降。一般到59周龄时,为了避免饲料浪费,要更换产蛋后期饲料。粗蛋白水平下降到16.5%,钙的含量升高到3.7%~4.0%。

2. 淘汰低产鸡

通常高产蛋鸡的表现反应灵敏,两眼有神,鸡冠红润;羽毛丰满、紧凑,换羽晚;腹部柔软有弹性、容积大;肛门松弛、湿润、易翻开;耻骨间距3指以上,胸骨末端与耻骨间距4指以上。停产鸡的表现主要是耻骨间距小于2指,过肥或过瘦。低产鸡的鸡冠发黄白色或紫红色,过肥或过瘦,肛门下的羽毛粘有稀便。

3. 加强卫生消毒

到了产蛋后期,由于饲养员疏于管理,鸡群很容易出现问题。经过长时间的饲养后,鸡舍的有害微生物数量大大增加,所以更要做好粪便清理和日常消毒工作。

四、产蛋期的日常管理

日常管理是通过细心观察鸡群的状态及各项生产措施的具体实施,不断地发现、分析和解决问题,为鸡群的高产提供必要的保证。日常管理工作是否精细,对鸡群的生产水平会产生很大的影响。

(一)观察鸡群状况

主要是观察鸡群的行为表现和精神状态,因为这些项目能够反映鸡群的生产性能和健康状况。一般在喂料时观察鸡只的采食情况、精神状态(冠的颜色、大小,眼的神态等)、是否伏卧在笼底等。白天观察鸡只的呼吸状态、有无甩头情况,夜间关灯后细听鸡群有无异常的呼吸声音。检查有无啄肛、啄羽现象。凡有异常表现的,均应及时隔离并采取相应的处理措施。

1. 观察鸡冠情况

健康高产鸡的鸡冠应该是较大、红润、直立或上部倾向一侧。如果颜色发黄或萎缩变小说明鸡群的营养状况不良而且产蛋性能低,如果颜色发紫则说明鸡患有传染病,如果颜色浅而且鸡冠表面有皮屑则可能有住白细胞原虫病。

2. 观察鸡的精神状态

健康高产的鸡眼大有神、反应灵敏,有人员靠近的时候鸡会将注意力集中在人员的行为上。病鸡常常表现为眼睛半睁半闭、低头缩颈,对人员的靠近没有反应或反应非常迟钝。

3. 观察鸡的行为表现

患有呼吸道疾病的鸡由于呼吸道内有分泌物而常常表现出伸脖仰头或甩头行为；患有卵黄性腹膜炎的母鸡常常呈鸭的站立姿态；患有产蛋下降综合征或其他严重疾病的鸡常常俯卧在笼的底网上不能站立。

4. 观察鸡的采食行为

每次添加饲料后凡是健康高产的鸡都积极采食(抢食)，而且采食的频率高，能够在喂料后的较短时间内吃饱；低产鸡或健康状况不好的鸡在喂料后采食慢。

(二)观察鸡群的粪便

正常的鸡粪为灰褐色，上面覆有一些灰白色的尿酸盐，偶有一些茶褐色枯粪为盲肠粪。若粪便发绿或发黄而且较稀，则说明有感染疾病的可能。夏天鸡喝水多，粪便较稀是正常现象，其他季节若粪便过稀则与消化不良、中毒或患某些疾病有关。

(三)观察机械设备情况

1. 观察水槽、料槽情况

检查水槽流水是否通畅、有无溢水现象，若是用乳头式饮水器则检查有无漏水或断水问题。检查料槽有无破损，槽内饲料分布是否均匀，槽底有无饲料结块。观察水槽、料槽的放置位置，是否会因笼的横丝影响鸡的饮水、采食。

2. 检查舍内设备的完好情况

窗户是否有破损、是否能固定(打开或关闭后)；灯泡有无损坏、是否干净；风机运转时有无异常声音、百叶窗启闭是否灵活；笼网有无破损、是否有鸡只外逃或挂伤、蛋是否能顺利地从笼内滚到盛蛋网中、是否会从缝隙中掉下。

(四)拣蛋与检查产蛋情况

1. 拣蛋次数与时间

产蛋期间每天拣蛋次数不应少于 3 次，以减少蛋在鸡舍内的存留时间，因为鸡舍内温度高、湿度大，空气中粉尘和微生物数量多，蛋在鸡舍内容易受污染，在鸡舍内存留时间长不利于其品质的保持。

如果每天拣蛋 3 次，则时间安排为上午 11 时、下午 2 时、6 时应分别进行拣蛋。

2. 拣蛋要求

拣蛋时使用塑料蛋筐或纸浆蛋托，每个蛋筐可以盛放 23 千克左右的鸡蛋，每个蛋托可以放置 30 个鸡蛋。

拣蛋时将破蛋、薄(软)壳蛋、双黄蛋单独放置，因为破蛋和薄壳蛋不便于运输和存放,不适宜作为商品蛋出售;双黄蛋在市场上能够以较高的价格销售,可以作为专门的特色鸡蛋出售。

拣蛋后应及时清点蛋数并送往蛋库,不能在舍内过夜。

3. 检察产蛋情况

拣蛋的同时应注意观察产蛋量、蛋壳颜色、蛋壳质地、蛋的形状和重量与以往有无明显变化。因为这些变化属于非正常现象,常常是由于鸡群健康问题或饲料质量问题、生产管理问题造成的。

(五)监控体重变化

产蛋鸡从开产到 40 周龄期间随着产蛋率的增长,体重也在逐渐增加(表 8-14)。一般要求 40 周龄前每 2 周抽测 1 次体重,40 周龄后每 4 周抽测 1 次。

表 8-14 商品蛋鸡产蛋期间体重变化

周龄	罗曼褐蛋鸡体重(克)	新红褐蛋鸡体重(克)
20	1 402～1 518	1 830
22	1 519～1 646	1 900
24	1 600～1 734	1 950
26	1 651～1 788	1 970
28	1 691～1 832	1 990
30	1 722～1 865	2 010
32	1 732～1 876	2 020～2 050
34	1 737～1 882	2 030～2 100
36	1 742～1 887	2 030～2 100
38	1 747～1 893	2 030～2 100
40	1 752～1 898	2 040～2 100
44	1 762～1 909	2 040～2 100
48	1 772～1 920	2 050～2 100
52	1 777～1 926	2 050～2 100
56	1 783～1 931	2 060～2 100
60	1 788～1 937	2 080～2 200
64	1 793～1 942	2 100～2 200
68	1 798～1 948	2 150～2 250
72	1 803～1 953	2 200～2 300

蛋鸡的体重对其产蛋性能的影响很大，适中的体重和体况是保持高产蛋率的基础。如果营养不足常常会造成产蛋高峰期鸡的体重下降，这样很容易导致产蛋高峰期缩短、蛋鸡出现早衰、死淘率增高；如果产蛋高峰期过后鸡体重过大、体况过肥（尤其是触摸蛋鸡后腹部的时候，感觉后腹部大而硬）则很容易造成产蛋率下降速度过快。

（六）搞好生产记录

做好生产记录是生产管理工作的基本内容，可参考表 8－15。

表 8－15 产蛋鸡鸡群生产情况一览表

鸡种________ 第______舍 饲养员________ 20____年____月

日期	日龄	存栏鸡数		鸡群变动		产蛋				饲料		备注
		公鸡	母鸡	死亡	淘汰	产蛋数	产蛋率	总蛋重	破蛋	总耗料	平均耗料	

（七）蛋鸡生产的卫生管理

产蛋期间应加强卫生防疫工作，避免因致病因素存在对鸡群健康产生不良的影响。

1. 采用全进全出制

鸡场建设时各类房舍应配套，每批育雏数量要适当。不应把不同批次的鸡群混养于同一舍内，便于饲养管理措施的制订和实施，可有效防止疫病的相互感染。

2. 搞好带鸡消毒工作

鸡群转入产蛋鸡舍后，就应经常性地进行带鸡消毒以尽可能降低鸡舍内的微生物浓度。冬季每周 2 次，春季和秋季每周 3～4 次，夏季每日 1 次。采用喷雾消毒方式应使雾滴遍及舍内任何可触及的地方，保证单位空间内消毒药物的喷施量。

药物应符合下列要求：消毒效果好、无刺激性、无腐蚀性、对家禽毒性低。应将几种化学性质不同的药物交替使用。

3. 喂饲用具的消毒

水槽应每日清洗消毒，料槽应每周消毒 1 次。料车、料盆、加料斗不能作他用，保持干燥、清洁，并每周消毒 1 次。

4. 病死鸡的处理

从舍内挑出的病鸡、死鸡应放在指定处，最好是在鸡舍外用一个木箱，内盛生石灰，把死鸡放入后盖上盖子，当其他工作处理结束时请兽医诊断。病死鸡不允许乱放、乱埋，以减少场区内的污染源。一般可选择在粪便处理区内挖深坑掩埋病死鸡，每次填放死鸡的同时喷洒适量的消毒药物。目前，有的鸡场使用化尸井、化尸罐，效果比较理想。

要坚决杜绝出售病死鸡的现象。

5. 消灭蚊蝇

夏、秋季节蚊子、苍蝇较多，它们不仅干扰鸡群的生活，还会传播疾病。因此，舍内、外应定期喷药杀灭。

6. 定期清理粪便

粪便在舍内堆积，会使舍内空气湿度、有害气体浓度和微生物含量升高，夏季还容易滋生蝇蛆。采用机械清粪方式每天应清粪 2 次，人工清粪时每 2～4 天清 1 次，清粪后要将舍内走道清扫干净。高床或半高床式鸡舍，在设计时要保证粪层表面气流的速度，以便及时将其中的水分和有害气体排出舍外。

（八）减少饲料浪费

蛋鸡生产总成本中有 60％～70％来自于饲料，节约饲料能明显提高经济效益。减少饲料浪费的主要措施有：

（1）保证饲料的全价营养。饲料日粮营养不全面是最大的浪费，因为某种营养素的缺乏会影响其他营养素的吸收利用。

（2）不使用发霉变质的饲料。如果使用了发霉变质的饲料，不仅起不到节约饲料的效果，反而会由于影响鸡群的健康，造成产蛋减少而增加生产成本。

（3）料槽添料量。每次添加量应不超过料槽深度的 1/3，由于添料过满造成抛撒的料，其数量实际上是很惊人的。

（4）饲料粉碎不能过细。饲料粉碎过细易造成采食困难并在鸡只采食时出现“料尘”飞扬现象。

（5）高质量的喂料机械。自动喂料设备能够减少人工加料时饲料的抛撒和不均匀，可节约饲料。

(6)及时淘汰停产、伤残鸡。在产蛋期间,根据鸡只的外貌和生理特征及体态,经常性地淘汰停产、伤残鸡。停产鸡从外貌上表现为鸡冠苍白或发黄并萎缩,精神委靡,从生理特征上表现为耻骨间距变窄(小于 2 指宽)、肛门干燥紧缩,一些鸡后腹膨大,站立时如企鹅状。

(九)减轻应激影响

应激会造成产蛋鸡生产性能、蛋品质量及健康状况的下降,在生产中应设法避免应激的发生。

1. 引起应激的因素

生产中会引起鸡群发生应激反应的因素很多,如缺水、缺料、突然换料;温度过高、过低或突然变化,光照时间的突然变化(停电、光照不足或夜间没关灯);突然发出的异常声响(鸣喇叭、大声喊叫、工具翻倒、刮风时门窗碰撞等)、陌生人或其他动物进入鸡舍;饲养管理程序的变更、疫苗或药物的注射等。这些因素中有些是能够避免的,有些是无法避免但能够通过采取措施减轻其影响的。

2. 减少应激的措施

针对上述引起应激的原因,生产管理上应注意采取以下几项措施:

(1)保持生产管理程序的相对稳定。每天的加水、加料、拣蛋、消毒等生产环节应定时、依序进行。不能缺水、缺料。饲养人员不宜经常更换。

(2)防止环境条件的突然改变。每天开灯、关灯时间要固定。冬季搞好防寒保暖工作、夏季做好防暑降温工作,防止高温、低温带来的不良影响;春季和秋季在气温多变的情况下,要提前采取调节措施;夏、秋雷雨季节要防止暴风雨的侵袭。

(3)防止惊群。惊群是生产中容易出现的危害,也是较严重的应激。防止措施:生产区内严禁汽车鸣喇叭、严禁大声喊叫,舍内更不能乱喊叫,门窗打开或关闭后应固定好,饲养操作过程动作应轻稳。陌生人和其他鸟、兽不能进入鸡舍。

(4)更换饲料应逐渐过渡。生产过程中不可避免地要更换饲料,但每次更换饲料,必须有 5 天左右的过渡期,使鸡只能顺利地适应。

(5)尽量避免注射给药。产蛋期间应尽可能避免采用肌肉注射方式进行免疫接种和用抗菌药物治疗,以免引起卵巢肉样变性或卵黄性腹膜炎。

(6)提早采取缓解措施。在某些应激不可避免地要出现的情况下,应提前在饲料或饮水中加入适量复合维生素和维生素 C。

(十)降低破蛋率

破蛋的商品价值低,生产中破蛋率一般在 2%～5%之间,也有更高的。破蛋率高会影响蛋鸡生产效益。

(1)提高饲料质量。饲料中钙和磷的含量及两者之间的比例,钙、磷的吸收利用率,维生素 D_3 的含量等都对蛋壳的形成有一定的影响,任何一方面的不合适都会增加破蛋率;锰含量不足则会降低蛋壳强度。氟、镁含量过高也会使蛋壳变脆。因此,饲料中各种营养成分的含量和比例要适当,有害元素含量不能超标。

(2)笼具的设计安装要合理。笼底的坡度以 8°～9°为宜,过小则蛋不易滚出,过大则蛋滚动太快易碰破。两组笼连接处应用铁丝将盛蛋网连在一起,以免缝隙过大使蛋掉出。笼架要有较高的强度,防止使用中出现变形。

(3)要勤拣蛋。每天拣蛋次数较多时,可以减少因相互碰撞而引起的破裂,也可减少因鸡只啄食而造成的破损。

(4)保持鸡群的健康。呼吸系统感染、肠炎、输卵管炎、非典型性新城疫等都会引起蛋壳变薄或蛋壳质地不匀,甚至出现软壳蛋和无壳蛋。因此,做好卫生防疫工作,保持鸡群健康,对维持较高的产蛋量和良好的蛋壳质量都是十分重要的。

(5)缓解高温的影响。当气温超过 25℃时蛋壳就有变薄的趋势,超过 32℃则破蛋率明显增高。

(6)防止惊群。产蛋鸡受惊后可能会造成输卵管发生异常的蠕动,使正在形成过程中的蛋提前产出,造成薄壳、软壳或无壳蛋的数量增多。惊群还可能会因鸡只的骚动而造成笼网变形挤破或踩破蛋。

(7)防止啄蛋。啄蛋是鸡异食癖的一种表现。除常拣蛋外,对有啄蛋癖的鸡,应放在上层笼内,若其本身为低产鸡,则可提前淘汰。

(8)减少蛋在收拣、搬运过程中的破损。

五、蛋鸡的季节性管理

目前,我国大多数蛋鸡舍都为有窗式鸡舍,舍内环境条件受自然气候条件变化的影响较大,因而应考虑各季节的气候特点,尤其是夏季和冬季,要采取措施消除不良气候条件的影响。

(一)夏季鸡群的管理

夏季的气候特点是气温高,鸡群会表现出明显的热应激反应,如采食减少、饮水增加,产蛋率下降、蛋重变小、蛋壳变薄,严重时发生中暑。一般 10～28℃的温度范围内对母鸡产蛋性能影响不明显,但不能忍受 30℃以上的持续高温。因此,夏季管理的重点是防暑降温以缓解热应激。

(1)遮阴。在房舍周围栽植高大阔叶乔木,在进风口(窗)设遮阳棚等。

(2)减轻屋顶的热负荷。如将屋顶涂白,以增强其热反射能力;在屋顶加铺草秸以降低屋顶内面温度;在屋顶喷水以降低屋面温度。

(3)加大舍内气流速度,使舍内气流速度不低于1米/秒。

(4)降低进舍空气温度。在进风口装设湿帘类设备,或将地下室内空气引入舍内。

(5)舍内喷水。在舍内气流速度较快的情况下向舍内喷水,水在吸收舍内空气中热量后,被吹出舍外而将舍内热量带走。也可在中午高温时,向鸡的头部喷水以防中暑。

(6)调整饲料营养。提高饲料营养浓度,以便在采食量下降的情况下,保证其主要营养成分的摄入量无明显减少。用适量脂肪代替部分碳水化合物以提供能量,将贝壳粒或石灰石粒在傍晚时加喂,或使用颗粒料都是合适的。

(7)使用抗热应激添加剂。如饮水或饲料中添加0.03%的维生素C或0.5%碳酸氢钠、1%的氯化铵,添加中草药添加剂,饮水中添加补液盐等,都可在一定程度上缓解热应激反应。

(8)改善饲养管理。保证充足的、清凉洁净的饮水供应,利用早晨、傍晚气温较低时,加强饲喂以刺激采食,用湿拌料促进采食。防止饲料变质变味。凌晨1点时开灯1小时供水、供料可以有效缓解热应激的影响。

(9)消灭蚊蝇。夏季蚊蝇很多,尤其是吸血昆虫是住白细胞原虫病的主要传播者,需要及时杀灭。

(二)冬季鸡群的管理

(1)保持适宜的舍温。冬季应采取防寒措施,防止冷空气直接吹向鸡群。采取必要的保温或加热措施,使舍温不低于10℃,并防止水管内结冰。

(2)合理通风。冬季为了保温,多数将门窗关闭或遮挡,影响正常的通风而造成舍内氨气和二氧化碳含量明显超标,进而诱发呼吸道感染。因此,冬季应在保持舍温的前提下,进行合理的通风。

(3)调整饲料营养。适当提高饲料的能量水平。

(4)注意灭虱。冬季易发鸡虱,需要经常观察。一旦发现有鸡虱要及时采取灭虱措施。

六、蛋鸡的强制换羽

蛋鸡在经历了一个产蛋阶段后,在夏末或秋季就开始换羽。群内不同的个体换羽开始时间和持续时期也不一样,自然换羽的持续时间可达14～16周,此期间部分个体停产,因而群体产蛋率不高,给饲养管理带来较多麻烦。强制换羽可使鸡群在7周左右的时间内完成羽毛脱换过程。换羽后鸡群产蛋整齐(平均产蛋率比上一产蛋年度降低10%～20%),蛋品质量较好,鸡群成活率较高,可继续利用6～

9个月。最常用的强制换羽方法是饥饿法。

1. 强制换羽前的准备

(1)强制换羽的时间 商品蛋鸡一般在350～450日龄之间进行强制换羽。

(2)强制换羽方案 根据鸡群状况、季节及第一产蛋期鸡群的产蛋性能,制订强制换羽具体方案,以便强制换羽工作顺利进行。非特殊情况(如死亡率高或遇到大的疫情等)不要随便变更计划。

(3)鸡群的选择和淘汰 用于强制换羽的鸡群,应是已经产蛋9～11个月的健康鸡群,产蛋率已降至60%～70%之间。将群内已开始换羽的个体挑出集中放在舍内某一区位。将病、弱、残及脱肛个体挑出淘汰。

(4)免疫接种 在强制换羽措施实施前1周,对鸡群接种新城疫灭活疫苗。

(5)称重 在舍内抽测50只左右的鸡体重(被测个体佩戴脚号),并记录。

(6)准备饲料 强制换羽前要准备钙和恢复期所需的饲料、维生素。

2. 强制换羽的实施

(1)头3天停水、停料、采用自然光照。有人认为此期间每只鸡每天喂15克贝壳粒可减少薄、软壳蛋出现,并能够减少换羽过程中的死亡率。若是夏季每天可供水1小时。

(2)第4～7天停料,每天供水两次,每次半小时,采用自然光照。

(3)第8～12天,对已标记的鸡只每天称重,若当前体重与断料前体重相比减轻25%左右时,即可进入恢复期。

(4)恢复期 当鸡群体重比初始期减轻25%左右时,开始进入恢复期。恢复期的饲料,在初始2周可用青年鸡饲料,另补充复合维生素及微量元素,此后2周使用育产期饲料,之后换用产蛋期饲料。在恢复期第1天的喂料量,按每只鸡每天20克,此后每天每只鸡递增15克,直至达到自由采食。喂饲期间应保证饮水的充足供应。

光照时间从恢复喂料时开始逐渐增加,约经6周的时间,恢复为每天16小时,以后保持稳定。一般鸡群在恢复喂料后第3～4周开始产蛋,第6周产蛋率可达50%以上。

第九章　白羽快大型肉鸡生产技术

第一节　白羽肉仔鸡生产技术

一、白羽肉仔鸡生产特点

1. 早期生长速度快

一般肉仔鸡刚出壳的体重为 40 克左右，在正常的饲养管理条件下，一般 2 周龄体重可达 0.40 千克、4 周龄 1.1 千克、6 周龄 2.1 千克、7～8 周龄时体重可达 2.5 千克左右，大约是出壳重量的 60 倍。肉鸡在 8 周龄前，生长发育最快，体重达成年的 2/3，这就要求充分利用这一特点，加强饲养管理，争取在 8 周龄前达到所需的上市体重。现以爱拔益加肉鸡为例介绍肉鸡的生产性能(表 9-1)。

表 9-1　爱拔益加肉鸡生产性能(公母混养)

周龄	体重(克)	每周增重(克)	耗料量(克)		料肉比	
			每周	累积	每周	累积
1	165	125	144	144	1.15	0.87
2	405	240	298	441	1.24	1.09
3	735	330	485	926	1.47	1.26
4	1 150	415	707	1 633	1.70	1.42
5	1 625	475	935	2 568	1.97	1.58
6	2 145	520	1 186	3 754	2.28	1.75
7	2 675	530	1 382	5 136	2.61	1.92
8	3 215	540	1 648	6 784	3.05	2.11
9	3 710	495	1 749	8 533	3.53	2.30
10	4 180	470	1 959	10 492	4.17	2.51

2. 商品率高

肉仔鸡不仅生长快、耗料少、成活率高，而且个体发育较为均匀，体重大小整齐一致，出栏商品率高。经过长期选育改良的优良肉鸡品种，在同一日龄、同一性别、同一环境条件下饲养，一致性或整齐性表现较好。但公鸡、母鸡体重之间有较大差异，公鸡生长快，体重大；母鸡生长慢，体重小。实行公、母分开饲养，或公、母分批出售的办法，可以提高整齐性。整齐性好，商品率高，收益就增加。

3. 饲养周期短

在我国，肉仔鸡从出壳算起，饲养6～7周龄即可达2.2千克左右的上市体重，出售完后，用3～4周的时间对鸡舍进行打扫、清洗、消毒并闲置一段时间，然后再进雏，基本上10周就可以饲养1批，每栋鸡舍每年可饲养5批。

4. 饲料转化率高

在肉用禽中，肉仔鸡的饲料转化率最高，目前许多国家已达1.9∶1的高水平，更高者达1.7∶1。另外，依靠肉仔鸡早期生产速度快的特点，缩短其饲养期，在7周龄上市，可进一步提高饲料转化率，经济效益也相应提高。每单位体重所消耗的饲料随肉鸡周龄的上升而上升，特别是8周龄以后，绝对增重下降，耗料量继续上升，饲料效率显著下降。肉鸡饲料转化率见表9-2。

表9-2　肉鸡饲料转化率

周龄	1	2	3	4	5	6	7	8	9	10
每周转化率	0.8∶1	1.21∶1	1.49∶1	1.74∶1	2.03∶1	2.32∶1	2.63∶1	2.99∶1	3.39∶1	3.84∶1
累积转化率	0.8∶1	1.05∶1	1.24∶1	1.41∶1	1.58∶1	1.75∶1	1.92∶1	2.09∶1	2.26∶1	2.43∶1

5. 饲养密度大，劳动效率高

肉仔鸡的性情安静，除了吃食饮水外，很少斗殴跳跃，特别是饲养后期由于体重迅速增大，活动量大减，具有很好的群居习性，适于大群高密度饲养。在一般的厚垫料平养条件下，每平方米可饲养12只左右。在机械化、自动化程度较高的情况下，每个劳动力一个饲养周期可饲养1.5万～2.5万只，年平均可饲养10万只左右的水平，大大提高了劳动效率。

6. 抗病能力弱

肉仔鸡容易发生慢性呼吸道病、大肠杆菌病等一些常见性疾病，一旦发病还不易治好。对疫苗的反应也不如蛋鸡敏感，常常不能获得理想的免疫效果，稍不注意就容易感染疾病。容易发生肉鸡特有的猝死症、腹水症、腿病和胸部囊肿。而且如果饲养管理和卫生防疫条件不理想，从第4周龄开始鸡群就容易出现较高的死亡率。

二、饲养方式

(一)地面垫料平养

地面垫料平养是饲养肉仔鸡较普遍的一种方式，适用于中小型饲养场和养鸡专业户。方法是在鸡舍地面上铺设一层5～10厘米厚的垫料，随着鸡日龄的增加，不断地添加新垫料，使厚度达到15～20厘米。垫料应吸水性强，干燥清洁，无毒无刺激，无霉败等。每批肉仔鸡出栏后，应将垫料彻底清除更换。

地面平养的优点：由于垫料与粪便结合发酵产生热量，可增加室温，利于肉仔鸡保温；肉仔鸡活动时扒翻垫料，可从垫料中摄取微生物活动产生的维生素B_{12}；可以节约投资，降低成本；降低肉仔鸡腿部疾病和胸部囊肿的发生率，提高上市合格率。地面平养的缺点：鸡与粪便接触，容易发生球虫、白痢、大肠杆菌病等疾病；占地面积大，垫料来源和处理比较困难；劳动强度大，生产效率低。

(二)网上平养

网上平养即在离地面约60厘米高处搭设网架(可用金属、竹木等材料搭架)，架上再铺设金属、塑料或竹木制成的网、栅片，鸡群在网、栅片上生活，鸡粪通过网眼或栅条间隙落到地面，堆积一个饲养期，在鸡群出栏后一次清除。网眼或栅缝的大小以鸡爪不能进入而鸡粪能落下为宜。采用金属或塑料网的网眼形状有圆形、三角形、六角形、菱形等，常用的规格一般为1.25厘米×1.25厘米。网床大小可根据鸡舍面积灵活掌握，但应留足够的过道，以便操作。网上平养一般都用手工操作，有条件的可配备自动供水、给料、清粪等机械设备。

网上平养的优点：鸡与粪便不接触，降低了球虫等疾病的发生率；鸡粪干燥，舍内空气新鲜；鸡体周围的环境条件均匀一致；取材容易，造价便宜，特别适合缺乏垫料的地区采用；便于实行机械化作业，节省劳动力。其缺点是：腿疾和胸部囊肿病的发生率比地面平养要高。

(三)笼养

近年来笼养肉鸡有一定的发展。笼养的优点：大幅度提高单位建筑面积的饲养密度；可以实行雌雄分开饲养，充分利用不同性别肉仔鸡的生长特性，提高饲料转化率，并使上市胴体重的规格更趋一致，增加经济收入；笼养限制了肉仔鸡的活动，降低了能量消耗；达到同样体重的肉仔鸡生产周期缩短12%，饲料消耗降低13%；鸡只不与粪便接触，球虫等疾病减少；笼养便于机械化操作，可提高劳动生产率，有利于科学管理，获得最佳的经济效益。笼养的主要缺点是：鸡笼设备一次性投资较大，胸囊肿和腿病发生率较高，要求肉鸡出栏的时间较早。

(四)笼养与平养相结合

这种饲养方式的应用，我国各地多是在育雏期(出壳至21日龄)实行笼养，育肥期(4～7周龄)转到地面平养。育雏期舍温要求较高，此阶段采用多层笼育雏，占地面积小，房舍利用率高，环境温度比较容易控制，也能节省能源。在28日龄以后，将笼子里的肉仔鸡转移到地面上平养，地面上铺设10～15厘米厚的垫料。此阶段虽然鸡的体重迅速增长，但在松软的垫料上饲养，也不会发生胸部和腿部疾病。所以，笼养与平养相结合的方式兼备了两种饲养方式的优点，对中小批量饲养肉仔鸡具有推广价值。

三、环境条件控制

(一)饲养密度

适宜的饲养密度，因饲养方式、鸡舍类型、垫料质量、养鸡季节和出场体重而异。

按鸡舍使用面积计算：1～7日龄30只/米^2；8～14日龄25只/米^2；15～28日龄，20只/米^2；29～42日龄，15只/米^2；43～49日龄，8～10只/米^2。按每平方米体重计算，饲养密度参考表9-3。注意在育雏前期不能按体重计算。

表9-3 不同体重肉仔鸡的饲养密度

体重(千克/只)	厚垫料平养(只/米^2)	竹竿网养(只/米^2)
1.4	14	17
1.8	11	14
2.3	9	10.5
2.7	7.5	9
3.2	6.5	8

出场时最大收容密度可达30千克活重/米^2，若每只重2千克，则最多15只/米^2。

笼养时密度可比平养高一些。

(二)鸡舍内温度

开始育雏时保温伞边缘离地面5厘米处的温度以35℃为宜，第2周龄起伞温每周下降2～3℃，冬天降幅小，夏天降幅大些，至第5周降至21～23℃为止，以后保持这一温度。或从35℃起，每天下降0.5℃至30日龄达20℃。要求平稳降温。脱温后舍内温度保持20℃左右为最好。

(三)通风管理

由于肉鸡饲养密度大、生长快，加强舍内环境通风，保持空气的新鲜是非常必要的。

第1、2周时可以以保温为主适当注意通风;第3周开始要适当提高通风量和延长通风时间;4周龄后,除非冬季,则以通风为主,尤其是夏季。鸡舍要安装足够的通风设备,以便必要时能达到最大功率。

(四)湿度控制

最适宜的湿度为:0～7日龄70%～75%,8～21日龄60%～70%,以后降至50%～60%。

增加舍内湿度的办法:一般在育雏前期,需要增加舍内湿度。如果是笼养或网上平养育雏,则可以在水泥地面上洒水以增加湿度;若厚垫料平养育雏,则可以向墙壁上面喷水或在火炉上放一个水盆蒸发水汽,以达到补湿的目的。降低舍内湿度的办法:升高舍内温度,增加通风量;加强平养的垫料管理,保持垫料干燥;冬季房舍保温性能要好,房顶加厚,如在房顶加盖一层稻草等;加强饮水器的管理,减少饮水器内的水外溢;适当限制饮水。

(五)光照控制

肉鸡的光照有两个特点:光照时间尽可能延长,这是延长鸡的采食时间,适应快速成长,缩短生长周期的需要。光照强度要尽可能弱,这是为了减少鸡的兴奋和运动,提高饲料效率。光照方法有连续光照和间歇光照。连续光照实行24小时全天连续光照,或23小时连续光照,1小时黑暗。有窗鸡舍,可以白天借助于太阳光的自然光照,夜间人工补光。在密闭式鸡舍可以采用间歇光照,指光照和黑暗交替进行,如全天实行1小时光照、3小时黑暗交替。把每天一个明暗周期改变6个明暗周期。

有人在有窗鸡舍采用白天自然光照,夜间间歇光照的方案,其效果不如连续光照方式。这可能是由于明暗周期的长短不同影响肉鸡的生理活动和新陈代谢造成的。

肉仔鸡一般采用弱光照制度。在育雏的1～4日龄给予较强的光照,4～5瓦/米^2,15～30日龄为2～3瓦/米^2,30日龄以后为1.5瓦/米^2。对于有窗或开放式鸡舍,要采用各种挡光的方式遮黑;对于密闭式鸡舍,应安装光照强弱调节器,按照不同时期的要求控制光照强度。

四、肉鸡的营养需要

肉仔鸡生长快,饲养周期短,饲粮必须含有较高的能量和蛋白质,对维生素、矿物质等微量成分要求也很严格。任何微量成分的缺乏或不足都会出现病理状态,肉仔鸡在这方面比蛋雏鸡更为敏感,反应更为迅速。能量蛋白不足时鸡生长缓慢,饲料效率低。据研究,饲粮能量在13.0～14.2兆焦/千克范围内,增重和饲料效率最好,而蛋白含量前期22%,后期21%生长最佳。但是高能量高蛋白饲粮尽管生产效果很好,由于饲粮成本随之提高,经济效益未必合算。生产中可据饲粮成本、肉鸡售价以及最佳出场日龄来确定合适的营养标准。

从我国当前的生产性能和经济效益来看,肉仔鸡饲粮代谢能≥12.1～12.5兆焦/千克,蛋白前期≥21%,后期≥19%为宜。同时,要注意满足必需氨基酸的需要量,特别是赖氨酸、蛋氨酸以及各种维生素、矿物质的需要。

五、饲养管理

(一)做好准备工作

1. 备齐饲养器具

肉仔鸡所需的饲养器具见表9-4。

表9-4　肉仔鸡的饲养器具

名　称	规　格	使　用	备　注
饮水器	3千克真空饮水器	1～7日龄用	50只鸡1个
	6千克自动饮水器	8日龄至出栏	70只鸡1个
料槽	开食盘Φ30厘米	1～7日龄用	90只鸡1个
	大号料槽10千克	8日龄至出栏	35只鸡1个
光照设施	灯头	20米^{2}安装1个	离地面2米
	灯泡	40瓦、15瓦	每个灯头各备1个 7日龄后换15瓦
温度计	50℃		500只鸡提供1个
取暖设施	电保温伞Φ1.5～2米		200～300只提供1个

若无电保温伞,可用火炕、煤炉等取暖设施。

垫料:用新鲜无霉菌的木屑、刨花或稻壳较好。也可据当地条件选择无霉变、无病菌的柔软麦秸、稻草、豆壳、杨树叶、槐树叶、河沙、海沙等。上述垫料也可混合使用,如底下铺一层沙,上面再铺一层麦秸等。

2. 鸡舍的准备

(1)清扫消毒。所有进场处都要设置消毒池,进大门要有深消毒池,进鸡场要有浅消毒池,所有进场人员都要进行强制消毒,鸡舍应先将垫料、粪便清净运走,用高压水冲刷后,再用3%火碱喷洒消毒。

(2)用清水清洗一切曾用过的用具,干燥一日,将饲养用具放入舍内,密闭鸡舍，然后按21克/米^{3}高锰酸钾、42毫升福尔马林进行熏蒸消毒。

鸡舍中间走廊上，每10米一个熏蒸盆，注意盆内先放高锰酸钾，然后从距舍门最远端的一个熏蒸盆开始依次倒入福尔马林，速度要快，以防刺激眼鼻。加完后，迅速撤离封严门。熏后24小时后打开门窗、通气孔，充分换气，但人员进入要穿消毒鞋、衣。

(3)将全部准备齐全的鸡舍在进雏鸡前关闭3～4天。

(4)在进鸡前2～3天，通过供温设备对鸡舍升温，白天达到30℃，夜间32℃。

3. 饲料、药品和疫苗的准备

(1)饲料的准备　前期用颗粒料效果最好，便于学会采食。后期用粉状饲料，但不能太细。强调上市前7天，饲喂不含任何药物及药物添加剂的饲料，严格执行停药期。要保证购进的饲料新鲜，防止发生霉变。饲料存放在干燥的地方，存放时间不能过长。

(2)常用药品和疫苗的准备　肉仔鸡用药要严格按照国家无公害鸡肉生产用药范围和标准执行。同时严格按照免疫程序准备好所需疫苗，注意弱毒活疫苗的购买要准备保温瓶和冰块，保证低温运输，回来后冰箱冷冻保存。灭活油苗切不可冷冻，否则油水分离后失效。

4. 选雏、运雏

选择眼大、有神、活泼好动、叫声洪亮、对音响反应敏感、脐部无血斑、钉脐，蛋黄吸收良好、绒毛生长适中、有光泽，握在手中感到饱满有力，极力挣脱的健雏鸡进行育雏。

运雏时，应用特制的运输工具，最好用消毒过的带空调的保温车，春、秋季节在上、下午，夏季在早晨，冬季在中午为好。并且冬季要盖上棉被或毛毯，以免冻死。在保温的同时要注意通风，经常检查，如发现有张口气喘的，应立即上下倒换位置，防止热死、闷死。

(二)饲养

1. 饮水

雏鸡能否及时饮到水是很关键的。由于初生雏从较高温度的孵化器出来，又在出雏室内停留，其体内丧失水分较多，故适时饮水可补充雏鸡生理上所需水分，有助于促进雏鸡的食欲，帮助饲料消化与吸收，促进粪的排出。初生雏体内含有75%～76%的水分，水在鸡的消化和代谢中起着重要作用，如体温的调节，呼吸、散热等都离不开水。鸡体产生的废物如尿酸等的排出也需要水的携带，生长发育的雏鸡，如果得不到充足的饮用水，则增重缓慢，生长发育受阻。

初生雏初次饮水称为“开水”，一般“开水”在“开食”之前，一旦开始饮水之后就不应再断水。雏鸡出壳后不久即可饮水，雏鸡入舍后即可让其饮5%～8%的糖水。在15日龄内要饮用温开水，饮水时可把青霉素、高锰酸钾等药按规定浓度溶于饮水中，可有效地控制某些疾病的发生。15天后饮凉水，水温应和室温一致。鸡的饮用水，必须清洁干净，饮水器必须充足，并均匀分布在室内，饮水器距地面的高度应随鸡日龄增长而调整，饮水器的边高应与鸡背高度水平相同，这样可以减少水的外溢。

雏鸡的需水量与体重、环境温度成正比。环境温度越高，生长越快，其需水量愈多，雏鸡饮水量的突然下降，往往是发生问题的最初信号，要密切注意。通常雏鸡饮水量是采食量的1～2倍。

肉鸡低血糖症并不多见，一旦发病死亡率很高，10～18日龄为发病高峰期。在此期间每间隔1天在饮水中加入3%的葡萄糖，让鸡饮用可以有效减少死亡。

2. 开食

开食与饮水是生产上比较关键的两大问题。开食的早晚直接影响初生雏的食欲、消化和今后的生长发育。一般初生雏的消化器官在孵出后36小时才发育完全。雏鸡的消化器官容积小，消化能力差，过早开食有害消化器官，对以后的生长发育不利。但是由于雏鸡生长速度快，新陈代谢旺盛，过晚开食会消耗雏鸡的体力使之变得虚弱，影响以后的生长和成活，一般开食多在出壳后24小时以内进行。

实际饲养时雏鸡饮水2～3小时后，开始喂料。基于雏鸡上述生理特点，雏鸡饲料营养要丰富、全价，且易于消化吸收，饲料要新鲜，颗粒大小适中，易于啄食。另外，在饲料中加0.2%～0.3%土霉素或其他抗生素以控制鸡白痢病的发生。饲料充分拌匀后，放在消毒过的报纸上或深色塑料布上或饲料浅盆内饲喂。从第2天或第3天起，开始逐渐用饲料槽，间断往饲料槽内加饲料以吸引雏鸡前来采食。每天取走1～2个原先使用的饲料浅盘，6～7天后不再用饲料浅盘饲喂。食槽数量要充足，以提高鸡群的整齐度。

3. 及时更换配合饲料

开食2～3日后，改喂配合饲料，以满足肉鸡迅速生长的需要。

4. 饲喂次数

由于雏鸡消化器官容积小，故要少喂勤添。一般3日龄内，每隔2小时喂1次，夜间停食4～5小时；3日龄后，喂料次数逐渐减少，但每昼夜喂料次数不得少于6次。饲料形状以颗粒料最为理想，它不仅刺激鸡只食欲，而且还能减少饲料浪费，提高饲料转化率。

5. 提供足够的食位

所谓食位就是指鸡在采食时按其不同的日龄肩部宽度所占有的位置。无论是链板式自动喂料机用的长槽或是圆盆喂料桶都要保证每只鸡都有1个食位，才能使个体生长发育均匀。

(三)管理

1. 采用“全进全出”的饲养制度

同一栋鸡舍或一个饲养场只能饲养同一日龄肉仔鸡，而且同时进舍，饲养结束后同时出舍，便于对房舍进行彻底清扫、消毒，一般饲养下一批前需要空舍21天以上，切断传染病的传播途径。

2. 搞好分群管理

肉仔鸡每周结束都要根据生长情况，进行强弱分群。对弱小群体要加强饲养管理，提高其成活率和上市体重。

有条件的还可以进行公母分群，以便按公、母调整日粮营养水平并分期出售。公母分群饲养既可节省饲料，提高饲料的利用率，又使肉鸡体重均匀度提高，便于屠宰厂机械化操作。

3. 做好卫生防疫消毒工作

良好的卫生环境、严格的消毒、按期接种疫苗是养好肉仔鸡的关键。对于每个养鸡场(户)，都必须保证鸡舍内外卫生状况良好，对鸡群、用具、场区严加消毒，认真执行防疫制度，做好预防性投药、按期接种疫苗，确保鸡群健康生长。

(1)环境卫生　包括舍内卫生、场区卫生等。舍内保持清洁，用具安置应有序不乱，经常消灭舍内外蚊蝇。对场区要铲除杂草，不能乱放死鸡、垃圾等，保持经常性良好的卫生状况。

(2)消毒　场区门口和鸡舍门口要设有消毒地，并经常保持消毒液的有效浓度，进出场区或鸡舍要脚踩消毒，杀灭由鞋底带来的病菌。饲养管理人员要穿工作服进鸡舍工作，同时保证工作服干净。鸡场(舍)应限制外人参观，不准运鸡车进入生产区。饲养用具应固定鸡舍使用，饮水器每天进行洗刷消毒，然后用水冲洗干净，对其他用具每5天进行一次喷雾消毒。带鸡消毒应选择刺激性小、高效低毒的消毒剂，如0.02%百毒杀、0.2%抗毒威、0.1%新洁尔灭、0.3%～0.6%毒菌净、0.3%～0.5%过氧乙酸或0.2%～0.3%次氯酸钠等。消毒前提高舍内温度2～3℃，中午进行较好，防止水分蒸发引起鸡受凉。消毒药液的温度也要高于鸡舍温度，40℃以下。喷雾量按每立方米空间15毫升，雾滴要细。1～20

日龄鸡群每3天消毒1次，21～40日龄隔天消毒1次，以后每天1次。注意喷雾喷头距离鸡头部要有60～80厘米，避免吸入呼吸道，接种疫苗前后3天停止消毒。

(3)免疫接种　肉仔鸡主要接种鸡新城疫Ⅳ系苗、传染性支气管炎疫苗及法氏囊苗等，接种方法大多采用饮水法。此外，根据当地疫病流行情况，有时尚需接种新城疫灭活苗、禽流感灭活苗。如果需要接种新城疫灭活苗、禽流感灭活苗，应该在20日龄前接种，如果接种时间晚则接种部位的疫苗没有被充分吸收会呈现出溃疡斑而影响外观。同时要注意，接种灭活苗前要把疫苗的温度升高至20～25℃，如果从冰箱内取出后直接注射会因为疫苗温度低而造成接种部位出现肿块。

4. 加强垫料的管理

选择比较松软、干燥、具有良好吸水性的垫料。垫料应灰尘少，无病原微生物污染，无霉变。垫料在鸡舍熏蒸消毒前铺好，进雏前先在垫料上铺上报纸，以便雏鸡活动和防止雏鸡误食垫料。

刚开始垫料含水率在25%以下时容易起灰，可以用喷消毒液的方法增加垫料湿度。后期要防止垫料过湿结块，一方面要加强通风换气量，及时补充和更换过湿结块的垫料。此外，还要采取措施防止垫料燃烧，注意用火安全。

5. 注意观察鸡群状况

(1)观察精神行为状况。早晨进鸡舍先注意鸡群的神态，注意鸡群的活动、叫声、休息是否正常，对刺激的反应是否敏捷，分布是否均匀，有无扎堆、呆立、闭目无神、羽毛蓬乱、翅膀下垂、采食不积极的雏鸡。

(2)观察粪便状况。早晨喂料时在垫料上铺几张报纸，就可以清楚地检查粪便状况。正常粪便为成形的青灰色，表面有少量白色尿酸盐。绿色粪便多见于新城疫、马立克氏病、急性霍乱等，血便多为球虫病、出血性肠炎等，感染法氏囊病时为白色水样下痢。

(3)注意在夜间倾听鸡群内有无异常呼吸声，在个别鸡只出现呼吸道症状时，立即注意改善环境和投药，就可能避免过大的损失。

6. 做好记录工作

正确详实地做好记录，可以比较清楚地把握鸡群的生长状况，也便于日后总结经验改进工作，尽快掌握正确的肉鸡饲养技术。记录内容大致如下：

(1)每日记录实际存栏数、死淘数、耗料数，记录死淘鸡的症状和剖检所见。

(2)每日早晨5时、下午3时记录鸡舍的温度和湿度。

(3)记录每周末体重及饲料更换情况。

(4)认真填写消毒、免疫及用药情况。

(5)必须认真记录的特殊事故:①控温失误造成的意外事故;②鸡群的大批死亡或异常状况;③误用药物;④环境突变造成的事故等。

记录表格见表 9-5、表 9-6、表 9-7。

表 9-5　肉鸡饲养记录

进雏时间:　　数量:　　购雏种鸡场:

周龄	日期	日龄	实存	死淘	温度(上午/下午)	料号/日平均耗料	备注

表 9-6　免疫记录

日龄	日期	疫苗名称	生产厂家	批号、有效期限	免疫方法	剂量	备注

表 9-7　用药记录

日龄	日期	药名	生产厂家	剂量	用途	用法	备注

注:必须按技术员指导用药,防止出现药残问题。

六、预防肉仔鸡生产中的常见疾病

(一)胸囊肿

胸囊肿是肉仔鸡最常见的胸部皮下发生的局部炎症。它不传染也不影响生长,但影响屠体的商品价值和等级,造成一定的经济损失。

肉仔鸡早期生长快体重大,在胸部羽毛未长或正在长的时候,胸部与地面或硬质网面接触,龙骨外皮层受到长时间的摩擦和压迫等刺激,造成皮质硬化,形成囊状组织,里面逐渐积累一些黏稠的渗出液,成为水泡状囊肿。囊肿初期颜色浅，面积较小；后期颜色变深，面积也变大。肉鸡采食速度快，吃饱就俯卧休息，一天当中有68%～72%的时间处于俯卧状态。俯卧时体重的60%由胸部支撑。这样胸部受压时间长压力大，胸部羽毛又长得晚，由此导致胸囊肿现象的出现。

生长速度快体重大的鸡只，胸囊肿发生率较高；凡发生腿部疾病的肉仔鸡伏卧时间更长，基本上都兼有胸囊肿的发生。

预防措施：保持垫料松软、干燥及一定的厚度；尽量不采用金属网面饲养；适当促使鸡只活动，减少伏卧时间。

（二）腿部疾病

随着肉仔鸡生产性能的不断提高，腿部疾病的严重程度也在增加。虽然肉鸡的腿部疾病与生长速度密切相关，但引起腿病的直接原因是多种多样的，归纳起来有以下几类：遗传性腿病，如胫骨软骨发育异常、脊椎滑脱症等；感染性腿病，如化脓性关节炎、鸡脑脊髓炎、病毒性腱鞘炎等；营养性腿病，如脱腱症、软骨症、维生素B_2缺乏症等；管理性腿病，如风湿性和外伤性腿病。

预防措施：完善防疫保健措施，杜绝感染性腿病；确保矿物质及维生素的合理供给，避免因缺乏钙、磷而引起的软脚病，缺乏锰、锌、胆碱、尼克酸、叶酸、生物素、维生素B_6等所引起的脱腱症，缺乏维生素B_2而引起的蜷趾病；加强管理，确保肉仔鸡合理的生活环境，避免因垫草湿度过大，脱温过早，以及抓鸡不当而造成的腿病。

（三）腹水症

肉仔鸡腹水症表现为腹部膨大，腹部皮肤变薄发亮，用手触压时有波动感，喜躺卧，走动似企鹅状。食欲下降，体重下降。全身明显淤血，最典型的剖检变化是腹腔内积有大量清亮、稻草色样或淡红色液体，200～500毫升不等，与病程有关。肉鸡腹水最早从2周龄开始，4周龄严重直至死亡。

引起腹水症的原因多种多样，如环境条件、饲养管理、营养及遗传等都有关系。但是，直接原因都与缺氧密切相关。大量调查和实验表明，腹水症发生率随着海拔的升高和饲料含硒量的降低而增加，并与鸡体内血红蛋白浓度高低成正比。

在缺氧条件下，红细胞增多，血液变稠，回流缓慢，血液在腹腔血管中滞留时间变长，血液内压增加，血浆渗出液增多，并积蓄在腹腔形成腹水症。土鸡和野鸡的血气屏障膜较薄，气体交换通透性好；而肉鸡由于遗传育种的原因，血气屏障膜厚，交换气体的通透性差，故肉鸡比土鸡、野鸡多发腹水症。

预防措施:改善通气条件,特别是早春育雏密度大时。硒和维生素 E 能降解代谢过程中产生的有毒物质,从而保护细胞膜的完整功能,维持细胞膜的正常通透性,从而降低腹水症的发生。饲料中含硒不应低于 0.2 毫克/千克,适量提高维生素 E 的用量。饲料中长期过量添加呋喃唑酮,造成慢性中毒,也会引起肉鸡腹水症的发生,因此不能长期使用,且控制在 0.025%以下。当早期发现有轻度腹水症时,除检查与改善以上措施外,应补加维生素 C 0.05%于饲料中,以控制腹水症的发展。

七、捕捉与运输

(一)捕捉

肉仔鸡出栏时要对其进行捕捉。捕捉时动作要合理,减少对鸡的应激和损伤。捕捉肉仔鸡要做到迅速、准确、动作轻柔。尽量选在早晚光线较暗、夏季温度较低时进行,也可将灯光变暗,肉仔鸡的活动减少,有利于捕捉。

抓鸡前应该先用隔网将部分鸡只围起来,可有效减少鸡只因惊吓拥挤造成踩压死亡。同时还要将饮水和喂饲设备移出或升高,减少对肉鸡的外力碰撞。在炎热季节,肉仔鸡出栏时,则要求所围的鸡群以几十只至一二百只为宜,应该力求所围起的鸡在 10 分钟左右捕捉完毕,以免鸡只因踩踏而窒息死亡。

抓鸡时要抓鸡腿,不要抓鸡翅膀和其他部位,每只手抓 3~4 只,不宜过多。入笼时要十分小心,鸡要装正,头朝上,避免扔鸡、踢鸡等动作。每个笼装鸡数量不宜过多,尤其是夏季,防止闷死、压死。

(二)适时出栏与运输

根据肉仔鸡的生长特点,公、母分饲一般母鸡在 40~45 日龄出售,公鸡 45~50日龄出售;公母混养一般 45 日龄前后出售。临近卖鸡的前 1 周,要掌握市场行情,抓住有利时机,集中一天将同一房舍内肉仔鸡出售结束,切不可零卖。

运输前首先将鸡装筐(每个筐内鸡的数量要合适,不能拥挤),再小心地将鸡筐码放到运输车上,要求码放整齐,筐与筐之间扣紧扣死。待一整车装好后,用绳子将每一排鸡筐于运输车底部绑紧,以防止运输途中因颠簸使鸡筐坠落。冬季运输时上层和前面要用帆布盖上,夏季运输途中尽量不停车。

八、饲养作业规范

肉仔鸡饲养作业规范见表 9-8。

表 9-8　肉仔鸡饲养作业规范

时间	项目	作业内容	基本要求	备注
进雏前15天	清理鸡舍	1. 饲养设备搬到舍外 2. 彻底清除鸡舍粪便 3. 清扫房顶、墙壁、窗	无鸡粪、羽毛、砖块残留	设备包括料桶、饮水器、塑料器、可拆除的棚架、灯泡、温度计、湿度计、煤炉、工作服等
进雏前14天	清洗鸡舍	1. 清扫墙壁、房顶灰尘 2. 冲洗地面和墙壁 3. 饲养设备于舍外冲洗干净、晒干	地面无积水，舍内任何表面都要冲洗到，无脏污物附着	清扫应由上至下，由内向外，设备及地面干燥后方可消毒
进雏前13天	检修工作	1. 维修鸡舍设备 2. 检修电灯、电路和供热设施	设备至少能保证再养一批鸡，否则应予更换	损坏的灯光要全部换好
进雏前12天	治理环境	1. 清除舍外排水沟杂物 2. 清理鸡舍四周杂草	1. 排水畅通 2. 不影响通风	
进雏前11天	室外消毒	1. 修整道路 2. 清扫院落	无鸡粪、羽毛、垃圾、凹坑	用生石灰或3%热火碱水室外消毒
进雏前10天	鸡舍消毒准备	1. 把设备搬进鸡舍 2. 关闭门窗和通风孔		准备好消毒设备及药物
进雏前9天	鸡舍消毒	1. 喷雾消毒 2. 消毒10小时后通风	药液浓度及用量详见说明，通风3～4小时后关门窗	每批鸡更换一种消毒药
进雏前8天	安装设备	1. 安装棚架、塑料网和护围 2. 挂好温度计和湿度计	1. 育雏用网与育成用网分别安装 2. 温度计距棚架网面5厘米高	人员及鞋底入舍前应认真消毒，棚架表面要求平滑，无钉头、毛刺
进雏前7天	安装设备	1. 摆放开食盘 2. 摆放饮水器 3. 安装采暖设备（煤炉、烟筒等）	80～100只雏鸡一个开食盘；70～80只雏鸡一个饮水器	食盘、饮水器交叉放置，只放于第1周育雏部分棚架上，用塑料布隔开

续表 9-8

时间	项目	作业内容	基本要求	备注
进雏前6天	二次消毒(熏蒸)	1. 关闭门窗和通风孔 2. 检查温度和湿度 3. 用福尔马林、高锰酸钾熏蒸,密闭24小时	1. 鸡舍密封 2. 舍温24℃,湿度75% 3. 每立方米用高锰酸钾21克,福尔马林42毫升	1. 湿度不够,地面洒水 2. 在中间走廊上,每隔10 m放一个熏蒸盆,盆内先放好高锰酸钾,然后从距离门最远端的熏蒸盆开始依次倒入福尔马林,速度要快,出门后立即把门封严
进雏前5天	通风	熏蒸后24小时打开门窗、通气孔	全部打开,充分换气	人员进入时必须穿消毒过的鞋和衣服
进雏前4天	1. 关闭门窗 2. 组织工作	1. 落实进鸡、运料、购物事宜 2. 下午4～5时关上门窗	通风时间不少于24小时	
进雏前3天	组织检查工作	1. 组织进鸡、运料事宜 2. 对上述所有工作进行检查	发现不足,立即补救	
进雏前2天	育雏室设置与预温	1. 每舍门口设消毒盆 2. 饲养量达5 000只,可用塑料布横向隔出21米作育雏室(在棚架上) 3. 冬春季今晚开始生煤炉预温 4. 防火安全检查,检查煤炉、烟筒	棚架底到地面,上至舍顶,全部遮严,塑料布至少要两层。排除火灾隐患,防止漏烟、倒烟现象,10天内棚架上铺料袋或牛皮纸育雏	1. 第1周育雏密度40只/米^2 2. 人员进舍要消毒

续表 9-8

时间	项目	作业内容	基本要求	备注
进雏前1天	预温及准备接雏工作	1. 夏秋季上午生煤炉 2. 防火安全检查，检查煤炉、烟筒 3. 检查鸡舍育雏范围内温、湿度 4. 准备好记录表格及接雏育雏用的其他器具 5. 准备好雏料及疫苗	1. 排除火灾隐患、防止漏烟、倒烟 2. 达到开始育雏温度(35℃)、湿度(65%～70%)要求	落实好饲料、少量小米或玉米粉、葡萄糖或食糖、疫苗及滴管、多维电解质、抗生素
1天(接雏)	1. 免疫 2. 开饮 3. 开食 4. 观察 5. 光照 6. 值班	1. 进雏后2小时饮水器装满温开水 2. 传支疫苗 H120 或 Ma_5 用灭菌蒸馏水稀释，每雏右眼1滴 3. 将雏鸡均匀移放在育雏室内 4. 饮水3小时后给料(少量小米或玉米粉) 5. 观察温度情况 6. 24小时光照，60瓦灯泡 7. 夜间开始有人值班	1. 20℃左右温开水中加入5%的葡萄糖或食糖，放好后人员撤离，让雏鸡安静 2. 等疫苗进入眼内才能放开 3. 每只雏鸡都要饮到水，否则人工驯水 4. 每2小时给料一次，少给、勤添，不会吃者人工驯食 5. 雏鸡分布均匀	1. 糖水量不要过多，仅够当天用量即可 2. 传支疫苗稀释后2小时内必须用完，残雏分栏放置 3. 驯水、驯食方法：轻轻敲击饮水器、食盘，个别者人工抓起头轻按在水、食盆中即拿出 4. 注意调整舍温，1～2日龄35℃，湿度65%～70%，每天至少检查8次温度
2天	1. 记录工作 2. 常规工作 3. 检查	1. 见常规管理 2. 观察雏鸡动态、采食情况、鸡粪色泽，检查温度、湿度 3. 注意通风，24小时光照	1. 洗刷饮水器后，放入20℃左右温开水 2. 开始喂雏料，少量勤添，每日8～10次 3. 雏鸡活泼好动，不扎堆，温度、湿度达到管理要求	1. 育雏第1周一直用20℃左右温开水 2. 雏料内可加入少量小米或玉米粉防止消化不良和拉稀

续表 9-8

时间	项目	作业内容	基本要求	备注
3天	常规管理	喂料、换消毒液、记录、清粪、观察鸡群、调整温湿度、卫生管理，自本日起光照23小时	喂料每日8～10次，随时拣出料盘中粪便等污物，注意清洗饮水器	温度32℃，湿度65%～70%，夜间熄灯1小时
4天	常规管理	1. 记录、检查温湿度，换消毒液、清粪、观察鸡群、淘汰病弱雏 2. 注意煤炉、烟道及通风	每隔3小时给料一次，防煤气中毒	同昨日
5天	常规管理	（同上）	5～7天舍温调至30～32℃	湿度65%～70%保持到10天
6天	1. 常规管理 2. 调整饲喂 3. 设备 4. 光照	1. 饮水中开始添加速补-14，其他同上 2. 撤掉1/3开食盘，增加成鸡料桶底盘 3. 灯换成40瓦	速补-14饮水，浓度1/1 000，现用现配，当天用完。50只鸡提供一个料桶底盘	从今天起光照控制在2瓦/米^{2}以下
7天	1. 常规管理 2. 疫苗接种 3. 扩大育雏面积 4. 称重	1. 速补-14饮水，其他工作同上 2. 新城疫Ⅳ系苗，点眼或滴鼻，1滴/鸡 3. 塑料膜横向扩大2米，封好 4. 晚上7时称重	1. 免疫时每只鸡不要漏免，抓鸡要轻，等疫苗完全进入鼻孔才放开，剂量按说明 2. 适当增加料桶、饮水器，抽样2%称重，整个舍均匀取5～8个点，随机取样	雏鸡密度：35只/米^2，称重记录平均值
8天	常规管理	1. 最后一次饮速补水，其他工作同上 2. 注意通风	本周舍温逐渐降至27～29℃	从今天起改用清洁井水或自来水
9天	1. 常规管理 2. 调整设施	1. 常规管理工作同上 2. 撤走开食盘，使用料桶 3. 撤走雏鸡饮水器，更换成鸡饮水器	35只鸡提供一个料桶，40只鸡提供一个饮水器	悬挂料桶，饮水器放在塑料网上

续表 9-8

时间	项目	作业内容	基本要求	备注
10天	1. 带鸡消毒 2. 加强观察	1. 带鸡喷雾消毒 2. 夜间闭灯后，细听鸡群有无呼吸异常声音	发现异常立即报告技术员	喷雾均匀，浓度依说明进行，注意喷头向上。从本周起每周带鸡消毒一次
11天	常规管理	同上	加强通风	以后换气量逐渐加大
12天	1. 常规管理 2. 调整设施	1. 常规管理同上 2. 调整料桶高度	1. 加强通风 2. 料桶底盘边缘与鸡背同高	随鸡日龄增加，料桶高度要经常调整
13天	常规管理	饮水中加速补-14，其他工作同上	浓度1/1 000，饮水量准备到明天中午	
14天	1. 常规管理 2. 免疫接种 3. 扩大育雏面积 4. 称重	1. 饮速补-14至中午11时，其他工作同上 2. 停水，夏秋2～3小时，冬春3～4小时，再给鸡饮水，饮水中加倍量法氏囊疫苗、0.2%～0.3%脱脂奶粉 3. 疫苗水喝完后，洗净饮水器，继续加入速补-14饮水 4. 塑料横隔后移3米 5. 称重方法同上次	1. 停水后清除饮水器内余水，用清水把饮水器洗净，禁用消毒剂，使每只鸡都喝到疫苗，1小时内喝完 2. 塑料横隔须封严	1. 疫苗饮水，每只鸡约20毫升饮水量 2. 全脂奶粉需加水煮沸（8倍水量），冷却后去脂皮，按0.2%加入疫苗水中 3. 雏鸡密度：30只/米^2
15天	常规管理	继续饮一天速补-14水，其他工作同上	本周内舍温逐步降至24～26℃	
16天	常规管理	常规管理同上	加强通风	注意粪便状况
17～18天	1. 带鸡消毒 2. 准备工作	消毒同10天	加强通风	准备换料
19天	1. 常规管理 2. 换料	1. 管理同上 2. 雏饲料中混加1/4的育成料	饲料要混匀	自今天起至22天，逐步把育雏料换成育成料，注意鸡的反应

续表 9-8

时间	项目	作业内容	基本要求	备注
20 天	1. 常规管理 2. 扩群准备工作 3. 换料	1. 管理同上 2. 饲料中混加 2/4 的育成料 3. 准备料桶、水桶、采暖设施、预温 4. 饮水中加入速补-14	1. 摆放料桶、饮水器，放好水、料 2. 采暖设备无故障 3. 舍温达到 25℃ 4. 饲料要混匀	1. 明天鸡舍要全部被利用 2. 注意调好料槽高度 3. 饲养密度为 20 只/米^2
21 天	1. 常规管理 2. 换料、扩群、称重 3. 免疫接种	1. 管理同 7 日龄 2. 饲料中混加 3/4 的育成料 3. 拆除塑料横隔 4. 称重方法同上次	扩群时，人工撵鸡，尽量减少应激，使鸡均匀布满整舍(密度 10 只/米^2 栏，可增至 12.6 只/米^2)	21～42 天易发生传染性法氏囊炎，每天要仔细观察粪便，如发现乳白色稀粪，立即报告技术员
22 天	1. 常规管理 2. 调整设施	1. 管理同上 2. 调整料桶、饮水器的高度 3. 饮速补-14	今起全部使用育成料，每隔 4 小时给一次料，饮水器用砖头垫起	今起舍温逐步降至 21～23℃，湿度控制在 55%～60%
23 天	常规管理	管理同上	加强通风	
24～26 日	1. 常规管理 2. 带鸡消毒	1. 管理同上 2. 消毒同 17 日龄	加强通风	注意更换消毒药
27 天	常规管理	1. 管理同上 2. 饮水中加 1/1 000 速补-14		
28 天	1. 常规管理 2. 免疫接种	1. 饮水中加速补-14，饮至中午 11 时，其他工作同上 2. 停水，夏秋 2～3 小时，春冬 3～4 小时，再给鸡饮水，饮水中加入 2 倍剂量法氏囊疫苗 3. 饮完疫苗后把饮器洗净再放速补-14 4. 称重方法同上次	11 时后清除饮水器内剩水，用清水把饮水器洗净，然后停水，使每只鸡都喝到疫苗，2 小时喝完	1. 给鸡停水，疫苗饮水量每只鸡按 45 毫升，事先应向水中添加 0.3% 脱脂奶粉 2. 饲养密度为 15 只/米^2

续表 9-8

时间	项目	作业内容	基本要求	备注
29天	常规管理	继续饮用速补-14 1天，其他工作同上	加强通风	注意鸡只反应，今起舍温逐步降到21℃，最低不可少于16℃
30～35天	1. 常规管理 2. 称重 3. 带鸡消毒	1. 管理同上 2. 35天称重	加强通风，夏季温度过高，辅以风扇等降温设施	1. 冬季在保温的同时，要注意通风，防腹水症发生 2. 饲养密度为13只/米^2
36～46天	1. 常规管理 2. 换料 3. 带鸡消毒	1. 管理同上 2. 42天称重	1. 加强通风换气 2. 保持安静 3. 预防用药	冬、春注意保温，预防感冒；夏季注意防暑降温
47～48天	1. 常规管理 2. 换料 3. 带鸡消毒	1. 用3天时间由育成料换成育肥料 2. 最后一次带鸡消毒方法同上次	每天更换1/3，要混匀	48天后严禁使用任何药物
49～52天	1. 常规管理 2. 称重 3. 出栏 4. 总结	1. 管理同上 2. 清点所剩饲料尚可饲喂天数 3. 与现场技术员和公司联系出鸡事宜 4. 总结本批养殖经验，提出改进意见	剩余饲料要计算好，不可有多余量	加强带鸡消毒

第二节　白羽肉种鸡生产技术

白羽肉种鸡育成期和产蛋期的饲养方法与蛋种鸡有很大差别，如果饲养方法不当，会造成繁殖性能大幅度下降。肉种鸡育成和产蛋阶段容易肥胖而造成繁殖力下降，必须实行严格的限饲；肉种鸡的腿病发生率显著高于蛋鸡，要采取各种措施，控制和减少肉种鸡腿病发生。

一、饲养方式

1. 离地网(栅)上平养

用支架支起床面，上铺平塑料网、金属网或镀塑网等类型的漏缝地板，地板一般高于地面约60厘米。这类地板在平养中饲养密度最大，每平方米可养种鸡4.8只，单位空间能生产的蛋较多。

2. 混合地面饲养

这种方式是国内外使用最多的肉种鸡饲养方式。板条棚架结构床面与垫料地面之比通常为6∶4或2∶1，舍内布局有下面两种方法。

(1)"两低一高" 沿鸡舍中央铺设板条，把一半垫料地面靠在前墙；另一半垫料地面靠在后墙，而中央设置板条地面。

(2)"两高一低" 沿墙边铺设板条，一半板条靠前墙铺设，另一半靠后墙铺设。产蛋箱在板条外缘，排向与舍的长轴垂直，一端架在板条的边缘，一端悬吊在垫料地面的上方，便于鸡只进出产蛋箱，也减少占地面积。

3. 笼养

近年来肉种鸡笼养采用人工授精的方式发展很快。笼养的优点：少养种公鸡，节省饲料，降低饲养成本，种蛋受精率较高而稳定，避免了因种公鸡日龄大、肥胖笨重不愿交配的缺陷，单位面积饲养密度大。实行笼养肉用种母鸡每只占笼底面积720～800厘米^2，公鸡1 330～1 500厘米^2，一般笼架上可装两层或三层鸡笼，抓鸡与输精、限制饲喂、拣蛋均易做到。

二、饲养密度和设备

肉种鸡的饲养密度和设备见表9-9。

表9-9 肉种母鸡的饲养密度与设备标准

项目		周龄		
		0～3	4～20	21～68
饲养密度	平养(只/米^2)	10	5.4	3.6～4.3
	2/3漏缝地板(只/米^2)	12	5.6	4.8
	2/3漏缝地板(只/米^2)附湿垫降温	14	6.7	5.8
保温伞		500只/个，直径1.5米		
护围		护围高度约45厘米，距伞边缘60～120厘米		

续表 9-9

项目		周龄		
		0～3	4～20	21～68
喂料器	雏鸡料盘	100 只/个	—	—
	料槽	5 厘米/只	12 厘米/只	15 厘米/只
	料桶	3 个/100 只	10 个/100 只	12 个/100 只
饮水器	真空饮水器	50 只/个(4 升)	—	—
	水槽	1.5 厘米/只	2.5 厘米/只	2.5 厘米/只
	普拉松饮水器	80～100 只/个	60 只/个	60 只/个
	乳头饮水器	15 只/个	10 只/个	4～6 只/个
产蛋箱		木制或镀锌白铁板双层 12 格,4 只母鸡/格		
沙砾盘		每 250 只鸡一个圆筒食盘供应碎壳石粒		

三、环境条件控制

(一)光照管理

1. 对光照的要求

(1)4 周龄前的光照时间与蛋鸡育雏的要求相同,4 周龄后使用较短的光照时数(4～8 周龄每天 8 小时,8～20 周龄每天 6 小时)和较低的光照强度,以提高后期光照刺激的效果。

(2)开产前,应提早 1 个月左右进行增光刺激。

(3)第一次增加光照时间的幅度宜大些,一般增幅 1～3 小时比用 15 分钟或 30 分钟的阶梯式刺激更敏感,更有效。

(4)产蛋期光照强度不低于 30 勒克斯,以提高光照的有效性。

肉种鸡对光照的反应较迟钝,产前光照时数和强度的突然增加,这种强刺激对绝大多数鸡只产生明显效果,开产非常整齐,高峰期产蛋率也很高,也便于把握何时投喂高峰料和高峰后减料。

2. 光照程序

根据进鸡的季节、本地区日出及日落时间及纬度综合制定出生长及产蛋期的光照程序(表 9-10、表 9-11),严格实施和执行。光照计划的实施要和饲料过渡、管理过渡和体成熟等管理工作配合。否则性成熟和体成熟不同步,造成产蛋高峰上不去和产蛋高峰持续时间短。

表 9-10 开放式鸡舍光照程序

生长期	光照时间	光照强度(勒克斯)
1～2 日龄	23 小时	30～40
3～16(或 18)周龄	适时鸡(3～8 月出生)按自然光照;不适时鸡,保持这期间最长日照时数,不够时加人工光照	15
17～18 周龄	保持光照时间不变	15
19 周龄至产蛋	若 19 周龄时小于 10 小时,则 19、20 周龄各增加 1 小时,以后每周增加 0.5 小时,产蛋高峰前达 16 小时为止;若 19 周龄时 10～12 小时,则 19 周龄增加 1 小时,以后每周增加 0.5 小时,高峰前达 16 小时为止;若 19 周龄达 12 小时以上,则 21 周龄时增加 1 小时,以后每周增加 0.5 小时直到 17 小时为止	40～50

表 9-11 密闭式鸡舍光照程序

生长期	光照时间	光照强度(勒克斯)
1～2 日龄	23 小时	20
3～7 日龄	16 小时	10～5
8～18 周龄	8 小时	10～5
19～20 周龄	9 小时	10～5
21 周龄	10 小时	10
22～23 周龄	13 小时	20
23 周龄以后	增加 1 小时/周,到 27 周龄达 16 小时	20

若性成熟提前,则减慢增加光照时间的速度;相反则加快。早晚各补光一部分,特别是炎热季节。冬季白天也应适当补光。产蛋期的光照直接影响到产蛋性能,所以要求足够的光照时间。每天应给予 16～17 小时的连续光照时间,密闭式鸡舍光照强度不低于 20 勒克斯,开放式鸡舍不少于 30 勒克斯,并且要求照度均匀。光照制度一经确定,要严格执行,最好安装自控装置。

(二)舍内温度管理

6 周龄前的温度要求与蛋鸡育雏期相似,注意看雏施温。6～8 周龄温度控制为不低于 18℃,9 周龄后鸡舍内温度控制在 13℃以上,产蛋期间控制为

13～25℃。

(三)通风管理

低温季节在保持鸡舍内温度适宜的前提下，合理组织通风，保证鸡舍内没有明显的刺鼻刺眼感觉，并且莫让冷风直接吹到鸡身上；在高温季节要加大通风量以缓解热应激；在春秋季节白天通风量稍大些，夜间稍小些。

(四)湿度控制

任何阶段都要把防止鸡舍内潮湿作为环境管理的重要内容。

四、种母鸡生长期饲养管理

(一)严格控制体重，实行限制饲喂

1. 限制饲喂的目的

限制饲喂可以控制鸡的发育，使鸡的体重符合该品种标准，鸡群健康、发育匀称，整齐度高、适时开产，能提高产蛋率和种蛋受精率。限制饲喂还能提高饲料转化率，经济效益好。

2. 限制饲喂的方法

(1)限质法　即限制饲料的营养水平。一般采用降低能量、蛋白质含量以至赖氨酸的含量，而其他的营养成分如维生素、常量元素和微量元素则应充分供给，以满足鸡体生长和各种器官发育的需要。

(2)限量法　规定鸡群每天、每周或某个阶段的饲料用量。其限制方式有以下几种。

①每日限饲　每日喂给一定量的饲料，或规定饲喂次数和每次采食的时间。这种方法对鸡的应激较小，适用于幼雏转入育成期前(3～6 周龄)和育成鸡转入产蛋鸡舍前(20～24 周龄)。

②隔日限饲　把两天的饲料量合在 1 天中喂给，即喂 1 天，停 1 天。此法应激大，适用于生长速度快、体重难以控制的阶段，如 7～11 周龄。

③每周限饲　分为五二限饲、四三限饲和六一限饲。五二限饲是将 1 周中的饲料量均衡地分作 5 天喂给，停喂 2 天。四三限饲是每周喂 4 天，停 3 天。六一限饲是每周喂 6 天，停 1 天。注意不能连续停喂 2 天及以上。每周限饲应激小，一般用于 12～19 周龄，也可整个饲养过程采用此法。

常用的限饲方式如表 9 - 12 所示。

表 9-12 常用的限饲方式

限饲程序	星期日	星期一	星期二	星期三	星期四	星期五	星期六
每日限饲	√	√	√	√	√	√	√
隔日限饲	×	√	×	√	×	√	×
四三限饲	×	√	√	×	√	×	√
五二限饲	×	√	√	×	√	√	√
六一限饲	×	√	√	√	√	√	√

注:√表示喂料日,×表示停料日。

3. 限制饲喂的程序

要想获得最佳效果,饲养管理人员必须对几种限饲方式灵活运用。一般开产之前,使限饲程度随鸡龄提高而逐步放宽,以利正常开产。表 9-13 是 AA 种鸡常用限饲程序推荐表,仅供参考。

表 9-13 AA 种鸡常用限饲程序推荐(母鸡)

年龄	饲料种类	限饲程序	年龄	饲料种类	限饲程序
0～21 日龄	育雏料	每日限饲	18～20 周龄	产前料	六一限饲
4～11 周龄	育成料	四三限饲	21～24 周龄	产前料	每日限饲
12～17 周龄	育成料	五二限饲			

4. 限饲鸡群的管理

(1)限饲前断喙　断喙最佳时间,母鸡 5～7 日龄,公鸡 10～12 日龄。断喙的好坏将直接影响到育成期限饲计划的实施及均匀度的高低。正确的方法是大拇指轻压头背后,食指置于颈下部抵进下颌(不允许舌头伸出),使鸡喙紧闭,头颈伸直,喙与刀片垂直,母鸡上喙断 1/2,下喙断 1/3;公鸡上下喙各断 1/2,切割 1～2 秒,灼烧 2～3 秒。断喙前后 2 天,加维生素 K 和抗应激电解质多维,采取自由采食,避免挑鸡、转群、防疫等应激。

(2)限饲前分群　限制饲养前,通过对鸡群的目测和逐只称重,将其分成大、中、小 3 种类群。通常体重大的和体重小的各约占 15%,体重中等的约占 70%。同时将过渡瘦弱、体制较差的鸡淘汰。如果鸡群整齐度很高,不必全群逐只称重,只需作个别调整即可。按体重分群后,每个小群内鸡只的数量在 200 只左右,如果一个群内鸡只数量过多会影响发育的整齐度。

(3)确定给料量　应根据体重标准、每周称重情况、季节、饲料的营养水平、鸡群状况等因素综合考虑，其最终目的是通过调整喂料量，达到规定的体重标准。肉种公、母鸡体重和饲喂量的确定可参考表 9-14 至表 9-17。

表 9-14 爱拔益加肉用种母鸡体重和限饲程序[①]

周龄	体重（克）	周增重（克）	饲喂料量（克/只）[②]					能量需要（兆焦/只）[③]	
			每日	隔日限饲	五二限饲	每周	累计	每日	累计
1	91		24	自由采食	自由采食	168	168	0.28	1.96
2	180	89	26	自由采食	自由采食	182	350	0.30	4.10
3	318	138	28	56		196	546	0.33	6.39
4	409	91	31	62		217	763	0.36	8.93
5	449	90	34	68		238	1 001	0.40	11.72
6	590	91	37	74	52	259	1 260	0.43	14.75
7	681	91	40	80	56	280	1 540	0.47	18.02
8	772	91	43	86	60	301	1 841	0.50	21.55
9	863	91	46	92	64	322	2 163	0.54	25.31
10	953	90	49	98	69	343	2 506	0.57	29.33
11	1 044	91	52	104	73	364	2 870	0.61	33.59
12	1 135	91	56	112	78	392	3 262	0.66	38.18
13	1 249	14	61	122	85	427	3 689	0.71	43.17
14	1 362	113	66	132	92	462	4 151	0.77	48.62
15	1 476	114	71	142	99	497	4 648	0.83	54.40
16	1 589	113	76	152	106	532	5 180	0.89	60.63
17	1 703	114	82	164	115	574	5 754	0.96	67.34
18	1 816	113	88	176	123	616	6 370	1.03	74.55
19	1 930	114	94	188	132	658	7 028	1.10	82.25
20	2 043	113	100	200	140	700	7 728	1.17	90.45
21	2 202	159	105	210	147	735	8 463	1.23	99.05
22	2 361	159	112	224	157	784	9 247	1.31	99.05
23	2 520	159	122	244	171	854	10 101	1.43	118.22
24	2 679	159	132			924	11 025	1.55	129.04
25	2 838	159	142			994	12 019	1.66	140.67
26	2 951	113	152			1 064	13 083	1.78	153.12
27	3 042	91	160			1 120	14 203	1.87	166.23
28	3 133	91	160			1 120	15 323	1.87	179.34
29	3 201	68	160			1 120	16 443	1.87	192.45
30	3 246	45	160			1 120	17 563	1.87	205.56
31	3 254	8	160			1 120	18 683	1.87	218.66
32	3 262	8	160			1 120	19 803	1.87	231.77
33	3 270	8	160			1 120	20 923	1.87	244.88

续表 9-14

周龄	体重(克)	周增重(克)	饲喂量(克/只)[②]					能量需要(兆焦/只)[③]	
			每日	隔日限饲	五二限饲	每周	累计	每日	累计
34	3 279	9	160			1 120	22 043	1.87	257.90
35	3 287	8	159			1 113	23 156	1.86	271.02
36	3 295	8	159			1 113	24 269	1.86	284.04
46	3 377		154			1 078	35 189	1.80	411.85
56	3 458		149			1 043	45 159	1.74	535.56
66	3 540		144			1 008	55 979	1.68	655.18

注:①赤道以北 8～12 月孵化的鸡群、赤道以南 2～6 月孵化的鸡群,遮黑式鸡舍;②24℃时大约喂料量;③基于 11.95 兆焦/千克的能量。

表 9-15 爱拔益加肉用种母鸡体重和限饲程序[①]

周龄	体重(克)	周增重(克)	饲喂量(克/只)[②]					能量需要(兆焦/只)[③]	
			每日	隔日限饲	五二限饲	每周	累计	每日	累计
1	91		24	自由采食	自由采食	168	168	0.28	1.96
2	180	89	26	自由采食	自由采食	182	350	0.31	4.10
3	318	138	28	56		196	546	0.33	6.39
4	409	91	31	62		217	763	0.36	8.93
5	449	90	34	68		238	1 001	0.40	11.72
6	590	91	37	74	52	259	1 260	0.43	14.75
7	681	91	40	80	56	280	1 540	0.47	18.02
8	772	91	43	86	60	302	1 841	0.50	21.55
9	863	91	46	92	64	322	2 163	0.54	25.31
10	953	90	49	98	69	343	2 506	0.57	29.33
11	1 067	114	53	106	74	371	2 877	0.61	33.67
12	1 180	113	58	116	81	406	3 283	0.67	38.42
13	1 294	114	63	126	88	441	3 724	0.74	43.58
14	1 408	114	59	136	95	476	4 200	0.79	49.16
15	1 544	136	74	148	104	518	4 718	0.86	55.22
16	1 680	136	80	160	112	560	5 278	0.94	61.77
17	1 816	136	87	174	122	609	5 887	1.02	68.90
18	1 952	136	95	190	133	665	6 552	1.11	76.69
19	2 111	159	103	206	144	721	7 273	0.20	85.12
20	2 270	159	111	222	155	777	8 050	1.30	94.22
21	2 429	159	116	232	162	812	8 862	1.36	103.72
22	2 588	159	123	246	172	861	9 723	1.44	113.80
23	2 747	159	133	266	186	931	10 654	1.55	124.69

续表 9-15

周龄	体重（克）	周增重（克）	饲喂量（克/只）[2]					能量需要（兆焦/只）[3]	
			每日	隔日限饲	五二限饲	每周	累计	每日	累计
24	2 906	159	143			1 001	11 655	1.67	136.41
25	3 065	159	153			1 071	12 726	1.79	148.95
26	3 178	113	164			1 148	13 874	1.92	162.38
27	3 269	91	171			1 197	15 071	2.00	176.39
28	3 360	91	171			1 197	16 268	2.00	190.40
29	3 428	98	171			1 197	17 465	2.00	204.41
30	3 473	45	171			1 197	18 662	2.00	218.42
31	3 483	10	171			1 197	19 859	2.00	232.43
32	3 494	11	171			1 197	21 056	2.00	246.44
33	3 504	10	171			1 197	22 253	2.00	260.45
34	351	511	171			1 197	23 450	2.00	274.46
35	3 525	10	170			1 190	24 640	1.99	288.39
36	3 536	11	170			1 190	25 830	1.99	302.31
46	3 641		165			1 155	37 520	1.93	439.13
56	3 745		159			1 113	48 839	1.86	571.61
66	3 850		154			1 078	59 794	1.80	699.83

注：①日照时间从长变短，在中国指从农历夏至到冬至；②24℃时大约喂料量；③基于 11.95 兆焦/千克的能量。

表 9-16　爱拔益加肉用种公鸡体重和限饲程序[1]

周龄	体重（克）	周增重（克）	饲喂量（克/只）[2]					能量需要（兆焦/只）[3]	
			每日	隔日限饲	五二限饲	每周	累计	每日	累计
1	135		25	自由采食	自由采食	175	175	0.30	2.09
2	300	165	32	自由采食	自由采食	224	399	0.38	4.77
3	490	190	40	自由采食	自由采食	280	679	0.48	8.12
4	715	225	48	自由采食	自由采食	336	1 015	0.57	12.13
5	815	100	53	106		371	1 386	0.64	16.57
6	915	100	54	108	95	378	1 764	0.64	21.09
7	1 015	100	55	110	96	385	2 149	0.66	25.69
8	1 125	110	56	112	98	392	2 541	0.67	30.38
9	1 245	120	57	114	100	399	2 940	0.68	35.15
10	1 365	120	59	118	103	413	3 353	0.71	40.09
11	1 495	130	61	122	107	427	3 780	0.73	45.19
12	1 625	130	63	126	110	441	4 221	0.75	50.46
13	1 760	135	65	130	114	455	4 676	0.78	55.90

续表 9-16

周龄	体重（克）	周增重（克）	饲喂量（克/只）②					能量需要（兆焦/只）③	
			每日	隔日限饲	五二限饲	每周	累计	每日	累计
14	1 895	135	68	136	119	476	5 152	0.81	61.59
15	2 030	135	71	142	124	497	5 649	0.85	67.53
16	2 170	140	74		130	518	6 167	0.89	73.73
17	2 310	140	77		135	539	6 706	0.92	80.17
18	2 455	145	80		140	560	7 266	0.96	86.86
19	2 605	150	85			595	7 861	1.01	93.97
20	2 760	155	90			630	8 491	1.07	101.51
21	2 930	170	96			672	9 163	1.15	109.54
22	3 105	175	102			714	9 877	1.22	118.08
23	3 285	180	108			756	10 633	1.29	127.11
24	3 465	180	116			812	11 445	1.39	136.82
25	3 650	185	125			875	12 320	1.49	147.28
26	3 795	145	133			931	13 251	1.59	158.41
27	3 951	120	133			931	14 182	1.59	169.54
28	4 030	115	133			931	15 113	1.59	180.67
29	4 210	90	133			931	16 044	1.59	191.80
30	4 180	60	134			938	16 982	1.60	203.02
31	4 195	15	134			938	17 920	1.60	214.23
32	4 210	15	134			938	18 858	1.60	225.44
33	4 225	15	134			938	19 796	1.60	236.66
34	4 240	15	135			450	20 741	1.61	247.95
35	4 225	15	135			945	21 686	1.61	259.25
36	4 270	15	135			945	22 631	1.61	270.55
46	4 420	15	138			966	32 186	1.65	384.78
56	4 520	10	140			980	41 916	1.67	501.10
66	4 620	10	142			994	51 814	1.70	619.43

注：①赤道以北8～12月孵化的鸡群、赤道以南2～6月孵化的鸡群，遮黑式鸡舍；②24℃时大约喂料量；③基于11.95兆焦/千克的能量。

表9-17　爱拔益加肉用种公鸡体重和限饲程序①

周龄	体重（克）	周增重（克）	饲喂量（克/只）②					能量需要（兆焦/只）③	
			每日	隔日限饲	五二限饲	每周	累计	每日	累计
1	135		25	自由采食	自由采食	175	175	0.30	2.09
2	300	165	32	自由采食	自由采食	225	399	0.38	4.77
3	490	190	40	自由采食	自由采食	280	679	0.48	8.12
4	715	225	48	自由采食	自由采食	336	1 015	0.57	12.13

续表 9-17

周龄	体重（克）	周增重（克）	饲喂量（克/只）②					能量需要（兆焦/只）③	
			每日	隔日限饲	五二限饲	每周	累计	每日	累计
5	815	100	53	106		371	1 386	0.64	16.57
6	915	100	54	108	95	378	1 764	0.64	21.09
7	1 015	100	55	110	96	385	2 149	0.66	25.69
8	1 125	110	57	114	100	399	2 548	0.67	30.46
9	1 245	120	59	118	103	413	2 961	0.71	35.39
10	1 365	120	61	122	107	427	3 388	0.73	40.50
11	1 495	130	64	128	112	448	3 836	0.76	45.86
12	1 635	140	67	134	117	469	4 305	0.80	51.46
13	1 780	145	70	140	123	490	4 795	0.84	57.32
14	1 925	145	73	146	128	511	5 306	0.87	63.43
15	2 070	145	76		133	532	5 838	0.91	69.79
16	2 220	150	79		138	553	6 391	0.94	76.40
17	2 370	150	82		144	574	6 965	0.98	83.27
18	2 525	155	86			602	7 567	1.03	90.46
19	2 685	160	90			630	8 197	1.07	97.99
20	2 850	165	96			672	8 869	1.15	106.03
21	3 030	180	102			714	9 583	1.22	114.56
22	3 215	185	108			756	10 339	1.29	123.60
23	3 405	190	115			805	11 144	1.37	133.22
24	3 595	190	122			854	11 998	1.46	143.43
25	3 790	195	131			817	12 915	1.57	154.39
26	3 935	145	140			980	13 895	1.67	166.11
27	4 055	120	140			980	14 855	1.67	177.83
28	4 170	115	140			980	15 855	1.67	189.54
29	4 260	90	140			980	16 935	1.67	201.26
30	4 320	60	141			987	17 822	1.68	213.06
31	4 335	15	141			987	18 809	1.68	224.86
32	4 350	15	141			987	19 796	1.68	236.66
33	4 365	15	141			987	20 783	1.68	248.46
34	4 380	15	142			494	21 777	1.70	260.34
35	4 395	15	142			994	22 771	1.70	272.22
36	4 410	15	142			994	23 765	1.70	284.11
46	4 560	15	145			1 015	33 810	1.73	404.19
56	4 660	10	147			1 029	44 030	1.75	526.37
66	4 760	10	149			1 043	54 418	1.78	650.55

注：①日照时间从长变短，在中国指从农历夏至到冬至；②24℃时大约喂料量；③基于 11.95 兆焦/千克的能量。

根据标准体重和实测的鸡群体重确定给料量，如低于标准体重，可适当增加料量；如体重超出标准，可暂停增加料量，但不能减量，直到与标准体重一致以后再增加料量。一般情况下，料量的增加要根据体重的增长变化，4～15周龄每周增重约100克，每日料量增加3～5克/只；15～20周龄每周增重约135克，每日料量增加6～7克/只；21～25周龄，顺季或遮黑式鸡舍中仍保持每周增重135克，逆季鸡群每周增重155～160克，每日料量增加7～8克。20周龄前每次增加料量的幅度一般不超过8克。

预计投给鸡群一天的饲料要一次性投喂。此外，给料量的确定要考虑鸡舍温度、鸡的健康状态及所用饲料的能量水平等，例如，冬季舍温低时多喂些，夏季舍温高时少喂些。应注意在任何一个喂料日其喂料量均不可超过产蛋高峰期的料量。

(4)定期称重　限饲的基本根据是体重，从4周龄起，每周随机抽样测定体重一次，算出平均体重，作为限饲的根据。一般要求生长期抽测每栏鸡数的5%～10%，产蛋期为2%～5%。平养鸡群采用对角线取样法，用铁丝网把一定数量的鸡围起来，逐只称重；笼养鸡一般应整笼称重。每日限饲时在下午称重，隔日饲喂时，在停料日称重。最好固定时间，称量准确。

(5)及时调群　为了提高鸡群的整齐度，饲养者根据每周称重结果及日常观察，随时调整鸡群，将体重接近的鸡调到同一群，再具体实施增减料计划。种鸡开产后，一般不再做调群工作，以免因应激引起损失。

(6)限水　适当限水可防止限料后出现过量饮水问题。限水的方法：喂料前1小时至吃料后1～2小时供水，然后每隔2～3小时供水30分钟。在限饲日，清晨供水30～60分钟一次，然后每隔2～3小时供水20～30分钟。但要注意夏季气温高于30℃不限水；处于应激状态，如断喙、疫苗接种、转群不限水；使用乳头饮水器不限水。

(二)提高鸡群均匀度

鸡群均匀度不仅包括体重的整齐度，还包括骨骼和性成熟的整齐度。它是肉种鸡育成期一个很重要的技术指标，均匀度的高低既能检验育成期限饲的效果，又能预测鸡群的生产性能。均匀度高的鸡群，开产一致，产蛋高峰突出而持久，累积产蛋数、种蛋合格率高。一般20周龄左右，体重在“平均体重±10%”范围内的个体平养应达80%以上，笼养达到85%以上，胫长在“平均胫长±5%”范围内的个体应达90%以上，为此要采取以下措施。

1. 实行严格的防疫卫生制度和科学的免疫程序

雏鸡进场前，根据具体情况制定科学而合理的免疫程序，做好各种卫生防疫消毒工作。雏鸡到场就进行严格的隔离饲养，即封闭式育雏，以使鸡群不发病或少发病。如果没有这一措施，或者措施不严，鸡群一旦感染疾病，即使没有死亡，也会造成个体大小不一。因此实行严格的卫生防疫措施是提高鸡群均匀度的前提与保证。

2. 采用适宜的饲养密度，保证足够的采食、饮水位置

鸡群饲养密度的高低，采食、饮水位置的多少，对均匀度的影响较大。饲养密度要根据鸡舍和设备配置情况来决定，饲养密度不可过高，料位、水位要充足，给鸡群提供适宜的生存空间。

3. 采用适宜的限饲方法

科学的限饲能有效地控制体重、提高均匀度。根据鸡的实际体重与标准体重的差异，在不同周龄采用适宜的限饲方法。育成前期采用四三限饲法，由于喂料日的料量较多，每只鸡都有充分的采食时间，这种方法很利于提高鸡群的均匀度。开产前五二限饲法的过渡，可以避免喂料日料量超高峰的出现。注意实行限饲过程中，如果本周增加饲料，应在本周第1次给料时按上周料量，第2次给料才喂本周料量，这样可以避免鸡被撑死的现象。吃得过饱的鸡只，往往趴在地上打颤起不来，此时不能抱着饮水，避免饮水后饲料膨胀加剧鸡的死亡，可将其放在地上使饲料慢慢消化。

4. 对鸡群定期称量、随机抽样

每周进行一次称重，以便根据体重及时调整喂料量，使鸡群整个生长期均按标准体重均衡地增长。为了确保称重的效果，必须随机抽样。抽样称重方法必须准确，衡器要经常检查，确保称重准确。所用衡器应便于读数，最小刻度为10克，建议同一时间、同一衡器、同一地点、同一人员读数，称重结束后及时计算体重、均匀度以便确定料量。

5. 及时调整鸡群

鸡只个体间的生长速度存在一定的差别，在育成期一般进行三四次分群。分群时，将鸡全群称重，分大、中、小3群，分栏饲养，对小鸡群适当加料，这样在2～3周内，小鸡的体重能赶上中鸡或大鸡的体重。但不宜加料过多，以防小鸡体重在短时间赶上来，影响以后生殖器官的发育。

6. 保证快速投料

无论采取何种方法喂料，应在3分钟内将饲料均匀地撒满料槽或料桶，尽可能地使鸡在同一时间吃到饲料。限饲条件下，特别是使用料线时，如果出现事故，一时又无法修好时，应立即采取人工补料。

7. 育成期公、母分饲

由于公、母鸡的采食速度和喂料量有所不同，所以在育成期应公、母分开饲养，这不但有利于提高母鸡的均匀度，而且也有利于提高公鸡的均匀度，减少公鸡腿脚病发生率。

从入雏开始，公、母鸡分别饲养于不同栋鸡舍或同一栋鸡舍不同栋鸡栏内。18～20周龄转舍，先将公鸡提前4～5天转入成鸡舍，使其熟悉公鸡料桶和占有环境优势，再转入母鸡。

五、种母鸡产蛋期饲养管理

(一)预产期的饲养管理

肉种鸡预产期是指18～23周龄，这是从发育到成熟的生理转折时期。此期间的饲养管理首先要对体成熟和性成熟做出正确的估测，然后制定一个合理的增重、增料、增光计划，使之与产蛋期的管理相衔接。

1. 体成熟和性成熟的估测

(1)体成熟　种母鸡进入预产期后，体增重和性腺发育处于最旺盛的阶段，为即将开产做机体上的准备，此时体征和性征都迅速发生变化，利用这些变化可正确估测开产时间，以便实行光照和增料计划。体成熟程度可由体重、胸肌发育和主翼羽脱换3方面综合评定。

体重：体重是体成熟程度的重要标志，育成期体重应符合要求，如果前期体重超出标准，预测开产体重应比标准体重高一些。另外，应考虑生长期所处的季节不同，顺季鸡群开产体重轻一些，而逆季则重一些。

胸肌发育：肌肉发育状况以胸肌为代表，19周龄时用手触摸鸡的胸部，胸肌应由育成期的V形发育成U形，但不应过肥。

主翼羽脱换：有关换羽研究表明，20周龄左右的鸡主翼羽停止脱换，此时虽有2～3根尚未更换，但会因性激素分泌量的增加而终止。如果主翼羽脱换根数少，说明鸡的体成熟和性成熟时间将会延迟。

(2)性成熟　母鸡产下第一个蛋表明生殖系统发育成熟，开产前特征为冠和肉垂开始红润、耻骨开张，此时只要群体体征和性征表现明显集中，即表明鸡群已处于临产状态。

2. 饲养管理

(1)增重计划　20～24周龄鸡的体重增量最大。预产期要根据实际情况调节鸡体增重，将发育正常或超重鸡群每周增重控制在160克之内，发育不良的调至160克以上。为便于控制体重，此时可把低于标准体重的鸡挑出，单独饲养管理。

(2)增料计划　从20周龄起，限饲的同时，将生长料换成预产料(Ca 2%，其他成分同产蛋料)。每天喂料量随之增加，此时应改用五二或六一或每天限饲方式，保持体内代谢的稳定性，减轻限料造成的应激。注意加料不能操之过急，要少量多次添加。此阶段的超量饲喂，将直接导致种母鸡子宫结构异常、体重超标、种蛋品质差、孵化率低，同时造成双黄蛋的比例高及由于腹膜炎或脱肛引起的死亡率增加等。产蛋率达到5%以前，每周加料2～3次，每次不超过3克；产蛋率达到5%以后，要每天加料，直到达到产蛋高峰。24周更换为产蛋料。

(3)增光计划　肉种鸡增加光照刺激一般提早到产蛋前1个月进行，于19周龄或20周龄转入增光刺激阶段。增光刺激与成熟体重的一致性，是实施增光措施的基本要求。过早会使鸡体失去对光照刺激的敏感性，导致延迟开产。如果鸡群出现体成熟推迟或性成熟提前时，应推迟1～2周进行增光刺激，而在性成熟和体成熟同步提前的鸡群，则应提前增加光照刺激。另外，开放式鸡舍饲养的肉种鸡，一般逆季生长鸡群提早增光刺激，防止开产过迟；顺季生长鸡群则应推迟1～2周，以防止开产过早。

(4)管理要点　20周龄将育成鸡转入产蛋舍，并注意饲养密度的调整、产蛋箱的放置与料槽位置的确定。母鸡在23～25周龄间临产阶段，常表现出高度神经质，极易惊群造成异常蛋增加，严重者产蛋率下降。因此尽量减少各种应激，一些必须进行的操作，如接种疫苗、抗体监测、选择淘汰、清点鸡数等应在此之前完成。

(二)产蛋期的饲养管理

1. 开产至产蛋高峰增加喂料

鸡群开产后，要根据以下因素决定喂料量。

(1)产蛋率　种母鸡开产后喂料量的增长率必须先于产蛋率的增长，这种需要主要原因在于许多个体母鸡的产蛋率要高于鸡群的平均产蛋率。鸡群的均匀度水平直接决定鸡群到达产蛋高峰的快慢。若鸡群产蛋率上升快(每天上升3%～4%)，产蛋率到30%时应给予高峰料。对于开产后产蛋率上升较慢(每天上升1%～2.5%)的鸡群，高峰料最好在产蛋率达35%～40%时再给。

(2)采食时间　采食时间的明显变化直接反映出料量是否过多或者不足。采食时间因鸡群、季节、设备和饲料类型而异。一般种鸡应在2～4小时之内吃完其每天的饲料配额。应每天记录饲料消耗的时间，将其作为饲养管理的手段之一。许多因素都影响采食时间，主要包括鸡群年龄、温度、供水能力、饲料量、饲料结构、隔鸡栅尺寸(公、母分饲系统)、上料速度、鸡群健康水平及饲料受污染程度(霉菌毒素)等。

(3)舍温　这是影响采食量的主要因素之一。舍温应保持在21～25℃。一般地舍温低于20℃时，每低于1℃，每只鸡每天就需增加0.021兆焦能量。

(4)体重　种母鸡从开产至产蛋高峰，应获得持续的增重，且产蛋高峰以后的整个产蛋期都应保持一定的增重(15～20 克/周)。体重越大的鸡需要的饲料量也就越多。如果鸡群超过其标准体重,那么在产蛋期就应增加其喂料量,在实际生产中鸡群每超过标准体重 100 克,每天每只鸡需增加 0.033 兆焦能量。

加料建议:先慢后快、每天均有增加。料量添加期间只能增加或维持料量,不能减少料量。开产后料量添加太慢,会导致产蛋率爬升慢,蛋重增长慢,种蛋合格率低,影响产蛋高峰等;开产后料量添加过快,会导致母鸡双黄蛋比例增大,高峰低,死淘率偏高、种蛋合格率降低等,所以在加料期间要密切观察产蛋率、采食时间、蛋重、体重及双黄蛋比例的变化并及时做出调整。

2. 产蛋高峰后的减料

为了保持种母鸡高产的持久性,最大限度地提高合格种蛋的产量,高峰后必须减料。如果种鸡采食量超过需要量,它可以通过脂肪沉积继续增重。脂肪沉积速度是影响高峰期后产蛋率和受精率的关键因素,所以应根据体重及产蛋率的变化调整喂料量,以调节脂肪的沉积速度。

若连续 2 周产蛋率不再增加,且每周呈 1%正常下降时,须开始减料。第 1 次减料可减 2～3 克,以后每周可减 0.5～1 克。对于那些脂肪蓄积过多的鸡群,减料时速度可稍快些。每次减料 3～4 天后应密切观察产蛋率变化,若产蛋率下降正常(每周约 1%),则下周以同样的方式减料。若产蛋率下降超过正常水平,且又无其他原因时,应立即恢复该鸡群减料前的饲料量。高峰后整个生产周期的饲料减少总量为高峰料量的 10%～12%(即 18～20 克)。

由于采食时间是喂料量是否适当的特征,因此采食时间过长,也需要进行减料。鸡群产蛋高峰恰逢夏季,减料的速度要比冬季高峰时减料快很多。如鸡群产蛋高峰未达到本应达到的水平,其他管理因素经查准确无误,未必就应多加料来提高产蛋水平。相反,多余的料量且太长的时间会使母鸡过于肥胖,鸡群年龄大时,产蛋性能不但较低且会出现受精率问题。鸡的体重也是判断减料量是否合适的重要特征,产蛋高峰后鸡群体重每周增加 15～20 克为正常。超过这个范围,则说明减料不够;反之,则减料太多。

3. 控制体重

用与生长期相同的方法进行体重监控,称重要求如下:每周称重 1 次直至 35 周龄,以后至少每 3 或 4 周称重一次,每次称重都应在同一地方。

(1)从转群至产蛋高峰　鸡只过肥不利于后期产蛋,为防止鸡只过肥,见蛋之前,应该严格地随体重来决定用料量。当鸡群每日产蛋率达到 5%～10%时,考虑到要让产蛋率和蛋重取得良好的增长,建议快速增加用料量。这种饲养管理方法能让鸡群获得产蛋高峰,同时取得理想的体重。

(2)产蛋高峰后　在产蛋高峰后至鸡群淘汰期间,鸡群体重的良好管理可以在产蛋和孵化方面获得持久良好表现。尽量让鸡群以平稳的生长曲线达到最终的体重。从开始产蛋到产蛋高峰期间汇集的鸡群信息有助于决定高峰后采用何种减料速度。必须在产蛋高峰后适时减少喂料量。

4. 饮水管理

产蛋期要适当限水,目的是防止垫料潮湿,防止脚病,控制肠道病和减少脏蛋。在常温下,上午喂料前30分钟到吃完料后1～2小时供水,下午3～4时及6～7时各供水30分钟;气温高于27℃时,上午供水时间不变,下午1时、3时、5时、7时各饮水30分钟(即下午每隔2小时供水30分钟,共4次);当天气极为炎热时,自由饮水。若应用乳头式饮水器时,炎热夏季不必限水。

饮水量的合适与否可以检查嗉囊的硬度,若嗉囊松软,为饮水合适;较硬,则饮水不足。

5. 防止窝外蛋

产在地面垫料和棚架等产蛋箱外的种蛋统称窝外蛋。窝外蛋对种鸡群的生产是不利的:一是减少合格种蛋数,二是增加其他种蛋被污染的几率,三是增加了额外工作量。地面蛋和不清洁的产蛋箱内的种蛋会降低雏鸡质量。

(1)合理设计与安装产蛋箱　产蛋箱的设计应能满足种母鸡产蛋的自然习性,如清洁、干燥、阴暗、僻静等。产蛋箱通常设计为1～2层,每4只鸡使用一个产蛋窝。每个产蛋窝的大小约为30厘米宽×35厘米深×30厘米高。产蛋箱的底最好考虑使用活动底板,前沿挡板高度应能保持箱内有足够的垫料。

设计产蛋箱时应考虑通风良好且无贼风。

在分段式饲养的鸡舍,产蛋箱应在鸡群从育成舍转入产蛋舍之前安装;在全进全出式饲养的鸡舍,一般在22周龄安装产蛋箱。

产蛋箱安装的高度应适宜,便于种母鸡进出产蛋窝,而且又不易被地面垫料所污染,同时还能为种母鸡提供一个躲避种公鸡骚扰的产蛋场所。一般最底层产蛋箱的进出踏板距垫料高度不应超过45厘米。底层踏板和第二层踏板的间距不应少于15厘米。

产蛋箱的数量应按开产时种母鸡的实际存栏量,以及每个产蛋窝最多供给4只种母鸡使用为基础进行计算。产蛋窝不足,将会使地面蛋、脏蛋或窝内破损蛋增多。

由于种蛋在产出后首先接触的是产蛋箱内的垫料,因此应尽量使用洁净、卫生、优质的产蛋箱垫料。通常建议使用烘干的松木刨花,因其质地松软且对昆虫、细菌和霉菌具有一定的天然抵御性。产蛋箱内应放置充足的垫料,以便为母鸡提供舒适的产蛋环境。每周定期进行监测并在需要时及时补充垫料。若条件允许，每月彻底更换垫料是最佳的做法。在多数设备系统中，当使用底垫时，应保持其洁净。建议最好使用两套底垫，这样使用其中一套底垫的同时可以对另一套底垫进行彻底清洁。

要确保在喷雾降温系统工作时，雾滴不会飘入产蛋箱；同时雾滴不可过大，否则会弄湿地面垫料。保持地面垫料的清洁和干燥，可避免种母鸡将粪便和污物带入产蛋箱。

(2)训练母鸡使用产蛋箱　至少在见蛋前1周，打开产蛋箱上一层产蛋窝。见到第一个种蛋时，打开下一层产蛋窝。

训练母鸡使用产蛋箱的方法：见到第一个种蛋以后，将5～7天之内所有产的蛋都放入产蛋箱，吸引母鸡进入产蛋窝。每天应加强巡视鸡群，及时发现在地面作窝的鸡。驱赶鸡只远离墙边和角落，若看到母鸡在鸡舍角落或公鸡料桶下弄松周围的刨花刨坑产蛋，就要抱起母鸡把其关闭在产蛋箱里直至产出蛋来。刚开产时，频繁地收集窝外蛋很重要：每小时一次直至下午。否则其他母鸡就会接着在原地产蛋。最后一次拣蛋之后，赶出所有母鸡并关闭产蛋箱，防止鸡只趴窝，弄脏产蛋箱垫料。第二天开灯前将产蛋箱打开，以便早产的鸡只可以进入产蛋。

若采用机械式产蛋箱，可参考下列方式进行训练：在转群后的前3～5天将产蛋箱提升至2米高处，使鸡只便于从地面到棚架上采食和饮水。产蛋箱落下后，在通常收集种蛋的时间使集卵带每天至少全线运转4次，使鸡群熟悉该系统。

(3)产蛋箱位置应合适　放置产蛋箱需考虑舍内的光源分布，既要使箱内昏暗又得让蛋箱下保持一定的光线强度，要求产蛋箱上方无灯线。蛋箱应与边墙呈直角摆放，相互间背靠背即左右各一个蛋箱两边相对，一端以约30厘米坐在棚架上，另一端悬挂在屋顶或用铁架支撑在地面上。避免把产蛋箱置于较冷的墙边、通风处和光照强的地方，同时应保证母鸡上下栖息条和进出产蛋箱的方便。当地面蛋的比例较高时，可将产蛋箱直接在垫料上放置数周，然后再恢复正常的高度。

(三)肉种鸡生产标准

肉种鸡的生产水平受品种、饲料营养、环境条件、饲养方式、鸡群体质等许多因素的影响，难以达到育种公司推荐的生产标准。表9-18列出的爱拨益加(AA)父母代鸡的生产标准，饲养管理过程中，可以此为指南，尽可能创造条件接近推荐的生产标准。

表 9-18　爱拔益加父母代鸡的生产标准

周龄	产蛋周	产蛋					孵化率/产雏		
		饲养日产蛋率(%)	入舍母鸡累计产蛋(个)	平均蛋重(克)	周产蛋数(个)	累计产合格蛋(个)	蛋孵化率(%)	入舍母鸡周产雏鸡(只)	累计入舍母鸡产雏(只)
25	1	5	—	—	—	—	—	—	—
26	2	22	2	51.3	0.8	1	75	0.6	1
27	3	48	5	53.5	2.6	3	78	2.0	3
28	4	68	10	54.3	4.2	8	81	3.4	6
29	5	80	15	56.0	5.1	13	83	4.2	10
30	6	84	21	56.9	5.4	18	85	4.6	15
31	7	87	27	57.7	5.6	24	87	4.9	20
32	8	86	33	58.3	5.6	29	89	5.0	25
33	9	85	39	58.9	5.5	35	90	5.0	30
34	10	84	44	59.5	5.5	40	90	5.0	35
35	11	84	50	60.0	5.5	46	91	5.0	40
36	12	83	56	60.5	5.5	51	91	5.0	45
37	13	83	62	61.0	5.5	57	91	5.0	50
38	14	82	67	61.5	5.4	62	90	4.9	55
39	15	81	73	62.0	5.3	68	90	4.8	59
40	16	80	78	62.5	5.2	73	90	4.7	64
41	17	80	83	63.0	5.2	78	90	4.7	69
42	18	79	89	63.5	5.2	83	90	4.6	73
43	19	78	94	64.0	5.1	88	89	4.5	78
44	20	77	99	64.5	5.0	93	89	4.4	82
45	21	76	104	64.9	4.9	98	89	4.4	87
46	22	75	109	65.3	4.8	103	88	4.3	91
47	23	74	114	65.7	4.8	108	88	4.2	95
48	24	73	119	66.1	4.7	112	88	4.1	99
49	25	72	124	66.5	4.6	117	88	4.1	103
50	26	71	128	66.9	4.5	122	87	4.0	107
51	27	70	133	67.3	4.5	126	87	3.9	111
52	28	69	138	67.6	4.4	131	86	3.8	115
53	29	68	142	67.9	4.3	135	86	3.7	119
54	30	67	146	68.2	4.2	139	85	3.6	122
55	31	66	151	68.5	4.2	143	85	3.5	126

续表 9-18

周龄	产蛋周	产蛋						孵化率/产雏		
		饲养日产蛋率(%)	入舍母鸡累计产蛋(个)	平均蛋重(克)	周产蛋数(个)	累计产合格蛋(个)		蛋孵化率(%)	入舍母鸡周产雏鸡(只)	累计入舍母鸡产雏(只)
56	32	65	155	68.7	4.1	147		85	3.5	129
57	33	64	159	68.9	4.0	154		84	3.4	133
58	34	63	163	69.1	4.0	155		83	3.3	136
59	35	62	167	69.3	3.9	159		82	3.2	139
60	36	62	174	69.5	3.9	163		81	3.1	142
61	37	61	175	69.7	3.9	167		80	3.0	145
62	38	60	179	69.9	3.7	171		79	2.9	148
63	39	59	183	70.1	3.7	174		78	2.9	151
64	40	58	186	70.3	3.6	178		77	2.8	154
65	41	57	190	70.5	3.5	181		76	2.7	157
66	42	56	193	70.7	3.4	185		75	2.6	159

六、种公鸡的饲养管理

种公鸡的选育标准是腿胫长、平胸、雄性特征明显，体重比母鸡大30%左右，行走时龙骨与地面呈45°角的健壮公鸡。

(一)公母鸡分开饲养(1～20周)

1.0～6周龄

公鸡出壳后必须进行预防接种、剪冠和断趾。断趾是为了避免以后配种时损伤母鸡；剪冠可以防止互斗中产生死亡，又可和鉴别错误的公鸡相区别。断喙时间要比母鸡稍迟2～3天，在9～10日龄较适宜，断喙留的长度比母鸡稍长些。

在这一阶段自由采食，不能限制其早期生长。育雏料要求粗蛋白18%、能量11.7兆焦/千克。

1～3日龄采用24小时光照，白天关灯1～2次，每次5～10分钟，让鸡适应黑暗的环境；4～9日龄光照22小时，8日龄后每天递减半小时，过渡到自然光照，以提高鸡群的采食量，充分发挥鸡群早期生长优势。

4周龄时抽测体重，要求均匀度85%，公鸡体重达到同批日龄母鸡体重的1.5倍。均匀度差的鸡群按体重分群，小鸡群增料10%～20%。

5～6周龄时对公鸡进行选种，淘汰体重过小、毛色杂、发育不良、健康状况不好的公鸡，留种公鸡、母鸡比例(15～17)：100。

2. 7～20 周龄

这一阶段饲养管理的特点，采用四三限饲法，使胸部过多的肌肉减少，龙骨抬高，促进腿部的发育，降低体内脂肪。改用育成鸡料，粗蛋白含量15%，能量11.63兆焦/千克，使体重恢复到标准或高于标准范围10%以内。若限饲过度，造成公鸡体重太轻，增重不足，会影响公鸡生殖器官的发育。

种公鸡性成熟要比母鸡性成熟稍早，在此期间公鸡舍光照比母鸡舍光照每天多2小时，否则混群后未性成熟的公鸡会受到性成熟母鸡的攻击而出现公鸡终身受精率低下的现象。

19周龄对公鸡群进行一次选育，选择鸡冠红润、眼睛明亮有神、羽毛有光泽、行动灵活、腿部修长有力、龙骨与地面呈45°角、胸部平坦、体重是母鸡1.4倍左右的健壮公鸡，选留比例(12～13)：100。

在第20周龄时混群，先把公鸡转入鸡舍再转入母鸡群。

(二)公鸡混养分开饲喂(21～66周)

1. 种公鸡配种前期饲养管理(21～45周)

21周龄开始公母混养分饲，这一阶段管理要点是确保稳定增重、肥瘦适中、性成熟与体成熟同步。鸡群全群称重，按体重的大、中、小分群，饲养时注意保持鸡群的均匀度。

混养的种公母鸡必须实行分槽饲喂，采用不同的饲料，不同的饲喂量。母鸡用料槽(盘)，加上金属条格，间距4.1～4.5厘米，目的是让母鸡能够采食而公鸡头伸不进去。饲养管理时要注意维修、调整料盘，以免因金属条格间距过大公鸡能采食，过小而擦伤母鸡头部两侧。公鸡用料桶，料桶吊离地(网)41～46厘米，每周均要按公鸡背高随时调节料桶高度，以不让母鸡够着而公鸡能立起脚、弯着脖子吃到饲料即可。要有足够的料位，8～10只公鸡提供一料桶，让每只公鸡都能同时采食，喂料时间比母鸡晚15～20分钟，使母鸡不抢食公鸡料。

种鸡舍内母鸡的料槽和饮水器放在漏缝地板上，公鸡料桶吊在两个饮水器中间，这样放置便于公母鸡的采食和饮水。

公鸡增重在23～25周龄时较快，以后逐渐减慢，睾丸和性器官在30周龄时发育成熟，因此各周龄体重应在饲养标准的范围内。

体重太轻、营养不良，影响精液品质；体重过重，会使公鸡性欲下降，脚趾变形，不能正常交配，而且交配时会损伤母鸡。

2. 种公鸡配种后期饲养管理(46～66周)

45周左右，受精率下降。受精率下降的速度与公鸡的营养状况、饲养管理条件好坏有关，在这一阶段饲养管理的重点是，提高种公鸡饲养品质，以提高种蛋的受精率。

种公鸡料中每吨饲料添加蛋氨酸 100 克、赖氨酸 100 克、多种维生素 150 克、氯化胆碱 200 克。

及时淘汰体重过重、脚趾变形、趾瘤、跛行的公鸡。及时补充后备公鸡，补充的后备公鸡应占公鸡总数的 1/3，后备公鸡与老龄公鸡相差 20～25 周龄为宜。补充后备公鸡工作一般晚上进行，补充后的公母比例保持在(12～13)∶100。

第十章　优质肉鸡集约化生产技术

随着我国肉鸡生产的发展，相对于快大型肉鸡而言，出现了优质肉鸡一词，在优质肉鸡的概念上逐渐有了广义和狭义之分。

狭义优质肉鸡由吴常信教授提出，他认为优质肉鸡是指未经与速生型肉鸡杂交的、适时屠宰、肉质鲜嫩的地方鸡种。并指出这一概念包含3个要点：一是地方鸡种未与速生型肉鸡杂交；二是适时屠宰；三是优质肉鸡肉质鲜嫩。一般认为这是狭义的优质肉鸡概念，主要是从肉质的角度出发。但我国地域辽阔，不同民族、不同地区、不同饮食习惯和烹调方法对鸡的肉质要求不同，难以制定出统一的肉质标准及定义。

我国优质肉鸡包括优质黄羽肉鸡、麻鸡和土鸡（通常所指的是优质黄羽肉鸡和麻鸡）。

第一节　优质肉仔鸡生产技术

一、分阶段饲喂和阶段划分

根据上市日龄的不同，优质肉鸡可按“两阶段”或“三阶段”进行饲喂。两段制适合生长较快的类型，分为0～5周龄和5周龄以后。三段制适合慢速型土鸡类型，分为0～4周龄、4～10周龄和10周龄以后。生产上应根据实际情况灵活掌握，针对不同阶段、不同性别采取科学的饲养管理，才能取得较好的经济效益。

在我国《鸡饲养标准》（NY/T 33—2004）中介绍优质肉仔鸡的体重与耗料量指标（表10-1）。由于不同品种类型存在较大差异，表10-1数据仅供参考。

表10-1　黄羽肉仔鸡体重及耗料量　　克/只

周龄	周末体重		耗料量		累计耗料量	
	公鸡	母鸡	公鸡	母鸡	公鸡	母鸡
1	88	89	76	70	76	70
2	199	175	201	130	277	200
3	320	253	269	142	546	342

续表 10 - 1

周龄	周末体重		耗料量		累计耗料量	
	公鸡	母鸡	公鸡	母鸡	公鸡	母鸡
4	492	378	371	266	917	608
5	631	493	516	295	1 433	907
6	870	622	632	358	2 065	1 261
7	1 274	751	751	359	2 816	1 620
8	1 560	949	719	479	3 535	2 099
9	1 814	1 137	836	534	4 371	2 633
10		1 254		540		3 028
11		1 380		549		3 577
12		1 548		514		4 091

饲养方式对鸡肉的品质有较大的影响，优质肉鸡生产应结合各地实际情况，因地制宜采用合理的饲养方式，严格管理，提高鸡肉品质。优质商品鸡一般是用快大型肉鸡品系与地方良种鸡杂交配套而成，含有 25%～50%的快大型肉鸡血缘，因此，生长发育也介于两亲本之间。表 10 - 2 列出了优质肉鸡 0～10 周龄的体重情况。

表 10 - 2　优质肉鸡 0～10 周龄的体重　　克

周龄	公鸡	母鸡	混合	周龄	公鸡	母鸡	混合
初生	36	33.8	35	6	781	730	756
1	74	68	71	7	1 065	959	1 003
2	164	152	158	8	1 232	1 025	1 143
3	267	286	279	9	1 394	1 226	1 310
4	436	434	435	10	1 619	1 386	1 517
5	543	577	560				

公鸡生长高峰时的体重和成年体重均大于母鸡，但到达生长高峰的时间比母鸡迟，因此公鸡的上市时间比母鸡迟。

二、优质肉仔鸡的饲养方式

(一)地面平养

这是优质肉仔鸡生产中采用的主要饲养方式。其方法是在鸡舍地面上铺垫料，幼雏入舍后生活在垫料上。垫料厚度约 10 厘米，要求垫料柔软、疏松，吸水性强，清洁干燥无霉变。常用垫料有锯末、麦秸、稻草、稻壳、玉米芯等。垫料要铺平，厚度一致，不露地面。饮水器周围潮湿垫料要经常更换。地面平养的优点是投资少，简便易行，残次鸡少，垫料用后又可作肥料；缺点是环境差，球虫病、细菌性疾病发生率高，药费高，劳动强度大，房舍利用率低。

地面平养方式，常常在鸡舍的南侧设置室外运动场，3 周后的鸡在天气晴好、温暖无风的时候可以到室外运动场活动或喂饲，这对于提高肉鸡的健康和肉的品质具有很好的效果。

(二)网上平养

选用直径 2 厘米左右的竹竿，平排钉在木条上，竹竿间距 2 厘米左右，制成竹竿网，再用支架架起，离地面 50～60 厘米，育雏前期在竹竿上铺硬塑料网，鸡群生活在网上。也可以用金属或木条制作网床，在金属（或木条）网床的上面铺一层菱形孔塑料网。

网上平养的优点是房舍利用率高，鸡粪落入网下，大大减少了鸡与粪接触机会，切断了球虫卵囊的循环感染，球虫病及其他环境性疾病发生率低，降低了生产成本。应当说明的是竹竿网与竹片网有显著区别，竹片网易黏结鸡粪，不易清洗，而竹竿网圆滑，鸡粪不易附着，非常干净，消毒方便。网上平养的缺点是供温要求高，管理不当还容易出现腿部畸形和脚底感染。在生产中，有的场采用地面平养和网上平养相结合的方式，4 周龄前在地面平养，4 周龄后网上平养。

(三)笼养

采用肉仔鸡饲养笼进行饲养。优点是房舍利用率高，降低了环境性疾病发生率，劳动效率高，便于公母分开饲养，减少饲料浪费，饲料报酬高等；缺点是投资大，羽毛光洁度略差，外观品质不如平养鸡。在实践中一般采用平养与笼养相结合，即 4 周龄前平养，4 周龄后转入育肥笼中饲养。

三、优质肉仔鸡常见的饲养方法

(一)优质肉仔鸡圈养

1. 管理要点

(1)保持合适的温度　在雏鸡阶段要求提供合适的温度（可参考蛋鸡育雏温度），在 5 周龄后尽量使温度保持在 15～28℃之间，而且要防止温度出现剧烈的波动。天气预报中如果在未来将出现大的变化就需要及早采取有效措施，缓解对鸡群的不良影响。

(2)保持鸡舍的干燥　要求在鸡舍内铺设垫料,让鸡群在垫料上生活。垫料要求干净、干燥、无霉变,常用垫料有刨花、锯末、麦秸、稻草等。饲养过程中要防止垫料潮湿,尽量减少饮水器中的水洒到垫料上,及时更换饮水器周围的湿垫料,白天鸡群到舍外运动场活动的时候打开门窗进行有效通风。

(3)保持合适的饲养密度　一般要求的饲养密度按鸡舍内的面积,1～2 周龄时每平方米饲养 30～40 只,3 周龄时 25～30 只,4 周龄时 20～25 只,5 周龄时 15～20只,6～7 周龄时 10～15 只,8 周龄以后 8～10 只。运动场面积要求是舍内面积的 2～3 倍。

(4)光照管理　白天采用自然光照,晚上补充人工光照 2 小时,方便进行喂料和饮水。农村养鸡户晚上运动场开灯还可以引诱昆虫供鸡采食。

(5)增强运动　增强运动不仅可以提高肉的风味,还有助于提高鸡群的体质,减少用药。鸡舍的南边必须留有运动场,增加白天舍外活动时间。要求在 15 日龄以后在无风雨的天气让鸡群到运动场上去采食和饮水。鸡舍内及运动场四周设置栖架,让鸡飞上飞下增加运动量。

(6)搞好卫生　鸡舍要定期清理,将脏污的垫料清理出来后在离鸡舍较远的地方堆积进行发酵处理。运动场要经常清扫,把含有鸡粪、草茎、饲料的垃圾堆放在固定的地方,焚烧或发酵处理。鸡舍内外要定期进行消毒处理,把环境中的微生物数量控制在最低水平,保证鸡群的安全。料槽和水盆每天清洗一次,每两天用消毒药水浸泡消毒一次。

(7)设置栖架　鸡在夜间休息的时候喜欢卧在树枝、木棍上,在鸡舍内要放置栖架。其优点是可以减少相对饲养密度,减少与粪便的直接接触,避免老鼠在夜间侵袭。栖架用几根木棍钉成长方形的木框,中间再钉几根横撑,放置的时候将栖架斜靠在墙壁上,横撑与地面平行。

2. 饲养要点

(1)饲料　饲料是影响生长速度和肉品质的主要因素。在 20 日龄以前以配合饲料为主,以后逐渐增加青绿饲料的用量。青绿饲料应该使用鲜嫩的杂草、牧草、树叶、蔬菜等,腐烂变质的绝对不能使用,还需要注意是否受到农药污染,以保证鸡群的安全。可以通过人工育虫为鸡群提供动物性饲料,如把麦秸或其他草秸放在一个池子中经过一段时间即可孵育出虫子,也可以饲养蚯蚓喂鸡。

(2)喂饲方法　雏鸡阶段使用料桶或小料槽,以后可以使用较大料槽或料盆,容器内的饲料添加量不宜超过其深度的一半,以减少饲料的浪费。生产中,青绿饲料是全天供应,当鸡群把草、菜的茎叶基本吃完后,将剩余的残渣清理后再添加新的青绿饲料。配合饲料可以在早上、中午、傍晚和半夜各喂饲 1 次。一天内每只鸡喂饲的配合饲料量占其体重的6%～10%，小的时候比例大一些，随着体重的增加喂料量占体重的比例要逐渐减少。

青绿饲料要多样搭配，各种青绿饲料中的营养成分能够互补，长时间喂饲单一的某种青绿饲料对鸡的生长发育和健康会有不良影响。有的青绿饲料中含有某些抗营养因素或有毒有害（尽管含量很低）物质，长期使用会影响其他营养成分的吸收或出现慢性中毒。

（3）饮水要求　饮水应遵循“充足、清洁”的原则。“充足”是指在有光照的时间内要保证饮水器内有一定量的水，断水时间不宜超过2小时，断水时间长则影响鸡的采食，进而影响其生长发育和健康，夏季更不能断水。“清洁”是指保证饮水的卫生，不让鸡群饮用脏水。

（二）优质肉仔鸡笼养育肥

商品肉鸡上市前进行为期15～20天的短期育肥，以增加屠体的脂肪沉积，提高肉质的嫩滑度和特殊香味。优质肉鸡生长速度慢，体重小，胸囊肿现象基本上不会发生，可以采用笼养肥育，可明显地提高肥育效果，提高饲料的转化率。在广东一些大型优质黄羽肉鸡饲养场，0～6周育雏阶段用火炕育雏，7～11周采用竹竿或金属网上饲养，12～15周上笼育肥。上笼后创造一个安静、光线较暗的环境，并通过限制鸡的活动和增加淀粉和脂肪较多的饲料，以促进肌肉的丰满和脂肪积累。

笼养管理要点：①驱虫。鸡体内有寄生虫，会影响育肥。因此，育肥前应进行一次驱虫。②上笼。经过驱虫后的鸡，一般要笼养育肥，以便限制鸡的活动。同时，鸡舍内要保持弱光与安静的环境，使鸡饱食后安睡，这不但有利于育肥，还使鸡的表皮更为细嫩。

（三）供料

在后期肥育的饲料中最好不用动物性蛋白质饲料。育肥期饲料以能量饲料为主，还应有一定比例的蛋白质饲料，粗蛋白含量不超过14%。注意补充维生素、矿物质、微量元素、食盐等。最好采用颗粒饲料，4～10周龄鸡颗粒饲料的直径为3毫米左右。因此，育肥鸡日粮应以玉米、稻谷、小麦、木薯干、红薯干等淀粉性饲料为主，可少喂或不喂青绿饲料。

（四）适时上市

一般经15～20天的育肥，鸡的肥度符合要求，就应及时处理，以达到较好的经济效果。育肥期一般不宜超过1个月，否则鸡的增重就不再明显增加，甚至可能掉膘。

四、优质肉仔鸡的饲料营养

优质肉仔鸡的营养还没有可供参考的国家标准，多数饲养场采用育种单位并没有经过认真研究的推荐标准，有些饲养户甚至使用快大型肉鸡的营养标准，这些营养标准绝大多数高于优质肉仔鸡的生长需要，因而影响其饲料报酬。优质肉仔鸡不同鸡种的差异较大，不同地区对优质肉仔鸡的要求不同，因而营养标准难以统一。实际生产中应以鸡种的推荐标准为基础，以提高饲料报酬为目标，适当降低优质肉仔鸡的营养标准。此外，还要注意饲料的多样化，以改善鸡肉品质。

五、优质肉仔鸡的饲养密度和饲养设备

优质肉仔鸡每平方米饲养的鸡只数可在白羽肉鸡饲养密度的基础上增加10%～20%。不同鸡场的饲养设备差异很大，多数饲养场都用外购的饲喂、饮水设备，而一些农户常就地取材，自制采食及饮水设备。一般优质肉鸡要求：采食宽度随日龄增加而相应的改变，0～14 日龄 2.5 厘米/只；15～42 日龄 4.5 厘米/只；43 日龄至上市 7.5 厘米/只。饮水宽度 2 厘米/只，或者采用乳头式饮水器。

表 10-3　中速型优质肉仔鸡饲养密度参考表　　只/米

周龄	1	2	3～4	5～6	7～8	9～10	11至出栏
地面平养	40	32	26	22	18	14	12
网上平养	48	40	32	26	22	18	14
笼养	55	50	40	33	29	22	18

第二节　优质肉种鸡生产技术

目前优质肉种鸡主要有两种：一是外来种与我国育成品种杂交，生产中速黄羽种鸡，如仿土鸡繁育体系中的单杂交母鸡；二是我国的地方肉种鸡。由于不同品种的优质肉种鸡体形和生长速度差异太大，在种鸡的饲养管理过程中所采取的饲养管理措施也有所不同。这里以饲养较多的中速型优质肉鸡为例介绍其饲养管理技术。

根据种鸡的生长发育特点和生理要求，种鸡必须采取分期饲养，根据各期的特点进行相应的饲养管理，才能取得理想的效果。种鸡各饲养阶段的划分大致如下：育雏期 0～7 周龄，育成期 8～22 周龄，23 周龄以后为产蛋期。

一、种雏鸡(0～7周龄)的饲养管理要点

1. 公、母分群饲养

肉种鸡的父系和母系通常是不同的品种或品系，其生产用途和生长速度也不同，所以肉种鸡在育雏期间最好能公母分群饲养，以达到各自的培育要求。

2. 锻炼消化能力

为了提高肉种鸡的产蛋量，母鸡的消化器官必须发育好，以适应在产蛋高峰时需要获得大量营养的要求。故肉雏鸡的饲养上既要供给充足的营养，又要注意适当增加一些沙砾和粗纤维，以刺激消化道的生长发育。增加沙砾从第3周开始，添加量为饲料总量的1%，大小以2毫米为宜，并注意清洁卫生。

3. 饲养环境

光照制度对种鸡性成熟的年龄及以后的生产水平影响很大。为了控制种鸡性成熟的年龄，常采用接近自然日照时间的恒定式或渐减渐增的光照方案，详见蛋鸡和肉种鸡的光照方案。

此外，种雏鸡要给予一定的运动量，以增强体质，提高以后的配种能力。种雏鸡的饲养密度应比商品鸡小些，一般公雏要求7.2只/米^2，母雏10.8只/米^2。

4. 饲养季节

我国大部分地区采用半开放的种鸡舍，种鸡的生产水平受季节影响大。因此，在不考虑其他因素(如市场行情)的情况下，以春季培育种鸡最好，初夏与秋冬次之，盛夏最差。

二、育成种鸡(8～22周龄)的饲养管理

育成期的饲养管理是种鸡饲养能否成功的关键。优质肉鸡育成期的长短因品种不同稍有差异，但饲养管理的基本要求是相似的。

(一)限制饲料喂量

优质肉种鸡必须限制饲养才能保证良好的种用性能。我国鸡饲养标准(NY/T 33—2004)中对黄羽肉种鸡生长期体重与耗料量的推荐标准见表10-4。

表10-4 黄羽肉鸡种鸡生长期体重与耗料量 克/只

周龄	体重	耗料量	累计耗料量	周龄	体重	耗料量	累计耗料量
1	110	90	90	4	330	266	804
2	180	196	286	5	410	280	1 084
3	250	252	538	6	500	294	1 378

续表 10-4

周龄	体重	耗料量	累计耗料量	周龄	体重	耗料量	累计耗料量
7	600	322	1 700	14	1 190	469	4 542
8	690	343	2 043	15	1 270	490	5 032
9	780	364	2 407	16	1 350	511	5 543
10	870	385	2 792	17	1 430	532	6 075
11	950	406	3 198	18	1 510	553	6 628
12	1 030	427	3 625	19	1 600	574	7 202
13	1 110	448	4 073	20	1 700	595	7 797

1. 限饲方法

与肉种鸡相似，有每天限饲、隔日限饲、五二限饲等，其中隔日限饲法用得最多。此外，也有限制采食时间的，不用每天去称测喂料量，只需定时把喂料器盖起来或吊起来，简单易行，但采食时间的把握很重要，其实质还是限制饲喂量。

2. 饲喂量

优质肉种鸡饲喂量一般控制在自由采食的75%～80%为宜。按照优质肉鸡饲养手册，可参考上面的标准体重和推荐饲喂量。然后，每周抽测5%～10%的鸡只称重，抽取的鸡只应具有代表性，并用称得的平均体重与标准体重比较。如果平均体重低于标准体重，则加大饲料增幅或增加采食时间；相反，则减少饲料增幅或减少采食时间，直到与标准体重吻合为止。如果找不到标准体重，可抽出小群鸡每周进行自由采食测定，下一周把自由采食量的75%～80%喂给大群鸡。

3. 开始限饲的周龄

正确掌握开始限饲的周龄是限饲能否成功的关键之一，常因品种不同而异，仿土单交母鸡在7～8周龄时开始限饲为好。土种鸡由于前期生长较慢，少有大群饲养，目前还没有进行限饲的报道。

4. 限饲注意事项

(1)整理鸡群。限饲对鸡群的应激很大，在限饲之前应将鸡群中体重过小和体质过弱的个体挑出单独饲养。不同体重的鸡只分栏饲喂，采取不同的限饲计划，使鸡群的体重趋于一致。

(2)称重的取样要有代表性，时间要固定。分栏饲养的要每栏都取样，大群饲养的要多点取样；称重时间要每次都相同，隔日饲喂的在不喂料日称重。

(3)配置足够的饮水器和喂料器，以避免采食不均导致鸡群体重不均匀。一般优质鸡适宜的食槽位置为14厘米，水槽位置为2.5厘米；土种鸡适宜的食槽位置为12厘米，水槽位置为2.0厘米。

(4)在鸡群生病或其他不良影响时,暂停限饲,待恢复正常时才进行限饲。

(二)育成鸡的管理

1. 调整饲养密度

随着鸡只的不断长大,应逐渐降低饲养密度,以保证育成鸡有较大的活动余地,促进鸡的骨骼、肌肉和内脏器官的发育,增强鸡的体质。

2. 及时淘汰不合格种鸡

育成期间应经常观察鸡群,及时淘汰生长不良、有缺陷、有病的鸡只。一般在限饲之前和开产之前要集中进行淘汰。

3. 及时转入产蛋鸡舍

准备好产蛋鸡舍后,应在种母鸡开产前2周左右移入产蛋鸡舍,使其有足够的时间熟悉和适应新的环境,减少地面蛋等污损蛋。公母鸡分栏育成时,在母鸡转入前2～5天先转入公鸡,以便它们在开产前形成群居层次,使母鸡产蛋后稳定配种和减少斗殴。

4. 检查鸡喙的再生情况

第一次断喙一般在6～9日龄进行,但往往有一些切得不当,需在13～17周龄补断。这时鸡喙已经角质化,神经、血管很丰富,比较难切且容易出血,对鸡只的应激较大,故应该争取第一次断喙就成功。为了减少流血和应激,第二次断喙前后3天应增加多维素的喂量特别是维生素K(每吨饲料另加50克)。断喙后要加强检查,发现出血者应立即补烙切面,并临时增加喂料器中饲料的厚度,以免鸡只采食疼痛而减少采食量。

5. 严格控制光照

恒定短光照(每天在10小时以内)或逐渐缩短育成期光照时数,可推迟性成熟。使用遮黑技术,降低育成期鸡群的光照强度。发育良好的育成鸡群在性成熟前3周开始增加日光照时间。

6. 其他管理

由于育成舍的设备一般都比较简陋,再加上限饲对鸡群体质的影响,饲养人员应经常注意天气预报,做好防寒、降温、防湿等工作;时刻重视鸡舍的环境卫生及鸡群的疾病防疫工作。

三、产蛋种鸡的饲养管理

(一)环境条件控制

1. 温度管理

繁殖期优质肉种鸡鸡舍内的温度以15～25℃最为适宜,夏季要采取降温措施尽可能使温度不超过 30℃,冬季要采取加热或保温措施,使舍温不低于 10℃。平时要关注天气预报,如果出现气候恶劣的天气则应提前采取防护措施。

2. 湿度控制

鸡舍内的湿度应控制在 60%～70%之间。湿度高是繁殖期肉种鸡生产中常见的问题,夏季应加大通风量以缓解热应激和降低湿度;冬季定时通风,排出水气。使用品质优良的乳头式饮水器是降低室内湿度的有效方法。

3. 通风换气管理

无论任何季节都应注意鸡舍的通风,保证舍内空气新鲜,防止有害气体含量过高。尤其是冬季,不能因为保温而忽视通风,可以打开小风机或白天打开部分窗户进行通风,注意尽量不要使冷风直接吹到鸡身上。

4. 光照管理

鸡群性成熟前 2 周开始增加每天的光照时间,但是应根据鸡群发育情况适当调整,如果发育差则应推迟加光时间。

(1)加光方法　开始加光按照每周日光照时间增加 30 分钟,连续 3 周,第 4 周以后按每周 15～25 分钟的幅度增加,经过 7～9 周的时间使每天光照时间达到 16 小时,此后保持稳定。

(2)光照强度　早晚利用灯泡补光的光照强度以 25 勒克斯为宜,程度为人员进入鸡舍后能够清晰地观察鸡群、饲料和饮水情况。白天利用自然光照,如果光线过强则需要在南面窗户采取适当的遮光措施。

(3)光线分布　光线分布要均匀,使各层笼内的鸡都能够接受到足够的光线刺激。

(二)饲养要求

1. 饲料的要求

性成熟前 7～10 天或鸡群产蛋率达 0.5%时,利用产蛋鸡饲料与育成期料各半混合后喂饲,产蛋率达 5%以后完全更换为产蛋鸡饲料。

产蛋期饲料分前期和后期两种。营养水平应参考育种公司提供的标准。前期料的蛋白质、复合维生素用量相对较高,后期料的钙、蛋氨酸含量较高。

饲料要保持相对稳定,突然变更饲料容易导致鸡群的采食量和产蛋率下降。

饲料要新鲜,发霉变质、被污染和结块的饲料坚决不使用。每周向料槽内添加 1 次不溶性石粒,石粒大小与绿豆或黄豆相似,每次按每只鸡 10 克添加。

2. 饲喂的要求

每天喂饲次数为 3 次,第 1 次在早上开灯后进行,第 2 次在上午 11 时前后,第 3 次在晚上关灯前 4 小时进行。每次喂料后 30 分钟要匀料 1 次,使每只鸡都能够采食到合适的饲料量；每天要保证鸡群把料槽内的饲料吃干净 1 次，防止饲料长期在料槽底部存留。

产蛋前、中期采用自由采食方式，产蛋后期由于鸡群产蛋率下降，需要适当限制采食量以防止母鸡过肥，一般在 50 周龄后按照产蛋率每降低 2%每只鸡每天的喂料量比上周减少 1～2 克，但是减少的总量不超过 10 克。我国鸡饲养标准(NY/T 33—2004)中对黄羽肉种鸡生长期体重与耗料量的推荐标准见表 10 - 5。

表 10 - 5　黄羽肉种鸡产蛋期体重与耗料量

周龄	体重(克/只)	耗料量(克/只)	累计耗料量(千克/只)
21	1 780	616	616(616)
22	1 860	644	1 260(1 260)
24	2 030	700	1 960(2 660)
26	2 200	840	2 800(4 340)
28	2 280	910	3 710(6 160)
30	2 310	910	4 620(7 980)
32	2 330	889	5 509(9 758)
34	2 360	889	6 398(11 536)
36	2 390	875	7 273(13 286)
38	2 410	875	8 148(15 036)
40	2 440	854	9 002(16 744)
42	2 460	854	9 856(18 452)
44	2 480	840	10 696(20 132)
46	2 500	840	11 536(21 812)
48	2 520	826	12 362(23 464)
50	2 540	826	13 188(25 116)
52	2 560	826	14 014(26 768)
54	2 580	805	14 819(28 378)
56	2 600	805	15 624(29 988)
58	2 620	805	16 429(31 598)
60	2 630	805	17 234(33 208)
62	2 640	805	18 039(34 418)
64	2 650	805	18 844(36 028)
66	2 660	805	19 649(37 638)

注：本表最后 1 列累计耗料量前面为原始数据，从 24 周龄开始计算是错误的，括号中为修正后的数据。

3. 饮水管理

保证在有光照的时间内鸡只能够喝到足够的、清洁的饮水。采用水槽供水时每天清洗1次，清洗后要把水槽调平，注意观察水槽内水的深度；使用乳头式饮水器供水要检查是否有乳头不出水或漏水问题并及时解决。

(三)开产前的饲养管理

这一时期是种母鸡限饲结束后到开产之前，时间2周左右，此时种母鸡体内发生一系列的生理变化，主要是为产蛋做准备。这个时期应改育成料为产蛋料，改隔日饲喂为每日饲喂，改日喂一次为日喂两次。但必须注意饲料的改变要逐渐进行，一般在一周内应完全过渡到产蛋料。饲料改变的同时，应逐渐增加光照时间。正确饲养的种母鸡适时开产，开产后产蛋率迅速上升，30周龄前后达到产蛋高峰，且产蛋高峰持续时间长。

(四)产蛋前期的饲养管理

从开产到产蛋高峰为产蛋前期，即开产到30周龄左右。这一阶段产蛋率上升很快，生殖系统在迅速生长，体内也需有些营养储备。因此，要求日粮的蛋白质、能量、钙、磷水平都较高。并且，要继续增加饲喂量，以适应生产和生长的需要。根据各品种的特点，一般从3%产蛋率开始增加饲喂量，按周调整饲喂量，每次增加5～8克/只，直到产蛋高峰为止。

当新母鸡出现产蛋停止增加或连续几天停留在同一水平上，要想知道是否产蛋高峰已到，可用增加饲喂量的方法进行试探。一般每只母鸡在原有基础上增加5克饲料，连喂3～4天。如果鸡群产蛋量有所增加，说明产蛋高峰还没到，应继续增加饲喂量，提高产蛋率；如果增加饲喂量4天以后，鸡群的产蛋量没有提高，说明产蛋高峰已经来到，应当恢复上一次的饲喂量。

(五)产蛋中期的饲养管理

从产蛋高峰到产蛋量迅速下降阶段称为产蛋中期，一般指32～52周龄阶段。这个时期的母鸡产蛋量最高，种蛋受精率、合格率最好，饲养管理的主要任务是使产蛋高峰持续较长时间，下降缓慢一些。由于本阶段产蛋量基本保持稳定，鸡体的生长发育已经完成，如果日粮营养水平不变的话，饲喂量不要增加。

(六)产蛋后期的饲养管理

产蛋后期是指产蛋量下降到淘汰为止，常指53～72周龄阶段。饲养上应根据产蛋量下降的幅度适当减少饲喂量，或者通过降低日粮的蛋白质水平，以不影响止常产蛋为原则。随着年龄的增加，母鸡吸收钙的能力逐渐下降，所以必须增加日粮中钙的含量，否则会影响蛋壳质量及孵化率。

(七)产蛋母鸡饲喂量的确定

母鸡的开产体重和产蛋期体重对产蛋性能影响较大,而母鸡体重的变化主要取决于饲喂量,所以准确控制产蛋母鸡的饲喂量很重要。不同品种、不同生产性能的鸡群的饲喂量有一定的差异,理想的饲喂量是使母鸡不肥不瘦,产蛋量多。一般原则是宁可瘦一点也不要过肥,因为喂量不足,产蛋高峰来得迟一点;若把母鸡养肥了,产蛋量会下降。比较科学的做法是通过试验,制定各品种或品系母鸡各产蛋阶段的标准体重和大致喂料量。

在实际确定各阶段母鸡喂料量时,还应注意到母鸡的产蛋情况是否受到其他因素的影响,如意外的恶劣条件、应激、接种疫苗或光照不当等出现产蛋量暂时下降时,不应减少饲喂量。

(八)产蛋期的一般管理

1. 种鸡的饲养方式和密度

优质种鸡的饲养方式大多为平养,因鸡舍地面结构的不同,分为垫料地面平养、棚上或网上平养、混合平养 3 种。适宜的饲养密度是在不影响种鸡生产性能和健康的基础上,充分利用鸡舍面积。优质种鸡适宜的饲养密度见表 10-6。

表 10-6 优质种鸡的饲养密度 只/米^2

种鸡类型	全垫料	全部棚或网	2/3 棚网+1/3 垫料
中型优质种鸡	4.0	6.0	5.0
小型优质种鸡	4.8	7.2	5.3

2. 及时催醒就巢母鸡

母鸡的就巢性因品种而不同,现代肉种鸡的就巢性很弱,而土种鸡的就巢性特别强,从而使产蛋量下降。现介绍几种催醒就巢母鸡的办法。

(1)物理方法 将抱窝鸡隔离到通风而明亮的地方,并给予物理因素的干扰,如用冷水泡脚、吊起一只脚、用鸡毛穿鼻孔等,数天之后即醒巢。

(2)化学方法 皮下注射 1%的硫酸铜溶液,1 毫升/只,据报道,有效率可达 70%以上;每千克体重注射 12.5 毫克的丙酸睾丸素,效果很好;喂服退热的复方阿司匹林(APC),大型母鸡每天 2 片,小型母鸡每天 1 片,连服 3 天左右,催醒率可达 90%以上。

(3)育种方法 由于抱性的遗传力很高,个体选育有效,容易通过选育减轻或失掉抱性,如现代商品蛋鸡通过长期选育几乎没有抱性。但有人指出不能完全清除抱性。

此外，记录每天鸡群变动情况，如死亡数、淘汰数；饲料类型、总耗料量和平均耗料量；卫生防疫工作执行情况，疫苗类型、生产企业、接种方法与剂量，兽药名称、生产企业、使用目的、使用方法与剂量等；记录产蛋情况，如总产蛋数、合格种蛋数、异常蛋的数量及类型、种蛋受精率测定结果，还要管理好产蛋箱、降低蛋的破损率、防治食蛋癖和食毛癖等。这些资料有助于对生产效果进行总结和分析。

四、后备种鸡的选择标准

后备种鸡的选择一般分3次进行。

1. 进雏时的选择

在购买种雏的时候，要选择合适的供种企业，要求供种企业的生产管理要规范、卫生防疫要严格、在社会的信誉度要高。此外，要求雏鸡大小均匀，精神饱满，羽毛颜色相对一致，脐部愈合良好。

2. 5～6周龄时的选择

这个时期选择的主要标准是雏鸡要健壮，精神状态好，羽毛发育完全，羽毛颜色符合品种标准，体重和体格符合品种要求。

3. 18周龄前后的选择

在种鸡发育基本完成，接近性成熟的时候进行选择。要求选留的个体体重、体格、体形外貌、羽毛颜色符合品种要求，羽毛完整光亮。本次选择在公鸡的体型外貌和羽毛颜色方面的要求特别严格，凡是有任何方面不符合条件的都必须淘汰。

五、种公鸡的特殊管理

为了得到优良的优质商品肉鸡，种公鸡的管理上还要做到以下几点。

1. 满足公鸡的运动需要

育雏育成期正是公鸡长体格的时期，公鸡舍最好带有运动场，而且饲养密度要减少，育雏阶段每平方米15只以内，育成阶段每平方米3.5只。运动有利于公鸡体格的生长，获得发达的肌肉和坚实的骨骼，有利于配种。

2. 注意保护公鸡的脚

公鸡的体型较大，脚的负担重，易得脚部疾病，直接影响到其种用价值。地面饲养的公鸡一定要有良好的垫料；公鸡不宜在铁丝网上饲养，以免生锈的铁丝网损伤脚趾。目前，除育雏期外，大型肉种公鸡几乎不采用笼养；进行人工授精的小型肉种公鸡可以采用笼养，但鸡笼最好镀塑。

3. 剪冠、断趾和切距

成年种公鸡的冠较大，影响采食和饮水，常因公鸡间争斗使冠损伤和流血。所以，种用小公鸡最好在1日龄剪冠。

自然配种时，公鸡的距和内侧趾爪常常抓伤母鸡，使母鸡害怕配种而影响受精率。因此，种公鸡最好进行断趾和切距。断趾通常在1日龄进行，将两个内侧的趾（第1趾和第2趾）在第1个趾关节处切断。切距通常在距帽完全形成时（一般10～16周龄）进行，将种公鸡的距用锐利的工具切掉。

六、种鸡的利用年限及公母配比

母鸡第1年的产蛋量最高，以后逐年下降，第2年只有头年的80%，第3年只有头年的70%，因此饲养老母鸡是不经济的。现在由于生产水平的提高，培育新母鸡的成本大为下降，因此种母鸡只用一年便淘汰。

一般种公鸡的精子活力也以第1年最强，也随着种母鸡的淘汰而一起淘汰。但地方品种的公鸡利用年限可延长2～3年，仍能保持旺盛的配种能力。

正确的公母比例既可以保持高的受精率，又使公鸡的使用年限延长。事实证明，公鸡过多会引起相互争斗，影响配种，也增加饲养成本；公鸡过少，部分母鸡得不到配种机会，公鸡配种频率过大，引起提前衰老而淘汰。适当的公母比例与种鸡的品种类型有关，如土种鸡为1∶（12～15）；仿土单交种鸡为1∶（10～12）；快大型肉种鸡为1∶（8～10）。

在种蛋生产期间应经常检查公母鸡比例和公鸡体况，及时更换跛脚、有病、精神欠佳的公鸡。自然配种的新公鸡在晚间更换为好，对鸡群的应激较小。

第十一章　放养柴鸡生产技术

第一节　概　述

放养鸡是指雏鸡脱温后，经过1～2个月的舍内培育后，放养于果园、田间、草地、山地中的饲养方式。一般选择比较开阔的缓山坡或丘陵地，搭建简易棚舍，白天鸡自由觅食，早晨和傍晚人工补料，晚上在禽舍休息。在南方气候比较温暖的地区，或北方的夏秋季节，放养鸡由于可以采食到一些虫和草籽，鸡肉和鸡蛋的味道比较鲜美，深受消费者的欢迎，可以卖出好价钱。目前有部分生产技术先进的地区又提出“生态养鸡”的概念，即以生态技术为核心，立体种养为特色，在相对封闭的生态系统内，把动物生产通过饲料和肥料将种植生产和动物养殖合理结合在一起，建立良性物质循环，实现资源综合利用，注重生态环境保护和农民收入，力求综合效益最大化。

一、柴鸡的概念

柴鸡是一种地方俗语，中原和关中地区把本地的地方品种或种群鸡统称为柴鸡。江浙一带称这种类型的鸡为草鸡，其他名称还有笨鸡、土鸡、家鸡(引进品种称洋鸡)等，在华南一带更是把柴鸡列为特优质鸡范畴。近年来，柴鸡作为优质鸡，在一些地区大量饲养，逐步发展为柴鸡养殖业，在我国养鸡生产中占有重要地位。柴鸡具有骨细、肉厚、皮薄、肉质嫩滑、味香浓郁、无污染、营养滋补等优点，而且适合我国传统鸡加工方法，例如清炖、煨汤、熬炒、白切、盐焗、清蒸、烧烤等法，所以历来深受消费者欢迎。生态放养条件下生产的柴鸡蛋蛋白黏稠、蛋黄比例大、蛋香浓郁、无药物残留，投放市场后供不应求，价格是普通鸡蛋的3倍以上。

二、柴鸡放养的意义

柴鸡放养(图11-1)作为一种传统的饲养方式，是我国现代化养鸡生产的重要补充，对丰富城市市民蛋品需求多样化、合理利用自然资源、增加山区人民收入方面有重要意义。今后在有条件的地区要大力发展柴鸡放养模式，促进柴鸡养殖业健康发展。

1. 柴鸡放养符合柴鸡的生理特点

柴鸡为杂食性禽类，适合地面觅食，野外生活力较强，在放牧饲养条件下，比一般的蛋鸡、肉鸡具有更强的采食能力，可以大大节约饲料成本投入。柴鸡体格健壮，性情活跃，活动范围大，捕捉野生昆虫能力强，在每年5～6月份黄河滩区放鸡灭蝗中，柴鸡是首选禽种，可以减少农药投入，保护生态环境，同时能够生产优质肉蛋产品。柴鸡具有掘土找食的天然习性，在冬春季节，在绿色植物缺乏时，仍然能够从土壤中找到可以食用的饲料资源。

图11-1　柴鸡放养

2. 柴鸡放养可以生产优质鸡肉

放养柴鸡生活在远离城市污染的山区农村，这些地方野生饲料资源丰富、空气清新、水质良好，减少了饲料及添加剂的用量，保证了鸡蛋、鸡肉的天然风味。柴鸡放养场地一般远离人群、道路、集市，疫病威胁小，减少了预防用药，因此鸡肉、鸡蛋产品无药物残留，放牧饲养的柴鸡是高档的绿色禽产品。

柴鸡以其独特的风味、优良的肉质赢得了众多消费者认可，价格一般是普通肉鸡的2倍，因此柴鸡的主要消费者是有一定经济实力的消费群体。因此，柴鸡生产的健康发展，价格适宜和肉质风味独特的鸡产品的生产有利于柴鸡市场的稳定。

3. 柴鸡放养可以提高鸡蛋品质

研究发现，影响鸡蛋的品质与风味的因素主要有两点，一是品种；二是饲料。有了好的柴鸡品种，如果采用放养方式，鸡的活动范围与采食空间扩大，可以摄入笼养无法得到的各种微量元素、青绿饲料、昆虫、草籽等野生动植物资源，食物来源更加广泛。这样柴鸡蛋的营养会更全面，风味会更好，而且无药残。

据分析，放养柴鸡蛋的蛋黄占全蛋的比例高达32%左右，而普通商品鸡蛋约27%；柴鸡蛋的哈氏单位（衡量蛋白黏稠度的指标）达到86，而普通商品鸡蛋为76，而且香味明显。

由于柴鸡蛋的营养价值高、味道好，而且其中的药物残留很少，符合绿色食品的基本要求，因此放养柴鸡蛋最近几年来在市场上的销售价格明显高于笼养鸡蛋，而且供不应求。现在市场上放养的产鸡蛋每千克售价一般在16～20元，柴鸡放养可以获得很高的经济效益。

4. 柴鸡放养可以降低饲养成本

我国农村、山区有广阔的适合柴鸡放养的场地，野生动植物资源丰富。放牧柴鸡可以充分利用山区、滩区、果园、林地内鲜嫩草、草籽、昆虫等自然资源。既消灭了病虫害，又增加了草地、果园内的肥力。饲养者依据当地的自然条件，适当补饲，饲养成本低，产品售价高。

5. 柴鸡放养促进山区养殖业发展

我国偏远贫困山区工业不发达，环境污染程度低，是生产绿色禽产品的理想地区。柴鸡在这些地区生产，产品优势明显，是当地农民增收的好项目。多年来饲养柴鸡的养鸡户和养鸡场饲养实践证明，放牧饲养的柴鸡，公鸡 90～120 日龄即可上市，上市体重 1.5 千克左右，活鸡批发价 16 元/千克，饲养一个生产周期平均利润 10 元/只以上。放养母鸡主要目的生产柴鸡蛋，每只母鸡一个产蛋周期可以产蛋 160～200 枚，重量8～10千克，每千克批发价 16 元，利用 1 年淘汰的母鸡批发价每只可以卖到 25 元，饲养 1 只母鸡 1 个周期可以获得净利润 50 元左右。我国柴鸡的市场价各地差异很大，南方高于北方，发达地区高于欠发达地区。

第二节　放养鸡的育雏管理

一、放养鸡的品种选择

在果园或林地中放养鸡，饲养方式是自由觅食为主，补饲为辅。让鸡自由觅食，一是可以达到果园灭虫的目的；二是可以大大节省饲料费用，增加卖鸡的收入。这就要求放养的鸡在野放条件下的觅食能力要强、抗病力强以及对敌害动物的逃避能力要强。应选择与当地环境、气候条件相适应，耐粗饲，抗病力强，适宜放养，体型小巧，体躯结构紧凑，结实，反应灵敏，活泼好动，肉质细嫩，味美可口的优良地方品种。当前，各地饲养的农家土鸡都没有经过选育，生长特性也不一致，因此放养时要注意选择。要求选择腿细长、奔跑能力强、最大能长到 1～1.5 千克的小体型鸡。这种鸡觅食活动能达到几百米远，身体灵活能逃避敌害生物，尽管生长慢一些，但因为成活率高，基本不喂，市场售价高，饲养收入要大于其他鸡。

二、育雏期的饲养管理

1. 保持合适的鸡舍温度

雏鸡管理最重要的一点就是提供合理的育雏温度。一般使用火炉、火道等加热方式供温，运行成本低。电热育雏伞育雏效果很好，但费用较高。1～3 日龄，育雏温度保持在33℃左右，4～7日龄31℃左右，8～14日龄29℃左右，15～21日龄26℃左右，22～28日龄23℃左右，29日龄以后鸡舍内温度保持在18℃以上。保温的重点在15日龄以前，尤其是在晚上和风雨天气。30日龄以后在无风的晴天中午前后，让雏鸡到鸡舍外附近活动，以尽快适应外界环境。

2. 搞好卫生防疫

雏鸡阶段最容易患病，要及时清理鸡舍地面粪便，定期进行消毒，按时接种疫苗，适时喂饲抗菌药物和抗寄生虫药物，病鸡及时检查和处理。商品优质肉鸡需要接种疫苗预防的传染病主要有鸡新城疫、传染性法氏囊病、传染性支气管炎、鸡痘等。

3. 适应性喂饲

10日龄前需要使用全价配合饲料，此后可以在饲料中掺入一些切碎的、鲜嫩的青绿饲料。15日龄后可以逐步采用每天在鸡舍外附近地面撒一些配合饲料和青绿饲料，诱导雏鸡在地面觅食，以适应以后在果园内采食野生饲料。

4. 饮水

15日龄前饮水器都放置在鸡舍内，之后在舍外也要都放置一些。保持饮水器内经常有清洁的饮水。

第三节　不同放养方式的饲养管理技术

一、果园放养

(一)果园放养的优点

1. 提高鸡肉品质

果园放养由于环境优越，鸡在果园可以采食到天然动植物饲料，因此羽毛光亮，肌肉结实，肉质鲜美，深受消费者青睐。

2. 节约饲料，降低饲养成本

果园放养鸡可在园中捕捉到昆虫，采食到青绿饲料，在土壤中寻觅到自身所需的矿物质元素和其他一些营养物质。适当补饲即可，减少精饲料的供给，降低饲料成本。每只鸡比圈养节约饲料30%～40%。

3. 提高水果品质

果园放养产生的鸡粪是很好的有机肥料，可减少化肥的施用量，鸡粪还可以改良土壤。鸡在果园可采食青草，捕捉昆虫，从而达到除草、灭虫的作用。减少了农药的使用，提高了水果品质。

(二)果园放养设施

1. 围网筑栏

在果园周边要有隔离设施，防止鸡到果园以外活动而走失，同时起到与外界隔离作用，有利于防病。果园四周可以建造围墙或设置篱笆，也可以选择尼龙网、镀塑铁丝网或竹围，高度 1.5 米以上，防止飞出。围栏面积根据饲养数量而定，一般每亩果园放养 80～100 只。

2. 搭建鸡舍

在果树林地边，选择地势高燥的地方搭建鸡舍(图 11 - 2)，要求坐北朝南，和饲养人员的住室相邻搭设，便于夜间观察鸡群。雏鸡阶段鸡舍中要有加温设施，创造合适的环境条件。生长期白天在果园活动，晚上在鸡舍中过夜。鸡舍建设应尽量降低成本，北方地区要注意保温性能。鸡舍高度 2.5～3.0 米，四周设置栖架，方便夜间栖高休息。鸡舍大小根据饲养量多少而定，一般按每平方米饲养 10～15 只。

3. 喂料和饮水设备

包括料桶、料槽、真空饮水器、水盆等。喂料用具放置在鸡舍内及鸡舍附近，饮水用具不仅放在鸡舍及附近，在果园内也需要分散放置，以便于鸡只随时饮水。为了节约饲料，需要科学选择料槽或料桶，合理控制饲喂量。由于鸡吃料时容易拥挤，应把料槽或料桶固定好，避免将料槽或料桶打翻，造成饲料浪费。料桶、料槽数量要充足，每次加料量不要过多，加到容量的 1/3 即可。

图 11 - 2　鸡舍建造

(三)放养规模及进雏时间

根据果园面积，每亩放养商品鸡 80～100 只，进雏数量按每亩 100～120 只。一般在每年 3～9 月进雏，放养期 3～4 个月。这段时间刚好果园牧草生长旺盛、昆虫饲料丰富、果园副产品残留多，可很好利用。

(四)果园养鸡的日常饲养管理要求

1. 合理补饲

根据野生饲料资源情况决定补饲量的多少，如果园内杂草、昆虫比较多，鸡觅食可以吃饱，傍晚在鸡舍内的料槽中放置少量的饲料即可。如果白天吃不饱，除了傍晚饲喂以外，中午和夜间另需补饲两次。雏鸡阶段使用质量较好的全价饲料，自由采食，5 周龄后可逐步换为谷物杂粮，降低饲养成本。

2. 光照管理

鸡舍外面需要悬挂若干个带罩的灯泡，夜间补充光照。目的是可以减少野生动物接近鸡舍，保证鸡群安全，同时可以引诱昆虫让鸡傍晚采食。

3. 观察鸡群

每天早晨鸡群出舍时，鸡只应该争先恐后地向鸡舍外跑，如果有个别的鸡行动迟缓或呆在鸡舍不愿出去，说明健康状况出现了问题，需要及时进行隔离观察，进行合理的诊断和治疗。

4. 避免不同日龄的鸡群混养

每个果园内在一个时期最好只养一批鸡，相同日龄的鸡在饲养管理和卫生防疫方面的要求一样，管理方便。如果不同日龄的鸡群混养则相互之间因为争斗、鸡病传播、生产措施不便于实施等原因会影响到生产。

5. 防止农药中毒

果园为了防治病虫害需要在一定的时期喷洒农药，会对鸡群造成毒害。在选择果树品种时，优先考虑抗病、抗虫品种，尽量减少喷药次数，减少对鸡的影响。应尽量使用低毒高效农药，或实行限区域放养。

6. 防止野生动物的危害

果园一般都在野外，可能进入果园内的野生动物很多，如黄鼠狼、老鼠、蛇、鹰、野狗等，这些野生动物对不同日龄的鸡都可能造成危害。夜间在鸡舍外面悬挂几个灯泡，使鸡舍外面通夜比较明亮。也可以在鸡舍外面搭个小棚，养几只鹅，当有动静的时候鹅会鸣叫，人员可以及时起来查看。管理人员住在鸡舍旁边也有助于防止野生动物靠近。

7. 归舍训练

黄昏归巢是禽类的生活习惯，但是个别鸡会出现找不到鸡舍、不愿回鸡舍的情况，晚上在果树上栖息。晚上鸡在鸡舍外栖息，容易受到伤害。应从小训练回舍休息。做好傍晚补饲工作，形成条件反射，能够顺利归舍。

8. 果的保护

鸡觅食力强，活动范围广，喜欢飞高栖息，啄皮啄叶，严重影响果树生长和水果品质，所以在水果生长收获期果树主干四周用竹篱笆圈好，果实采用套袋技术。

9. 做好驱虫工作

果园放牧 20～30 天后，就要进行第 1 次驱虫。第 1 次驱虫 30 天后再进行第 2 次驱虫。主要是驱除体内寄生蠕虫，如蛔虫、绦虫等。药物可在晚上直接口服投喂或把药片研成粉加入饲料中。第2天早晨要检查鸡粪，看是否有虫体排出。并要把鸡粪清除干净，以防鸡只啄食虫体。如发现鸡粪里有成虫，次日晚上可以同等药量驱虫1次。

二、林地放养

采用林地种草放牧养鸡的方式可生产出安全、品质优异、风味佳、纯天然的有机肉鸡，产品符合当今市场的发展需求，前景广阔。林下种草放牧养鸡的方式可以形成林、草、禽互相促进，协调发展，有利于实现林业的可持续发展。林下种草放牧养鸡的养殖方式，生产成本低、经济效益好，可以给生产者带来丰厚的经济收入，有较强的抗风险能力。综上所述，放牧鸡是经济效益、社会效益和生态效益的统一，是林地利用和家禽养殖的一个新方向，具有广阔的市场前景。

1. 品种选择

林地养鸡(图11-3)的特点是放牧，在品种选择上应选择适宜放牧、抗病力强的土鸡或土杂鸡为宜，如漯河麻鸡、石岐杂鸡、白耳黄鸡等地方优良品种及其杂交鸡。它们耐粗饲，抗病力强，虽然生长速度较慢，饲料报酬低，但肉质鲜美，价格高，利润大，应作为山地饲养的首选品种。

图11-3 林地放养

2. 棚舍搭建

(1)场址的选择　林地养鸡的场地选择是否得当，关系到鸡只的生长、卫生防疫和饲养人员的工作效率，关系到养鸡的成败和效益。

场址选择应遵循如下几项原则：既有利于防疫，又要交通方便；场地宜选在高燥、干爽、排水良好的地方；场地内要有遮阳设备，以防暴晒中暑或淋雨感冒；场地要有水源和电源，并且圈得住，以防走失和带进病菌；避风向阳，地势较平坦、不积水的草坡。

(2)搭棚方法　棚舍设计的要求是：通风、干爽、冬暖夏凉，宜坐北向南。一般棚宽4～5米，长7～9米，中间高度1.7～1.8米，两侧高0.8～0.9米。通常由内向外用油毡、稻草、薄膜3层盖顶，以防水保温。在棚顶的两侧及一头用沙土砖石把薄膜油毡压住，另一头开一个出入口，以利饲养人员及鸡群出入。棚的主要支架用铁丝分4个方向拉牢，以防暴风雨把大棚掀翻。

(3)铺设垫草　为了保暖，通常需铺垫料。垫料要求新鲜无污染、松软、干燥、吸水性强、长短粗细适中，种类有锯屑、小刨花、稻草、谷壳等，可以混合使用。使用前应将垫料暴晒，发现发霉垫草应当挑出。铺设厚度以3～5厘米为宜，要平整，距离热源最少10厘米以上，以防火灾发生。

(4)设置围网　放牧林地应根据管理人员的收牧水平决定是否围网。围网可采用网目为2厘米×2厘米的尼龙网即可，网高1.5～2米。在放牧期间应时常巡视，发现网破了应即时修补，预防鸡走失。

3. 饲料选择

林地放养的鸡由于采食林地内的青草、草籽、虫、蚯蚓等天然食物，基本上能够满足鸡体对大部分营养元素的需求。但是，对多维、氨基酸等微量元素的摄取量仍存在着不充足；加之鸡的活动量大，对蛋白质、能量消耗较大，需要通过补饲来满足其营养需要。补饲应当选择优质土鸡系列全价颗粒料或混合饲料。另外，可以用山地种植的南瓜、番薯、木薯等杂粮代替部分混合料。

4. 生长期的饲养管理

一般在育雏期的第3周就要使雏鸡对林地内环境逐步适应。从第3周开始，逐步将雏鸡放入林中，训练自由采食青草、草籽、蚯蚓等天然食物，适应林地环境。随着雏鸡的不断长大，对放养区域逐步放大，直至转群到简易鸡棚。

生长鸡的特点是鸡只生长速度快，食欲旺盛，采食量不断增加。这时主要形成骨架和内脏，饲养目的是使鸡得到充分的发育，为后期的育肥打下基础。此期的饲养方式主要是放牧结合补饲，一般应注意以下几点：

(1)定时补饲　随着鸡只日龄的增加，体内增长的主要组织与中鸡阶段有很大差别，由长骨骼、内脏、羽毛到长肉和沉积脂肪。鸡只沉积适度的脂肪可改善鸡的肉质，提高商品屠体外观的美感。因此，此期一般需要全期定时补饲，把饲料放在料桶内或直接撒在地上，早晚各1次，吃净吃饱为止。

(2)驱虫　一般放牧20～30天后，就要进行第1次驱虫，相隔20～30天再进行第2次驱虫。驱虫主要是指驱除体内寄生虫，如蛔虫、绦虫等。可使用鸡用驱蛔灵半片。第2次驱虫每只中鸡用驱蛔灵1片。可在晚上直接口服或把药片研成粉料,先用少量饲料拌匀,然后再与全部饲料拌匀进行喂饲。一定要仔细将药物与饲料拌得均匀,否则容易产生药物中毒。第2天早晨要检查鸡粪,看看是否有虫体排出,然后要把鸡粪清除干净,以防鸡只啄食虫体。如发现鸡粪里有成虫,次日晚上补饲时可以同等药量驱虫1次,以求彻底将虫驱除。

(3)温度 就林地所饲养的鸡种而言,对外界温度变化适应性较强,一般不需特殊的调整温度。但应注意由于天气的骤然变化,如风、雨、雷、酷暑等自然因素导致温度变化波幅较大时,应及时集中鸡只,进行防雨淋、防寒或防暑降温。

5. 育肥期的饲养管理

育肥期即10周龄至上市的时期。此期鸡的饲养要点是促进鸡体内脂肪的沉积,增加肉鸡的肥度,改善肉质和羽毛的光泽度,做到适时上市。在饲养管理上应注意以下几点:

(1)随着肉鸡日龄的增长,肉鸡沉积适度的脂肪可改善鸡的肉质,提高胴体外观的美感。为了达到这个水平,往往需增加动物性脂肪。

(2)育肥期采用放牧育肥的,一方面可以让鸡采食大自然的昆虫及树叶、杂草等节约饲料;另一方面,可提高鸡的肉质风味,使上市鸡的外观和肉质更好。在进入育肥期,应减少鸡的活动范围和运动,以利于育肥。

(3)补饲。林地放牧饲料资源不能完全满足鸡的生长需要,特别是在牧草等天然食物不足的时候,所以必须进行补饲,以提高鸡只生长速度和均匀度。此外,林地中应多处放置清洁饮水供白天饮用。补饲一般傍晚收牧后进行,但在出售前1～2周,应增加补饲,限制放牧,有利于育肥增重。补饲饲料特别是中后期的配合饲料中不能加蚕蛹、鱼粉、肉粉等动物性饲料,以免影响肉的风味。饲料中可加入适量的橘皮粉、松针粉、大蒜、生姜、茴香、桂皮、茶末等以改善肉色、肉质和增加鲜味。

(4)搞好防疫,重视杀虫、灭鼠和清洁消毒工作,以预防疾病发生。

三、山地放养

在生态条件较好的丘陵、浅山、草坡地区,以放牧为主(图11-4)、辅以补饲的方式进行优质肉鸡生产可以取得较高的经济效益。这种方式投资少,商品鸡售价高,又符合绿色食品要求,深受消费者青睐,是一项值得大力推广的绿色养殖实用技术。

1. 放养前的准备工作

(1)场地选择 山地放养必须远离住宅区、工矿区和主干道路,环境僻静安宁、

图 11-4　山地放养

空气洁净。最好在地势相对平坦、不积水的草山草坡放养，旁边应有树林、果园，以便鸡群在中午前后到树荫下乘凉。还要有一片比较开阔的地带进行补饲，让鸡自由啄食。

(2)搭建棚舍　在放养区找一背风向阳的平地，用油毡、帆布、毛竹等搭建简易鸡舍，要求坐北朝南，也可建成塑料大棚。棚舍能保温、挡风、遮雨、不积水即可。棚舍一般宽 4～5 米，长 7～9 米，中间高度 1.7～1.8 米，两侧高 0.8～0.9 米。覆盖层通常用 3 层，由外向内分别为油毡、稻草、塑料薄膜。对棚的主要支架用铁丝分 4 个方向拉牢，以防暴风雨把大棚掀翻。

(3)清棚和消毒　每一批肉鸡出栏以后，应对鸡棚进行彻底清扫，将粪便、垫草清理出去，更换地面表层土。对棚内用具先用 3%～5%的来苏儿水溶液进行喷雾和浸泡消毒，对饲养过鸡的草山草坡道路也应先在地面上撒 1 层熟石灰，然后进行喷洒消毒。无污染的草山草坡，实行游牧饲养，每批最好利用新棚。

(4)铺设垫草　为了保暖，通常需铺设垫料。垫料要求新鲜无污染，松软，干燥，吸水性强，长短粗细适中，种类有锯屑、刨花、稻草、谷壳等，也可以混合使用。使用前应将垫料暴晒，发现发霉垫草应当挑出。铺设厚度以 3～5 厘米为宜。要求平整。育雏阶段如用火炉加热，垫料距离火炉最少 10 厘米以上，以防火灾发生。

(5)放养规模和季节　放养规模以每群1 500～2 000只为宜，规模太大不便管理，规模太小则效益低，放养密度以每亩山地 150 羽左右为宜，采用“全进全出制”。放养的适宜季节为晚春到中秋，其他时间气温低，虫草减少，不适合放养。

(6)放养方法　3～4周龄前与普通育雏一样，选一保温性能较好的房间进行人工育雏，脱温后再转移到山上放养。为尽早让小鸡养成上山觅食的习惯，从脱温转入山上开始，每天上午进行上山引导训练。一般要2人配合，1人在前边吹哨开道并抛撒颗粒饲料，让鸡跟随哄抢，另1人在后用竹竿驱赶，直到全部上山。为强化效果，每天中午可以在山上吹哨补饲1次，同时饲养员应坚持在棚舍及时赶走提前归舍的鸡，并控制鸡群活动范围。傍晚再用同样的方法进行归舍训导。每天归舍后要进行最后一次补饲，形成条件反射。如此训练5～7天，鸡群就建立起条件反射。

2. 培育好雏鸡

雏鸡阶段不同的季节需要保温的时间长短不同，大量时间在育雏室度过，后期天气好时适当进行放养训练。雏鸡入舍后适时饮水与开食，给予雏鸡适宜的环境条件，注意分群，加强巡查。

3. 生长期的饲养管理

生长期指30日龄到上市前15天。此期的特点是鸡只生长速度快，食欲旺盛，采食量不断增加。这时主要形成骨架和内脏。饲养目的是使鸡体得到充分的发育和羽毛丰满，为后期的育肥打下基础。饲养方式以放牧结合补饲。

4. 育肥期的饲养管理

育肥期一般为15～20天。此期的饲养要点是促进鸡体内脂肪的沉积，增加肉鸡的肥度，改善肉质和羽毛的光泽度。在饲养管理上应注意以下几点。

(1)更换饲料　育肥期要提高日粮的代谢能，相对降低蛋白质含量。能量水平一般要求达到12.54兆焦/千克，粗蛋白在15%左右即可。为了达到这个水平，往往需增加动物性脂肪，但不能添加鱼油、牛油、羊油等有异味的油脂。

(2)搞好放牧育肥　让鸡多采食昆虫、嫩草、树叶、草根等野生资源，节约饲料，提高肉质风味，使上市鸡的外观、肉质更适应消费者的要求。但在进入育肥期应减少鸡的活动范围，相应地缩小活动场地，目的是减少鸡的运动，利于育肥。

(3)重视杀虫、灭鼠和清洁消毒工作　老鼠既偷吃饲料、惊扰鸡群，又是疾病传播的媒介。苍蝇、蚊子也是传播病源的媒介。所以要求每月毒杀老鼠2～3次(要注意收回毒鼠、药物)。要经常施药喷杀蚊子、苍蝇，育肥期间，棚舍内外环境，饲槽、工具要经常清洁和消毒，以防引入病源，要有针对性地做好药物的预防工作，提高育肥鸡的成活率。

5. 提高上市鸡销售价格的技术措施

(1)保证上市鸡色泽的措施　不同的地区、不同的人对鸡皮颜色喜欢程度不一样，我国大多数人喜欢鸡皮具有黄色。在商品肉鸡饲养后期，应喂黄玉米或添加黄色素饲料添加剂，使屠体显黄色。

（2）防止皮肤损伤　在饲养后期，出栏抓鸡、运输途中、屠宰时都要注意防止碰撞、挤压，以免造成皮下淤血和皮肤挂伤。

（3）尽早出栏保证肉的质量　随着日龄的增加，细嫩多汁的程度也越来越差。另外，在饲养后期，屠宰或上市前 10 天停止饲喂能影响鸡肉味道的药物或饲料。

第十二章　鸡的卫生防疫管理

第一节　概　　述

威胁我国养鸡生产的疾病种类多样，其中以传染病的危害最大，而且经常有新的疾病出现。近年来在鸡病的发生和流行过程中出现了新的特点：大规模、高密度的养鸡生产导致疫病在鸡群中传播流行的速度加快。鸡的应激因素增多，抗病力下降，一些在散养条件下不易发生的疫病，如应激综合征等成为多发病。原有的疫病常以不典型症状和病理变化出现，同一疾病临床症状呈现多种类型同时并存，且各临床症状间相关性很小，自然康复后的交叉保护率很低，由于病原血清型的改变和新毒株的产生，造成的侵袭范围不断扩大，临床症状也出现多样化，因而同一病因的症状更加复杂。有些疾病病原的毒力不断增强，出现了强毒或超强毒株，鸡群虽然已免疫接种，仍不能获得保护或保护力不强，导致免疫失败。一些细菌性疾病的发生率增高，治愈率降低，危害性增大。混合感染增多，病情复杂，危害加大。

疫病是制约我国养鸡生产的重要因素，疫病的发生和流行直接影响到鸡的正常生长发育和生产性能的充分发挥，关系到产品的质量，威胁人类的生命安全，引发公共卫生问题。因此，为保障养鸡业的健康发展，为社会提供优质安全的产品，提高人民健康水平，鸡的疫病综合防制至关重要。

第二节　综合性卫生防疫措施

一、生物安全体系

(一)生物安全

生物安全是目前最经济、最有效的传染病控制方法，同时也是所有传染病预防的前提。它将疾病的综合性防制作为一项系统工程，在空间上重视整个生产系统中各部分的联系，在时间上将最佳的饲养管理条件和传染病综合防制措施贯彻于动物养殖生产的全过程，强调了不同生产环节之间的联系及其对动物健康的影响。该体系集饲养管理和疾病预防为一体，通过阻止各种致病因子的侵入，防止动物群受到疾病的危害，不仅对疾病的综合性防制具有重要意义，而且对提高动物的生长性能，保证其处于最佳生长状态也是必不可少的。因此，生物安全是动物传染病综合防制措施在集约化养殖条件下的发展和完善。

养鸡生产的生物安全内容包括鸡场建设、环境净化、饲养管理、卫生消毒、免疫接种等各个环节，坚持“预防为主，防治结合”的鸡病防治原则，将鸡病防治与饲养管理放在首位，从管理和预防着手，做好平时的饲养管理和兽医防疫工作，针对鸡病发生的规律与特征，采取综合防制措施，从而可有效减少传染性和非传染性疾病的发生，即使一旦发生传染性疫病，也能及时得以有效控制。

(二)鸡场建设

1. 场址选择

鸡场应选在地势较高、干燥平坦、向阳背风及排水良好的场地，要避开低洼潮湿地，远离沼泽地。鸡场的土壤要求过去未被鸡的致病细菌、病毒和寄生虫所污染，透气性和透水性良好，以便保证地面干燥，鸡场要有水量丰富和水质良好的水源，同时便于取用和进行防护。为防止鸡场受到周围环境的污染，选址时应避开居民点的污水排出口，不能将场址选在水泥厂、化工厂、屠宰场、制革厂等容易产生环境污染企业的下风向处或附近。

2. 场区规划

鸡场的管理区、生产区、隔离区按主导风向、地势高低及水流方向依次排列。鸡场分区规划的总体原则是人、鸡、污三者以人为先、污为后，风与水以风为主的排列顺序。

鸡场内管理区和生产区应严格分开并相隔一定距离，四周建立围墙或防疫沟、防疫隔离带等。生产区是鸡场布局中的主体，应慎重对待，孵化室应远离鸡舍，最好在鸡场之外单设。鸡场生产区内，从上风方向至下风方向按代次应依次安排祖代、父母代、商品代鸡，按鸡的生长期应安排育雏舍、育成舍和成年鸡舍，这样有利于保护重要鸡群的安全。按规模大小、饲养批次将鸡群分成数个饲养小区，区与区之间应有一定的隔离距离。隔离区是卫生防疫和环境保护工作的重点，其隔离更严格，与外界接触要有专门的道路相通。鸡场内的净道和污道不能相互交叉，以沟渠或林带相隔。场外的道路不能与生产区的道路直接相通。

为了更好地控制各项传播途径，必须在建场时同步建设完善的配套设施，如浴室、洗衣房、冲洗间、冲洗台、熏蒸房、料库、蛋库、草库、杂物库等。

3. 鸡舍设计

鸡舍应便于环境控制，主要针对温度、湿度、通风、气流大小和方向、光照等气候因素，为鸡群提供舒适的生存环境。

全敞开式、半敞开式鸡舍内外直接相通，可利用光、热、风等自然能源，防热容易保温难，易受外界不良气候的影响，适于炎热地区或北方夏季使用，低温季节需封闭保温。有窗式鸡舍既能充分利用阳光和自然通风，又能在恶劣的气候条件下实现人工调控室内环境，在通风形式上实现了横向、纵向通风相结合，因此兼备了开放与密闭式的双重特点。密闭式鸡舍减少了自然界严寒、酷暑、狂风、暴雨等不利因素对鸡的影响，但饲养管理技术要求高。由于密闭舍具有防寒容易防热难的特点，一般适用于我国北方寒冷地区。

鸡舍和设备在设计时应考虑易于冲洗和消毒。鸡舍必须使用水泥地面、可冲洗的墙面和顶部、易冲洗的通风管道。

(三)加强饲养管理

1. 改善与控制环境

对鸡群健康和生产影响密切的环境因素有场区的环境条件和鸡舍的小环境状况两方面。必须注重改善这两方面的环境条件，为维持鸡群的健康打下基础。改善鸡场环境的措施包括：采取减量化和资源化等有效措施，加强对鸡场粪便的处理；设置排水设施，及时排除污水；注意水源的保护，防止污染；做好灭鼠灭虫工作；严格执行病死鸡的无害化处理；采取绿化措施，改善小气候；搞好环境的消毒工作等。

鸡舍对鸡群影响较大的因素主要有温热环境、有害气体、微粒、噪声等，应从这几方面着手做好环境控制。如通过提高鸡舍结构的保温隔热性能、适宜的饲养密度、适当的通风量等措施来避免温度过高或过低；通过合理设计鸡舍、环境绿化、化学物质消除等措施来改善鸡舍有害气体污染；通过加强通风换气、鸡舍远离饲料加工厂、保持地面干净等措施减少舍内的有机微粒；选择安静的场址、噪声小的设备等措施减小噪声的污染。

2. 提供优质饲料，保证营养供给

根据鸡群的不同品种、生长阶段和季节的营养需要，提供全价配合饲料，满足鸡体生长、发育、产蛋、长肉以及维持良好的免疫机能所需要的营养。当鸡进行断喙、转群、免疫、饲养条件发生较大变化时会发生应激反应，应激情况下，对维生素A、维生素 K 和维生素 C 需求量增加，应及时予以补充。同时要做好饲料的保管，防止霉变的发生。

3. 做好日常管理，增强鸡体抵抗力

包括选择适宜的饲养方式、选择优质雏鸡、减少应激反应、注意观察鸡群、做好日常记录等工作来提高疾病的防治能力。

(四)控制人员和物品的流动

养鸡场中应专门设置供工作人员出入的通道,进场时必须通过消毒池,大型鸡场或种鸡场,进鸡舍前必须淋浴更衣。对工作人员及其常规防护物品应进行可靠的清洗和消毒,最大限度地防止可能携带病原体的工作人员进入养殖区。同时应严禁一切外来人员进入或参观养殖场区。

在生产过程中,工作人员不能在生产区内各鸡舍间随意走动,工具不能交叉使用,非生产区人员未经批准不得进入生产区。直接接触生产群的工作人员,应尽可能远离外界同种动物,家里不得饲养鸡,不得从场外购买活鸡和鲜蛋等产品,以防止被相关病原体污染。

物品流动的控制包括对进出养鸡场物品及场内物品流动方式的控制。养鸡场内物品流动的方向应该是从最小日龄鸡流向较大日龄的鸡,从正常鸡的饲养区转向患病鸡的隔离区,或者从养殖区转向粪污处理区。

(五)防止动物传播疾病

1. 死鸡处理

(1)焚烧法 这是一种传统的处理方式,是杀灭病原最可靠的方法。可用专用的焚尸炉焚烧死鸡,也可利用供热的锅炉焚烧。但近年来,许多地区制定了防止大气污染条例,限制焚烧炉的使用。

(2)深埋法 这是一个简单的处理方法,费用低且不易产生气味,但埋尸坑易成为病原的贮藏地,并有可能污染地下水。故必须深埋,且有良好的排水系统。

(3)堆肥法 已成为场区内处理死鸡最受欢迎的选择之一。经济实用,如设计并管理得当,不会污染地下水和空气。堆肥设施建造:每 1 万只种鸡的规模,建造 2.5 米高、3 米宽、7 米长的建筑,该建筑地面混凝土结构,屋顶要防雨。至少分隔为两个隔间,每个隔间不得超过 3.4 米^2,边墙要用 5 厘米×20 厘米的厚木板制作,既可以承受肥料的重量压力,又可使空气进入肥料之中使需氧微生物产生发酵作用。

在堆肥设施的底部铺放一层 15 厘米厚的鸡舍地面垫料,再铺上一层 15 厘米厚的棚架垫料,在垫料中挖出 13 厘米深的槽沟,再放入 8 厘米厚的干净垫料。将死鸡顺着槽沟排放,但四周要离墙板边缘 15 厘米。将水喷洒在鸡体上,再覆盖上 13 厘米部分地面垫料和部分未使用过的垫料。

堆肥过程在 30 天内将全部完成,可有效地将昆虫、细菌和病原体消灭。堆肥后的物质可用于改良土壤的材料或肥料。

2. 杀虫

鸡场重要的害虫包括蚊、蝇和蜱等节肢动物的成虫、幼虫和虫卵。

(1)物理杀虫法　对昆虫聚居的墙壁缝隙、用具和垃圾等,可用火焰喷灯喷烧杀虫,用沸水或蒸汽烧烫车船、圈舍和工作人员衣物上的昆虫或虫卵,当有害昆虫聚集数量较多时,也可选用电子灭蚊、灭蝇灯具杀虫。

(2)生物杀虫法　主要是通过改善饲养环境,阻止有害昆虫的滋生达到减少害虫的目的。通过加强环境卫生管理、及时清除圈舍地面中的饲料残屑和垃圾以及排粪沟中的积粪,强化粪污管理和无害化处理,填埋积水坑洼,疏通排水及排污系统等措施来减少或消除昆虫的滋生地和生存条件。

(3)化学杀虫法　在养殖场舍内外的有害昆虫栖息地、滋生地大面积喷洒化学杀虫剂,以杀灭昆虫成虫、幼虫和虫卵。但应注意化学杀虫剂的二次污染。

3. 灭鼠

作为人和动物多种共患病的传播媒介和传染源,鼠类可以传播许多传染病。因此,灭鼠对兽医防疫和公共卫生都具有重要的现实意义。

根据老鼠多数栖息在养鸡场外围隐蔽处,部分栖息在屋顶,少数在舍内打洞筑巢的生活习性,全面投放毒饵,场内外夹攻。在养鸡场内的生活区、办公室、饲料库、加工间、孵化室、贮蛋库、厨房、厕所、垃圾堆、空地等都应与鸡舍同时进行,以扩大灭鼠面积,防止邻近老鼠迁入。有条件可在邻近鸡场500米范围内的农田、森林、荒地、河滩、居民区最好同时进行灭鼠。如鼠患严重时,也可选用高效低毒安全的灭鼠剂毒杀,或采取毒气熏杀。

饲料库为防止污染最好用电子捕鼠器、粘鼠板、诱鼠笼、鼠夹捕打、人工捕杀等方法捕杀老鼠。

4. 野鸟的控制

野鸟也是传播病原的主要途径之一,但对野鸟的控制通常比较困难。一般的做法是在鸡舍周边约50米范围内只种草,不种树,减少野鸟栖息的机会。另外,搞好鸡舍周边环境卫生,对撒落在鸡舍周边的饲料要及时清扫干净,避免吸引野鸟飞进鸡场采食。最重要的是,鸡舍所有出入风口、前后门、窗户等,必须安装防护网,防止野鸟直接飞入鸡舍内。

5. 隔离

由于传染源具有持续或间歇性排出病原微生物的特性,为了防止病原体的传播,必须对传染源进行严格的隔离、单独饲养和管理。

隔离是控制疫病的重要措施之一。传染病发生后,兽医人员应深入现场,查明疫病在群体中的分布状态,立即隔离发病动物群,并对其污染的圈舍进行严格消毒处理。同时应尽快确诊并按照诊断的结果和传染病的性质,确定将要进一步采取的措施。在一般情况下,需要将全部动物分为患病动物群、可疑感染群和假定健康群等，并分别进行隔离处理。

二、消毒

消毒是鸡饲养过程中最重要的生物安全措施之一，也是鸡场环境管理和卫生防疫的重要内容。消毒的目的是杀灭或清除环境中的病原体，切断传播途径，阻止疫病传播和蔓延。

（一）消毒方法

1. 机械消毒

用清扫、铲刮、洗刷等机械方法清除降尘、污物及沾染在墙壁、地面以及设备上的粪便、残余饲料、废物、垃圾等，这样可减少大气中的病原微生物。必要时，应将舍内外表层附着物一齐清除，以减少感染疫病的机会。在进行消毒前，必须彻底清扫粪便及污物，对清扫不彻底的鸡舍进行消毒，即使用高于规定的消毒剂量，效果也不显著。

通风可以减少空气中的微粒与细菌的数量，减少经空气传播疫病的机会。在通风前，使用空气喷雾消毒剂，可以起到沉降微粒和杀菌作用。然后，再依次进行清扫、铲刮与洗刷。最后，再进行空气喷雾消毒。

2. 物理消毒

（1）日光照射　日光照射消毒是指将物品置于日光下暴晒，利用太阳光中的紫外线、阳光的灼热和干燥作用使病原微生物灭活的过程。这种方法适用于对鸡场、运动场场地、垫料和可以移出室外的用具等进行消毒。

在强烈的日光照射下，一般的病毒和非芽孢菌经数分钟到数小时内即可被杀灭。阳光的杀菌效果受空气温度、湿度、太阳辐射强度及微生物自身抵抗能力等因素的影响。

（2）紫外线消毒　用紫外线灯照射可以杀灭空气中或物体表面的病原微生物。紫外线照射消毒常用于种蛋室、兽医室等空间以及人员进入鸡舍前的消毒。由于紫外线容易被吸收，对物体（包括固体、液体）的穿透能力很弱，所以紫外线只能杀灭物体表面和空气中的微生物。当空气中微粒较多时，紫外线的杀菌效果降低。

（3）高温消毒　高温消毒是利用高温环境破坏细菌、病毒、寄生虫等病原体结构，杀灭病原的过程，主要包括火焰、煮沸和高压蒸汽等消毒形式。

火焰消毒是利用火焰喷射器喷射火焰灼烧耐火的物体或者直接焚烧被污染的低价值易燃物品，以杀灭黏附在物体上的病原体的过程。这是一种简单可靠的消毒方法，杀菌率高，平均可达97%；消毒后设备表面干燥。常用于鸡舍墙壁、地面、笼具、金属设备等表面的消毒。使用火焰消毒时应注意以下几点:每种火焰消毒器的燃烧器都只和特定的燃料相配,故一定要选用说明书指定的燃料种类;要撤除消毒场所的所有易燃易爆物,以免引起火灾;先用药物进行消毒后,再用火焰消毒器消毒,才能提高灭菌效率。

煮沸消毒是将被污染的物品置于水中蒸煮,利用高温杀灭病原的过程。煮沸消毒经济方便,应用广泛,消毒效果好。一般病原微生物在100℃沸水中5分钟即可被杀死,经1～2小时煮沸可杀死所有的病原体。这种方法常用于体积较小而且耐煮的物品如衣物,金属、玻璃等器具的消毒。

高压蒸汽消毒则是利用水蒸气的高温杀灭病原体。其消毒效果确实可靠,常用于医疗器械等物品的消毒。常用的温度为115℃、121℃或126℃,一般需维持20～30分钟。

3. 化学消毒

化学消毒比其他消毒方法速度快、效率高,能在数分钟内进入病原体内并杀灭之。所以,化学消毒法是鸡场最常用的消毒方法。

(1)化学消毒剂的分类

①醛类消毒剂　常用的有甲醛和戊二醛两种。甲醛是一种杀菌力极强的消毒剂,但它有刺激性气味且杀菌作用非常迟缓。可配成5%甲醛酒精溶液,用于手术部位消毒。福尔马林是甲醛的水溶液,含甲醛37%～40%,并含有8%～15%的甲醇,福尔马林溶液比较稳定,可在室温下长期保存,而且能与水或醇以任何比例相混合。对细菌芽孢、繁殖体、病毒、真菌等各种微生物都有高效的杀灭作用。甲醛常利用氧化剂高锰酸钾、氯制剂等发生化学反应。戊二醛用于怕热物品的消毒,效果可靠,对物品腐蚀性小,但作用较慢。

②酚类消毒剂　酚类消毒剂是一种古老的中效消毒剂,只能杀灭细菌繁殖体和病毒,而不能杀灭细菌芽孢,对真菌的作用也不大。酚类化合物有苯酚、甲酚、氯甲酚、氯二甲苯酚、六氯双酚、来苏儿等。由于酚类消毒剂对环境有污染,这类消毒剂应用逐渐减少。

③醇类消毒剂　最常用的是乙醇和异丙醇,它可凝固蛋白质,导致微生物死亡,属于中效水平消毒剂,可杀灭细菌繁殖体,不能杀灭芽孢。醇类杀微生物作用亦可受有机物影响,而且由于易挥发,应采用浸泡消毒,或反复擦拭以保证其作用时间。醇类常作为某些消毒剂的溶剂,而且有增效作用。

临床上常用乙醇进行注射部位皮肤消毒、脱碘,器械灭菌,体温计消毒等。常配成70%～75%乙醇溶液用于注射部位皮肤、人员手指、注射针头及小件医疗器械等消毒。

④季铵盐类消毒剂　季铵盐又称阳离子表面活性剂，它主要用于无生命物品或皮肤消毒。季铵盐化合物的优点，毒性极低，安全、无味、无刺激性，在水中易溶解，对金属、织物、橡胶和塑料等无腐蚀性。它的抑菌能力很强，但杀菌能力不太强，主要对革兰氏阳性菌抑菌作用好，阴性菌较差。对芽孢、病毒及结核杆菌作用能力差，不能杀死。复合型的双链季铵盐化合物，比传统季铵盐类消毒剂杀菌力强数倍。有的产品还结合杀菌力强的溴原子，使分子亲水性及亲脂性倍增，更增强了杀菌作用。

常用的季铵盐类清毒剂如新洁尔灭，临床上常配成0.1%作为外科手术、器械以及人员手、臂的消毒；百菌灭能杀灭各种病毒、细菌和霉菌，可作为平常预防消毒用，按1∶(800～1 200)稀释做鸡舍内喷雾消毒，按1∶800稀释可用于疫情场内、外环境消毒，按1∶(3 000～5 000)稀释可长期或定期作为饮水系统消毒。

⑤过氧化物类消毒剂　过氧乙酸为强氧化剂，性能不稳定，高浓度(25%以上)加热(70℃以上)能引起爆炸，故应密闭避光贮放在低温3～4℃处。有效期半年，使用时应现配现用。过氧乙酸对病原微生物有强而快速的杀灭作用，不仅能杀死细菌、真菌和病毒，而且能杀死芽孢，常用0.5%溶液喷雾消毒鸡舍地面、墙壁、食具及周围环境等，用1%溶液作呕吐物和排泄物的消毒。本品对金属和橡胶制品有腐蚀性，对皮肤有刺激性，使用前应当多加注意。

过氧化氢(双氧水)是一种氧化剂，弱酸性，可杀灭细菌繁殖体、芽孢、真菌和病毒在内的所有微生物。0.1%的过氧化氢可杀灭细菌繁殖体。常用3%溶液对化脓创口、深部组织创伤及坏死灶等部位消毒；30毫克/千克的过氧化氢对空气中的自然菌作用20分钟，自然菌减少90%。用于空气喷雾消毒的浓度常为60毫克/千克。

(2)选择消毒剂的原则

①适用性　不同种类的病原微生物构造不同，对消毒剂反应不同，有些消毒剂为“广谱”性的，对绝大多数微生物都具有杀灭效果，也有一些消毒剂为“专用”的，只对有限的几种微生物有效。因此，在购买消毒剂时，须了解消毒剂的药性，消毒的对象如物品、畜舍、汽车、食槽等特性，应根据消毒的目的、对象，根据消毒剂的作用机理和适用范围选择最适宜的消毒剂。

②杀菌力和稳定性　在同类消毒剂中注意选择消毒力强、性能稳定、不易挥发、不易变质或不易失效的消毒剂。

③毒性和刺激性　大部分消毒剂对人、鸡具有一定的毒性或刺激性，所以应尽量选择对人、鸡无害或危害较小的，不易在畜产品中残留的并且对鸡舍、器具无腐蚀性的消毒剂。

④经济性　应优先选择价廉、易得、易配制和易使用的消毒剂。

(3)化学消毒剂的使用方法

①清洗法　清洗法是用一定浓度的消毒剂对消毒对象进行擦拭或清洗，以达到消毒目的。常用于对种蛋、鸡舍地面、墙裙、器具进行消毒。

②浸泡法　浸泡法是一种将需消毒的物品浸泡于消毒液中进行消毒的方法。常用于对医疗器具、小型用具、衣物进行消毒。

③喷洒法　喷洒法是将一定浓度的消毒液通过喷雾器或洒水壶喷洒于设施或物体表面以进行消毒。常用于对鸡舍地面、墙壁、笼具及动物产品进行消毒。喷洒法简单易行、效力可靠。

④熏蒸法　熏蒸法是利用化学消毒剂挥发或在化学反应中产生的气体，以杀死封闭空间中病原体。这是一种作用彻底、效果可靠的消毒方法。常用于对孵化室、无鸡的鸡舍等空间进行消毒。

⑤气雾法　气雾法是利用气雾发生器将消毒剂溶液雾化为气雾粒子对空气进行消毒。由于气雾发生器喷射出的气雾粒子直径很小(小于200微米)，质量极小，所以能在空气中较长时间的飘浮并可以进入细小的缝隙中，因而消毒效果较好，是消灭气源性病源微生物的理想方法。如全面消毒鸡舍空间，每立方米用5%过氧乙酸溶液2.5毫升。

(二)鸡场的消毒技术

1. 鸡舍的消毒

鸡舍消毒分为空舍消毒和带鸡消毒两种情况，但无论哪种情况都必须掌握科学的消毒方法才能达到良好的消毒效果。空舍消毒有六大消毒程序，即清扫、洗刷、冲洗消毒、粉刷消毒、火焰消毒、熏蒸消毒。

(1)清扫　在饲养期结束时，将舍内的鸡全部移走，清除舍内存留的饲料，未用完的饲料不再存留在鸡舍内，也不应在另外鸡群中使用，然后将地表面上的污物清扫干净，铲除鸡舍周围的杂草，并将其一并送往堆积垫料和鸡粪处。将可移动的设备运输到舍外，经清洗和阳光照射后，放置于洁净处备用。

(2)洗刷　用高压水枪冲洗舍内的天棚、四周墙壁、门窗、笼具及水槽和料槽，达到去尘、湿润物体表面的作用。然后用清洁刷将水槽、料槽和料箱的内外表面污垢彻底清洗，用扫帚刷去笼具上的粪渣，用板铲清除地表上的污垢，然后再用清水冲洗。反复2～3次，到物见本色为止。

(3)冲洗消毒　鸡舍洗刷后，用酸性消毒剂和碱性消毒剂交替消毒，使耐酸的细菌和耐碱的细菌均能被杀灭。为防止酸碱消毒剂发生中和反应消耗消毒剂用量，在使用酸性消毒剂后，用清水冲洗后再用碱性消毒剂，冲洗消毒后要清除地面上的积水，打开门窗风干鸡舍。

(4)粉刷消毒　对鸡舍不平整的墙壁用10%～20%的氧化钙乳剂进行粉刷，现配现用。同时用1千克氧化钙加350毫升水，配成乳剂，撒在阴湿地面、笼下粪池内。在地与墙的夹缝处和柱的底部涂抹杀虫剂，以保证能杀死进入鸡舍内的昆虫。

(5)火焰消毒　用专用的火焰消毒器或火焰喷灯，对鸡舍的水泥地面、金属笼具及距地面1.2米的墙体进行火焰消毒，要求各部位火焰灼烧的时间达3秒以上。

(6)熏蒸消毒　鸡舍清洗干净后，紧闭门窗和通风口，舍内温度要求在18～25℃，相对湿度在65%～80%，用适量的消毒剂进行熏蒸消毒(表12-1)。具体消毒程序见图12-1。

表12-1　鸡舍熏蒸消毒用药剂量

鸡舍状况	浓度等级	甲醛(毫升/米^3)	高锰酸钾(克/米^3)	热水(毫升/米^3)
未使用过的鸡舍	1倍浓度	14	7	10
未发疫病鸡舍	2倍浓度	28	14	10
已发疫病鸡舍	3倍浓度	42	21	10

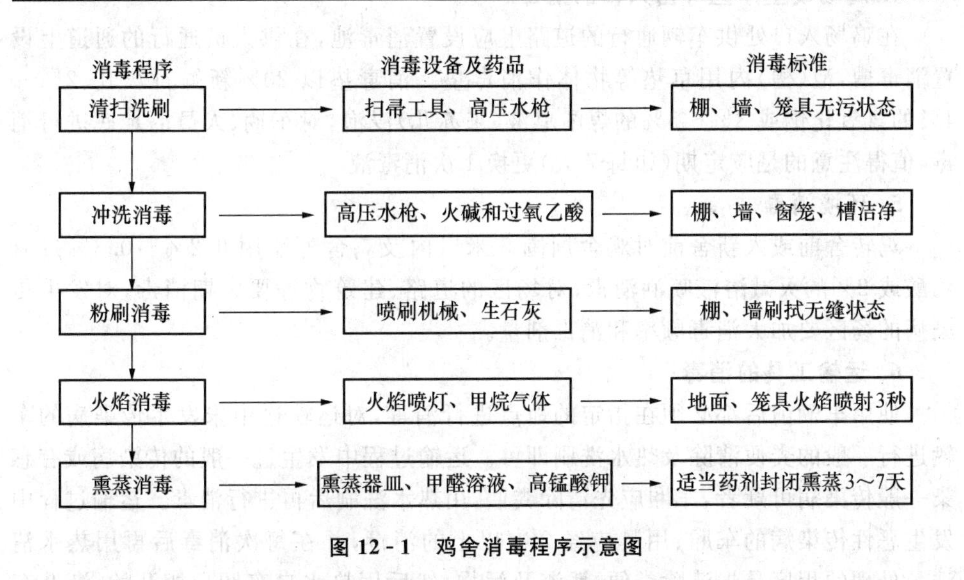

图12-1　鸡舍消毒程序示意图

2. 进场人员的消毒

人员是鸡疾病传播中最危险、最常见也最难以防范的传播媒介，必须靠严格的制度并配合设施进行有效控制。在生产区入口处要设置更衣室与消毒室。更衣室内设置淋浴设备，消毒室内设置消毒池和紫外线消毒灯。工作人员进入生产区要淋浴，更换干净的工作服、工作靴，并通过消毒池对鞋进行消毒，同时要接受紫外线消毒灯照射5～10分钟。常用的紫外线消毒灯规格为220伏/30瓦。

工作人员进入或离开每一栋舍要养成清洗双手、脚踏消毒池的习惯。尽可能减少不同功能区内工作人员交叉现象。主管技术人员在不同单元区之间来往应遵从清洁区至污染区，从日龄小的鸡群到日龄大的鸡群的顺序。当进入隔离舍和检疫室时，还要换上另外一套专门的衣服和雨靴。

尽可能谢绝外来人员进入生产区参观访问，经批准允许进入参观的人员要进行淋浴洗澡，更换生产区专用服装、靴帽。工作人员应定期进行健康检查，防止人畜互感疾病。创造条件，最好采用微机闭路监控系统，便于管理人员和参观者不必轻易进入生产区。

3. 饲养设备及用具的消毒

料槽、水槽以及所有的饲养用具，除了保持清洁卫生外，要每天刷洗1次，饲养用具要求每隔7天消毒1次，每个月全面消毒1次。各舍的饲养用具要固定专用，不得随便串用，生产用具每周消毒1次。

4. 鸡场及生产区等出入口的消毒

在鸡场入口处供车辆通行的道路上应设置消毒池，在供人员通行的通道上设置消毒槽，池(槽)内用草垫等物体作消毒垫。消毒垫以20%新鲜石灰乳、2%～4%的氢氧化钠或3%～5%的煤酚皂液(来苏儿)浸泡，对车辆、人员的足底进行消毒，值得注意的是应定期(如每7天)更换1次消毒液。

5. 环境消毒

鸡转舍前或入新舍前对鸡舍周围5米以内及鸡舍外墙用0.2%～0.3%过氧乙酸或2%的火碱溶液喷洒消毒；对场区的道路、建筑物等要定期消毒，对发生传染病的场区要加大消毒频率和消毒剂量。

6. 运输工具的消毒

使用车辆前后都必须在指定的地点进行消毒，对运输途中未发生传染病的车辆进行一般的粪便清除及热水洗刷即可。运输过程中发生过一般的传染病或有感染一般传染病可疑者，车厢应先清除粪便，用热水洗刷后再进行消毒。运输过程中发生恶性传染病的车厢、用具应经2次以上的消毒，并在每次消毒后再用热水清洗。处理的程序是先清除粪便、残渣及污物，然后用热水自车厢顶棚开始，渐及车厢内外进行各部冲洗，直至洗水不呈粪黄色为止，洗刷后进行消毒。发生过恶性传染病的车厢，应先用有效消毒药液喷洒消毒后再彻底清扫，清除污物后再用消毒药消毒。两次消毒的间隔时间为0.5小时。最后1次消毒后3小时左右用热水洗刷后再行使用。

三、免疫接种与免疫监测

(一)免疫接种

根据免疫接种的时机不同,可将免疫接种分为预防接种和紧急接种。

1. 接种方法

(1)饮水免疫法 饮水免疫的疫苗是高效价的弱毒活疫苗,如鸡新城疫弱毒疫苗、禽霍乱弱毒疫苗、鸡传染性法氏囊病弱毒疫苗、鸡传染性支气管炎弱毒疫苗等。稀释疫苗应把握适宜的浓度和适度的用水量。采用饮水免疫稀释配制疫苗可用深井水或凉开水,饮水中不应含有任何使疫苗灭活的物质,如氯、锌、铜、铁等离子,饮水器要保持清洁干净,不可有消毒剂和洗涤剂等化学物质残留,饮水的器皿不能是金属容器,可用瓷器和无毒塑料容器。稀释疫苗的用水量应根据鸡大小来确定,稀释疫苗宜将疫苗开瓶后倒入水中搅匀,为有效地保护疫苗的效价,可在疫苗稀释液中加入 0.2%~0.5%的脱脂奶粉混合使用。饮水免疫前后应控制鸡饮水和避免使用其他药物。施用饮水免疫前的鸡,应提前 2~4 小时停止供水,确保鸡在半小时内将疫苗稀释液饮完。鸡在饮水免疫前后 24 小时内,其饲料和饮水中不可使用消毒剂和抗生素类药物,以防引起免疫失败或干扰机体产生免疫力。

(2)喷雾免疫法 喷雾免疫适用于鸡新城疫Ⅲ系、Ⅳ系弱毒苗、传染性支气管炎弱毒苗等。用去离子水和蒸馏水稀释疫苗,不能选用生理盐水等含盐类的稀释剂,以免喷出的雾粒迅速干燥致使盐类浓度升高而影响疫苗的效力。配液量应根据免疫的具体对象而定,1 日龄雏鸡每 1 000 只的喷雾量是 200 毫升,平养鸡每 1 000只的喷雾量是 250~500 毫升,笼养鸡每 1 000 只的喷雾量是 250 毫升。实施喷雾免疫时,应将鸡相对集中,关闭门窗及通风系统。用疫苗接种专用的喷雾器或用能够迅速而均匀地喷射小雾滴的雾化器,在鸡群顶部 30~50 厘米处喷雾,边喷边走,将疫苗均匀地喷向相应数量的鸡只,使整个鸡舍的雾滴均匀分布。雏鸡的雾滴应大些,直径为 30~100 微米,成鸡为 5~30 微米。至少应往返喷雾 2~3 遍后才能将疫苗均匀喷完,喷雾后 20 分钟再开启门窗。该接种法在有慢性呼吸道等疾病的鸡群中应慎用。

(3)滴鼻、点眼法 这是弱毒疫苗的最佳接种方法,效果确实可靠,适用于鸡新城疫Ⅱ、Ⅲ、Ⅳ系疫苗,传染性支气管炎疫苗及传染性喉气管炎弱毒疫苗的接种。采用这种方法时应注意:疫苗稀释液一般用生理盐水、蒸馏水或者凉开水;稀释液的用量要准确,一般每 1 000 羽份的疫苗用 100 毫升稀释液;为使操作准确无误,每次一手只能抓一只鸡,在滴入疫苗之前,应把鸡的头颈摆成水平的位置,并用一只手指按住向地面的一侧鼻孔。用清洁的吸管在每只鸡的一侧眼睛和鼻孔内分别滴1滴稀释的疫苗，稍停，当滴入眼结膜和鼻孔的疫苗吸入后再将鸡轻轻放开；稀释的疫苗要在1～2小时内用完。

(4)注射法　分为皮下注射法和肌肉注射法。本法多用于灭活疫苗(包括亚单位苗)和某些弱毒疫苗的接种。一般使用连续注射器，调整好剂量，颈部皮下注射常用于马立克氏病疫苗的接种，针头应向后向下，与颈部纵轴平行。用食指和拇指将雏鸡的颈背部皮肤捏起呈三角形，针头近于水平刺入。胸肌注射时，应沿胸肌呈45°角斜向刺入，切忌垂直刺入胸肌；腿肌注射时，针头应朝鸡体方向在外侧腿肌刺入。雏鸡的插入深度为0.5～1厘米，日龄较大的鸡可为1～2厘米；吸取疫苗的针头和注射鸡的针头应分开，针头的数量要充足(水剂使用5～6号针头，油乳剂使用8～9号针头)。

(5)刺种法　主要用于鸡痘疫苗的接种。将疫苗用灭菌生理盐水稀释，混匀后用清洁的蘸笔尖或接种针蘸取疫苗稀释液，刺种于鸡翅膀内侧无血管处的翼膜内。小鸡刺1针，较大的鸡刺2针。接种后1周左右检查刺种部位，若产生绿豆大小的小疱，以后干燥结痂，说明接种成功，否则需要重新刺种。

(6)滴肛或擦肛法　这种免疫方法只用于强毒型传染性喉气管炎疫苗。在对发病鸡群进行紧急预防接种时，可将1 000羽份的疫苗稀释于25～30毫升生理盐水中(或按产品说明书稀释)，将鸡抓起，头向下肛门向上，翻出黏膜，滴一滴疫苗，或用接种刷(小毛笔或棉拭子)蘸取疫苗在肛门黏膜上刷动3～4次。接种3～5天可见泄殖腔黏膜潮红。否则应重新接种。从未发生过该病的鸡场，不宜接种。

2. 基础免疫程序

免疫程序即根据鸡场或鸡群的实际情况与可能发生的疾病，对需要接种的疫苗种类、接种时间和方法等预先合理安排的计划或方案。免疫程序的制定必须根据本地鸡病流行情况及其规律，鸡的品种、年龄、母源抗体水平和饲养条件，以及疫苗情况等方面因素而定，不能机械照搬他人的免疫程序。所制定的免疫程序还应根据实际应用效果、疫情变化、鸡群动态等随时调整。

(1)禽流感(AI)

①种鸡、蛋鸡　接种H5亚型禽流感疫苗。14日龄每只接种0.3～0.4毫升，35～40日龄每只接种0.5～0.6毫升，以后每4个月加强免疫一次，每只0.6～0.8毫升。

②肉鸡(中、慢速型)　接种H5亚型禽流感疫苗。10日龄每只接种0.3毫升，30～35日龄接种第2次，每只0.5～0.6毫升，80～90日龄，接种第3次，每只0.8～1.0毫升。

(2)鸡新城疫(ND)　本病免疫应在抗体监测的基础上采用弱毒苗和油乳剂灭

活苗相结合的方法进行免疫。

①蛋鸡　1～3日龄，新支灵或C30-H120 1羽份气雾或点眼；7～10日龄，新支灵或L-H120 1羽份气雾或点眼同时新城疫油乳剂灭活苗0.3～0.4毫升。在污染重的地区产蛋鸡开产前用克隆-I(CS2)3倍量注射同时新支减三联苗0.5～0.7毫升注射，150～160日龄再用克隆-I(CS2)3倍量注射，以后每8周左右用克隆-I(CS2)3倍量注射。

②肉鸡　7～10日龄用弱毒苗(Ⅱ、Ⅳ系或克隆30)滴鼻、点眼或大雾滴气雾免疫，25～30日龄重复上述免疫。也可在10日龄用弱毒苗(Ⅱ、Ⅳ系或克隆30)滴鼻、点眼或大雾滴气雾免疫的同时皮下注射半个剂量灭活苗。

(3)马立克氏病(MD)　1日龄皮下注射马立克氏病疫苗。根据本场情况可以用HVT冻干苗或细胞结合苗，也可用双价苗(如HVT+SBI苗)，但要确保一个剂量不少于4 000个蚀斑单位。

(4)传染性法氏囊病(IBD)　一般鸡场10～12日龄雏鸡用中等毒力弱毒苗(如B87)首免，18～20日龄二免。污染重的鸡场，可采用中等偏强毒力疫苗免疫，肉仔鸡10～14日龄、蛋雏鸡12～16日龄免疫一次即可；种鸡还应在18～20周龄和40～42周龄注射灭活苗免疫，以提高雏鸡的母源抗体。

(5)鸡传染性喉气管炎(ILT)　在曾经发生本病的鸡场进行本病免疫。20～42日龄用弱毒苗点眼免疫，间隔6周后重复免疫一次。

(6)鸡传染性支气管炎(IB)　1周龄内尽早用H120饮水或滴鼻免疫，3周后用H52重复饮水免疫，120～140日龄用H52饮水或注射油苗。在肾型传支疫区，进行肾型传支疫苗免疫。

(7)鸡痘(FP)　25～35日龄用鸡痘鹌鹑化弱毒疫苗刺种(在本病早发区可在1周内用鸽痘源鸡痘蛋白明胶弱毒疫苗刺种)，120～140日龄再次刺种免疫。

(8)传染性脑脊髓炎(AE)　在曾经发生本病的鸡场进行本病免疫。10～13周龄用弱毒苗饮水或刺种免疫。

(9)病毒性关节炎(REO)　肉种鸡进行本病免疫。2周龄用弱毒苗或油苗注射免疫。

(10)传染性鼻炎(IC)　3～5周龄用半个剂量油苗注射，120～140日龄油苗注射。

(11)产蛋下降综合征(EDS-76)(减蛋综合征)　在曾经发生本病的鸡场进行本病免疫。120～140日龄注射油苗。

3. 制定免疫程序应注意的问题

(1)疫病流行情况　在制定免疫程序时首先应考虑当地疫病流行情况，一般而言，免疫的疫病种类主要是可能在该地区暴发、流行的疫病。对强毒型的疫苗应非常慎重，非不得已不引进使用，避免疫苗免疫时带来的新病毒毒株，对本地或本场其他未免疫同类疫苗的鸡群构成威胁。

(2)鸡群抗体水平　鸡体内存在的抗体依据来源可分为两大类：一类是先天所得，另一类是通过后天免疫产生。鸡体内的抗体水平与免疫效果有直接关系。在鸡体内，抗体会中和接种的疫苗，因此在鸡体内抗体水平过高或过低时接种疫苗，效果往往不理想。免疫应选在抗体水平到达临界线时进行。

(3)疾病种类　有的疾病对各日龄的鸡都有致病性，而有的疾病只危害某一生长阶段的鸡，如新城疫、传染性支气管炎，各种年龄的鸡都易感，而减蛋综合征只危及产蛋高峰期的蛋鸡，法氏囊病主要危及青年鸡等。因此应在不同生产年龄进行不同的免疫，而且免疫时间应设计在本场发病高峰期前1周，这样既可减少不必要的免疫次数，又可把不同疾病的免疫时间分隔开，避免了同时接种疫苗所导致的干扰及免疫应激。

(4)生产需要　根据生产需要可将鸡分为肉鸡与蛋(种)鸡两大类。两者的免疫程序在同一疾病流行区是不同的。蛋(种)鸡的生产周期较长，一次免疫不足以提供长效的免疫力，因此需进行多次免疫，且疫苗种类还应加上危及产蛋率、孵化率的疫苗。蛋(种)鸡免疫后还应保证其孵出的雏鸡含有较高水平的母源抗体。肉鸡由于生产周期较短，因此免疫次数及疫苗种类都比蛋(种)鸡少。

(5)饲养管理水平　在先进的饲养管理方式下，养鸡场一般不易受强毒的攻击，且免疫程序实施较为彻底；在落后的饲养管理水平下，鸡与各种传染病接触的机会较多，免疫程序不一定得到彻底落实，此时免疫程序设计就应考虑周全，以使免疫程序更好地发挥作用。一般而言，饲养管理水平低的养鸡场，其免疫程序比饲养管理水平高的养鸡场复杂。

(6)疫苗种类　设计免疫程序时应考虑用合理的免疫途径、疫苗类型来刺激鸡产生免疫力。活疫苗一般是减毒苗，可在体内繁殖，因此可提供强而持久的免疫力，但是活疫苗未完全丧失感染力，有的活疫苗自身容易产生突变。肉鸡多用毒力较弱的疫苗以预防气囊炎，而蛋鸡或母源抗体较高的鸡群可用中等毒力疫苗。由于活疫苗之间存在相互干扰，故一般活疫苗不用联苗。建议各养鸡场选择正规厂家提供的弱毒疫苗(最好是单苗)进行基础免疫，选用灭活苗进行加强免疫(在发病严重地区用单苗，在安全地区可选用联苗)。对于一些血清型变异较大的疾病，可选用地方毒株制备灭活疫苗进行加强免疫。

(7)免疫方法　免疫应根据使用说明进行。一般活疫苗采用饮水、喷雾、滴鼻、点眼、注射免疫，灭活苗则需肌肉或皮下注射。合适的免疫途径可以刺激鸡尽快产生免疫力，不合适的免疫途径则可能导致免疫失败，如油乳剂灭活苗不能做饮水、喷雾，否则易造成严重的呼吸道或消化道障碍。同一种疫苗用不同的免疫途径所获得的免疫效果也不一样，如新城疫，滴鼻、点眼的免疫效果比饮水好。

(8)免疫效果　一个免疫程序应用一段时间后，效果可能变差，此时可根据免疫效果结合免疫监测情况适当调整免疫程序。

(二)免疫监测

免疫监测包括病原监测和抗体监测两方面。病原监测包括微生物监测和疫病病原监测。抗体检测包括母源抗体、免疫前后的抗体、主要疫病抗体水平的定期监测以及未免疫接种疫病抗体水平的定期监测等。通过摸清抗原抗体水平的动态及高低，科学地制定免疫程序，把防疫工作认认真真落到实处。

四、鸡场扑灭疫病的措施

在饲养管理过程中，尽管有严格的卫生防疫措施，但仍不免会发生疫情。因为疫病具有流行的能力，危害的范围大。当鸡场暴发疫病时，根据疫病的种类，应采取相应的扑灭措施。

1. 诊断和疫情报告

当饲养员发现鸡突然死亡或怀疑发生传染病时，应立即报告技术人员，场部应及时组织专家会诊并作出正确诊断。确诊为传染病后，应向邻近的鸡场通报疫情，以便共同采取措施，把发生的疫情控制在最小的范围内，及时扑灭。当发生烈性传染病时，一定要迅速上报疫情，政府防疫部门应及时组织力量对周围地区进行必要的检疫，以便确定封锁、隔离的区域。

2. 封锁

经确诊为烈性传染病时，对鸡场立即进行封锁，严禁人员、车辆来往，停止苗鸡、种蛋的引进、出售或外调，以防止扩大疫情。病鸡的用具、饲料、粪便等，未经彻底消毒处理不得运出，以防病原扩散。若发生重大疫情，则由政府有关部门发布封锁令，公布封锁的范围和采取的措施。疫情结束后，全场应彻底消毒，经检测合格后方可结束封锁，重新进鸡。

3. 隔离

对已经发生传染病的鸡群或鸡舍应迅速采取隔离措施，不得再与健康鸡接触。隔离群或隔离舍应设专人管理，禁止无关人员进入，工作人员应严格遵守消毒制度。

4. 消毒

为了尽快地消灭由鸡排出的病原体，必须强化各个环节的消毒工作。对疫区内的鸡舍、环境、车辆、用具、人员、衣物和污染地等进行彻底消毒,粪便进行无害化处理。对没有发病的鸡群也应增加鸡体消毒的次数。

5. 紧急免疫接种

紧急免疫接种就是在鸡场或鸡场邻近地区发生传染病时,为了迅速控制和扑灭疫病,对疫区和受威胁区尚未发病的鸡进行紧急性免疫接种。使用免疫血清进行紧急免疫接种,安全有效,但因来源不足、代价高、免疫期短,所以鸡场很少使用。一般在疫区使用疫苗进行紧急接种,能迅速控制疫情。

当使用疫苗进行紧急免疫接种时,要选择适当的疫苗。例如新城疫紧急接种时,使用Ⅰ系苗效果较好。此外,接种前首先把鸡群分为假定健康群、可疑群和病鸡群,接种顺序是先假定健康群、最后病鸡群,接种时做到每只鸡一只针头。

6. 药物治疗

药物治疗的重点是病鸡和疑似病鸡,但对假定健康鸡的预防性治疗也不能放松。治疗的关键是在确定诊断的基础上尽早实施,这对消灭传染来源和阻止其疫情蔓延方面意义重大。治疗的药品有生物药品、抗生素和化学药品以及中草药。

7. 处理病鸡与病死鸡

患传染病的鸡随分泌物、排泄物不断排出病原体污染环境,病死鸡的尸体也是特殊的传染媒介,对其必须严加管理并妥善处置。对于重病鸡和病死鸡,在严格防止扩散的条件下进行深埋或焚烧,严禁出售和运出疫区。对治疗有望的轻病鸡,及时进行对症治疗。

第三节 养鸡场卫生防疫制度

为防止疫病的发生与蔓延,保证养鸡生产的正常进行和健康发展,充分提高经济效益,每个养鸡场都制定有卫生防疫制度。这里借鉴某养鸡场的卫生防疫制度,供参考。

一、总则

(1)所有人员都要提高科技意识,正确认识“养防结合、防重于治”的卫生防疫管理原则,遵守本制度。

(2)场部成立兽医卫生防疫领导小组,负责本场兽医卫生防疫制度的制定、完善、指导、实施和监督检查工作。

(3)讲究卫生,每位员工要注意搞好各自所辖区域的卫生工作,全场每周进行一次大扫除。

(4)搞好除“四害”(鼠、蚊、蝇、鸟)活动,根据季节特点由场部统一组织进行。

(5)鸡场食堂不准从场外购进禽肉及其产品。所有工作人员不允许饲养观赏鸟。

二、鸡场大门卫生防疫制度

(1)鸡场大门平时必须关闭,一切无关车辆、人员不准入内。办事者必须到传达室登记、检查,经同意后必须经过消毒池消毒后方可入内。自行车和行人从小门经过脚踏消毒池消毒后才准进入。消毒池内的消毒药水,每3天更换一次,保持有效。

(2)进入鸡场不准带进任何家禽及其产品,特殊情况由门卫代为保管并报场部。

(3)进入场内的人员、车辆必须按门卫指示地点和路线停放和行走。

(4)搞好大门内外卫生和传达室卫生,做到整洁、整齐,无杂物。

三、鸡场生产区卫生防疫制度

(1)生产区谢绝参观,非生产人员未经场部领导同意不准进入生产区,自行车和其他非生产用车辆不准进入生产区,必须进入生产区的人员应经过严格的消毒并更换工作衣、鞋、帽经过消毒池后方可进入。

(2)非生产需要,饲养人员不要随便出入生产区和串鸡舍。

(3)生产区内的工作人员必须管好自己所辖区域的卫生和消毒工作;外界环境,正常情况下,春夏每周消毒一次,秋冬每2周消毒一次。环境清扫产生的垃圾要及时清运与定点存放。

(4)饲养员、技术人员工作时间都必须身着卫生清洁的工作衣、鞋、帽,这些用品每周洗涤一次或两次(夏季),并消毒一次,工作衣、鞋、帽不准穿出生产区。

(5)生产区设有净道、污道,净道每周消毒1次,污道每周消毒两次。

(6)生产区内排水沟要定期清理和消毒。

(7)病死鸡无害化处理区和设备每周消毒2次。

四、鸡舍卫生防疫制度

(1)未经主要领导同意,任何非生产人员不准进入鸡舍,必须进入鸡舍的人员经同意后应通过消毒并更换工作衣、鞋、帽方可进入,消毒池内的消毒液每2天更换一次,保持有效。

(2)鸡舍门口放置消毒水盆,进入鸡舍前需先进行洗手消毒和脚踏消毒。

(3)工作用具每周消毒最少2次,并要固定鸡舍使用,不得串用。

(4)每周进行一次带鸡喷雾消毒。

(5)饲养员要每天保持好舍内外卫生清洁,每周消毒1次,并保持好个人卫生。

(6)自动刮粪设备要每天清粪2次,人工清粪要求每2～3天清粪1次,清粪后要对走道进行清扫消毒,对粪锨、扫帚等工具进行冲刷清洗。

(7)饲养员每天要对饲养的鸡只进行观察,发现异常,及时向技术员或场长汇报以便及时采取相应的措施。

(8)对鸡群按指定的免疫程序和用药方案进行免疫和用药,并加强饲养管理,增强鸡群的抵抗力。

(9)兽医技术人员每天要抽出鸡舍和听取饲养员的汇报,发现问题及时处理。

(10)饲养人员每天都要按一日工作程序规定要求进行工作。

五、鸡舍空栏后的卫生消毒措施

(1)鸡舍空栏后,应及时对鸡舍进行彻底清扫、冲刷(应提前关闭鸡舍内总电源),不留死角。将舍内的粪、羽毛、蛛网、灰尘等杂物等全部彻底清除干净。清出的垃圾要及时运送到粪便堆积场。

(2)至少用两种化学性质不同的消毒药对地面、设备、墙壁、顶棚等进行严格的喷洒消毒,然后空舍半个月以上。空舍期间注意通风以排出鸡舍内的湿气。

(3)如果上批鸡发生有传染病,在鸡舍清扫后用福尔马林和高锰酸钾进行密闭熏蒸消毒,至少密闭48小时。

(4)进鸡前1周用消毒药水清刷食槽、水槽,之后再用清水冲净。

(5)进鸡前4～5天,使用福尔马林和高锰酸钾进行密闭熏蒸消毒,至少密闭36小时。

(6)进鸡前2天,把整体卫生再整理一遍然后把卫生清洁的饲养工具备齐放好,再用百毒杀或过氧乙酸、次氯酸钠等其他消毒剂彻底消毒一次,准备接鸡。

六、发现疫情后的紧急措施

(1)发生较大疫情时,场内要成立由主要负责人、技术员组成的疫情控制领导小组,负责对疫情的实施控制和监督检查。

(2)当鸡群发生疫情时,及早隔离或淘汰病鸡,对病鸡、死鸡要用专车或专用工具送往诊断室诊断或送往处理车间处理,不准在生产区内解剖和处理。运送过程中鸡只要密封,防止其粪便、羽毛随地掉落。

(3)及时确定疫情发生鸡舍或区域,并进行控制,把病情及其污染程度局限在最小的范围之内。发病鸡舍的饲养员及疫点内的工作人员不能随便走出疫点，并严格限制外界人员进入鸡场。发病鸡舍内的各种工具、用品不允许带出鸡舍。

(4)对疫点及周围环境从外到内实行严格彻底的消毒，饲养设备和用具，工作衣、鞋、帽全部进行消毒。鸡舍外场地和道路也要喷洒消毒药。

(5)对疫病进行早诊断、早治疗；作出正确诊断后，对其他健康鸡群和假定健康鸡群先后及时地进行投药或相应的紧急免疫接种。

(6)加强鸡群的饲养管理，给鸡群增加复合维生素的用量，通过饲料或饮水提供增强免疫力的药物(如黄芪多糖或白细胞介素、干扰素等)，增强鸡群的抵抗力。

第十三章 鸡病防治技术

第一节 病毒性传染病防治

病毒性传染病都是由病毒感染鸡只后引起的疾病，很多病毒性传染病发病快、蔓延快，没有特效药物治疗，给养鸡生产造成的损失很大。因此，通过接种疫苗进行免疫，同时加强饲养管理和卫生防疫管理是预防这类传染病发生的主要措施。

如果鸡群发生了病毒性传染病，防治可以参考以下原则：一是治本，即消灭病毒或抑制病毒繁殖，可以使用抗病毒药物，如病毒唑、特异性高免卵黄抗体等；二是增强鸡体的抵抗力，使用提高免疫力的药物如黄芪多糖、排疫肽、转移因子等，可以增强未发病鸡的抗病能力；三是防治混合感染或继发感染，给鸡群使用以下抗菌药物用于防治细菌性鸡病；四是紧急接种，根据对疫情的判断决定是否紧急接种疫苗以保护为感染鸡只。

一、鸡新城疫

鸡新城疫(ND)俗称假鸡瘟、亚洲鸡瘟等。该病分布于世界各国，是危害养鸡业最严重的疫病之一。

(一)病原

新城疫病毒属于副黏病毒科的一个成员。根据病毒毒力差异，可将新城疫病毒分为嗜内脏速发型、嗜神经速发型、中发型和缓发型 4 种类型。

本病毒对自然环境因素的抵抗力较强，在低温冻结条件下可以长时间保存；对高温作用具有一定抵抗力，在污染的鸡舍中可存活 2 个月以上，在污染的饮水中可存活 15 天(夏季)至 5 个月以上(冬季)。本病毒对常用的消毒药物敏感，1%来苏儿、0.3%过氧乙酸、2%氢氧化钠、5%漂白粉均可在短时间内将其灭活，百毒杀、杀特灵、菌毒消、菌毒杀等也常用于本病消毒。

(二)流行病学特征

1. 易感动物

在自然条件下，鸡对本病最易感，其次是鸽、野鸡、火鸡，其他鸟类如孔雀、鹧鸪、贵妇鸡、鹌鹑、鸵鸟，亦常有自然感染发病的报道。此外，水禽如鸭、鹅，体内可以携带新城疫病毒，但不发病；人感染新城疫病毒后，可发生结膜炎和类似流感的病状。

2. 传染源和传播途径

鸡新城疫的传染源主要是病鸡和带毒鸡。受感染的鸡，在病状出现前24小时后即可通过口鼻分泌物及粪便排出病毒，一般在症状消失后5～7天(感染后2～3周)排毒中止，但部分感染发病鸡只排毒时间可长达70天。

3. 流行特点

各日龄、各品种鸡均易感。本病传播迅速，发病率和死亡率都很高，可达90%以上。一年四季均可发生，但在春秋两季较为常见。

鸡新城疫流行时，很少是单一感染，常常与其他传染病并发或继发，如传染性发氏囊病继发新城疫，新城疫和鸡支原体病混合感染，新城疫免疫不良时禽流感的感染风险增加等，这在诊断时需要关注。

(三)临床症状

1. 急性型

病鸡体温升高，精神高度沉郁，嗜睡，冠髯发绀；食欲废绝，严重下痢，粪便多呈黄白绿色，有时混有大量尿酸盐和少量血液、黏液或脱落的黏膜；饮水量增加，嗉囊膨胀积液，并常有嗉囊液从口、鼻孔倒流出或渗入气管，呼吸时发出特殊的“咕噜”声，呼吸急促。本病型发病急、病情重，死亡率可高达90%。

2. 亚急性型

病鸡发病初中期表现呼吸系统症状为主，具有明显的咳嗽、喘气和气管喘鸣音，并陆续有鸡只死亡。发病1～2周后，鸡群鸡只死亡逐渐减少，而开始有部分患鸡出现神经症状，如歪头扭颈、转圈，偏头伸颈呈直线前行或退后，甚至腿翅麻痹瘫痪，阵发性痉挛等。病程可长达4周或更长。母鸡群发病死亡率在1%～2%，产蛋量下降10%～60%。

3. 非典型鸡新城疫

主要发生于经过免疫接种的鸡群中，特征是鸡群发病缓慢，病状病理变化不典型、不明显，死亡率低。成年鸡产蛋量下降，蛋壳颜色变浅，软蛋增多。

(四)病理变化

腺胃乳头、腺胃与食道及肌胃交界处黏膜严重出血、溃疡；肌胃角质层下出血、溃疡；肠道黏膜多处淋巴滤泡和盲肠扁桃体肿胀出血，甚至形成黄褐色斑块状坏死伪膜；泄殖腔黏膜形成不规则的小斑点出血或黄褐色溃疡灶；小肠、盲肠和直肠其他部位黏膜亦常有大小不等的出血、坏死点，产蛋鸡的卵泡出血、变形，甚至卵泡破裂造成卵黄性腹膜炎；气管黏膜有较明显的浆液性、黏液性甚至充血、出血性炎症。

(五)防治措施

1. 疫苗种类与使用

目前我国生产鸡新城疫疫苗有两大类：弱疫苗(活毒苗)和灭活疫苗(死毒苗)。

(1)弱毒疫苗　弱毒疫苗共有两大类型：一是属于中等毒力的Ⅰ系疫苗(亦称印度系，Mukteswer 系)；二是属于弱毒的，有Ⅱ系、Ⅲ系、Ⅳ系、克隆－30 弱毒疫苗。我国对这些弱毒疫苗免疫的方法较多，有点眼、滴鼻、肌肉注射、刺种、饮水和气雾等。应该注意，不同的免疫途径，其效果是不一样的，一般说来，点眼、滴鼻和肌肉注射的免疫效果比饮水免疫好，气雾法免疫又比眼、鼻途径免疫力强。但在支原体病污染严重的鸡场，首免时禁止使用气雾法免疫，因为使用后往往激发支原体病。所以，现场采用何种免疫方法，应根据选用的疫苗种类、鸡的日龄、环境条件等因素灵活掌握。

(2)灭活疫苗　应用作油佐剂灭能苗的鸡新城疫毒株，选择Ⅳ系疫苗毒株最佳，其免疫效能不次于强毒株所制备灭能苗。近年来对污染鸡场采用弱毒疫苗和灭能苗同时进行免疫接种，获得免疫效力更佳，免疫持续时间更长，免疫鸡的 HI 抗体的效价可高达 1∶(1 024～2 048)，而且免疫鸡的 HI 抗体均匀，维持时间长，这对雏鸡免疫程序的改进有一定意义。

(3)联合疫苗的免疫　联合苗是指两种以上的弱毒疫苗，对鸡同时免疫接种预防两种以上的传染病。两种以上疫苗株联合制苗或配合疫苗时，应注意不产生相互干扰作用，或者影响某种疫苗的免疫效果。

2. 控制措施

鸡群一旦发生新城疫，应采取紧急措施，防止疫情的扩大。对鸡舍、运动场以及用具等进行彻底消毒，待消毒后 30 分钟再清扫。垃圾、粪便和剩余饲料经无害化处理，然后再进行第二次消毒。病死鸡尸体和宰杀的内脏及排泄物应深埋或焚烧。尸体和内脏也可经高温处理后作肥料。

及时应用新城疫Ⅰ系或Ⅳ系疫苗进行紧急接种。接种的顺序是：假定健康群→可疑群→病鸡群。必要时在病初用高免血清或卵黄抗体进行注射也能控制本病发展，待病情稳定后再用疫苗接种。有人给发病投服一些抗病毒的药物并结合使用增强免疫力的添加剂和抗生素也能够促进病鸡的康复和减轻该病的蔓延。

二、传染性支气管炎

(一)病原

传染性支气管炎病毒是冠状病毒科的代表病毒，存在于病死鸡的气管、支气管的渗出物和肺组织中;肾病理变化型传染性支气管炎,肾脏也存在大量病毒。病毒分为8个血清型,即马萨诸塞型、康涅狄格型、佐治亚型、SE17型、特拉华型、衣阿华97型、衣阿华609型和新罕布什尔型。引起肾变病型的毒株主要是澳大利亚T株、霍尔泰型、格兰型及马萨诸塞型。本病的病原广泛存在。

(二)流行病学特征

1. 易感动物

传染性支气管炎在家禽中仅发生于鸡,其他家禽均不感染,但是其他鸡形目禽类有可能会感染。各种年龄的鸡都可发病,但雏鸡最为严重。

2. 传染源和传播途径

病鸡康复后可带毒49天,在35天内具有传染性。本病的主要传播方式是病鸡从呼吸道排出病毒,经空气飞沫传染给易感鸡,种鸡也可以经卵垂直传播。此外,通过污染的饲料、饮水等也可经消化道传染。

3. 流行特点

发病急、传播快,一旦发现病鸡后在2天内就会有30%以上的个体出现症状;3周龄以内的鸡发病致死率可达30%以上,6周龄以上鸡发病死亡较少,成鸡主要影响产蛋;饲养管理条件不良,营养搭配不合理,疫苗接种或患其他疾病等都可以促发本病。

(三)临床症状

4周龄以下鸡常表现伸颈、张口呼吸、打喷嚏、咳嗽、啰音,病鸡全身衰弱,精神不振,食欲减少,羽毛松乱,昏睡,翅下垂。个别鸡鼻窦肿胀,流黏性鼻汁,眼泪多,逐渐消瘦。康复鸡发育不良。5周龄以上鸡,突出症状是啰音;产蛋鸡呼吸道症状轻微,主要表现产蛋率下降,产出畸形蛋、沙壳蛋、软壳蛋和褪色蛋,蛋白稀薄。有的鸡腹部膨大下垂,消瘦衰竭死亡。

肾型毒株感染鸡,呼吸道症状轻微或不出现,呼吸症状消失后,病鸡沉郁,持续排白色或水样下痢,迅速消瘦,饮水量增加。3周龄内雏鸡死亡率高,死亡时间集中,死亡率可达10%～30%,6周龄以上鸡死亡率在0.5%～1%,持续时间较长。成年鸡常出现腹部膨大如水囊状。

(四)病理变化

以呼吸道为主要病理变化的可见气管的下1/3和支气管内有浆液性、卡他性或干酪样渗出物。在死亡鸡的后段气管或支气管中可能有一种干酪性的栓子。传染性支气管炎可见输卵管发育异常,内有多少不等的透明的液体,可达50～1 000毫升。有的某段萎缩或断裂,致使成熟期不能正常产蛋,产蛋母鸡的腹腔内可以发现液状的卵黄物质。蛋清稀薄如水，卵黄膜松弛。

肾病理变化型，肾肿大呈哑铃状，肾小管中有大量尿酸盐而红白相间呈斑驳状，称“花斑肾”。输尿管因尿酸盐沉积而扩张，以致形成结石。在严重病例，白色尿酸盐沉积可见于其他组织器官表面。腺胃型传支，病鸡剖检可见腺胃肿大、胃壁增厚、黏膜肿胀出血等。

（五）防治措施

疫苗接种是目前预防鸡传染性支气管炎的一项主要措施。鉴于本病引起的损失主要是幼鸡阶段的感染所致，故小鸡的免疫接种是重点。引进的荷兰 H120、H52 株与我国主要流行毒株以及肾病理变化型毒株有交叉免疫，为国内使用最广的两个 IB 疫苗株。

后备蛋鸡和雏鸡的免疫程序：1～5 日龄用 H120 或新城疫传染性支气管炎二联弱毒苗点眼滴鼻首免；3～4 周龄用 H120 或 H52 或新城疫传染性支气管炎二联弱毒苗点眼滴鼻二免；16～18 周龄用 H52 饮水或新城疫传染性支气管炎二联油乳剂灭活苗注射。使用弱毒苗应与新城疫弱毒苗同时或间隔 10 天再进行新城疫弱毒苗免疫，以免发生干扰作用。肉鸡的免疫程序：1～5 日龄用 H120 或新城疫传染性支气管炎二联苗滴眼滴鼻首免，2～3 周龄用 H120 或新城疫传染性支气管炎二联苗滴眼鼻二免。

雏鸡一旦发生本病后应以缓解症状和预防继发感染为主采取措施。

三、传染性喉气管炎

（一）病原

传染性喉气管炎（AILT）的病原是疱疹病毒科鸡疱疹病毒Ⅰ型的传染性喉气管炎病毒。病毒的抵抗力弱，55℃下只能存活 10～15 分钟，37℃下 44 小时被灭活，但在 13～23℃时能存活 10 天。对一般消毒剂都敏感，低温冻干后在冰箱中可存活 10 年。

（二）流行病学特征

1. 易感动物

在自然条件下，传染性喉气管炎主要侵害鸡，不同年龄的鸡均易感，但以 5 周龄以上鸡的症状最为明显。

2. 传染源和传播途径

病鸡和康复后的带毒鸡是主要传染源。病毒存在于气管和上呼吸道分泌液中，通过咳出血液和黏液而经上呼吸道传播，约 2% 康复鸡可带毒长达 2 年以上。

传染性喉气管炎主要经呼吸道和眼结膜感染，该病在易感鸡群内传播很快，感染率可达90％，病死率为5％～70％，高产的成年鸡病死率较高。

（三）临床症状

急性病例的特征病状是鼻孔有分泌物和呼吸时发出湿性啰音，继而咳嗽和喘气。严重病例，呈现明显的呼吸困难，伸颈张口呼吸，甩头，咳嗽，咳出带血的黏液，呼吸极度困难，窒息死亡。鸡冠肉髯发紫，有时排绿色稀粪。病程5～7天或更长。

（四）病理变化

典型的病理变化为喉头和气管上1/3黏膜水肿、充血、出血，有出血斑。喉部黏膜肿胀，表面覆盖黏液性分泌物，临床表现有剧烈咳嗽者，黏液内常混有血液；病程略长的病例，黏液性分泌物可能干酪化，形成气管假膜（气管套），甚至可将喉头完全堵塞。炎症也可扩散到支气管、肺和气囊或眶下窦。比较缓和的病例，仅见结膜和窦内上皮的水肿及充血。

（五）防治措施

1. 预防措施

坚持严格隔离、消毒等措施是防止传染性喉气管炎流行的有效方法。有该病流行的地区，可考虑接种鸡传染性喉气管炎弱毒疫苗，以滴鼻、点眼（也有用饮水）的方法免疫接种。目前较常用的是鸡传染性喉气管炎弱毒冻干苗，适于1月龄以上鸡使用。应该注意，由于这种病的疫苗毒力较强，免疫接种后的鸡，可能出现轻重不同的反应，甚至引起死亡。所以，没有本病流行的地区最好不用弱毒疫苗免疫，更不能用自然强毒接种，它不仅可使本病疫源长期存在，还可能散布其他疫病。

自然感染传染性喉气管炎病毒后的耐过鸡，可获得至少1年以上甚至终生免疫力；易感鸡接种疫苗后也可获得保护力半年至1年不等。母源抗体可经卵传给子代，但其保护作用甚差，也不干扰鸡的免疫接种，因为鸡传染性喉气管炎的抗感染免疫主要是细胞免疫。

2. 治疗措施

对传染性喉气管炎目前尚无特异的治疗方法。发病群投服抗菌药物，对防止继发感染有一定作用。对病鸡采取对症治疗，如投服牛黄解毒丸、喉症丸或其他清热解毒利咽喉的中药，可使呼吸困难的症状缓解，减少死亡。对发病鸡群，确诊后立即采用弱毒疫苗紧急接种，也有收到控制疫情的报道，可结合鸡群具体情况采用。

耐过的康复鸡在一定时间内带毒、排毒，所以要淘汰病鸡。污染的环境要严格消毒。

四、传染性法氏囊病

(一)病原

传染性法氏囊病(IBD)的病原为传染性法氏囊病病毒。病毒的抵抗力强，耐光、耐反复冻融，对胰蛋白酶、氯仿、乙醚和 pH2 均有抵抗力；病毒对热有很强的耐受性，在 56℃下 5 小时、60℃下 30 分钟仍能存活。0.5%氯胺作用 10 分钟可将病毒灭活，病毒对常规消毒浓度的过氧乙酸、次氯酸钠、漂白粉和碘制剂等较敏感，短时间的作用即可将病毒灭活。本病原在国内绝大多数养鸡场都存在。

(二)流行病学特征

1. 易感动物

自然感染仅发生于鸡，各种品种的鸡都能感染，主要发生于 2～15 周龄的鸡，以 6 周龄以内的雏鸡最易感。偶见有 120 日龄的鸡也发生本病的报道，成年鸡一般呈隐性经过。

2. 传染源和传播途径

病鸡是主要传染源，其粪便中含有大量的病毒，可污染饲料、饮水、垫料、用具、人员等，通过直接接触和间接接触传播。病毒还可持续存在于鸡舍中，污染环境中的病毒存活时间长达 122 天之久。

3. 流行特点

传染性法氏囊病往往突然发生，迅速传播，当发现鸡舍中有被感染鸡时，在短时间内该鸡舍所有的鸡都可被感染。通常在感染后第 3 天开始死亡，5～7 天达到高峰，表现为高峰死亡和迅速康复的曲线。死亡率差异很大，在 3%～20%之间。本病常与大肠杆菌病、新城疫、鸡支原体病混合感染。

(三)临床症状

最初发现有雏鸡啄自己泄殖腔的行为。病鸡精神委顿，羽毛蓬松，采食减少，畏寒发抖，常扎堆在一起，随即病鸡出现腹泻，排出白色水样稀粪，泄殖腔周围的羽毛被粪便污染。严重者病鸡头垂地，闭眼呈昏睡状态。在后期体温低于正常，严重脱水，共济失调，最后衰竭死亡。近几年来，发现由该病毒变异株感染的鸡，表现为炎症反应弱，法氏囊萎缩，死亡率较低，但由于产生免疫抑制严重而危害性更大。

(四)病理变化

病鸡表现脱水、腿部和胸部肌肉出血。法氏囊的病理变化具有特征性，可见法氏囊水肿和出血，体积增大，重量比正常值大 2 倍以上，法氏囊内黏液增多；5 天后法氏囊开始萎缩，切开后黏膜皱褶多混浊不清，黏膜表面有点状出血或弥漫性出血。感染强毒的鸡法氏囊呈紫葡萄状，内容物呈血样。病程长者法氏囊内有干酪样渗出物。肾脏肿胀并呈“花斑肾”，输尿管内有数量不等的尿酸盐。腺胃和肌胃交界处见有条带状出血点。胰腺肿大出血。

（五）防治措施

1. 严格消毒育雏环境，减少雏鸡早期感染的可能性

在被污染的环境中饲养雏鸡，野毒常常先于疫苗侵害法氏囊，再有效的疫苗也不能获得有效的免疫力。因此，要注意对环境的消毒。另外，在雏鸡饲养过程中还应采取有效措施，严防通过饲养人员、用具、饲料、饮水等将野毒带入鸡舍。

2. 合理进行免疫接种

目前我国常用的活苗有两种类型：一是弱毒，对法氏囊没有任何损害，免疫后抗体产生迟，效价较低，在自然界遇到强毒时，使用这类疫苗的鸡保护率较低，PBG98、LKT、Bu-2、LZD258 等属于这类型疫苗；二是中等毒力，接种后对法氏囊有轻度损伤，这种反应经过 10 天后消失，对血清Ⅰ型的强毒的保护率高，Cu-IM、D78、TAD、B87、BJ836 属于这类疫苗，在污染场使用这类疫苗效果较好。

来自没经过 IBD 灭活疫苗免疫种母鸡的雏鸡，首次免疫多在 10～14 日龄，二免应在首次免疫后的 3 周进行。来自注射过 IBD 灭活疫苗种母鸡的雏鸡，首免可在 20～24 日龄进行，3 周后进行第二次免疫。

种鸡开产前（18～20 周龄）和高峰后（40～42 周龄）分 2 次应用 IBD 油乳剂灭活苗强化免疫，以使其子代获得较高而整齐的母源抗体水平，在 2～3 周龄内得到较好的保护，防止雏鸡早期感染。

3. 治疗措施

发病早期应用 IBD 高免血清、康复血清或高免鸡所产蛋制备的高免卵黄抗体进行注射，按鸡的大小每羽鸡皮下注射 0.5～2.0 毫升，对鸡群有较好的疗效。如果结合对症治疗，例如退热、纠正内环境紊乱、改善肾功能等，则疗效更好。

五、马立克氏病

（一）病原

本病原为马立克氏病病毒，属疱疹病毒科。根据疫苗能否提供保护，可将马立克氏病病毒的自然毒株毒力强弱分为温和毒、强毒、超强毒、超超强毒和无毒株。马立克氏病病毒按血清型可分为血清Ⅰ型、血清Ⅱ型和血清Ⅲ型。其中，马立克氏病超强毒、强毒、弱毒株及其人工致弱株属于血清Ⅰ型，马立克氏病自然无毒株属血清Ⅱ型,而火鸡疱疹病毒属于血清Ⅲ型。完整病毒的抵抗力较强,在粪便和垫料中的病毒,室温下可存活4～6个月之久。细胞结合毒在4℃可存活2周,在37℃存活18小时,在50℃存活30分钟,60℃只能存活1分钟。

(二)流行病学特征

1. 易感动物

主要是鸡,其次是火鸡,年龄越小,易感性越强,母鸡比公鸡更易感。以1日龄雏鸡最易感,比10日龄雏鸡易感性大几十倍至上百倍。如果25日龄内没有感染,以后即便是接触到病毒也不再感染。感染本病毒后,鸡只经1～2个月才表现症状和死亡,因此本病发病日龄早的约为45日龄,至70日龄则陆续出现死亡,80～120日龄前后达到死亡高峰,至性成熟开产时,发病率和死亡率逐步减少或停止发病和死亡。

2. 传染源与传播途径

很多外表健康鸡可长期持续感染,在大多数鸡场,鸡群性成熟时几乎全部感染。所有感染鸡,无论是否发病,其羽毛囊上皮均可能含有大量的马立克氏病病毒并随皮屑脱落,易感雏鸡主要经呼吸道而感染。因此,本病的预防接种在每个养鸡场(除白羽快大型仔鸡场)都是必要的。

3. 流行特点

鸡群感染发病率及死亡率与所感染马立克氏病病毒的毒力关系很大。温和型引起神经型马立克氏病,强毒导致内脏肿瘤,超强毒可在HVT免疫鸡群形成肿瘤,超超强毒可在2+3型双价苗免疫群形成肿瘤,特强毒可在Ⅰ型苗免疫鸡群发生马立克氏病。

(三)临床症状

马立克氏病潜伏期较长,病程亦较长,通常为2周以上甚至数月,感染鸡群陆续出现病鸡,病鸡渐进性消瘦,药物治疗无效并陆续死亡。

1. 内脏型

是本病中最多见的一种病型。病鸡表现精神委靡不振,食欲减退,冠髯苍白或萎缩,羽毛松乱,拉黄绿色稀便或白色稀便,趾、爪皮肤干燥,消瘦,体重迅速下降,不爱活动,后期极度衰弱昏迷,瘫痪,最后死亡。

2. 神经型

是本病中较多见的一种病型,主要侵害鸡外周神经,出现肢体或其他有关器官麻痹的症状,如支配颈部肌肉的神经麻痹而歪头扭颈,臂神经麻痹而垂翅,坐骨神经麻痹而呈“劈叉”姿势。另外,当迷走神经受侵害时可致病鸡失声,嗉囊扩张,呼吸困难等。本型病程较长,病鸡常常因行动障碍、采食困难而饥饿、脱水、消瘦,最后死亡。

3. 皮肤型

发病率很低,多见于生长粗大羽毛的部位皮肤,病鸡的皮肤增厚,羽毛囊增大,形成黄豆大至核桃大的半丘状结节,甚至坏死、破溃、流血。

4. 眼型马

发病率极低。病鸡主要表现为一眼或双眼的虹膜受侵害,正常虹膜被灰白色淋巴浸润,故有"灰眼症"之称。瞳孔边缘不整齐,视力减退或失明。

(四)病理变化

1. 内脏型

病鸡可见消瘦,龙骨突出;肌肉暗红无光泽;内脏各器官组织广泛形成肿瘤病灶。最常受害的是卵巢,其次是肝、肾、心、肺、脾、胰、腺胃和肠道,肌肉和皮肤也可受害。肿瘤块为灰白色,质地坚实而致密,有时肿瘤呈弥散性,使整个器官变得很大。法氏囊一般萎缩,胸腺萎缩,骨髓变性,可导致临床上的免疫抑制。

2. 神经型

常发生于坐骨神经丛,受害神经变为灰白色或黄白色水肿,有出血点,横纹消失,神经纤维上有大小不等的结节,因而使其变得粗细不均,有时见弥漫性增粗2～3 倍。病理变化常为单侧性,将两侧神经对比有助于诊断。

(五)防治措施

本病发生后没有有效的治疗措施,疫苗接种是防治本病的关键;防止出雏室和育雏室早期感染亦起重要作用。

1. 单价疫苗

HVT 冻干疫苗是从感染细胞提取的无细胞病毒冻干制品,便于保存和使用,生产成本低,是使用最广泛的单价疫苗。该苗免疫效果确实,出雏时每羽接种1 000 蚀斑单位可获得较好的抗病能力,大大减少马立克氏病引起的损失。细胞结合的 HVT 苗比冻干疫苗效果更好,因为它受母源抗体的影响较小。

2. 多价疫苗

主要是由Ⅱ型、Ⅲ型马立克氏病病毒组成的双价疫苗。由于Ⅱ型、Ⅲ型马立克氏病病毒之间存在很强的免疫协同作用,所以保护率比单价疫苗高得多。双价疫苗不仅能抵抗超强毒的攻击,而且对存在母源抗体干扰和早期感染威胁的鸡群也能提供较好的保护。国外生产的 HVT(FC126)+SB_1 双价疫苗,免疫效果好,目前我国已有部分地区使用这种进口疫苗。

六、鸡产蛋下降综合征

(一)病原

产蛋下降综合征病毒属于禽腺病毒。病毒对乙醚、氯仿不敏感,对 pH 值适应谱广,0.3%福尔马林 48 小时可使病毒完全灭活。

(二)流行病学特征

1. 易感动物

除鸡易感外,自然宿主为鸭、鹅和野鸭,但仅在成年产蛋鸡群发病。鸡感染鸡产蛋下降综合征病毒后,在性成熟前病毒对鸡不表现致病性,在产蛋初期由于应激反应,致使病毒活化而使产蛋鸡发病。

2. 传播方式

主要是垂直传播,在鸡群产蛋率达 50%至高峰时出现症状并排毒,同时产生 HI 抗体。水平传播也是很重要的方式,因为从鸡的输卵管、泄殖腔、粪便、肠内容物都能分离到病毒,它可向外排毒经水平传播感染易感鸡。

3. 流行特点

病原常在非免疫鸡群地区,症状表现在产蛋高峰前后;病原新进入地区,所有日龄的产蛋鸡群都可能在短期内出现产蛋下降问题;经过免疫接种,但免疫效果不确实的鸡群,随时可能出现不同程度的产蛋下降现象。

(三)临床症状

1. 典型表现

感染鸡无其他明显症状,主要表现为突然性群体产蛋量下降,比正常下降 20%~40%,严重的甚至达 50%。病初蛋壳的色泽变淡或消失,紧接着产畸形蛋,蛋壳表面粗糙像砂纸样,蛋壳变薄易破损,软壳蛋或无壳蛋增多,占 15%以上。病程一般可以持续 4~10 周。

2. 非典型表现

经过免疫接种但免疫效果不确实的鸡群,所见综合征候群会有明显差异。有的不能达到预定生产性能(高峰期不高),有的产蛋率上升速度慢(产蛋停滞),有的产蛋期可能推迟。

(四)病理变化

本病无显著病理变化,一般也不引起死亡,仅发现卵巢变小、萎缩,子宫和输卵管黏膜轻度出血和卡他性炎症,输卵管腺体水肿,单核细胞浸润,黏膜上皮细胞变性坏死。从感染后的第 7 天开始,病理变化细胞中可见到核内包涵体,产生异常蛋

3天以后包涵体消失。

（五）防治措施

对鸡产蛋下降综合征目前尚无成功的治疗方法。只能从加强管理、淘汰病鸡、免疫预防等多方面进行综合防治；必要时，也可给发病鸡喂抗菌药物以防混合感染。

免疫接种是主要的预防途径。用油佐剂灭活苗给鸡免疫接种可起到良好的保护作用；在鸡110～130日龄时进行免疫接种，免疫后2～5周可达抗体高峰，免疫期持续10～12个月。生产实践中，以新城疫-减蛋综合征二联油佐剂灭活疫苗，于开产前2～4周给鸡皮下或肌肉注射，对这两种病均有良好保护力。

七、禽流感

（一）病原

禽流感病毒（AIV）属甲型流感病毒。依据其外膜血凝素（H）和神经氨酸酶（N）蛋白抗原性的不同，目前可分为15个H亚型（H1～H15）和9个N亚型（N1～N9）。生产中常见的为H5、H7和H9亚型。常用消毒剂容易将其灭活，如氧化剂、稀酸、卤素化合物（如漂白粉和碘剂）等都能迅速破坏其传染性。

禽流感病毒对热比较敏感，65℃加热30分钟或煮沸（100℃）2分钟以上可灭活。病毒在粪便中可存活1周，在水中可存活1个月，在pH＜4.1的条件下也具有存活能力。病毒在直射阳光下40～48小时即可灭活，如果用紫外线直接照射，可迅速破坏其传染性。

（二）流行病学特征

所有家禽及野生禽类都易感本病，以鸡和火鸡易感性最高。病禽可从呼吸道、消化道、结膜排出病毒。传播方式有感染禽和易感禽的直接接触、空气传播及同污染物品（饲料、饮水、各种用具等）的间接接触等。同时，人员流动与消毒不严促进了禽流感的传播。本病一年四季均能发生，但冬春季节多发，夏秋季节零星发生。气候突变、冷刺激、饲料中营养物质缺乏均能促进该病的发生。由于目前在养鸡生产中普遍进行了疫苗接种，该病很少出现暴发的情况。

（三）临床症状

该病的潜伏期较短，一般为4～5天。因感染禽的品种、日龄、性别、环境因素、病毒的毒力不同，病禽的症状各异，轻重不一。

1. 最急性型

由高致病力流感病毒引起，病禽不出现前驱症状，发病后急剧死亡，死亡率可达 90%～100%。

2. 急性型

为目前世界上常见的一种病型。病禽表现为突然发病，体温升高，可达 42℃以上，精神沉郁。头、面部和下颌水肿，肉冠和肉垂肿胀、发紫。采食量急剧下降。病禽呼吸困难、咳嗽、打喷嚏，张口呼吸，突然尖叫。眼肿胀流泪，初期流浆液性带泡沫的眼泪，后期流黄白色脓性分泌物，眼睑肿胀，两眼突出，向两侧开张，呈“金鱼头”状。腿部鳞片发紫或出血。也有的出现抽搐、头颈后扭、运动失调、瘫痪等神经症状。产蛋鸡产蛋量下降。

3. 非典型禽流感

病禽一般表现为流泪、咳嗽、喘气、下痢，产蛋量大幅度下降（下降幅度为 50%～80%），并发生零星死亡。

（四）病理变化

最急性死亡的病鸡常无眼观变化。急性者可见头部和颜面浮肿，鸡冠、肉垂肿大达 3 倍以上；皮下有黄色胶样浸润、出血，胸、腹部脂肪有紫红色出血斑；心包积水，心外膜有点状或条纹状坏死，心肌软化；病鸡腿部肌肉出血，有出血点或出血斑。消化道变化表现为腺胃乳头水肿、出血，肌胃角质层下出血，肌胃与腺胃交界处呈带状或环状出血；十二指肠、盲肠、扁桃体、泄殖腔充血、出血；肝、脾、肾脏淤血肿大，有白色小块坏死；呼吸道有大量炎性分泌物或黄白色干酪样坏死；胸腺萎缩，有程度不同的点、斑状出血；法氏囊萎缩或呈黄色水肿，有充血、出血；母鸡卵泡充血、出血，卵黄液变稀薄，严重者卵泡破裂，卵黄散落到腹腔中，形成卵黄性腹膜炎，腹腔中充满稀薄的卵黄；输卵管水肿、充血，内有浆液性、黏液性或干酪样物质；公鸡睾丸变性坏死。

（五）防治措施

该病属法定的畜禽一类传染病，危害极大，故一旦爆发，确诊后应坚决彻底销毁疫点的禽只及有关物品，执行严格的封锁、隔离和无害化处理措施。严禁外来人员及车辆进入疫区，禽群处理后，禽场要全面清扫、清洗、消毒、空舍至少 3 个月。

禽流感发病急，死亡快，一旦发生损失较大，应重视对该病的预防。严格执行生物安全措施，加强禽场的防疫管理，禽场门口要设消毒池，谢绝参观，严禁外人进入禽舍，工作人员出入要更换消毒过的胶靴、工作服，用具、器材、车辆要定时消毒。

做好免疫接种，10 日龄禽流感油乳剂灭活苗 0.3～0.4 毫升颈部皮下注射；40～45 日龄禽流感油乳剂灭活苗 0.5 毫升颈部皮下注射；120 日龄禽流感油乳剂灭活苗 0.5～1 毫升颈部皮下注射。

八、禽痘

(一)病原

禽痘的病原是痘病毒,禽痘病毒是一种比较大的DNA病毒。痘病毒对直射阳光、碱和大多数常用消毒药均较敏感,如58℃ 20分钟即可杀死病毒,但能耐干燥,在干燥的痂皮中存活6～8周。

(二)流行病学特征

家禽中以鸡的易感性最高,不分年龄、性别和品种都可感染,其次是火鸡,其他如鸭、鹅等家禽虽也能发生,但并不严重。

禽痘传染常由健康禽与病禽接触引起,脱落的痘痂是病毒散布的主要形式。一般经有损伤的皮肤和黏膜而感染,蚊子及体表寄生虫可作为媒介传播本病。

本病一年四季均可发生,以春秋两季和蚊子活跃的季节最易流行。拥挤、通风不良、阴暗、潮湿、体表寄生虫、维生素缺乏和饲养管理条件恶劣,可使病情加重。如有葡萄球菌病、传染性鼻炎、慢性呼吸道病等并发感染,可造成大批死亡。

(三)临床症状和病理变化

1. 皮肤型

以头部皮肤(常见于冠、肉髯、喙角、眼皮和耳球上)症状常见,有时见于腿、脚、泄殖腔和翅内侧形成一种特殊的痘疹为特征。眼眶周围有时结节数目很多,互相连接融合,形成大块的厚痂,以致使眼缝完全闭合。产蛋鸡采食量稍减,产蛋减少或停止,一般无明显的全身症状;病重的小鸡常有精神委靡、食欲减退、生长发育受阻、体重减轻等。

2. 黏膜型

多发于雏鸡,病死率较高,雏鸡病情严重者病死率可达50%。病初呈鼻炎症状,病禽委顿厌食,流鼻汁,初为浆性黏液,后转为脓性。如果鼻炎症状蔓延至眶下窦和眼结膜,则眼睑肿胀,结膜充满脓性或纤维素性渗出物,甚至引起角膜炎而失明。

3. 混合型

即皮肤、黏膜均被侵害。

(四)防治措施

加强养禽场的卫生消毒、饲养管理及消灭吸血昆虫对预防禽痘具有重要作用。

人工接种疫苗是预防本病的可靠方法,可采用鸡痘鹌鹑化弱毒疫苗,经皮肤刺种免疫。初次免疫可在10～20日龄,第2次在开产前进行。一般在接种后2～3周产生免疫力,雏鸡免疫期为2个月,3周龄以上的鸡为4～5个月。

在现场刺种后4～6天,抽查(约10%)鸡在接种部位是否有痘肿、水疱及结痂,2～3周痂块脱落。如抽检的鸡80%以上有反应,表示刺种成功。如果接种部位不发生反应,或反应率低,应考虑重新接种。

目前尚无特效治疗药物,主要采用对症疗法,以减轻病鸡的症状和防止并发症。在饮水中加入抗生素对防止继发感染有一定作用;在饲料中补充维生素A、鱼肝油等,有利于组织和黏膜的再生和修复,提高禽体对病毒的抵抗力。

九、禽淋巴细胞性白血病

(一)病原

禽白血病病毒(ALV)属反转录病毒科,分为A、B、C、D、E 5个亚群。各亚群病毒都具有共同的群特异性(gs)抗原,这种抗原可以从鸡蛋的卵清中、鸡体的各种组织中以及体液中检测到。病毒对理化因素抵抗力差,尤其是对热抵抗力弱,于37℃存活的平均时间为260分钟,－15℃下保存期不到12周。

(二)流行特点

本病主要传染源是病鸡和隐性感染鸡。带毒鸡可以通过水平方式传播,这种传播效率低,需要密切接触;也可以垂直传播病毒,一般阳性鸡的病毒经卵传播率为1%～25%,平均为5%。健康鸡通过消化道、呼吸道、可视黏膜感染,种蛋经蛋清传递。

所有日龄鸡均可感染,日龄越小越易感;发病日龄一般大于14周龄,通常为30周龄或以上;感染率可高达60%,发病率通常为5%左右,高者达20%,死亡率1%～2%。

(三)临床症状

本病的潜伏期较长,出生后自然感染鸡的潜伏期一般在16周龄以上,胚胎期感染者,部分雏鸡可于1～2周龄时发病死亡。禽白血病一般发生在性成熟或即将性成熟的鸡群,呈渐进性发生。

患鸡消瘦,冠髯苍白、萎缩,羽毛凌乱;由于肝部肿大而导致腹部增大。用手指经泄殖腔可触摸到肿大的法氏囊。部分鸡只趾骨中段增生膨大(骨石化型白血病)。禽白血病感染率高的鸡群产蛋量很低。

(四)病理变化

本病主要病理变化特征是内脏多种器官包括心、肝、肺、肾、法氏囊、性腺等形成弥漫性或结节性肿瘤病灶,尤其在肝脏、脾脏和法氏囊的肿瘤较为常见。肿瘤灰白色,表面光滑,切面质地润滑均一,少数见有坏死灶。在病理组织学方面,感染 8 周后,即可从患鸡法氏囊发现淋巴瘤性病灶。镜检肿瘤细胞为均一的成淋巴细胞,嗜派络宁染色。

(五)防治措施

目前对禽白血病尚无有效的治疗方法。正努力研制疫苗防制禽白血病,但尚无有效疫苗可降低禽白血病肿瘤发生率和死亡率。

因为禽白血病的传播主要是经垂直传播,水平传播仅占次要地位。所以国内外控制禽白血病都从建立无禽白血病的鸡群着手,每批即将产蛋的鸡群,经 ELISA 或其他血清学方法检测,阳性鸡进行一次淘汰。如果每批种鸡淘汰一次,经过 3、4 代淘汰后,鸡群的禽白血病将显著降低,并逐步消灭。净化鸡群重点是在原种鸡场、种鸡场。

第二节　细菌性传染病防治

这类传染病都是由细菌感染引起的。当前鸡单纯的细菌病较以往少,而混合感染、并发症或继发症等多因素性疾病近年来显著增加。大肠杆菌与支原体、大肠杆菌与新城疫、沙门菌与传染性支气管炎、传染性鼻炎与支原体等混合感染约占鸡细菌病的一半以上。由于目前兽药的质量问题造成的细菌耐药性很严重,在疾病的治疗方面经常收不到理想的效果。同时,细菌性疾病的发生率和危害性与饲养管理条件优劣的关系很大,同一个病在不同场造成的危害也明显不同。在实际生产中细菌性鸡病的防治措施主要有以下 4 个方面。

(1)改善饲养管理条件。许多细菌在鸡场环境中广泛存在,如果环境条件适合细菌的繁殖则细菌繁殖快、数量多,如果加强环境管理则细菌繁殖受限制。因此,在养鸡生产实践中凡是细菌性鸡病发生多的大都是生产环境条件不好的养鸡场。温度高、湿度大、鸡舍内粪便积存、通风不良、饲养密度高、消毒频率低是造成细菌性疾病发生的重要诱因。饲料营养不平衡、某些营养素缺乏会降低鸡对细菌感染的抵抗力。处于应激状态的鸡对病原菌的抵抗力也会下降。

(2)使用高效抗生素防治。应用药物预防和治疗也是增强机体抵抗力和防治细菌性疾病的有效措施。尤其是对那些无有效疫苗可用或免疫效果不理想的细菌病,如鸡白痢、鸡大肠杆菌病、鸡败血霉形体病等,在实际生产中常采用药物预防和治疗,可收到显著的效果。但是,由于细菌容易产生耐药性,生产中通过药物敏感试验选择药物是最有效的方法。

(3)严格消毒管理。消毒就是通过物理或化学的方法杀灭环境中的病原微生物，切断这类疫病的传播途径，达到预防疫病发生和传播的目的。合理选择消毒药物、消毒方法、消毒频率和消毒环境才能达到良好的消毒效果。

(4)免疫接种。大多数细菌性疾病使用疫苗(菌苗)免疫接种的效果不太理想，这主要是因为疫苗菌株的血清型与使用疫苗的鸡场内存在的细菌血清型之间吻合度不高造成的。对于大型养鸡场来说，如果从本场内分离细菌制作菌苗进行免疫接种的效果会更可靠。

一、禽大肠杆菌病

(一)病原

大肠杆菌是一种两端钝圆的中等大小杆菌，革兰氏染色阴性，有 O、K 及 H 共 3 种抗原。

大肠杆菌对理化因素很敏感，55℃ 1 小时或 60℃ 20 分钟即可致死。在室温条件下可生存 1～2 个月，在水中可达数月之久，附着在粪便、土壤、鸡舍尘埃或孵化器的绒毛、碎蛋壳等的大肠杆菌能长期存活。大肠杆菌对一般消毒剂敏感，对氯很敏感，故常用含氯消毒药进行饮水消毒。一般消毒药的常用浓度，也可在 5 分钟内将其杀死。对抗生素及磺胺类药等极易产生耐药性。

(二)流行病学特征

老鼠等啮齿动物的粪便和臭虫的体内也经常含有致病性大肠杆菌。正常母鸡所产的蛋就有 0.5%～0.6%可以分离到大肠杆菌。该菌在饮水中出现被认为是粪便污染的指标。大肠杆菌在鸡场普遍存在，特别是通风不良、大量积粪的鸡舍，在垫料、空气尘埃、污染用具和道路、粪场及孵化厅等处环境中染菌最多。

大肠杆菌病的感染途径包括垂直传播、呼吸道感染、消化道感染等多种。

(三)临床症状与病理变化

大肠杆菌病对于不同周龄阶段的鸡或感染部位不同所表现出的临床症状与病理变化也有较大差别。

1. 死胚、弱雏、脐炎和雏鸡早期死亡

种母鸡输卵管炎或卵巢被大肠杆菌感染，或种蛋被病原菌污染是关键原因。其特征是：鸡胚死亡发生在孵化过程特别是孵化后期，病变卵黄呈干酪样或黄棕色水样物质，卵黄膜增厚。弱雏多，弱雏腹部大，体表潮湿，脐孔开张、红、肿、有炎性渗出物。弱雏多在 1 周内死亡。剖检可见卵黄吸收不良，囊壁充血、出血，内容物稀薄，呈灰绿色或黏稠、干酪样。有些病雏突然死亡或表现软弱、发抖、昏睡、腹胀、畏寒、下痢(白色或黄绿色)，个别有神经症状。病雏除有卵黄囊病变外，多数发生脐炎、心包炎及肠炎。感染鸡可能不死，常表现卵黄吸收不良及生长发育受阻。

2. 大肠杆菌性败血症

多见于10周龄内的小鸡，死亡率一般为5%～20%，有时也可达到50%。寒冷季节多发，打喷嚏、呼吸障碍等症状和支原体病相似，但无颜面浮肿和流鼻涕等症状，多和支原体病混合感染。幼雏的大肠杆菌病夏季多发，主要表现精神委靡、食欲减退，最后因衰竭而死亡；有的出现白色及至黄色的下痢便，腹部膨胀，与白痢和副伤寒不易区分，死亡率多在20%以上。肠浆膜、心外膜、心内膜有明显小出血点。肠壁黏膜有大量黏液，脾脏肿大数倍，心包腔有多量浆液。

3. 气囊炎

气囊炎主要发生于3～12周龄的小鸡，特别3～6周龄肉仔鸡最为多见。气囊炎也经常伴有心包炎、肝周炎。偶尔可见败血症、眼球炎和滑膜炎等。病鸡表现沉郁，呼吸困难，有啰音和打喷嚏等症状。气囊增厚、混浊，表面有纤维素渗出物被覆，呈黄白色，由此继发心包炎和肝周炎，心包膜和肝脏被膜上附有纤维素性伪膜，心包膜增厚，心包液增量、混浊，肝脏肿大，被膜增厚，被膜下散在大小不等的出血点和坏死灶。

4. 大肠杆菌性肉芽肿

病鸡死亡前无特征性症状，部分病鸡消瘦、贫血、减食、拉稀。剖检病变主要在心脏、胰脏、肝脏、肠系膜和肠管多见。眼观这些器官可发现粟粒大的肉芽肿结节，肠系膜除散发肉芽肿结节外，还常因淋巴细胞与粒性细胞增生、浸润而呈油脂状肥厚，结节的切面呈黄白色，略呈放射状，环状波纹或多层性，容易与结核病或肿瘤相混。

5. 输卵管炎型和卵黄性腹膜炎型

常通过交配或人工授精感染。多呈慢性经过，并伴发卵巢炎、子宫炎。母鸡产蛋减少，部分个体呈企鹅站立姿势，腹下垂。

(1)输卵管炎型　剖检可见输卵管高度扩张，内积异形蛋样渗出物，表面不光滑，切面呈轮层状，输卵管黏膜充血、增厚。镜检上皮下有异染性细胞积聚，干酪样团块中含有许多坏死的异染性细胞和细菌。症状轻的主要表现为输卵管局部(多数在子宫部或阴道部)水肿、黏膜充血，或有少量出血点。

(2)卵黄性腹膜炎型　剖检可见腹腔中充满淡黄色腥臭的液体和破损的卵黄。腹腔脏器的表面覆盖一层淡黄色、凝固的纤维素性渗出物，肠系膜发炎，肠袢互相粘连。卵巢上的卵泡变形，呈灰黄色、褐色或酱色等不正常色泽，有的卵泡皱缩；破裂的卵黄则凝结成大小不等的碎片，输卵管黏膜发炎，有针头状出血点和淡黄色纤维素性渗出物沉着，管腔中也有黄白色的纤维素性凝片。

6. 关节滑膜炎

多见于肩、踝关节。关节明显肿大，滑液囊内有不等量的灰白色或淡红色渗出物，关节周围组织充血水肿。

7. 脑炎

表现昏睡、斜颈，歪头转圈，共济失调，抽搐，伸脖，张口呼吸，采食减少，拉稀，生长受阻，产卵显著下降。主要病变脑膜充血、出血、脑脊髓液增加。

8. 肿头综合征

表现眼周围、头部、颌下、肉垂及颈部上段水肿，病鸡喷嚏并发出咯咯声，剖检可见头部、眼部、下颌及颈部皮下有黄色胶冻样渗出。

(四)防治措施

1. 预防措施

优化生产环境、加强消毒工作、防止水源和饲料污染是减少发病或降低该病危害的重要条件。

2. 药物治疗

用于治疗本病的药物较多，如庆大霉素、硫酸新霉素、氨苄青霉素、恩诺沙星、环丙沙星、土霉素、链霉素、金霉素、多黏菌素 B、壮观霉素、头孢噻呋、氟苯尼考、磺胺类药物等。选择药物时必须进行药敏试验，以免使用无效的药物。在实际用药时，尽量选择高度敏感的药物，避免同一药物连续使用，要采取"轮换"或"交替"用药方案，同时药物剂量要充足。也可用抗感染植物药(中草药)治疗。

3. 接种菌苗

目前，有大肠杆菌菌苗可供使用。但是由于菌株的血清型较多，有些情况下接种菌苗的效果不理想。用本地分离的菌株制作灭活菌苗的效果会更好。

二、鸡白痢

(一)病原

鸡白痢沙门菌属于肠道杆菌科沙门菌属 D 血清群中的一个成员，为两端钝圆的细小革兰氏阴性杆菌，长 1.0～2.5 微米，宽 0.3～0.5 微米，对一般碱性苯胺染料着色良好，细菌常单个存在。

由于禽类在感染后 3～10 天能产生相应的凝集抗体，因此临床上常用凝集试验检测隐性感染和带菌者。需要指出的是，鸡白痢沙门菌与鸡伤寒沙门菌具有很高的交叉凝集反应性，可使用一种抗原检出另一种病的带菌者。

本菌对热和常规消毒剂的抵抗力不强，70℃ 20 分钟，0.3%来苏儿、0.1%升汞、0.2%福尔马林和3%石炭酸溶液经15～20分钟均可杀死。但该菌在自然环境中的耐受力较强，如在尸体中可存活3个月以上，在干燥的粪便及分泌物中可存活4年之久。

(二)流行病学特征

1. 易感动物和易感年龄

多种禽类(如鸡、火鸡、鸭、雏鹅、珠鸡、野鸡、鹌鹑、麻雀、欧洲莺和鸽等)都有自然感染鸡白痢的报道，但流行主要限于鸡和火鸡，尤其鸡对本病最容易感染。有人曾在猪体内分离到鸡白痢沙门菌，儿童亦偶有感染本病的报道。

各种品种、日龄和性别的鸡对本病均有易感性，但以2～3周龄以内雏鸡的发病率与死亡率最高，常呈暴发流行。随着日龄的增加，鸡对本病的抵抗力增强，如4周龄后的鸡发病率和死亡率显著下降。成年禽感染后常呈慢性或隐性经过。

2. 传播途径

本病是典型的经卵垂直传播的疾病之一，亦可通过多种途径水平传播。饲养管理不善，环境卫生恶劣，鸡群过于密集，育雏温度偏低或波动过大，空气潮湿以及存在着其他病原体的感染，都会加剧本病的暴发，增加死亡率。

(三)临床症状

雏鸡和成年鸡感染后的临床症状表现有显著差异。

1. 雏鸡

种蛋感染常见于胚胎期死亡，个别在出壳后6天内死亡，见不到明显症状。出壳后感染者见于7～10日龄，常呈无症状急性死亡，2～3周龄发病达到高峰。病程稍长者常见精神沉郁，绒毛松乱，两翼下垂，缩头颈，闭眼昏睡，不愿走动，怕冷扎堆，食欲下降甚至废绝。特征性表现是拉白色糊状稀粪，沾污肛门周围的绒毛，有的因粪便干燥封住肛门而影响排粪，由于肛门周围炎症引起疼痛，故时常发出尖锐的叫声。如果累及肺脏，还会出现呼吸困难。20天以上的雏鸡病程较长。3周龄以上发病的鸡较少死亡。耐过鸡生长发育不良，成为慢性病鸡或带菌者。

2. 育成鸡

多发生于40～80日龄的鸡，地面平养的鸡群发生鸡白痢较网上平养和笼养的鸡群要多。鸡群密度过大，环境卫生条件恶劣，饲养管理粗放，气候突变，饲料突然改变或品质低下等会促使本病发生。病鸡食欲、精神尚可，但总见鸡群中不断出现精神、食欲差和下痢的鸡只，常突然死亡。死亡不见高峰而是每天都有鸡只死亡，数量不一。

3. 成年鸡

成年鸡感染后一般呈慢性经过或隐性感染，无任何症状或仅出现轻微的症状。

当鸡群感染比较大时，可明显影响产蛋量，产蛋高峰不高，维持时间亦短，死淘率增高。病鸡有时下痢。仔细观察鸡群可发现有的鸡寡产或根本不产蛋。有些鸡因卵巢或输卵管受到侵害而导致卵黄性腹膜炎，出现“垂腹”现象，母鸡的产蛋率、受精率和孵化率下降，死淘率增加。

(四)病理变化

1. 雏鸡

日龄小、发病后很快死亡的雏鸡，病变不明显。病期较长者卵黄吸收不良，其内容物色黄如油脂状或干酪样；心肌、肺脏、肝脏、盲肠、大肠及肌胃有黄白色坏死灶或大小不等的灰白色结节。肝脏肿大，有条状出血，胆囊充盈；心脏常因结节而变形；有时还可见心包炎和肠炎；盲肠内有干酪样物充斥，形成所谓的“盲肠芯”；脾脏有时肿大，常见有坏死；肾脏充血或出血，输尿管充斥灰白色尿酸盐。若累及关节，可见关节肿胀、发炎。死于几日龄的病雏，可见出血性肺炎，稍大的病雏，肺脏可见有灰黄色结节和灰色肝变。

2. 成年鸡

呈慢性经过的病鸡主要表现为卵巢和卵泡变形、变色、变质。卵泡的内容物变成油脂样或干酪样，变性的卵子仍附在卵巢上，常有长短粗细不一的卵蒂(柄状物)与卵巢相连。病变的卵泡掉到腹腔中，造成广泛性卵黄性腹膜炎，并引起肠管与其他内脏器官相互粘连。急性死亡的成年鸡病变与禽伤寒相似，可见肝脏明显肿大、变性，呈黄绿色，表面凹凸不平，有纤维素渗出物被覆，胆囊充盈；纤维素性心包炎，心肌偶尔见灰白色小结节；肺脏淤血、水肿；脾脏、肾肿大及点状坏死；胰腺有时出现细小坏死。成年公鸡的病变，常局限于睾丸及输精管。睾丸极度萎缩和输精管肿胀，同时出现小脓肿。输精管管腔增大，充满稠密的均质渗出物。

(五)防治措施

1. 预防措施

(1)定期检疫，净化种鸡群。雏鸡白痢的最大传染源是带菌母鸡，所以建立无鸡白痢种鸡群具有十分重要的意义。40～70 日龄通过血清凝集试验或全血平板凝集试验进行第一次检验，及时剔除阳性鸡及可疑鸡，以后每隔 1 个月一次，直至全群无阳性鸡，再隔 2 周做最后一次检查，如无阳性鸡，则为健康群。有些鸡场采用开产前和产蛋高峰过后分别采血通过血清凝集试验或全血平板凝集试验进行检验，及时剔除阳性鸡及可疑鸡，也有较好的效果。

(2)加强饲养管理。每次进鸡前都要对鸡舍、设备、用具及周围环境进行彻底消毒，并至少空置 1 周。饲养期间注意合理分配日粮及定期带鸡消毒。育雏室还要做好保温与通风换气。

(3)注意孵化卫生。种蛋入孵前要做好孵房、孵化机及所有用具的清扫、冲洗和消毒工作。入孵种蛋应来自无病鸡群,以 0.1%新洁尔灭喷洒、洗涤消毒,或用 0.5%高锰酸钾浸泡 1 分钟,或 1.5%漂白粉溶液浸泡 3 分钟,再用福尔马林熏蒸消毒 30 分钟。

(4)菌苗接种。有人利用死菌或活菌菌苗控制鸡白痢的发生,有一定效果。

2. 药物治疗

鸡白痢可采用该菌敏感的抗菌药物进行治疗。但选择药物前,最好先利用现场分离的菌株进行药敏实验。另外,根据农业部新发布的《食品动物禁用的兽药及其他化合物清单》,以往常用于预防和治疗鸡白痢的硝基呋喃类药物和氯霉素等都已被禁止用于食品动物,故选择药物前最好向有关部门咨询。

(1)在饲料、饮水中添加药物。人们曾使用过青霉素、链霉素、土霉素、金霉素、庆大霉素、氟哌酸、环丙沙星、恩诺沙星等。从多年的防治实践和细菌的分离、药敏试验结果看,以下药物是比较好的,如壮观霉素、氟苯尼考、丁胺卡那霉素、磺胺嘧啶、磺胺甲基嘧啶、磺胺二甲基嘧啶、庆大霉素及新型喹诺酮类药物。此外,兽用新霉素防止雏鸡下痢也有很好的效果。而青霉素、链霉素、土霉素对鸡白痢沙门菌疗效不好。

用药物预防应防止长时间使用一种药物,更不要一味加大药物剂量达到防治目的。应该考虑到有效药物可以在一定时间内交替、轮换使用,药物剂量要合理,防治要有一定的疗程。上述药物一般投药 4～5 天可达到预防目的。

(2)微生态制剂的应用。有的生物制剂对防治畜禽下痢有较好效果,具有安全、无毒、不产生副作用,细菌不产生抗药性,价廉等特点。常用的有促菌生、调痢生、乳酸菌等。在用这类药物的同时以及前后 4～5 天应该禁用抗菌药物。经大批量的实验认为,这种生物制剂防治鸡白痢病的效果多数情况下相当或优于药物预防的水平。

(3)尽早治疗。鸡白痢病的治疗要突出一个"早"字,一旦发现鸡群中病死鸡增多,确诊后立即全群给药,可投与恩诺沙星等药物,先投服 5 天后间隔 2～3 天再投喂 5 天,使新发病例得到有效控制,制止疫情蔓延扩大。

三、禽巴氏杆菌病

(一)病原

禽巴氏杆菌病的病原体为多杀性巴氏杆菌,革兰氏阴性。巴氏杆菌对各种理化因素和消毒药的抵抗力不强。在直射阳光和干燥条件下,很快死亡。对热敏感,加热 56℃15 分钟、60℃10 分钟可被杀死。巴氏杆菌在粪中可存活 1 个月，尸体中可存活 1～3 个月。对酸、碱及常用的消毒药很敏感，5%～10%生石灰水、1%漂白粉、1%烧碱、3%～5%石炭酸、3%来苏儿、0.1%过氧乙酸和 70%酒精等均可在短时间内将其杀死。

(二)流行病学特征

1. 易感动物

各种家禽和野禽对禽霍乱都易感。家禽中鸡、火鸡、鸭、鹅和鹌鹑都可以感染，以鸡和火鸡最易感，鸭和鹅次之。雏鸡对巴氏杆菌病有一定的抵抗力，感染较少，2 月龄以上的鸡较容易感染。

2. 传染源和传播途径

病鸡的尸体、粪便、分泌物和被污染的用具、土壤、饲料、饮水等是传染的主要媒介，尤其是在鸡群密度大、舍内通风不良以及尘土飞扬的情况下，通过呼吸道传染的可能性更大。吸血昆虫、苍蝇、鼠、猫也可能成为传播的媒介。禽巴氏杆菌病主要通过呼吸道、消化道、损伤的黏膜或皮肤感染。

3. 流行特点

禽霍乱一年四季均可发生和流行，但在高温、潮湿、多雨的夏、秋两季以及气候多变的春季最容易发生。禽霍乱的病原体是一种条件性致病菌，在某些健康鸡的呼吸道存在该菌，当饲养管理不当，鸡舍阴暗潮湿拥挤，天气突然变化，营养不好，缺乏维生素、矿物质和蛋白质，长途运输，鸡群发生其他疾病等不利因素的影响下，鸡体抵抗力降低，细菌毒力增强时即可发病。

(三)临床症状

1. 最急性型

常发生于本病的流行初期，特别是成年高产蛋鸡最容易发生。病鸡常无明显症状，突然倒地，双翼扑动几下就死亡。部分鸡晚间一切正常，吃得很饱，次日发病死在鸡舍内。

2. 急性型

此型最为常见，病鸡主要表现为精神不好，羽毛松乱，缩颈闭眼，翅膀下垂，不愿走动，离群呆立。呼吸急促，鼻和口中流出混有泡沫的黏液。常有剧烈腹泻，粪便灰黄色或绿色。病鸡体温升高到 43～44℃，减食或不食，渴欲增加。鸡冠和肉髯发绀甚至呈黑紫色，肉髯常发生水肿，发热。发病鸡群产蛋量减少或停止。最后发生衰竭，昏迷而死亡，病程短的约半天，长的为 1～3 天。

3. 慢性型

病鸡精神不振，食欲减退，冠髯苍白，有的发生水肿、变硬，甚至坏死脱落；关节发炎，肿大，跛行，切开肿大的关节时见有干酪样（豆腐渣样）物。有时可见鼻窦肿大，鼻腔分泌物增多，分泌物有特殊臭味，有的慢性病鸡长期拉稀，成年鸡群产蛋量下降。

（四）病理变化

1. 最急性型

常无明显的剖检变化，营养良好，嗉囊内充满食物，偶见到冠、髯呈紫红色，心外膜上有小出血点，肝脏表面有数个针头大小的灰黄色或灰白色的坏死点，但有时无灰白色的坏死点。

2. 急性型

可见鼻腔内有黏液，皮下组织和腹腔中的脂肪、肠系膜、黏膜有大小不等的出血点，胸腔、腹腔、气囊和肠系膜上常见纤维素性或干酪样灰白色的渗出物。肌胃出血显著，肠黏膜充血，有出血性病灶，尤其是十二指肠最为严重，黏膜红肿，呈暗红色，有弥漫性出血，肠内容物含有血液，有时肠黏膜上覆盖一层黄色纤维素；肝脏病变较为特征，表现为肿大、质脆，呈棕红色、棕黄色或紫红色，表面有很多大头针或小米大小的灰白色或灰黄色的坏死点，有时可见点状出血；心冠脂肪和心外膜上有很多出血点，心包内积有淡黄色或稻草色液体，并混有纤维素性凝块呈果冻样。

3. 慢性型

慢性型的病变多局限于某些器官。当呼吸道症状为主时，可见鼻腔、气管、支气管呈卡他性炎症，分泌物增多，肺脏质地变硬。病变局限于肉髯的病例可见肉髯水肿，而后发生坏死，内有干酪样的渗出物；病变局限于关节炎的病例，根据病程长短，主要见于腿部和翅膀等部位的关节肿大、变形，有炎性渗出物和干酪样坏死。慢性病例的产蛋鸡还可见到卵巢出血，卵黄破裂，腹腔内脏器官表面上附着卵黄样物质，有时卵泡变形，似半煮熟样。

（五）防治措施

1. 预措施防

（1）加强鸡群的饲养管理。预防本病的最关键措施是做好平时的饲养管理工作，使鸡保持较强的抵抗力。本病的发生经常与不良外界因素有关，如鸡群拥挤、圈舍潮湿、营养缺乏，有内寄生虫，或长途运输等经常是发病的诱因。因此，养鸡场只要能够在平时注意和改善鸡群的饲养管理，避免或杜绝引起发病的诱因，就可大大减少发病或不发病。

（2）严格执行卫生消毒制度。养鸡场应建立和完善卫生消毒措施，定期进行鸡场环境和鸡舍的消毒。鸡群被淘汰后，鸡舍需经过彻底的清洗和消毒，然后才可以放进新鸡。防止饲料、饮水或用具被污染。饲养员进入鸡舍时也应更换衣、鞋并消毒,使病菌没有进入鸡舍的机会。防止猪、狗、猫、鸭、鹅和野生动物与野鸟等动物进入鸡舍和接近鸡群。

(3)免疫接种。禽霍乱疫苗的免疫效果不够理想。有条件的地区或养鸡场,可用病鸡肝脏做成禽霍乱组织灭活疫苗,一般是每只肌肉注射 2 毫升。也可从病死鸡分离出菌株,制成氢氧化铝甲醛疫苗用于当地禽霍乱的预防,免疫效果良好。

2. 药物治疗

青霉素、链霉素、土霉素、四环素、金霉素、喹乙醇、磺胺类药物和氟哌酸等对本病均有较好的治疗效果。但巴氏杆菌在实际生产存在一定的耐药性,因此最好根据药敏试验结果选用敏感的抗菌药物进行治疗,可收到良好的防治效果。

四、传染性鼻炎

(一)病原

传染性鼻炎的病原是副鸡嗜血杆菌,它的抵抗力很弱,在宿主体外会很快死亡。病鸡排泄物的病原菌在自来水中仅能存活 4 小时,在生理盐水中也仅在 22℃下 24 小时内有感染性。有感染性的胚胎液经 0.25%福尔马林处理,在 6℃下 24 小时内失活。在体外试验中,对新霉素和四环素等多种化学药品和抗生素均敏感。

(二)流行病学特征

1. 易感动物和易感年龄

传染性鼻炎可发生于各种年龄的鸡,但多发生于青年鸡和成鸡,老龄鸡感染较为严重。7 日龄的雏鸡,以鼻腔内人工接种病菌常可发生本病,而 3～4 天龄的雏鸡则稍有抵抗力。4 周龄至 3 年的鸡易感,但有个体差异。

2. 传染源和传播途径

病鸡及隐性带菌鸡是传染源,而慢性病鸡及隐性带菌鸡是鸡群中发生传染性鼻炎的重要原因。其传播途径主要以飞沫及尘埃经呼吸道传染,但也可通过污染的饲料和饮水经消化道传染,特别是饮水,病原菌随鼻液和泪水排出,故本病流行的速度快,在初感染群,呈暴发性。

3. 流行特点

传染性鼻炎的发生与一些能使机体抵抗力下降的诱因密切有关。如鸡群拥挤,不同年龄的鸡混群饲养,通风不良,鸡舍内闷热,氨气浓度大,或鸡舍寒冷潮湿,缺乏维生素 A,受寄生虫侵袭等都能促使鸡群发病。鸡群接种禽痘疫苗引起的全身反应,也常常是传染性鼻炎的诱因。传染性鼻炎全年均可发生,多发于冬秋两季,这可能与气候和饲养管理条件有关。如果与禽痘或败血支原体混合感染则危害会加重。

(三)症状

鼻腔和鼻窦发生炎症者,通常仅表现鼻腔流稀薄清液,常不引起注意。一般常见症状为鼻孔先流出清液以后转为浆液黏性分泌物,有时打喷嚏。眼周围及面部水肿,眼结膜炎、红眼和肿胀,严重时眼睑黏合造成失明。食欲及饮水减少,或排绿色稀便,体重减轻。病鸡精神沉郁,缩头,呆立。青年鸡生长不良,产蛋鸡产蛋减少,公鸡肉髯常见肿大。如炎症蔓延至下呼吸道,则呼吸困难并有啰音;如转为慢性和并发其他疾病,则鸡群所在的舍内,有腥臭难闻的气味,甚至有尸臭气味。病鸡常摇头欲将呼吸道内的黏液排出,最后常窒息而死。传染性鼻炎病程一般为4～8天,本病在夏季常较缓和,病程亦较短。

传染性鼻炎发病率虽高,但死亡率较低,尤其是在流行的早、中期鸡群很少有死鸡出现,但在鸡群恢复阶段,死淘率增加,但不见死亡高峰。这部分死淘鸡多属继发感染所致。

(四)病理变化

有的死鸡具有一种疾病的主要病理变化,有的鸡则兼有2～3种疾病的病理变化特征。具体地说,在本病流行中由继发症致死的鸡中常见鸡慢性呼吸道疾病、鸡大肠杆菌病、鸡白痢等。主要病变为鼻腔和鼻窦黏膜呈急性卡他性炎症,黏膜充血肿胀,表面覆有大量黏液,窦内有渗出物凝块,后成为干酪样坏死物。常见卡他性结膜炎,结膜充血肿胀,面部及肉髯皮下水肿。严重时可见气管黏膜炎症,偶有肺炎及气囊炎,卵泡变性、坏死和萎缩。

(五)防治措施

1. 预防措施

平时应加强饲养管理,改善鸡舍通风条件,做好鸡舍内外的兽医卫生消毒工作,以及病毒性呼吸道疾病的防治工作,提高鸡只抵抗力对防治本病有重要意义。

曾经患过本病的鸡场,可用多价灭活油乳剂苗免疫接种,于3～5周龄和开产前分2次接种。

2. 药物治疗

副鸡嗜血杆菌对多种抗菌药物敏感,可用磺胺类药物、红霉素、双氢链霉素、土霉素及喹诺酮类药物治疗。在治疗发病鸡同时,以全群为对象,可将药物混入饮水或饲料中投放,进行预防性治疗。如鸡群的食欲下降,经饲料给药,药物在血中达不到有效浓度,治疗效果差。此时可考虑用抗生素注射同样可取得满意效果。一般选用链霉素或青霉素、链霉素合并应用。

五、葡萄球菌病

(一)病原

葡萄球菌属于微球菌科葡萄球菌属。典型的致病性金黄色葡萄球菌是革兰氏阳性球菌。葡萄球菌对热、消毒剂等理化因素抵抗力较强,并耐高渗。在干燥的环境中能存活数周,反复冷冻30次仍能存活。60℃30分钟才能致死,煮沸可迅速致死。一般消毒药中,以石炭酸的消毒效果较好,3%~5%石炭酸10~15秒、70%乙醇数分钟、0.1%升汞10~15秒可杀死本菌。0.3%过氧乙酸有较好的消毒效果。

(二)流行病学特征

1. 易感动物

鸡、鸭、鹅和火鸡等各种龄期的禽类对葡萄球菌均有易感性,但以雏禽更为敏感,鸡以30~70日龄多发,也有孵化后期鸡胚感染金黄色葡萄球菌而致死的报道。有资料表明,肉鸡比蛋鸡的易感性强。不同鸡场发病率、死亡率变化很大,死亡率最高可达75%以上。另外,地面平养、网上平养较笼养鸡发生的多。

2. 发病条件

葡萄球菌病的发生与饲养管理水平、环境污染程度、饲养密度等因素有直接关系。因葡萄球菌是体表的常在菌,故一般情况下不会侵入体内,但当皮肤和黏膜完整性受到破坏,如带翅号、断喙、注射疫苗、网刺、刮伤和扭伤、断趾、啄伤等都可成为发病的诱因。

当鸡受到应激或机体抵抗力下降,以及继发其他疫病(如大肠杆菌病、鸡新城疫、马立克病等)均是葡萄球菌病发生的诱因。发病率的高低与周围环境中葡萄球菌的含量成正比。

3. 流行特点

葡萄球菌病一年四季均可发生,以雨季、潮湿和气候多变季节多发。

(三)临床症状

由于病原菌侵害部位不同,葡萄球菌病的临床表现有多种类型。

1. 败血型鸡葡萄球菌病

该型病鸡临床表现不明显,多见于发病初期,可见病鸡精神不好,缩颈低头,不愿运动。病后1~2天死亡。

2. 葡萄球菌性皮炎

该病死亡率较高,病程多为2~5天。病鸡精神沉郁,羽毛松乱,少食或不食,部分病鸡腹泻，胸腹部、翅、大腿内侧等处羽毛脱落，皮肤外观呈紫色或紫红色，有的破溃，皮下充血并有黏性物质。

3. 葡萄球菌性关节炎

雏禽、成年禽均可发生，肉仔鸡更为常见。可见多个关节炎性肿胀，特别是趾、跖关节肿大为多见，呈紫红或紫黑色，有的见破溃，并结成污黑色痂。有的出现趾瘤，脚底肿大。发生关节炎的病鸡表现跛行，不喜站立，多伏卧，一般仍有饮、食欲，多因采食困难，饥饱不匀，常被其他鸡只踩踏，病鸡逐渐消瘦，最后衰竭死亡，尤其在大群饲养时最为明显。有的病鸡趾端坏疽，干脱。

4. 葡萄球菌性脐炎

病鸡除一般病状外，可见脐部肿大，局部呈黄红、紫黑色，质稍硬，间有分泌物。饲养员常称为的“大肚脐”。与大肠杆菌所致脐炎相似，可在1～2天内死亡。

5. 眼型葡萄球菌病

此型除在败血症发生后期出现，也可单独出现。其临诊表现为上下眼睑肿胀，闭眼，有脓性分泌物黏团，用手掰开时，则见眼结膜红肿，眼角有多量分泌物，并见有肉芽肿。病久者，眼球下陷，后可见失明。有的见眶下窦肿胀。最后病鸡饥饿、被踩踏、衰竭死亡。

上述常见病型可单独发生，也可几种病型同时发生。临床上还可见其他病型，如浮肿性皮炎、胸囊肿、脚垫肿、脊椎炎和化脓性骨髓炎等也时有发生。

(四)病理变化

败血型葡萄球菌病表现为肝脏、脾脏肿大，出血；心包积液，呈淡黄色，心内膜、心外膜、冠状脂肪有出血点或出血斑；肠道黏膜充血、出血；肺脏充血；肾淤血肿胀。

葡萄球菌性皮炎表现为病死鸡局部皮肤增厚、水肿，切开皮肤见有数量不等的胶冻样黄色或粉红色液体，胸肌及大腿肌肉有出血斑点或带状出血，或皮下干燥，肌肉呈紫红色。

关节炎型可见关节肿胀处皮下水肿，关节液增多，关节腔内有淡黄色干酪样渗出物。

(五)防治措施

1. 预防措施

由于葡萄球菌广泛存在于自然环境中，因此防治本病的关键是做好平时的预防工作。

(1)防止和减少外伤的发生。消除鸡笼、网具等的一切尖锐物品，避免鸡脚底或体表有伤口，从而堵截葡萄球菌的侵入和感染门户。

(2)加强家禽的科学饲养管理。供给足够的维生素和矿物质;禽舍要适时通风,保持干燥;鸡群不宜过大,避免拥挤;鸡适时断喙,防止互啄现象。

(3)做好消毒工作。带鸡消毒可用0.3%过氧乙酸进行消毒,对鸡舍地面、墙壁、被羽上葡萄球菌的杀灭率分别为95.06%、94.13%和99.52%。对鸡舍进行经常性消毒,可收到良好的预防效果。要注意种蛋、孵化器、孵化全过程和工作人员的清洁、卫生和消毒工作,防止污染葡萄球菌,引起鸡胚、雏鸡感染或发病。

(4)疫苗接种。常发地区或药物治疗效果很差甚至无效的地区,可采用疫苗接种来控制本病。国内研制的鸡葡萄球菌病多价氢氧化铝灭活疫苗,可有效地预防本病发生。

2. 药物治疗

金黄色葡萄球菌对药物极易产生耐药性。由于耐药菌株不断增多,治疗本病必须做药敏试验,选择有效药物全群给药。实践证明,庆大霉素、卡那霉素、氟哌酸、恩诺沙星、新霉素等均有不同的治疗效果,肌肉注射或内服给药,或者肌肉注射、内服并用。

六、禽伤寒

(一)病原

禽伤寒的病原为鸡伤寒沙门菌,又称鸡沙门菌。它与鸡白痢沙门菌均为肠杆菌科沙门菌属D血清群中的成员,是一种革兰氏阴性的短粗杆菌。鸡伤寒沙门菌具有与鸡白痢沙门菌相同的菌体抗原(O抗原)1、9、12,但没有类似后者的抗原型的变异发生,不过两者有很高的交叉凝集反应性,可使用一种抗原检出另一种病的带菌者。

鸡伤寒沙门菌抵抗力不强,60℃10分钟内或直射阳光下很快即被杀灭。2%福尔马林、0.1%石炭酸、1%高锰酸钾及0.05%升汞等普通消毒药能在1~3分钟内将其杀死。病原菌在离开禽体后也不能存活很长时间。

(二)流行病学特征

1. 易感动物和易感年龄

鸡和火鸡对鸡伤寒沙门菌最易感。雉、珠鸡、松鸡、麻雀、孔雀、斑鸠亦有自然感染的报道。鸽子、鸭和鹅则有抵抗力。禽伤寒主要发生于3周龄以上的青年鸡和成年鸡(尤其是产蛋期的母鸡)。

2. 传染源和传播途径

病鸡和带菌鸡是主要的传染源,其粪便内含有大量病原菌,可通过污染土壤、饲料、饮水、用具、车辆和环境等进行水平传播。禽伤寒主要通过消化道和眼结膜而传播感染。经蛋垂直传播是本病的另一种重要的传播方式，它可造成病原菌在鸡场中连续不断地传播。

(三)临床症状

雏鸡发病时在临床症状和病理变化上与鸡白痢较为相似。如果在胚胎阶段感染，常造成死胚或弱雏。在育雏期感染，病雏表现为精神沉郁，怕冷扎堆并拉白色稀粪，肛门周围黏附着白色物。当肺脏受到侵害时，出现呼吸困难或张口喘气。雏鸡的死亡率10%～50%。

青年或成年鸡发病后常表现为突然停食，精神委顿，两翅下垂，冠和肉髯苍白，体温升高1～3℃，并一直持续到死前的数小时。由于肠炎和肠中胆汁增多，病鸡排出黄绿色稀粪。死亡多发生在感染后5～10天，死亡率较低，康复禽往往成为带菌者。

(四)病理变化

病死雏鸡的病变与雏鸡白痢基本相似，特别是在肺脏和心肌中常见到灰白色结节状病灶。青年鸡和成年鸡的特征病变是肝脏充血、肿大并染有胆汁呈青铜色或绿色，质脆，表面时常有散在性的灰白色粟粒状坏死小点，胆囊充斥胆汁而膨大；脾脏与肾脏呈显著的充血肿大，表面有细小坏死灶；心包发炎、积水；卵巢和卵泡变形、变色、变性，且往往因卵泡破裂而引发严重的腹膜炎；脾脏、肾脏、心脏表面有粟粒样坏死灶；肺脏和肌胃可见灰白色小坏死灶；肠道一般可见到卡他性肠炎，尤其以小肠最明显，盲肠有土黄色干酪样栓塞物，大肠黏膜有出血斑，肠管间发生粘连。成年鸡的卵泡及腹腔病变与成年鸡白痢相似。公鸡睾丸可存在病灶，并能分离到鸡伤寒沙门菌。

(五)防治措施

禽伤寒的防治措施可参考鸡白痢，其关键在于加强饲养管理，搞好环境卫生，最大限度地减少外来病菌的侵入；通过采取净化措施，建立起健康种鸡群，从根本上切断本病传播的途径；合理使用药物进行预防和治疗。

七、鸡败血型霉形体病

(一)病原

鸡败血型霉形体(MG)病的病原为鸡败毒型霉形体，为细小的球杆菌，大小为0.25～0.5微米。霉形体对外界环境的抵抗力不强，一般常用消毒药均能将其杀死。加热45℃1小时、50℃20分钟即可破坏，在室温下可保存6天，在水中很快死亡，在鸡粪中在20℃温度下可存活1～3天。

(二)流行病学特征

1. 易感动物和易感年龄

自然感染主要发生在鸡和火鸡，此外鹌鹑、珍珠鸡、孔雀、鸽、鹧鸪也可感染。各种年龄的鸡和火鸡均可感染，但8周龄内的雏鸡和5～16周龄火鸡最敏感，感染后死亡率较成年鸡死亡率高，成年鸡多呈隐性经过。败血型霉形体病一年四季均可发生，但多发于冬春季节。

2. 传染源和传播途径

病鸡和隐性感染鸡是败血型霉形体病的主要传染源；本病可水平传播和垂直传播，病鸡咳嗽和打喷嚏时，病原体由飞沫传染给其他家禽，或通过污染的用具、饲料、饮水传染给其他家禽；也可通过交配传播。垂直传播可构成本病代代相传，使本病在鸡场中连续不断地发生。

3. 应激因素和并发症的影响

本病是一个条件性致病菌，如饲养密度过大，大小混群饲养，通风不良，卫生条件差，鸡舍中氨气、二氧化碳浓度过高，禽群受寒冷刺激，饲料营养不全价特别是维生素A缺乏，均可诱发本病；对潜伏有败血霉形体的禽群进行免疫接种特别是气雾和点眼免疫，常激发本病的发生；一些病原体感染如传染性喉气管炎、传染性支气管炎、传染性鼻炎、大肠杆菌病，均可引起霉形体继发感染；使用被霉形体污染的疫苗易传播本病。

(三)临床症状

本病又称为慢性呼吸道病(CRD)。本病主要发生于1～2月龄幼鸡，症状较成年鸡严重，病鸡鼻腔流出浆液性或黏液性鼻液，污染和阻塞鼻孔和周围羽毛，病鸡频频摇头，打喷嚏，咳嗽，病禽常见眼结膜发炎、流泪；炎症蔓延到下呼吸道时呈现湿性啰音(鸣叫声音怪异)，病鸡食欲不振，生长发育受阻，逐渐消瘦，后期可见鼻腔、眶下窦中蓄积大量渗出物，引起眼睑、脸部肿胀。眼被干酪物黏液黏合，眼部突出。眼球受到压迫，发生一侧和双侧眼失明。

成鸡症状和幼鸡基本相似，但临床症状较缓和甚至不明显，多呈隐形感染或个体发病。病鸡食欲不振、消瘦、产蛋量下降，成鸡公鸡症状较母鸡严重。

本病多慢性经过，病程长达1个月以上，死亡率5%～10%，如有并发症则死亡率可达30%以上。

(四)病理变化

病理变化主要见于窦、气管、肺和气囊，表现为鼻腔、眶下窦黏膜水肿、充血、出血，窦腔内集有大量黏液或干酪样物。喉头、气管内集有透明或混浊的黏液，气管黏膜增厚，并见肺部充血，气囊增厚混浊，严重时在胸气囊形成黄色纤维素性渗出物。眼部结膜内，眶下窦内集有大量黄色干酪样物，睑部皮下集有黄色纤维素性分泌物，眼结膜充血、出血。

（五）防治措施

1. 预防措施

（1）隔离观察。引种时需从无本病的孵化场引进，新引进的种鸡要隔离2个月进行观察，在此期间进行血清学检查，并在半年中复检2次，如果发现阳性鸡要坚决予以淘汰。

（2）定期对种鸡进行血清学检查。一般2、4、6月龄时各查1次，淘汰阳性鸡只。

（3）发病场采取净化措施。这是一项十分艰巨的工作，只要坚持不懈地认真执行综合防治措施，就可以取得成功。除定期检疫和淘汰阳性鸡外，种母鸡每月定期用敏感药物进行预防，拌料用药3～5天，以防止和减少霉形体经蛋传给下一代。

（4）免疫接种。7日龄使用F株弱毒疫苗点眼或/和滴鼻；20日龄用F株弱毒疫苗点眼或/和滴鼻，并用灭活疫苗皮下注射（0.2毫升/只）；120日龄用灭活疫苗皮下注射（0.5毫升/只）。

2. 药物治疗

除青霉素外，鸡败血型霉形体对许多抗生素均敏感，但本菌易形成抗药性菌株，某些药物长期单一使用往往产生抗药性，用药效果不明显。生产中可以使用链霉素、泰乐菌素、红霉素、替米考星等药物，为保证治疗效果，防止和减缓耐药性菌株形成，临床用药应该做到剂量足、按疗程连续用药5～7天，多种药物联合或交替使用。

八、禽曲霉菌病

（一）病原

禽曲霉菌病的病原是烟曲霉菌，属曲霉菌属，其孢子在外界环境中分布较广，如稻草、麦秸、垫料、谷物、木屑、发霉饲料，以及墙壁、地面、用具、水和空气中都可能存在，在适宜环境下就可以繁殖。霉菌孢子对外界环境抵抗力强，120℃干热1小时，或者100℃沸水煮5分钟才能杀死。一般消毒药只能使孢子致弱，如2%甲醛10分钟，3%石炭酸1小时，3%苛性钠3小时，对孢子只能起致弱作用。

(二)流行病学特征

1. 易感动物和易感年龄

各种家禽都有易感性,如鸡、火鸡、鹅、鸭等均能感染。幼禽易感性最高,特别是2周龄以下的雏鸡最敏感,常见急性暴发,死亡率达50%以上;周龄越大的鸡耐受性越强,成年鸡只是个别散发,死亡率较低。

2. 传染源和传播途径

被污染的垫料、土壤、空气、水、霉变饲料是引起本病流行的传播媒介。育雏阶段饲养管理和卫生条件差是引起本病暴发的主要诱因,特别是温暖潮湿的梅雨季节,育雏室昼夜温差大、通风换气不好、过于密集、垫料发霉等因素能促进本病发生。同时,孵化环境差会使种蛋污染,引起胚胎期感染,幼雏出壳后第一天就出现呼吸困难。

幼禽是通过呼吸道和消化道感染发病,成年家禽感染曲霉菌病主要是通过采食霉变饲料、垫料引起,常呈隐性经过,死亡率也较低。

(三)临床症状

急性病例发病后2～3天死亡,主要发生在2周龄以内雏禽,病禽食欲减少或不食,不爱运动,翅膀下垂,羽毛松乱,嗜睡,体温升高,饮水增加,呼吸困难,张口抬头呼吸,鼻腔流浆液性分泌物,常出现甩头;后期出现腹泻,消瘦。病程一般1周左右,如不及时采取措施,死亡率可达50%以上。

霉菌感染鸡脑部会引起霉菌性脑炎,这些病鸡就会出现神经症状。

有些雏鸡可发生曲霉菌眼炎,通常是一侧眼的瞬膜下形成一绿豆大小的隆起,致使眼睑膨起,使眼部肿大,严重时上下眼睑被黏液粘在一起,用力挤压,可见黄色干酪样物。有些鸡的角膜中央形成溃疡。

(四)病理变化

急性死亡的病例可见肺和气囊上有米粒、芝麻大小的霉菌结节,结节内容物干酪样或见气囊有淡蓝色纤维素性分泌物,严重时结节相融合成大的团块,使肺组织变硬,弹性消失。具有神经症状的雏鸡脑膜和脑实质可有霉菌结节,成年家禽可见肺和气囊壁有圆碟状、中央微凹的霉菌斑块,霉菌菌落清晰可见,呈黑色或淡绿色。肠道有卡他性和出血性炎症。

(五)防治措施

1. 预防措施

不要使用发霉饲料和垫料,育雏室保持清洁卫生、干燥,垫料要经常更换。育雏室温度要适宜,温差不能太大,合理通风换气减少育雏室内霉菌孢子数量。育雏室、孵化室用甲醛熏蒸消毒可以减少霉菌孢子污染。

2. 药物治疗

霉菌感染后治疗的效果不理想，症状缓解慢，病愈鸡生产性能低。生产中可以选用制霉菌素（每只雏鸡 5 000～8 000 单位，成鸡 2 万～4 万单位/只拌料，连用 3～5天）、克霉唑（每只雏鸡 0.01 克拌料，连用 3～5 天）拌料，同时可以用硫酸铜（0.05%）或碘化钾（0.5%）饮水，每天 1 次，连用 3～5 天。

第三节　寄生虫病防治

鸡的寄生虫病类型很多，但是在实际生产中经常见到的并不多，这里主要介绍几种在养鸡生产实践中经常遇到的几种寄生虫病的防治措施。

一、鸡虱

1. 病原体

主要寄生在鸡的羽毛和皮肤上，全部生活史都在鸡体上，鸡虱发育周期为 3～4 周。体格约为芝麻粒大小，一年四季均可发生，特别是秋冬季是鸡虱高发时期，当气温达到 25℃时，每隔 6 天即可繁殖一代。笼养鸡发生较多，放养鸡很少发生。

2. 临床症状

病鸡奇痒不安，表现烦躁，常啄自身羽毛与皮肉，导致羽毛脱落（笼下粪便表面有较多的羽毛），皮肤损伤，食欲下降，渐进性消瘦和贫血，精神精神委顿，营养贫乏，进而呈现贫血症状乃至死亡。雏鸡长鸡虱会影响生长发育，产蛋鸡长鸡虱则产蛋率下降。

3. 防治措施

（1）喷雾灭虱。春、秋、冬季中午，可选用无毒灭虱精、无毒多灭灵、溴氰菊酯（灭百可）等，按产品说明配制成稀释液，对鸡体进行喷雾。喷雾时将喷雾器的喷嘴朝上，伸到鸡笼底网下面，将药雾喷向鸡的腹部和翅膀下。间隔 4～5 天需要再喷雾 1 次。

（2）沙浴灭虱。放养或平养的成鸡可选用硫黄沙（黄沙 10 份加硫磺粉 0.5～1 份搅拌均匀）或用无毒灭虱精、伊维菌素、阿维菌素等，按产品说明配制成稀释液，再按黄沙 10 份加稀释液 0.5～1 份，搅拌均匀后进行沙浴。

（3）环境灭虱。可选用无毒灭虱精、无毒多灭灵、杀灭菊酯、溴氰菊酯等，按产品说明配制成稀释液，对鸡舍、运动场的地面、墙壁、栖架、垫草、缝隙等进行喷洒，杀灭环境中的鸡虱。必要时隔 15～28 天重复用药 1 次。

二、鸡球虫病

1. 流行特点

各个品种的鸡均有易感性，15～50 日龄的鸡发病率和致死率都较高，成年鸡对球虫有一定的抵抗力。病鸡粪便是主要传染源，凡被带虫鸡污染过的饲料、饮水、土壤和用具等均为传染源。鸡感染球虫的途径主要是吃了感染性卵囊。

放养鸡接触地面，病鸡粪便污染饲料、饮水、土地，容易发生本病，笼养鸡的发生相对较少。饲养管理条件差会诱发或加重本病的危害。

2. 临床症状

鸡感盲肠球虫时，精神不振，羽毛松乱，缩颈闭目呆立，食欲减退，嗉囊内充满液体，鸡冠及可视黏膜苍白，逐渐消瘦，拉血便，严重者甚至排出鲜血，3～5 天死亡。

鸡患小肠球虫病时，其临床表现与盲肠球虫病相似，但病鸡不排鲜血便。日龄较大的鸡患球虫病时，一般呈慢性经过，症状轻，病程长。呈间歇性下痢，粪便为酱油色，饲料报酬低，生产性能不能充分发挥，死亡率低。

3. 病理变化

盲肠球虫病病变主要见于盲肠，盲肠显著肿大，外观呈暗红色，浆膜面可见有针尖大至小米粒大小的白色斑点和小红点，肠内容物充满血液或凝固的血凝块，盲肠黏膜增厚，有许多出血斑和坏死灶。

患小肠球虫的病死鸡，主要表现为肠管呈暗红色高度膨胀、充气，肠壁增厚，浆膜面见有大量的白色斑点和出血斑。肠腔中充满血液或血样凝块。

4. 防治措施

加强饲养管理，保持鸡舍干燥、通风和鸡场卫生，定期清除粪便，堆放发酵以杀灭卵囊。保持饲料、饮水清洁，笼具、料槽、水槽定期消毒，一般每周一次，可用沸水、热蒸气或 3%～5%热碱水等处理。每千克日粮中添加 0.25～0.5 毫克硒可增强鸡对球虫的抵抗力。补充足够的维生素 K 和给予 3～7 倍推荐量的维生素 A 可加速鸡患球虫病后的康复。

免疫预防。使用球虫弱毒疫苗进行免疫，1～10 日龄免疫 1 次。免疫后 3 周内禁用有抗球虫活性的药物，2 周内垫料不准更换。

药物防治。抗球虫药应从 12～15 日龄的雏鸡开始给药，坚持按时、按量给药，特别要注意在阴雨连绵或饲养条件差时更不可间断。为预防球虫在接触药物后产生耐药性，应采用穿梭用药、轮换用药或联合用药方案。在使用抗球虫药治疗的同时，补加维生素K，每只每天1～2毫克，鱼肝油10～20毫升或维生素A、维生素D粉适量，并适当增加多维素用量。

常用的药物有氯苯胍、氨丙啉、硝苯酰胺、莫能霉素、盐霉素、马杜拉霉素、常山酮、尼卡巴嗪、磺胺氯吡嗪等。可以按照使用说明使用。

三、鸡住白细胞原虫病

1. 流行特点

本病的发生有明显的季节性，南方多发生于6～10月份，北方多发生于8～10月份。本病主要通过库蠓等吸血昆虫叮咬而传播。

2. 临床症状

病鸡精神沉郁，食欲不振，下痢，粪便呈青绿色。贫血严重，鸡冠和肉垂苍白，有的可在鸡冠上出现圆形出血点或灰白色麸皮样皮屑，所以本病亦称为“白冠病”。严重者因咯血、出血、呼吸困难而突然死亡，死前口流鲜血。

3. 病理变化

血液稀薄，全身皮下出血，肌肉特别是胸肌和腿部肌肉散在明显的点状或斑块状出血。肝脏肿大，在肝脏的表面有散在的出血斑点。肾脏周围常有大片出血，严重者大部分或整个肾脏被血凝块覆盖。双侧肺脏充满血液。肠黏膜呈弥漫性出血，在肠系膜、体腔脂肪表面、肌肉、肝脏、胰脏的表面有针尖大至粟粒大与周围组织有明显界限的灰白色小结节，这种小结节是住白细胞虫的裂殖体在肌肉或组织内增殖形成的集落，是本病的特征病变。

4. 防治措施

消灭库蠓等吸血昆虫是预防本病的主要环节。清除鸡舍周围杂草，填平臭水沟等措施，达到消灭或减少库蠓等吸血昆虫的目的。库蠓成虫多于晚间飞入鸡舍吸血，可用0.1%除虫菊酯喷洒，杀灭蠓的成虫。或安装细孔的纱门、纱窗防止库蠓进入。

发病鸡可用下列药物治疗：①复方磺胺-5-甲氧嘧啶，按0.03%拌料，连用5～7天。②磺胺-6-甲氧嘧啶，按0.1%拌料，连用4～5天。③复方泰灭净，按0.05%～0.1%拌料混料投喂连用4～5天。饮水中添加维生素K_3，用量为3毫克/升，每天1次(每千只鸡每天用5毫克)。

四、鸡蛔虫病

1. 生活史与流行特点

本病主要发生在地面散养的鸡群，在笼养条件下本病的发生很少。鸡蛔虫一天可产7万多个虫卵，虫卵随鸡粪排到体外，在适宜的温度和湿度等条件下，约经1～2周发育为感染性虫卵。鸡因吞食了被感染性虫卵污染的饲料或饮水而感染。3～4月龄以内的雏鸡最易感染和发病，1岁以上的鸡多为带虫者。饲料中动物性蛋白质过少，维生素A和各种维生素B缺乏，以及赖氨酸和钙不足等，均会引起鸡的易感性增强。

2. 临床症状

雏鸡常表现为生长发育不良，精神沉郁，行动迟缓，食欲不振，下痢，有时粪中混有带血黏液，羽毛松乱，消瘦、贫血，黏膜和鸡冠苍白，最终可因衰弱而死亡。严重感染者可造成肠堵塞导致死亡。成年鸡一般不表现症状，但严重感染时表现下痢、产蛋量下降和贫血等。

3. 病理变化

小肠黏膜发炎、出血，肠壁上有颗粒状化脓灶或结节。严重感染时可见大量虫体聚集，相互缠结，引起肠阻塞，甚至肠破裂和腹膜炎。

4. 防治措施

预防：实行全进全出制，鸡舍及运动场地面认真清理消毒，并定期铲除表土；搞好环境卫生，及时清除粪便，堆积发酵，杀灭虫卵；饲槽、用具要经常清洁消毒；4月龄以内的幼鸡应与成鸡分群饲养，防止带虫的成年鸡使幼鸡感染发病；雏鸡采用笼养或网上饲养，使鸡与粪便隔离，减少感染机会；对污染场地上饲养的鸡群应定期进行驱虫，每年2～3次。可选用氟苯达唑，每千克饲料30毫克拌入，连喂7天。或选用左旋咪唑、丙硫咪唑等。

治疗：丙硫咪唑，每千克体重10～20毫克，一次内服；左旋咪唑，每千克体重20～30毫克，一次内服；噻苯唑，每千克体重500毫克，配成20%混悬液内服；枸橼酸哌嗪（驱蛔灵），每千克体重250毫克，一次内服。

第四节 其他疾病防治

这类疾病包含有很多类型，既有营养代谢方面的问题，也有遗传生理方面的问题，还有饲养管理技术方面的问题。尽管这类疾病的类型多，但是在实际生产中遇到的常见疾病不多。这里主要介绍这类疾病中的几个常见病。

一、笼养蛋鸡产蛋疲劳综合征

1. 病因

本病的病因是多方面的，主要有如下几种：

(1)日粮中钙磷含量不足,缺乏运动。高产蛋鸡的钙代谢率相当高,一个产蛋周期所消耗的碳酸钙相当于蛋鸡体重的2倍,这本身就可引起生理性骨质疏松。如果日粮中钙磷含量不足,加之笼中饲养缺乏运动,可导致严重的骨质疏松。用低钙、低磷、低维生素D日粮可实验性复制本病。

(2)钙、磷比例失调。磷供给量过少,钙消耗过多,与本病的发生有密切的关系。有人用低磷合适钙(3.0%)、合适磷(0.70%)和合适钙(3.0%)、合适磷(0.70%)与低钙(2%)饲喂产蛋母鸡,3个月后,低磷组母鸡发生软腿病的较多,其余两组未见明显异常。

(3)维生素D_3缺乏或代谢障碍。维生素D_3供给不足,或维生素D体内代谢障碍,亦可促使本病发生。维生素D不仅有利于钙的吸收,而且有利于钙矿物质在骨骼中沉着。但肝机能不全,肾出现尿酸盐沉着,或因传染性支气管炎引起肾炎、肾病综合征时,或因脂代谢障碍时,干扰了维生素D的吸收和代谢,也影响了钙的吸收和利用,可诱发本病。

(4)开产早而换料迟。鸡群内部分个体开产早,而此时喂饲的仍然是青年鸡饲料,其中的钙含量很低,蛋壳形成过程中大量动用骨钙而造成钙缺乏。

2. 临床症状

病鸡表现腿肌无力,站立困难,常伴有脱水、体重下降的现象。体况越好,生长越快,产蛋越多的鸡,越易发生本病。病鸡躺卧或蹲伏不起,接近食槽、饮水器很困难。由于骨骼变薄、变脆,肋骨、胸骨变形,肋骨与肋软骨结合部呈串珠状膨大,有的在笼内可能已发生骨折,有的在转换笼舍或捕捉时,发生多发性骨折。这样的鸡从笼内取出放到地面,为其提供水和料,经过1～2天就能够站立。但是,如果放回笼内,在几天后就可能再次瘫软。

3. 防治措施

由于病因尚不完全明确,预防措施可适当采用下述方法。当鸡群达到17周龄后,有个别的鸡开始产蛋的时候,将饲料中的钙含量增加至2%左右,或将喂饲的饲料改为青年鸡饲料和产蛋鸡饲料各占一半;母鸡在产蛋高峰期应供给含3.5%的钙、0.9%的磷和含2%～3%植物油及维生素D_3 1 000国际单位/千克体重的日粮。小母鸡舍饲、平养期间应供给足够的钙、磷及维生素D_3,使其骨骼发育坚实。

二、脂肪肝综合征

1. 病因

(1)能量过剩。过量的能量摄入是造成本病的主要原因之一。大量的碳水化合物也可引起肝脏脂肪蓄积，这与过量的碳水化合物通过糖原异生转化成为脂肪有关。

(2)缺硒。硒对血管内皮有保护作用，玉米－大豆日粮中补加 0.3 毫克/千克的硒可减少肝出血。

(3)运动量减少。笼养是本病的一个重要诱发因素。因为笼养限制了鸡的运动，活动量减少，过多的能量转化成脂肪。

(4)维生素与微量元素缺乏。抗脂肪肝物质的缺乏可导致肝脏脂肪变性。维生素 C、维生素 E、B 族维生素、锌、硒、铜、铁、锰等影响自由基和抗氧化机制的平衡。上述维生素及微量元素的缺乏都可能和本病的发生有关。

(5)毒素。黄曲霉毒素也是蛋鸡产生本病的基本因素之一。日粮中黄曲霉毒素超标可引起产蛋下降，鸡蛋变小，肝脏变黄、变大和发脆。菜籽饼的毒性物质也会诱发鸡的脂肪肝综合征。

2. 临床症状

本病主要发生于重型鸡及肥胖的鸡，在下腹部可以摸到厚实的脂肪组织。病鸡冠及肉髯色淡或发绀，继而变黄、萎缩，精神委顿，多伏卧，很少运动。有些病鸡食欲下降，鸡冠变白，体温正常，粪便呈黄绿色，水样。当拥挤、驱赶、捕捉或抓提方法不当时，引起强烈挣扎，甚至突然死亡。

3. 病理变化

病死鸡的皮下、腹腔及肠系膜均有多量的脂肪沉积。肝脏肿大，边缘钝圆，呈黄色油腻状，表面有出血点和白色坏死灶，质地极脆，易破碎如泥样，用刀切时，在切的表面上有脂肪滴附着。有的鸡由于肝破裂而发生内出血，肝脏周围有大小不等的血凝块。

4. 防治措施

产蛋鸡的能量平衡是本病的主要原因，应根据病因采取相应防治措施。如合理调整日粮中能量和蛋白质含量的比例，按鸡日龄、体重、产蛋率甚至气温、环境及时调整饲料配方，适当限制饲喂，减少饲料供给，减少应激因素。控制饲养密度，提供适宜的温度和活动空间，在饲料中供应足够的胆碱(1 千克/吨)、叶酸、生物素、核黄素、吡哆醇、泛酸、维生素 E(10 000 国际单位/吨)、硒(1 千克/吨)、蛋氨酸(0.5 克/千克)、卵磷脂、维生素 B_{12}、肌醇(900 克/吨)等，同时做好饲料的保管工作，防止霉变。

三、啄癖

可发生于所有年龄的鸡，不分季节，无论蛋鸡、肉鸡或种鸡，无论平养或笼养，均可发生。鸡群中一旦发生，很快蔓及全群，严重时啄癖率可达80％以上，死亡率可高达5％左右。

1. 分类

(1)啄羽癖　表现为啄羽、啄翅、啄尾，或自啄，或被啄，或互啄。啄得羽毛不全、皮肉暴露，并可迅即成为啄肉癖。鸡群产蛋量下降。

(2)啄肉癖　除啄肉外，也啄冠、肉髯，育雏期还可见啄眼圈、啄头、啄趾。严重时，或将眼啄瞎，或将整个爪啄吃光，或啄得皮破血流，或活活将鸡啄死。

(3)啄肛癖　常发生于雏鸡与产蛋鸡。肛门一经啄破，则群相争啄，直至肠脱坠地。患有鸡白痢的雏鸡，肛门周围羽毛沾满白灰样粪块，也常引发群雏争啄。

(4)食蛋癖　多见于产蛋盛期，母鸡自己把蛋啄食，或群鸡前来争食。

(5)异食癖　多见于中鸡或成鸡。表现为啄食陈旧的白灰渣、砖瓦、陶瓷碎块，吞食被粪尿污染的羽毛、木屑等。病鸡常见有消化不良、羽毛无光、肌体消瘦等病态。

2. 病因

引起啄癖的因素比较复杂，有时是一种因素所致，有时是多种因素的互作。主要因素有：

(1)日粮中营养素不足或比例失当。例如，蛋白质或氨基酸(尤其是含硫氨基酸)的含量不足，缺乏维生素，钙、磷、钠等常量元素与铁、锰、锌、硒等微量元素不足或比例不当，以及日粮中粗纤维含量不足时都可诱发。

(2)环境不良，饲养管理不当。如环境温度偏高，舍内通风不良，过干过湿，强光刺激，笼养或平养密度过高，饲槽不足，强弱混养，患有寄生虫病，换羽时皮肤发痒，以及未能及时把有外伤、啄伤、肛门裂、泄殖腔脱垂等病禽隔离出来等。有时，鸡孤寂无聊时也可引起啄食癖。

(3)重新调整鸡群。破坏了原来安定协调的格局，发生争斗，重新确定群序，也引起互啄。

(4)某些疾病的影响。如寄生虫病、肠炎等疾病，常引起鸡营养不良，使鸡发生啄羽。

3. 防治措施

需要分析原因，采取针对性措施。但是，断喙是最确切的方法。

(1)断喙。控制啄食癖的最佳方法是断喙。一般在7～15日龄时第一次断喙，8～10周龄时对喙部又长又尖的母鸡进行修整。

(2)注意检查饲料中的营养成分与含量。应根据各鸡种、生长速度供给足够量的营养成分，尤其应注意饲料中的含硫量。缺硫时鸡群易惊，易发生啄毛癖，不长毛，此时应在饲料中添加1%～2%石膏粉，有治疗作用。

(3)合理安排光照时间与强度。开放式鸡舍阳光过强，会引起鸡群过分活跃与不安，易发生啄癖，因此应适当遮光与断喙，这是减少啄癖的有效措施。

(4)调整鸡舍内的饲养密度、温度与湿度。平养条件下，7～18周龄的育成鸡以10只/米^{2}为宜，笼养鸡以每只鸡占有笼底面积380～480厘米^{2}为宜。适当减少密度是防止啄癖的有效措施之一。

被啄伤的鸡应及时取出单独饲养与治疗。

四、卵黄性腹膜炎

1. 病因

(1)日粮结构不合理。高磷、钙磷比例失调以及维生素缺乏，使机体的代谢机能障碍，卵黄性腹膜炎的发病率增高。如果产蛋鸡的钙磷矿物质饲料全部用骨粉而无石粉，尽管钙达到了需要，但有效磷却明显增高，钙磷比例失调则易发此病。维生素B_2缺乏也易致此病的发生。

(2)应激因素的影响。当成熟的卵黄向输卵管伞落入时，鸡突然受应激因素的刺激而惊吓时，卵黄往往可误落入腹腔中。

(3)患输卵管炎或其他疾病。当输卵管炎或其他疾病导致输卵管机能障碍时，输卵管伞的活跃与静止状态失去平衡。如果排卵时不是活跃状态，则不能获得卵黄而将其排入腹腔。有的是由于输卵管狭部破裂，将无壳的蛋直接排入腹腔所致。

感染沙门菌、大肠杆菌、温和型流感和肾型传染性支气管炎的母鸡容易发生本病。

2. 临床症状

本病多呈慢性经过，病初只见正在产蛋的鸡突然不产蛋，但每天都有产蛋行为。以后则食欲不振，采食量减少，精神委顿，行动迟缓，腹部逐渐变大而下垂，给人以肥胖感，甚至呈企鹅样站立和行走。触诊腹部，有痛感，有时有波动，有时大而硬似面团。

3. 防治措施

本病一旦发生就应及时淘汰，无治疗意义。根据可能的病因采取相应的预防措施。

第十四章　养鸡场污染治理

第一节　概　　述

保护环境是实现养鸡业可持续发展的基础，是保证鸡群健康和鸡蛋、鸡肉卫生质量的前提条件。然而，当前许多养鸡场在污染治理方面存在很多问题，养鸡场环境污染很普遍而且造成的损失非常大。

在我国养鸡业发展过程中，加强环境污染治理，尤其是粪便污水和病死鸡的无害化处理与资源化利用方面将是一项重点工作。

一、污染途径及其危害

近年来，随着我国养鸡业的迅猛发展，因饲养规模过大，饲养过于密集而造成的环境污染问题也越来越突出。其中主要是粪便造成的污染。如存栏1万只蛋鸡日产粪量可达2吨，存栏1万只肉鸡日排粪量可达1.3吨。这些粪污中含有大量的氮、磷及部分重金属和药物，气味恶臭，还常常带有致病菌及寄生虫，若处理不当，不仅会造成土壤、水源和空气的污染，而且会造成病菌及寄生虫的传播，严重影响到人类的健康和鸡场生产。

1. 恶臭对环境的污染

恶臭来自于饲料中蛋白质的代谢终产物，或粪尿中多余的养分和代谢物经细菌分解产生的恶臭物质，包括氨、硫化氢、吲哚、硫醇等。恶臭不仅影响到周围居民的生活，而且能降低鸡的生产性能和增加鸡只的发病率。

2. 氮和磷的污染

鸡粪中含有大量的氮、磷化合物，如肉仔鸡粪便中含有约50%的食入氮及55%的食入磷。进入土壤后，这些氮和磷转化为硝酸盐和磷酸盐。当它们含量过高时，不仅会对土壤造成污染，使土壤表面有硝酸盐渗出，而且还能通过土壤冲刷和毛细管作用造成地下水和地表水的污染。若地下水被污染，需300年才可净化；而地面水被污染后，除大量滋生蚊蝇外，还造成水体富营养化，使藻类和其他水生植物大量繁殖，使水中的溶解氧减少，使鱼虾等动物因缺氧而死亡。水中生物的死亡和腐败产生多种有害物质，使水质恶化，不仅不能饮用，即使作灌溉用水，也会造成水稻等作物的减产。

3. 重金属元素的污染

当今养鸡生产中大量使用的含砷促生长剂会通过粪便排出而对环境产生较大的污染。据测算,一个10万只肉鸡场若连续使用有机砷作促生长剂,15年后,周围土壤中的砷含量会增加1倍,那时,该地所产的多数农产品的砷含量都将超过国家标准而无法食用。

4. 生物病原的污染

患病或隐性带病的家禽会随粪便排出多种致病菌和寄生虫卵,如沙门氏菌、鸡金黄色葡萄球菌、鸡传染性支气管炎和马力克病毒、蛔虫卵、球虫卵等。若不适当处理,则会成为传染源,造成疫病传播,不仅影响到畜禽的健康,也影响到人类的健康。

二、养鸡场粪污处理问题难以解决的原因

近年来,世界许多国家在控制养殖场环境污染方面采取了大量措施,诸如在大城市郊区、居民点附近不准建养殖场,限制某一区域内养殖场数量或饲养量,污物达标排放等。我国已经制订了相关的法律,一些地方也制订有相关的规定,一些企业也开始涉足粪便和污水的无害化处理领域。但是,从总体看,真正开展养殖场污物无害化处理的地方和企业很少,不经处理就随意排放的情况随处可见。导致这种现象的原因主要有以下几方面:

1. 养鸡场经营者对污物无害化处理的认识不足

养鸡场污物主要是粪便、污水、病死鸡等,它们是病原体的主要载体,是养殖场内疫病的主要传染源。目前,许多养殖场重视的只是如何通过接种疫苗、使用药物来防治疾病,好的还能够从场区的隔离、定期的环境消毒入手。但是,更多的是没有注意到由本场所产生的污染物所造成的安全威胁,对此也没有采取相应措施。据调查,在河南的规模化养鸡场内对粪便采取无害化处理的仅有14%,其中有一些场在夏季鸡粪含水率过高的时候还没有进行处理。

有的养殖场负责人认为粪便是高质量的有机肥,可以直接用于作物的施肥,不需要再进行加工处理。但是,农耕是有明显季节性的,而畜禽粪便的产生是经常性的,这就导致在非施肥季节畜禽产生的粪便、污水需要在一定的区域内积存。积存期间就是对周围环境的污染时期。

2. 小规模分散的生产经营方式影响污物无害化处理的实施

小规模分散的生产和经营是当前我国养殖业的主要形式。据报道,我国农区的蛋鸡、肉鸡分别约有60%、25%是由中、小规模的农户所饲养的。这些农户由于各自的饲养规模小,每天产生的污物数量相对较少,加上在某些季节可以将粪水作

为肥料施入农田，意识不到养殖业污物的无害化处理。农户资金底子薄也是他们无法有效进行畜禽粪水无害化处理的重要原因。

3. 污物无害化处理的成本偏高、直接效益低

目前，使用比较多的畜禽粪便无害化处理方式是进行烘干。由于粪便中水分的含量高，烘干过程需要消耗大量的燃料。加上目前一些粪便烘干处理设备的热效率较低，燃料的费用更高。而在夏季，由于畜禽饮水量增加，粪便更稀，必须进行固液分离后才能够进一步处理，这也使处理过程的困难更多。

经过烘干处理的粪便大多数是作为花卉、大棚蔬菜和其他经济作物的肥料使用，这些种植类型的总面积小、肥料的需要量也少。作为肥料使用其销售价格也较低。

以往有人将烘干的鸡粪作为非常规的饲料原料添加到牛、羊、猪或水产的配合饲料中以降低饲料成本，并提高粪便加工的效益。但是，自从我国实施农产品清洁生产后，不允许将动物粪便再加工后用于饲养其他动物，这就减少了一条动物粪便加工利用的途径。

4. 国家的法律没有得到认真执行

为了控制养殖业所造成的环境污染问题，我国先后制订了《无公害畜禽食品生产标准》(其中包括环境条件标准)、《畜禽场环境质量标准》、《畜禽养殖业污染物排放标准》等相关的法规与标准。

在《畜禽养殖业污染物排放标准》中规定了从2003年1月1日开始，新建的大中型养殖场必须有污物处理设施，原有的大中型养殖场在2003年7月1日后要逐步建设污物处理设施，以实现养殖场污染物的达标排放。但是，目前的大、中型养殖企业能够真正执行这个标准的微乎其微，小型养殖场几乎都没有执行。事实上，养殖企业内的从业者知道这个标准或了解其基本内容的人也非常少，这就给标准的实施带来了主观认识方面的问题。

5. 对污物无害化处理的研究落后

目前，我国在有关养殖场污染物治理方面的科研投资还非常少，从事这方面研究的人员也很少。根据有关资料报道，在减轻畜禽粪便污染或无害化处理方面的研究主要集中在以下几方面：在养殖场污染物无害化治理方面的应用方法主要有烘干、生产沼气、堆积沤制有机肥、有氧发酵等；在减少粪便贮存期间对周围环境污染方面的研究与应用主要有建造合适的贮粪场，其建造要求基本为带顶棚的水泥池(槽)，既可以防止贮存期间粪水渗入地下，又可以防止风吹雨淋所造成的粪水到处流淌；在提高饲料消化率、减少粪便以及其中的氮、磷和有机物的排泄量方面的研究主要集中在复合消化酶制剂的应用方面；在维持动物肠道微生态平衡、减少排泄物中有害微生物的含量方面的研究则主要集中在微生态制剂、寡糖等新型饲料添加剂的应用方面。这些粪便无害化处理或减少污染措施方面，除第一项外，其他都不能够从根本上解决问题。

6. 大中型养殖场或养殖小区粪水产生量过大

在大中型养殖场内由于畜禽饲养量过多，每天排泄的粪便和产生的污水量很大，给加工处理造成很大困难。据有关资料报道，一个年出栏5 000头商品猪的养猪场，每天产生的粪便(含水率约70%)约为5吨，产生的污水约7吨。如果采用水冲式清粪，每天的粪水产生量约15吨，这样的粪水在进行加工之前，必须进行固液分离处理。

在养殖小区内，由于每个养殖场分别属于不同的养殖户，很难进行集中管理，粪便的随意堆放、污水的随意排放，为粪便与污水的集中治理带来更大的难度。作为养殖小区的管理者，由于总的收入有限，购置粪便、污水加工处理设备的投资难以落实，同时粪便的收集又牵涉到各个养殖户的利益，难以制订合理的管理制度，因此在各地的养殖小区内真正进行粪便、污水无害化加工处理的很少。

7. 农业用肥的季节性与畜禽粪污产生的经常性的矛盾

畜禽粪便中含有大量的有机质，氮、磷、钾3种作物营养元素的含量高，是优质的有机肥。过去，在农户少量饲养畜禽的情况下，粪便都经过沤制后作为农田的底肥，应用效果很好。但是，在目前饲养规模大和集中的情况下，畜禽粪便的产生量很大，而且每天都在产生，而农业生产中有机肥的使用具有明显的季节性特点。这就使畜禽养殖中每天产生的粪水需要有合适的场所堆放，以便于在农耕时使用。但是，粪水在堆放期间，污水会不断地渗入地下，粪水堆积场附近的土壤中很快就会出现营养过饱和状态，一些有机质和微生物就要污染地下水。

8. 养殖场粪污无害化处理的现有技术多存在缺陷和二次污染

现在对于鸡粪的处理多采用直接晾晒、烘干、生物发酵等方式；而对于猪粪的处理则常采用自然沉淀渗漏、沼气发酵、固液分离等方式。这些处理技术和处理方式存在着二次污染问题。如鸡粪烘干能耗大，成本高，产生的尾气对空气产生二次污染；直接晾晒、直接堆腐、发酵池发酵受外界环境影响大，且易滋生蚊蝇，传播病害，污染环境。而处理猪粪由于其排污量大，且污水较多，现有的处理技术和设施多是开放式，极易发生渗漏而对地下水产生二次污染。固液分离设备价格昂贵，国产设备的故障较多，不利于推广使用。沼气池投资大，成本高，受外界环境影响较大，如北方外界温度低，冬天沼气发酵效果降低，运行效益下降，而且沼渣养分低，水分含量高，再利用率低，没有成熟的制作商品肥的技术，常造成沼液和沼渣无法消纳或转运，成为二次污染源。

三、环境污染对鸡群健康的影响

如果养殖场污物没有及时得到无害化处理，在人与鸡粪、人与死鸡交错混合的环境下，由于细菌、病毒的繁衍变异，导致鸡发病增多，人畜共患几率增加。

粪便、污水和病死鸡是病原微生物的主要载体，是养鸡场内微生物污染的源头。病鸡的排泄物中包含有大量的病原体，因病死亡的鸡尸体内病原体的数量更多。即便是外观健康的鸡其排泄物中同样隐藏有病原体，因为有些病原微生物如大肠杆菌等属于常在菌，在健康鸡的体内也存在，只是由于健康鸡的抗病力强而使其繁殖受到抑制而不能致病，一旦鸡的抵抗力下降则这些隐藏在鸡体内的病原体就会趁机大量繁殖而引起发病。

污染物对鸡场环境造成污染后会使鸡场内的土壤、地下水、建筑物和设备表面，甚至生活在鸡场范围内的动物都成为病原体的携带者或繁殖基地。这样就使鸡群生活在一个被污染的环境内，暴露在微生物活跃的空间中，随时都有被感染的可能。曾经有一个种鸡场，因为鸡只死亡后随地浅埋并常常被其他动物扒出啃食，死鸡的羽毛、骨头、内脏到处都是，造成该场传染性法氏囊炎长期无法有效控制。

第二节　粪便和污水的无害化处理与利用

一、鸡的粪便

(一)粪便的产量

雏鸡采食的饲料有70%左右会转变成为粪便排出体外，育成鸡和肉仔鸡采食的饲料有60%左右会转变成为粪便，产蛋鸡采食的饲料有50%左右会转变成为粪便。

据有关报道，一只成年产蛋鸡每天的鲜鸡粪产量为150克左右(受季节的影响较大)，其中干物质的总量约为60克。一个存栏10 000只蛋鸡的鸡舍，每天鲜鸡粪的产量能够达到1 500千克。一个每批出栏50 000只仔鸡的肉鸡场，在一个批次45天的饲养期内，消耗饲料约250吨，鲜粪的产量达到430吨左右。

(二)粪便的成分

鸡的消化道比较短，其长度仅仅为自身体长的7倍，而羊、牛、的消化道为其自身体长的30倍左右。饲料在鸡的消化道内通过的时间是很短的，成年鸡为4～7小时。这就形成鸡对饲料的消化很不完全，对消化吸收率也较低，这就决定了鸡粪中还包含着很多未消化吸收完全的饲料。

据有关测定，风干鸡粪中主要的成分包含干物质89.8％、有机物25.5％、粗蛋白质28.8％、粗纤维12.7％、可消化蛋白14.4％、无氮浸出物28.8％、磷2.6％、钙8.7％、钾0.82％，还含有微量元素。鸡粪粗蛋白质中部分氨基酸的含量：组氨酸0.23％，蛋氨酸0.11％，亮氨酸0.87％，赖氨酸0.53％，苯丙氨酸0.46％。

由此可见鸡粪中的含有丰富的营养成分，尤其鸡粪中的粗蛋白比较多，还有包含的有机物也非常多，通过适当的加工利用就可以成为非常好的绿色有机肥，或者鸡粪饲料。

二、鸡粪的减量排放

通过营养学技术，提高畜禽的饲料转化效率，减少畜禽的排泄，已成为营养学研究的一个热点。

根据动物的营养需要及饲料原料的营养价值配制饲料。因为不同品种动物的营养需要各不相同，所以要根据不同品种动物的营养需要来配制饲料。饲料原料的营养成分随收获时间、地域等不同，其变异也较大。因此，做饲料配方时要检测原料的各营养成分含量，准确地反映饲料的营养价值。

降低氮的排泄。以理想蛋白质模式和可消化氨基酸含量为基础设计饲料配方。

以理想蛋白质模式配制饲料，可改善饲粮氨基酸平衡，使氮的排泄量最小。据报道，应用理想蛋白概念配制日粮，在满足畜禽有效氨基酸需要的基础上，可以适当降低蛋白水平，而不会影响畜禽的生产性能，但氮的排泄量可减少30％。可消化氨基酸为基础配制日粮，不仅可以解决不同原料蛋白质消化率的差异问题，还可提高饲粮配方的精确性，减少额外安全添加量，降低饲料成本，减少蛋白质的排出。

添加合成氨基酸配制低蛋白饲料。添加合成氨基酸可以使饲料中的氨基酸平衡，从而降低日粮中蛋白质水平，减少氮的排出。Kerr和Easter报道，日粮蛋白质每降低1个百分点，氮排出量可减少8.4％左右。许多国家的试验数据均表明，在日粮氨基酸平衡性较好的条件下，日粮蛋白质水平可降低2个百分点，而对动物的生产性能无明显影响。

另一方面，在低蛋白质日粮中补充氨基酸，不仅可降低氮的排出，而且可减少尿量。Kay和Lee的研究表明，补充合成氨基酸的低蛋白日粮可使尿中氮的浓度降低17%，排尿量降低28%，两项总计可降低尿中总氮41%；此外还可降低猪舍中氨的浓度(59%)及释放速度(47%)。日粮蛋白质水平每降低1个百分点，排尿量减少11%。

三、鸡粪的前处理

鸡场内粪便处理的主要难度在于粪便中的含水量，如果鸡粪含水量低的时候不仅容易运输、堆积，而且干燥的成本也低。正常情况下，鸡粪中的含水量在65%左右，夏季可能高达80%以上。这样的粪便在堆积存放期间会渗出大量的污水。据估测，1吨含水量60%的鸡粪经过烘干处理的加工成本约100元，如果鸡粪含水量为70%则加工成本就可能达到150元。

为了降低鸡粪加工成本(实际上是干燥成本)，一般可以对鸡粪进行前处理。目前采用的方法有温棚内晾晒、挤压脱水、拌碎秸秆吸水等。

1. 温棚内晾晒

一般的鸡粪处理厂都建有晾棚，棚顶大多数采用玻璃钢结构，棚下地面经过硬化处理，从鸡舍内清理出来的鸡粪运送到晾棚下堆积存放。在堆积存放过程中由于棚下温度较高，使鸡粪中的水分大多蒸发，起到降低水分含量的作用。

2. 挤压脱水

有专用的含水物料挤压脱水机，将鲜鸡粪加入进料斗之后，挤压机会利用机械压力将鲜鸡粪挤压成块，同时使粪便中的水分被挤出。

四、鸡粪的无害化处理与资源化利用

(一)堆积发酵

家禽粪便中含有大量对植物非常有用的营养成分，因而无论是我国还是经济发达的国家，将禽粪作肥料使用均是一种重要的消纳方式。将粪污经堆肥处理(图14-1)后利用，是目前我国使用较广泛的形式。堆肥时，在一定的温度、湿度和氧气的作用下，利用粪污中的微生物发酵产生的热，既可杀死大部分病原菌及寄生虫卵，也能除去臭气，同时方法简便易行、投资少，但易造成空气和水源的污染。为减少污染，可将堆肥场地硬化，外垒矮墙，上搭塑料棚。

国外许多发达国家，利用现代微生物技术和生物发酵工艺，在发酵塔中对禽粪通过快速发酵、杀菌、脱臭后添加适量复合微肥，制成复合有机肥，既防止了污染，提高了肥效，又不破坏土壤，价格也较化肥低。在重视环保，发展“绿色农业”的今天，此技术有很大的发展空间。

禽粪作肥料时，应了解粪污中氮、磷含量和比例及重金属含量，还应准确估计土地和作物所能消化的营养量。因而应合理选择施肥方法、管理和种植体系等。

图 14-1 在太阳棚下堆积发酵的鸡粪

(二)袋装发酵

对于小规模的养鸡场户，可以将相对较为干燥的鸡粪(经过初步风干处理，含水量在65%左右)装入用过的饲料袋(内衬有薄膜的编织袋)内，将袋口密封(缝制或扎紧)堆放在固定地方由粪便中的微生物在袋内进行发酵。也可以将湿鸡粪与碎麦秸或碎玉米秆搅匀后装入袋内进行密封发酵。

(三)烘干处理

使用专门的粪便烘干设备，通过高温蒸汽与粪便的充分混合，杀死粪便内的病原体，脱去粪便的臭味，并促使粪便中水分的蒸发，使粪便经过处理后其中的水分含量降低至20%以下，便于储存和使用。

鸡场的粪便在目前主要还是用做有机肥，这是最合适的利用途径。在绿色食品、有机农产品日益受到追捧的今天，粪便资源利用正当其时，而且一举数得：既增加土壤中的有机质含量，提高农产品的品质，又减少污染物的排放；养鸡场不但降低了治理成本，而且增加了收入。

五、污水处理与利用

养鸡生产中污水的产生量不大，主要通过在沉淀池内沉淀、曝气，或生物净化等方式进行处理。

在养鸡场设计方案中，要求雨污分离，将雨水和生产中产生的污水分开排放和处理，这样可以显著减轻鸡场污水处理的压力。在许多养鸡场目前基本采用干清粪方式，生产中产生的污水数量很少。只有在夏季高温期间，由于鸡只大量饮水，造成粪便过稀，污水处理才真正需要受到重视。

一些养鸡场用生产中的污水进行发酵产生沼气，但是多数的实际效果不太理想，主要是养鸡生产中的污水里氮素的含量偏高而碳素的含量偏低，不利于沼气的生成。如果要生产沼气则需要在沼气池内添加猪粪或牛粪、碎秸秆等以提高水中碳素的含量。

第三节　病死鸡处理

对于大型养鸡场来说每天要有一定数量的病死鸡出现，即便是在一些中小规模的鸡场内也不可避免地出现病死鸡。以一个每年出栏300万只的商品肉鸡场为例，如果鸡群出栏时的成活率是95%，那么每年死亡的肉鸡有15万只，平均每天有400多只。同样，对于一个存栏10万只的蛋鸡场来说，如果按照月死淘率1%的水平计算，每月鸡只的死淘数量为1 000只，每天有30多只。这些病死鸡大多数与病原微生物的感染有关，如果不进行无害化处理则是严重的污染源。目前，在鸡场内对病死鸡的无害化处理方法主要有以下几种。

一、高温处理

一些大型养鸡企业建有专门的死鸡高温处理设施，每天将死鸡收集后放入高温容器内，在高温高压条件下进行处理。鸡体内的脂肪融化后从专门的管道流出，收集后作为“禽油”用于配制饲料；其他部分经过高温脱水后再粉碎作为“禽副产品粉”也用于配制饲料。

有的养鸡场将未变质腐烂的死鸡经过煮沸2小时后用于喂养狐狸或甲鱼、鲶鱼、猪等其他动物。

这种处理方式不仅彻底杀死了死鸡体内的病原体，而且死鸡的尸体也成为一种资源被利用。

腐烂变质的死鸡不能采用这种处理方式，必须焚烧或经消毒后深埋。

二、焚烧

在大型家禽场都应该配备专门的焚化炉，每天死亡的家禽（尤其是由于传染病而死亡的家禽）被送入焚化炉焚烧，这样可以彻底清除病死家禽成为场内的传染源。

三、深埋

没有焚化炉的家禽场应该在远离生产区的地方挖一个深达 4～5 米，内径约 3 米的深坑，并进行适当的防渗处理，坑口用带口(口径约 50 厘米)水泥预制板封盖。每天将死亡的家禽投入深坑内并同时用消毒剂泼洒，之后将口盖住，使坑内的死禽与外界基本隔离。当一个深坑内死禽数量填埋到距坑口约 1 米的时候用生石灰覆盖 30 厘米，上面再用土填实。再挖第二个深坑使用。

第十五章 养鸡场的经营管理

第一节 收支盈亏分析

一、财务管理的任务

家禽场的所有经营活动都要通过财务工作反映出来，因而财务工作是家禽场经营成果的集中表现。搞好财务管理不仅要把账务记载清楚，做到账账相符，日清月结，更重要的是要深入生产实际，了解生产过程，通过不断对经济活动分析，发现生产及各项活动中存在并亟须解决的问题，研究并提出解决的方法和途径，做好企业经营参谋，以不断提高家禽场的经营管理水平，从而取得最好的经济效益。

二、成本与利润核算

在家禽场的财务管理中成本核算是财务活动的基础和核心。只有了解产品的成本，才能算出家禽场的盈亏和效益的高低。

(一)成本核算的基础工作

(1)建立健全各项财务制度和手续。

(2)建立禽群变动日报制度，包括饲养禽群的日龄、存活数、死亡数、淘汰数、转出数及产量等。

(3)按各成本对象合理地分配各种物料的消耗及各种费用，并由主管人员审核。

以上材料数字要正确，认真整理清楚，这是计算成本的主要依据。

(二)成本核算的对象和方法

1. 成本核算的对象

成本核算的对象包括每个种蛋、每只初生雏、每只育成禽、每千克禽蛋、每只肉用子禽。

2. 成本核算的方法

(1)每只种蛋的成本核算　每只入舍母禽(种禽)自入舍至淘汰期间的所有费用加在一起，即为每只种禽饲养全期的生产费用，扣除种禽残值和非种蛋收入被出售种蛋数除，即为每个种蛋成本，如下式：

$$每个种蛋的成本=\frac{种蛋生产费用-(种鸡残值+非种蛋收入)}{出售的种蛋数}$$

种禽生产费用包括种禽育成费用，饲料、人工、房舍与设备折旧、水、电费、医药费、管理费、低值易耗品等。

(2)每只初生蛋用母雏的成本核算　种蛋费加上孵化费用扣除出售无精蛋及公雏收入被出售的初生蛋用母雏数除，即为每只初生蛋用母雏的成本，如下式：

$$每只初生蛋用母雏成本=\frac{种蛋费+孵化生产费-(未受精蛋+公雏收入)}{出售的初生蛋用母雏数}$$

孵化生产费用包括种蛋采购、孵化房舍与设备折旧、人工、水电、燃料、消毒药物、鉴别、马立克氏疫苗注射、雏禽发运和销售费等。

(3)每只育成鸡成本核算　每只初生肉用雏鸡加上育成期其他生产费用，再加上死淘均摊损耗，即为每只育成禽的成本。

育成禽的生产费用包括肉用雏鸡、饲料、人工、房舍与设备折旧、水、电、燃料、医药、管理费及低值易耗品等。

(4)每只初生肉用雏鸡的成本核算　种蛋费加上孵化费用扣除出售无精蛋收入被出售的初生肉用雏鸡数除，即为每只初生肉用雏鸡的成本，如下式：

$$每只初生肉用雏鸡成本=\frac{种蛋费+孵化生产费-未受精蛋收入}{出售的初生肉用雏鸡数}$$

孵化生产费用包括种蛋采购、孵化房舍与设备折旧、人工、水电、燃料、消毒药物、鉴别、雏禽发运和销售费等。

(5)每千克禽蛋成本　每只入舍母禽(蛋禽)自入舍至淘汰期间的所有费用加在一起即为每只蛋禽饲养全期的生产费用，扣除蛋禽残值后除以入舍母禽总产蛋量(千克)，即为每千克禽蛋成本。如下式：

$$每千克禽蛋成本=\frac{蛋禽生产费用-蛋禽残值}{入舍母禽总产蛋量(千克)}$$

蛋禽生产费用包括蛋禽育成费用，饲料、人工、房舍与设备折旧、水电、医药、管理费及低值易耗品等。

(6)每只出栏肉仔鸡成本　每只肉雏成本加上饲养全期其他生产费用，再加上死淘均摊损耗，即为每只出栏肉仔鸡成本。

肉仔鸡生产费用包括肉雏、饲料、人工、固定资产与设备折旧、水、电、燃料、医药、管理费及低值易耗品等。

(三)考核利润指标

1. 产值利润及产值利润率

产值利润是产品产值减去可变成本和固定成本后的余额。

产值利润率是一定时期内总利润额与产品产值之比。计算公式为:

产值利润率=利润总额/产品产值×100%

2. 销售利润及销售利润率

销售利润=销售收入-生产成本-销售费用-税金

销售利润率=产品销售利润/产品销售收入×100%

3. 营业利润及营业利润率

营业利润=销售利润-推销费用-推销管理费

企业的推销费用包括接待费、推销人员工资及差旅费、广告宣传费等。

营业利润率=营业利润/产品销售收入×100%

利润反映了生产与流通合计所得的利润。

4. 经营利润及经营利润率

经营利润=营业利润±营业外损益

营业外损益指与企业的生产活动没有直接联系的各种收入或支出,如罚金、由于汇率变化影响到的收入或支出、企业内事故损失、积压物资削价损失、呆账损失等。

经营利润率=经营利润/产品销售收入×100%

5. 资金周转率和资金利用率

养禽生产是以流动资金购入饲料、雏禽、医药、燃料等,在人的劳动作用下转化成禽蛋产品,通过销售又回收了资金,这个过程叫资金周转一次。利润就是资金周转一次或使用一次的结果。既然资金在周转中获得利润,周转越快、次数越多,企业获利就越多。资金周转的衡量指标是一定时期内流动资金周转率。

资金周转率(年)=年销售总额/年流动资金总额×100%

企业的销售利润和资金周转共同影响资金利润高低。

资金利润率=资金周转率×销售利润率

企业赢利的最终指标应以资金利润率作为主要指标。如一肉鸡场的销售率是7.5%,如果一年生产5批,其资金利润是:

资金利润率=7.5%×5=37.5%

第二节 市场信息利用

一、禽产品市场的供求

(一)禽产品的一般供求关系

产品的供给与需求是市场经济最基本的概念。供给的目的是满足消费需求,同时又制约着需求。供应者(或生产者)只有提供适销对路的能满足消费者需要的禽产品,供应才能实现,即将使用价值转化为价值。供给与需求之间是一种对立统一的辩证关系,如果都能互相适应,就会达到协调与平衡,反之,就会产生矛盾。这种矛盾主要表现在供求总量、供求结构、供求时间和供求地区等4个方面。

供求总量上的矛盾,主要是生产发展与消费上的差距使生产的总量和消费需求总量产生的不一致,或供过于求或供不应求而产生的矛盾。

供求构成,即供求结构上矛盾。禽产品供求之间不仅总量上有矛盾,而且在品种结构上会产生矛盾,即产品的种类、品种的组成引起的供求矛盾。这种矛盾产生于消费者对禽产品需求的多样化,而供应的种类与品种不能满足这种要求,如果供应的品种符合需求的要求,此时供求平衡。

供求地区上的矛盾产生于产地、销地与流通等因素。产地过分集中,必须通过流通渠道才能将产品运到销地。流通过程中任何一环节,如运输或采购有问题,地区上的供求矛盾就可能发生。解决这类矛盾的方法除了加强流通管理和仓储管理外,还必须解决产地过分集中的问题。

时间上的矛盾。供求在时间上的矛盾是因生产、供应时间与消费的时间不一致。

(二)禽产品供求矛盾运动的形式

在禽产品供求矛盾运动中,其具体表现形式有3种,即供过于求、供不应求和供求平衡。

1. 供过于求

禽产品供过于求,主要表现为两种类型:第一类型是当需求量不变,供应量增加,或供应量不变,需求量减少而产生的供过于求的现象;第二类型为需求的增长量赶不上供应的增长量,或供应的减少量小于需求的减少量。

2. 供不应求

禽产品求大于供,其表现正好与供过于求相反,即当供应量不变时,需求量增加;或需求量不变,供应量减少;或者需求量增长(减少)的速度快(慢)于供应的增加(减少)的速度时,均会产生求大于供的现象。当求大于供时,形成卖方市场,主动权掌握在经营手里,对卖方有利,供应的价格就会上升,在人均收入一定的条件下,销价上升,抑制需求,减少供应量,从而又逐步导致新的供求矛盾的产生。

3. 供求平衡

当市场上供应量与需求量相等或在一定的时间内供应量与需求量在增减幅度上保持同方向比率变动而价格相对稳定时,禽产品供求达到暂时的平衡,这时生产者提供市场供应数量正好与消费者需求的数量相等,市场上既无剩余产品,也无短缺现象。供求平衡,无论是对生产经营者还是对消费者都是有利的。根据西方国家实行市场经济经验,可以肯定地说供求绝对平衡这一现象几乎是不存在的。供求平衡只能是相对的平衡。

(三)禽产品供求规律

禽产品供求运动是供给与需求这一对矛盾运动的统一体。运动的总趋势是朝着总体平衡的方向发展。关于供求规律问题,西方经济学中早已下过定义,具体描述为市场供求决定市场价格,而市场价格又决定市场供求,从而自发地调节社会劳动在各生产部门的分配比例,使市场供求必然地由不平衡达到平衡。在社会主义市场经济条件下,禽产品市场价格与市场供求之间的互相决定、互相制约和互相作用是不以人们的意志为转移的客观存在的一条重要规律。上述讲到的禽产品供求矛盾运动的 3 种形式,实际上可以归纳为“不平衡”与“平衡”两种基本形式。从长期来考察,由于价格杠杆的调节作用,供求总是以“不平衡→平衡→不平衡→平衡”的形式不断地反复,总的趋势是向供求平衡方向发展的,这是禽产品供求矛盾的规律性。这种客观规律性正是反映价值规律的要求。商品的价值是由生产商品的社会必要劳动时间决定的,商品按照价值量进行交换,即遵循等价交换的原则。如果供求不平衡,无论是供过于求还是供不应求,都会引起价格背离于价值,即价格高于价值或低于价值。因此,生产者和消费者都会作出相应的反应,其结果又在新的基准上趋向供求平衡。但是实际上,市场供求状况不平衡是经常的而平衡是偶然的,这也符合供求矛盾运动的规律。正因如此,社会主义国家实行市场经济,谋求平衡,必须辅以宏观调控,充分发挥社会主义市场经济的优越性,供求平衡才能趋于实现。

二、制订生产计划的依据

1. 生产工艺流程

生产计划首先必须与相应的生产工艺流程适应。

2. 经济技术指标

各项经济技术指标是制订计划的重要依据，可以说制订计划就是制定各项经济技术指标。可供参考的经济技术指标主要有以下两类：

(1)近几年来本场实际达到的水平。这是制订生产计划的基础，但这是偏低指标，最常用的是平均先进指标。如本场 40 栋鸡舍取前 20 栋的平均指标作为制订计划的依据。

(2)饲养手册上的各项指标。现在不论进口品种或国家地方家禽品种，都列有详尽的生产指标，一般都按周龄列出。饲养手册上所列指标是在良好条件下可以达到的指标，数据偏高，而我们实际条件有很大局限性，因此在制订计划时不能盲目套用饲养手册上的指标，可以在此基础上适当降低作为制订生产计划的依据。

3. 生产条件的改善

由于采用了新技术、新工艺，使生产条件有了很大的改善，相应经济技术指标应适当提高。

三、生产计划的基本内容

1. 总产计划与单产计划

总产计划是养鸡场年度争取实现的商品总量。如种鸡场一年出售的雏鸡总只数，蛋鸡场一年的总产蛋量等。单产是养鸡场的“单位”产量，如种鸡场平均每只成年鸡年生产雏鸡的数量，蛋鸡场平均每只入舍母鸡的产蛋量等。单产与总产有密切的关系，总产反映了该场的经营规模、生产水平及其对社会的贡献，也是养鸡场“全部单产”的集中体现，单产本身是总产的实际基础。

2. 鸡群周转计划

鸡群周转计划是各项计划的基础，只有订出鸡群周转计划，才能根据鸡群数量和生产指标编制产品生产计划、饲料供应计划等。鸡群周转计划根据本场的生产计划，一般以表格形式列出场内全年各月份饲养鸡群的数量。

第三节　提高产品质量

一、鸡场要具有严格的消毒制度

(1)鸡场、鸡舍门口要设消毒池。应选择对人和鸡安全、对设备没有破坏性、没有残留毒性的消毒剂，并保持消毒剂的新鲜度；鸡舍周围环境每2～3周用2%火碱液消毒或撒生石灰1次；场周围及场内污水池、排粪坑、下水道出口，每1～2个月用漂白粉消毒1次。

(2)工作人员进入生产区必须淋浴、更衣和紫外线消毒。养鸡场尽量做到"谢绝参观"，特定情况下，参观人员在淋浴、消毒后穿戴保护服才可进入；进鸡或转群前将鸡舍彻底清扫干净，然后用高压水枪冲洗，再用0.1%的新洁尔灭或4%来苏儿或0.2%过氧乙酸等消毒液全面喷洒，最后关闭门窗用福尔马林熏蒸消毒。

(3)定期对蛋箱、蛋盘、料槽、饮水器等用具进行消毒。可先用0.1%新洁尔灭或0.2%～0.5%过氧乙酸消毒，然后在密闭的室内用福尔马林熏蒸消毒30分钟以上；定期进行带鸡消毒，有利于减少环境中的微生物和空气中的可吸入颗粒物，常用于带鸡消毒的消毒药有0.3%过氧乙酸、0.1%新洁尔灭、0.1%次氯酸钠等，带鸡消毒要在鸡舍内无鸡蛋的时候进行，以免消毒剂喷洒到鸡蛋表面。

(4)定期投放灭鼠药，做到定时、定点，及时收集死鼠和残余鼠药并做无害化处理；为了防止昆虫传播疫病，要用高效低毒杀虫剂杀虫，喷洒药剂时应避免喷到鸡蛋表面、饲料中和鸡体上；每年春秋两季对全群要进行驱虫。

二、建立疫情监测制度

鸡场必须制定详细的疫病监测和控制方案，并接受当地畜牧兽医管理部门的监督，获得当地畜牧兽医管理部门的批准和认可，鸡场必须向当地畜牧兽医管理部门提供连续性的疫情监测信息，常规监测疾病的种类主要有新城疫、禽流感、鸡败血支原体、鸡沙门氏菌、雏白痢沙门氏病、亚利桑那沙门氏菌、鸡传染性法氏囊病、鸡马立克氏病、鸡传染性喉气管炎、鸡传染性支气管炎、鸡产蛋下降综合征和鸡白血病等。

三、严格执行免疫程序

根据当地鸡群传染病流行特点，结合本场实际，制定各种传染病的免疫程序并严格执行。要保证疫苗质量，按规定的使用方法、剂量进行免疫接种，确保免疫效果。

四、蛋内残留物控制

给鸡喂抗生素、磺胺类药物,都会在鸡蛋中造成残留,人食用了有抗生素残留的鸡蛋,可能会引起过敏性休克、严重皮炎、再生障碍性贫血、无尿症、神经损害等,危害相当严重。农业上有机氯、有机磷农药的使用,使饲料中有一定的残留,在蛋品中也就有不同程度的农药残留;由于工业污染农田,也会造成镉、铅、汞和砷等有害元素残留,人食用了有残留的鸡蛋,会发生慢性中毒,引起神经系统、心血管系统疾病和癌症等。

要保证蛋品安全,必须建立严格的生物安全体系,防止蛋鸡发病和死亡,最大限度地减少化学药品的使用,在对蛋鸡进行预防和治疗使用兽药时,必须使用《无公害食品—蛋鸡饲养兽药使用准则》中规定的药物,并严格执行休药期的规定。应推广应用中草药制剂,煎汤或拌料投服,可避免药物残留的发生。

第四节 生产管理制度

一、实行责任制

养殖场在公司领导与管理指导下,负责具体工作的实施,实行责任制,赋予一定的权力,承担相应的责任,权责统一。

(1)养殖场人员实行个人负责制,赋予权力,承担责任。

(2)养殖场主管负责场部对全体员工和日常事务的管理制度,对公司负责,及时汇报养殖场情况。

(3)各岗位员工坚守岗位职责,做好本职工作,不得擅自离岗。

(4)做好养殖场的安全防盗措施和工作。

(5)晚上轮班,看护好场部的鸡和其他物品。

(6)做好每日考勤登记。

(7)分工与协作统一,在一个合作团队下,开展各自的工作。

(8)做好安全防范工作。

二、技术员的职责

(1)技术员负责疾病防治、药品发放和疫情汇报。

(2)依各个季节不同疾病流行情况,根据本场实际情况采取主动积极的措施进行防护。

(3)技术员应根据疾病发生情况开出当日处方用药。

(4)技术员应每日观察鸡的生长情况,对鸡病应做到早预防、早发现、早治疗。对异常鸡和死鸡要进行剖检以确定病情。

(5)如发生重要疫病及重要事项时,应及时做好隔离措施。

三、建立有效的卫生防疫管理制度

(1)生活区的垃圾具备防护措施,及时清理,保持清洁。

(2)养殖用具每天清洗一次,保持干净。

(3)外来人员不得随时进入养殖区。

(4)发现局部发生疫病时,养殖用具食料槽,饮水槽专用,并进行消毒,做好发病食料槽、饮水槽的有效隔离。

(5)病、死鸡当天烧毁或深埋,用过的药品外包装等统一放置并定期销毁。

(6)购进的鸡苗经过检疫,防止病原体传入。

(7)定期对养殖场进行消毒和疾病防疫药品投放。

第五节　提高生产效率

一、人员管理的方法

1. 激励原则

激励原则的基础是各种严格的规章制度和生产操作规程。在现代养鸡场的管理中,激励员工工作积极性的最佳办法是完善各岗位的经济目标责任制和生产技术指标责任制,实行多劳多得,把员工的付出和报酬直接联系起来。

2. 养鸡场的劳动报酬管理

养鸡场职员劳动报酬的管理是非常重要的,它直接影响员工的劳动积极性。目前,我国国有养鸡场已经为数很少,大多数为私营或股份制,人员变动相对较大,合理的劳动报酬对稳定一支优良的管理、饲养人员队伍具有决定性的作用。

3. 养鸡场的工资类别及支付方法

就目前来看,养鸡业和其他制造业在管理方式、劳动对象方面都不同,养鸡场有特殊的连贯性。可采取计时工资制,此种工资制的适用范围是产品品质比产品数量更重要;工作不能间断,不宜以时间来衡量。和其他工资类别相比,计时制不容易引起争论,工作人员不会注重产量,产品品质有保证,劳资关系相对较稳定。

也可采取计件工资制，此种工资在规定了产品品质或操作程序的前提下，职工工资以完成的工作量来计算。这种方式易调动职工的积极性，进而提高产品产量，可减轻管理者的负担，但应注意检查产品质量和操作程序。还可以采取效益工资制和综合考核工资制。

4. 增加收入，稳定饲养管理人员队伍

搞好一个养鸡场必须精心培育一支精干的管理人员及优良的饲养人员队伍。增加从业人员的积极性及爱岗敬业精神最有效的办法。

二、加强管理，降低饲养成本

1. 依靠科技进步，提高生产水平

加强对鸡场环境的改造，从养鸡场布局、排污、环境控制等方面入手，实行育雏、育成、产蛋、办公分区管理；全进全出，彻底解决人鸡混居的问题；配套乳头式饮水器推广，解决鸡的饮水卫生问题；炎热夏季的纵向通风、湿帘降温等技术；充分发挥良种鸡的生产潜力等。

2. 努力降低饲料成本

养鸡场中，饲料成本占养鸡场总成本的70%左右，在保证生产的前提下，降低饲料消耗，减少饲料浪费是提高饲料利用率、减亏增盈的重要措施。使用电脑计算饲料配方，根据鸡的不同阶段营养需要，原料的价格变化等，使用电脑随时调整饲料配方，不仅价格较低，而且营养平衡，饲料转化率高，有的养鸡场使用的配方，不管原料的变化，很多年不变，造成饲料浪费。

3. 正确使用添加剂

饲料中还可适量添加复合酶制剂、香味剂、抗热应激添加剂等，能显著提高饲料转化率。此外，还有降低青年鸡的培育费用，加强育雏、育成期的管理，饲养节粮型的品种以及提高产品售价等措施降低饲养成本。

三、把握行业的发展规律，合理组织生产

养鸡场的管理与决策人员要有较强的市场意识和对信息准确把握的本领，养鸡生产有其自身的市场波动规律。近十几年的养鸡发展看来，3年左右1个周期，并且每年都有一定的变化规律。养鸡场的经营者要善于研究与把握这些规律，预测行情好时，要毫不犹豫地扩大生产规模，提高产品质量，抓住机遇，增加经济效益。需要注意的是，由于养鸡生产周期较长，从养雏鸡到获得产品有5～6个月的时间，在市场高峰期盲目扩大生产规模或仓促上马的做法有明显的滞后效应。

四、实行严格的卫生防疫制度

目前,我国大多数中小型养鸡场设计不合理,亟待解决的问题有:人鸡混居的局面要扭转,将生产区与生活区隔离开;粪场应位于鸡场的下风向最外围,有的鸡场粪场位于生产区正中心,大大增加了疾病传播的机会;重视鸡舍门口的环境消毒,降低空气中的病毒、细菌含量;场门、生产区和鸡舍门口都要设消毒池,强化卫生管理;减少鸡群的发病率,仅靠兽医防疫人员的工作还远远不够,必须从建场开始,全场工作人员都应把预防为主的方针贯彻到实际工作中,才会取得成效。

五、适度规模,提高设施利用率

在生产管理上要有周密的鸡群周转计划,除了必要清洗空闲消毒鸡舍外,尽可能提高鸡舍利用率,不要因暂时亏损而轻易停止周转。特别要注意的是,在计算鸡群的盈亏临界线时,若无新母鸡群补充,可以暂不计算产品的固定成本,而以可变成本为主,维持饲养人员工资、水电支出。另外,根据市场预测压缩饲养规模后闲置的鸡舍,可用来饲养效益较好的畜禽,如优质肉鸡、乌鸡、肉鸽等,增加收入而不影响正常的鸡群周转。

六、综合经营,增加收入

综合饲养,畜、禽之间或同类不同品种的畜禽或鱼之间的产品可以互相利用,如果养鸡场充分利用畜、禽"互助"、"互补"关系,可以达到既节约成本又增加收入的目的。可以用鸡粪喂猪、喂鱼等。多种经营,种鸡场兼办孵化场、饲料加工厂、鸡笼厂等;同时在鲜蛋价格较低时可考虑鲜蛋的长期保存。

第六节 产品销售

一、市场调查

市场调查是用科学的方法,对一定范围内的养鸡数量、产品需求状况、价格、经营利润情况等信息进行有目的、有计划、有步骤的搜集、记录、整理与分析,为经营管理部门制定政策及进行科学的经营决策提供依据。

1. 市场调查的内容

市场调查的内容包括市场环境的调查、自然地理环境的调查、社会环境的调查、市场供给调查、市场需求调查、市场价格调查、饲料资源调查等。

2. 市场调查的方法

市场调查法的内容包括询问调查法、资料分析法、典型调查法。

二、销售管理

(一)市场机会的发现

在现代社会里,由于市场需要不断变化,任何产品都有其生命周期,且生命周期越来越短。因此任何企业都不可能依靠其现有产品过日子。所以,必须经常寻找和发现新的市场机会。主要有以下几种方法:

(1)企业销售管理人员通过阅读报刊、杂志、观看电视、参加展销会、召开献计献策会、研究国家宏观产业政策和发展规划等,来寻找、发现未来市场需求和新的市场机会。

(2)企业市场管理人员通过市场发展矩阵寻找、发现市场机会。

(3)企业市场销售管理人员利用产品市场发展矩阵寻找、发现市场机会。

企业市场营销管理人员寻找、发现了市场销售机会后还需要对其进行分析、评价,确定其是否能成为企业有利可图的企业机会。

(二)市场销售战略

企业所处的市场销售环境是不断变化的,企业难以控制,只能通过自身调整去适应它,因此,企业应制定好销售或战略规划,制定全盘性、长远性计划。对于不同企业销售战略目标是不相同的,但应符合以下要求:

(1)重点突出。采取有所得必有所失的思维方式,围绕重点来实现战略目标。

(2)一致性。销售战略目标涉及企业销售活动多方面要求,应互相协调或一致。

(3)可测量性。尽可能具体化、定量化。

(4)可行性。销售战略目标既要有挑战性,又要有可行性,不能可望而不可即。

(三)市场销售计划

为了更有效地为整体战略目标服务,必须制订更具体的销售计划。这样一方面可为营销实施提供指导,另一方面也为销售控制提供参照。没有销售计划则销售控制就失去了依据。

1. 市场销售计划的内容

一般有以下 8 个部分组成:内容提要→当前销售状况→风险与机会→目标和课题→销售策略→销售活动程序→销售预算→销售控制。

2. 市场销售计划的实施

它是指企业为实现其战略目标而致力于将销售战略和计划变为具体销售方案的过程。也就是更有效地调动企业的全部资源投入到日常业务活动中去。它包括制定行动方案、建立组织机构、设计决策和报酬制度、开发人力资源、建设企业文化和创造管理风格。

(四)市场销售控制

市场销售控制是对销售战略和计划的效果进行衡量与评估，并采取修正措施以确保销售目标的实践。因为，一方面销售计划在实施过程中会出现一些意料之外的情况；另一方面，事先制定的战略和计划本身也难免有不合实际的地方，必须及时发现和解决。

(五)市场销售审计

销售审计是对一个企业的销售环境、目标、战略、组织、方法、程序和业务等作综合的、系统的、独立的和定期的核查，以确定困难所在，发现机会，提出行动、计划和建议，改正销售效果。它实际上是对市场销售业务进行总的效果评价。

参 考 文 献

1.杨宁.家禽生产学.北京:中国农业出版社,2002.
2.黄炎坤,吴健.家禽生产.郑州:河南科学技术出版社,2007.
3.赵聘,潘琦.畜禽生产技术.北京:中国农业大学出版社,2007.
4.邱祥聘,杨山.家禽学.成都:四川科学技术出版社,1993.
5.魏忠义.家禽生产学.北京:中国农业出版社,1999.
6.常明雪.畜禽环境卫生.北京:中国农业大学出版社,2007.
7.丁国志,张绍秋.家禽生产技术.北京:中国农业大学出版社,2007.
8.刘东军.种公鸡饲养的技术措施.养禽与禽病防治,2006,7:16-17.
9.种鸡管理.北京爱拔益加家禽育种有限公司网.
10.鸡场兽医卫生防疫制度.鸡病专业网.